牛

传染性疾病诊治
彩色图谱

潘耀谦　刘兴友　冯春花　主编

中国农业出版社
北京

主编简介

潘耀谦，男，博士，现为新乡学院特聘教授、博士生导师。40多年来一直工作在教学和科研的第一线，硕果累累，桃李遍天下。在科研方面，他先后主持国家、军队和省级科研课题16项，发表科研论文230余篇。主持的"黄牛'猝死症'防治技术研究"和"兔脑炎原虫的生物学特性及该病的诊断研究"等先后获军队和省级科技进步奖一等奖1项、二等奖3项；主持和参加的"牛隐性乳腺炎病理学研究"和"猪流行性腹泻与猪传染性胃肠炎比较病理学研究"等获军队和省级科技进步奖三等奖8项。在教学方面，他先后承担了从博士、硕士、病理师资班到本科的多层次家畜病理学和动物卫生病理学的教学任务；培养博士与硕士研究生60余名；主编《家畜病理学》《动物卫生病理学》《畜禽病理学》《牛白血病》《猪病诊治彩色图谱》《奶牛疾病诊治彩色图谱》等教材和专著20余本。其中，主编的《动物卫生病理学》曾获北方十省市优秀科技图书奖二等奖和山西省优秀科技图书奖二等奖；主编的《动物卫生病理学配套多媒体教材》获吉林省优秀电教教材一等奖；副主编的《兽医病理学原色图谱》荣获第二届中国出版政府奖图书奖提名奖。近几年来，他先后在SCI杂志发表论文20余篇，获得发明专利2项。目前，他还在进行牛病、猪病和兔病等人畜共患病的免疫及分子病理学研究。

刘兴友，男，1963年10月生，汉族，重庆潼南人，农学博士，河南省学术技术带头人，河南省杰出人才，新乡学院校长，河南省生猪产业体系岗位专家，畜禽智能化清洁生产河南省工程实验室主任，河南省动物病毒病防控与药残分析重点学科开放实验室主任。

主要从事动物疫病的病原及防治、生猪养殖环境控制、发酵饲料等研究，获得国家自然科学基金、"863"、"973"、国家重大科技攻关、河南省杰出人才创新基金、河南省杰出青年科学基金、河南省高校创新人才工程基金等资助项目17项。获省级科技进步奖一等、二等奖共9项，发表学术论文200余篇，获国家发明专利授权16项，出版学术著作和教材10部。

冯春花，女，1969年3月生，河南信阳市人，中共党员，硕士研究生学历，新乡市动物疫病防控中心副主任，高级兽医师。从事重大动物疫病综合防控工作20多年，具有丰富的临床经验。曾被新乡市政府授予"新乡市优秀青年科技专家""新乡市跨世纪学术技术带头人""新乡市应急管理专家""新乡市三八红旗手""新乡市优秀共产党员"等荣誉称号。自1992年参加工作以来，一直从动物疫病诊疗和综合防治工作，先后获得河南省科技进步奖一等奖1项、三等奖1项，地厅级科技进步奖一等奖3项，主持制定地方标准2项，出版专著3部，合作完成SCI论文2篇，在国内发表论文30余篇。

本书编写人员

主　编　潘耀谦　刘兴友　冯春花

副主编　潘　博　邱业峰　叶华虎　岳　锋　李　鹏

编　者（以姓氏笔画为序）

王异民　王金玲　王选年　王继红　叶华虎

冯春花　朱艳萍　刘兴友　刘思当　孙　斌

李　鹏　李瑞珍　邱业峰　张秀林　张艳芳

陈仕均　岳　锋　胡东方　胡会龙　唐海蓉

银　梅　董永军　潘　博　潘耀谦　魏小兵

前　言

　　中国人民养牛的历史悠久，而牛对提高人民的生活水平也做出了巨大贡献。长久以来，农民把牛视为命根子，没有机器的农民主要靠它开荒种地，解决吃穿问题。改革开放以来，我国的农业机械化事业得到了突飞猛进的发展，把牛从繁重的体力劳动中解放出来。随着我国经济的飞速发展，居民收水平不断提高，膳食结构持续改善，人们对牛奶、牛肉及其制品的需求量也逐渐增大。因此，养牛业又来了一个巨大的转型，养牛要为提高人民生活水平，改善民众膳食结构和保障身体健康服务。进入21世纪以来，我国的养牛业发展速度明显加快，牛存栏头数每年几乎以20%左右的速度增长，现存栏牛已达1.38亿头之多。牛奶年总产量可达3 651万吨，牛肉产量达到711万吨，但牛奶及牛肉的人均占有量与发达国家还有很大的差距。这说明我国养牛业还有很大的发展空间。

　　我国养牛业已经走出了家庭式副业生产的小圈子，逐渐形成专业化、商业化、集约化和规模化经营模式。随着养牛业的快速发展和规模的不断扩大，新的传染病不断出现，一些区域性传染病得以扩散。据资料统计，当前严重危害着养牛业发展的依然是传染性疾病。牛在集约化饲养条件下，生产效率得到大幅度提高，但抗病能力却在下降，传染性疾病很容易在牛群中扩散传播，给养牛业造成巨大的经济损失。据不完全统计，我国每年因传染病死亡的牛占总数的3%～5%，直接经济损失达90亿～150亿元。值得指出，一些牛的传染性疾病还能感染人，严重威胁到了人们的食品安全和身体健康。因此，控制牛传染性疾病已成为养牛业首要解决的问题。

　　目前，国内有关牛病防治的科普读物较多，对于普及提高牛病防治技术水平起到了良好的作用，但针对牛传染性疾病的图谱类专著较少，给广大兽医工作者和牛场经营管理者鉴病、诊病、防病和治病造成了困难。因此，广大专业兽医工作者、养牛从业人员和大专院校兽医专业师生等都迫切希望有一本图文并茂、理论与实践兼顾而又以解决实际问题为主的牛传染性疾病专著。为此，我们在总结近四十年的教学、科研和临床实践经验的基础上，查阅了大量国内外文献，综合了近几年来国内外有关牛传染性疾病研究的新成果与新技术，编著了《牛传染性疾病诊治彩色图谱》。本书着重介绍牛常见传染性疾病的诊断、鉴别和防治，力求简明扼要，深入浅出，突出实用性、可操作性，做到易懂、易学、易会和易做；追求理论结合实际，针对不同疾病选择病原特性、生活简史、流行特点、临床症状、病理特征、诊断要点、类症鉴别、治疗方法、预防措施和/或公共卫生等角度，深入浅出地做介绍。全书配有680幅原色图片，从病原特点、临床症状、死后病理剖检的宏观病损和微观病变、病原学和细胞学的快速诊断等方面，生动形象地将牛传染病在不同的发展阶段所出现的症状和病变提供给读者，以便帮其在最短的时间内对牛所患疾病做出正确诊断，并采取相应的防治措施进行处置。本书是一本理论与实践兼顾、普及与提高并重的科技工具书，既可供基层兽医工作者、防疫检疫人员、养牛从业人员、大专院校师生使用，也可给有关的科研和管理人员提供参考。

　　本书的编著得到新乡学院院校领导的关心和支持，作者在此表示衷心的感谢。由于编写时间仓促，作者的水平有限，书中的缺点、错误和疏漏之处在所难免，敬请广大读者批评指正，以便再版时予以修订和完善。

编　者

2019年7月

目　　录

前言

牛的细菌性传染病 ……………………………………………………………………………………… 1

　　一、炭疽 ……………………………………………………………………………………………… 1

　　二、气肿疽 …………………………………………………………………………………………… 6

　　三、恶性水肿 ………………………………………………………………………………………… 12

　　四、破伤风 …………………………………………………………………………………………… 16

　　五、牛沙门氏菌病 …………………………………………………………………………………… 19

　　六、牛大肠杆菌病 …………………………………………………………………………………… 25

　　七、牛传染性脑膜脑炎 ……………………………………………………………………………… 29

　　八、结核病 …………………………………………………………………………………………… 33

　　九、布鲁氏菌病 ……………………………………………………………………………………… 41

　　十、坏死杆菌病 ……………………………………………………………………………………… 46

　　十一、弯曲菌病 ……………………………………………………………………………………… 52

　　十二、细菌性肾盂肾炎 ……………………………………………………………………………… 56

　　十三、牛巴氏杆菌病 ………………………………………………………………………………… 60

　　十四、李氏杆菌病 …………………………………………………………………………………… 66

　　十五、传染性角膜结膜炎 …………………………………………………………………………… 70

　　十六、牛副结核病 …………………………………………………………………………………… 75

　　十七、嗜皮菌病 ……………………………………………………………………………………… 81

　　十八、放线菌病 ……………………………………………………………………………………… 83

　　十九、放线杆菌病 …………………………………………………………………………………… 88

牛的病毒性传染病 …………………………………………………………………………………… 93

　　一、口蹄疫 …………………………………………………………………………………………… 93

　　二、恶性卡他热 ……………………………………………………………………………………… 100

　　三、牛瘟 ……………………………………………………………………………………………… 105

　　四、牛病毒性腹泻-黏膜病 …………………………………………………………………………… 111

　　五、牛传染性鼻气管炎 ……………………………………………………………………………… 116

　　六、牛流行热 ………………………………………………………………………………………… 122

　　七、牛副流行性感冒 ………………………………………………………………………………… 127

　　八、茨城病 …………………………………………………………………………………………… 131

　　九、牛白血病 ………………………………………………………………………………………… 135

十、赤羽病 ·· 140

十一、轮状病毒感染 ·· 145

十二、牛海绵状脑病 ·· 149

十三、水疱性口炎 ·· 152

十四、狂犬病 ··· 156

十五、疙瘩皮肤病 ·· 161

牛的寄生虫性传染病 ·· 166

一、血吸虫病 ··· 166

二、肝片吸虫病 ··· 171

三、蛔虫病 ·· 177

四、肺线虫病 ··· 179

五、胰阔盘吸虫病 ·· 184

六、牛双芽梨形虫病 ·· 187

七、牛梨形虫病 ··· 191

八、牛泰勒虫病 ··· 195

九、胃线虫病 ··· 199

十、牛副丝虫病 ··· 202

十一、贝诺孢子虫病 ·· 205

十二、牛皮蝇蛆病 ·· 208

十三、疥螨病 ··· 213

十四、蠕形螨病 ··· 218

牛的其他传染病 ··· 222

一、牛传染性胸膜肺炎 ··· 222

二、细螺旋体病 ··· 227

三、皮肤真菌病 ··· 232

四、无浆体病 ··· 236

附录 ·· 240

附录一　牛血细胞及其成分的正常值 ···················· 240

附录二　牛血液生化成分的正常值 ························· 241

附录三　鲜奶的质量评定标准 ······························· 242

附录四　牛常用的疫苗及使用方法 ························· 243

附录五　使用疫苗的注意事项 ······························· 245

附录六　常用病原菌染色液的配制及染色法 ············ 246

附录七　牛场常用的防腐消毒药 ···························· 250

附录八　治疗牛传染性疾病的常用药物 ·················· 255

牛的细菌性传染病

一、炭疽

炭疽（Anthrax）是人畜共患的一种急性、热性、败血性传染病；病理学上以天然孔出血、尸僵不全、血凝不良、脾脏极度肿大、皮下和浆膜下组织呈出血性浆液浸润等为特征。本病对奶牛和黄牛的危害很大，应引起足够的重视。人在接触病畜、剖检或处理病尸以及进行皮、毛等畜产品加工过程中，若防护不周也可感染发病，常于皮肤、肺脏及淋巴结等组织器官形成炭疽痈，也可导致败血症而死亡。

〔病原特性〕本病的病原菌是炭疽杆菌（Anthrax bacillus），为一种长而粗的需氧芽孢杆菌，无鞭毛不能运动，革兰氏染色阳性。本菌在病牛体内呈单个散在或由2～3个菌体形成短链，菌体的游离端为钝圆形，两菌连接端稍陷凹，菌体中段也因稍收缩而变细，故使整个菌体呈竹节状的特征形态。菌体的周围，具有黏液样肥厚的荚膜（图1-1-1）。荚膜的主要成分为一种大分子的多肽——D谷氨酰多肽。D谷氨酰多肽对组织腐败具较大抵抗力，故用腐败病料做涂片检查，常常见到无菌体的荚膜阴影，此称"菌影"。现已证实构成荚膜的多肽，是形成炭疽菌毒力的主要成分之一，与致病力有密切关系。炭疽杆菌在病牛的尸体内不形成芽孢，但一旦排至体外接触空气中的游离氧，并在气温适宜的情况下就会形成芽孢。芽孢呈卵圆形或圆形，位于菌体的中央或稍偏向一端（图1-1-2）。芽孢在适宜的条件下，又可重新发芽，再发育为繁殖体。

图1-1-1　末梢血中呈竹节状、有荚膜的炭疽杆菌

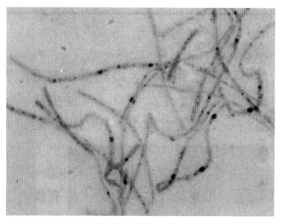

图1-1-2　在体外形成带有芽孢的炭疽杆菌

生长型炭疽杆菌抵抗力差，在腐败环境中易死亡。在夏季未解剖的尸体中经48～96小时可因腐败而完全死亡。在阳光照射下能存活6～15小时；加热至60℃经30～60分钟、75℃15分钟、煮沸2～5分钟可杀死。在低温条件下能存活较长时间，如−20～−10℃可存活100小时；

−10～−5℃可存活10年。0.1%升汞、20%的漂白粉和5%～10%热氢氧化钠溶液是较为可靠的消毒剂。炭疽芽孢的抵抗力很强，在直射阳光下可存活100小时；在干燥的环境中可存活12年以上；在污染的土壤、皮革、毛发及病尸掩埋的土壤中能长期存活数年到数十年；在高压蒸汽下（121℃）需10分钟才能被杀死。因此，芽孢是长期播散本病的罪魁。对死于本病的牛，严禁剖检，防止造成本地区的长期污染。

〔流行特点〕各种年龄的奶牛和黄牛对本病都有很高的易感性，马、驴、骡、山羊和鹿对本病也易感，而猪和野生动物有一定的抵抗力，可成为本病的传播者。病牛、其他有病动物或被污染的含有炭疽芽孢的土壤等是本病的主要传染来源。本病的传染途径有三种，主要通过消化道传播，常因病牛采食了被炭疽杆菌或芽孢污染的草料、饮水，或在被污染的牧场放牧而感染；其次是通过皮肤传染，常因带有炭疽杆菌的吸血昆虫叮咬或经创伤而感染；再次是通过呼吸道传播，因吸入混有炭疽芽孢的灰尘而感染。

本病的发生有一定的季节性，夏季较多发病。这可能与夏季放牧时间长、气温高、雨量多、吸血昆虫大量活动等因素有关。大雨、山洪暴发或河水泛滥可将被污染土壤中的病原菌冲刷出来，污染牧场、饲料、水源等而引起感染。另外，有的地方暴发本病则是因从疫区运入病畜产品，如骨粉、皮革等而引起。

〔临床症状〕本病的潜伏期一般为1～5天，最长可达10天。根据临诊症状和病程，一般可将之分为最急性、急性和亚急性三种，牛患本病时多为急性型。

1. 最急性型　通常见于暴发。病初，牛突然发病，体温升高至40.5～41.5℃，可视黏膜发紫，肌肉震颤，行动摇摆或站立不动；也有的突然倒下，呼吸极度困难，口吐白沫，不断鸣叫，不久呈虚脱状，惊厥而死。本型的病程很短，一般仅为数小时。

2. 急性型　是最常见的一种类型。病初，牛体温升高至41～42℃，精神沉郁，脉搏加快，每分钟可达80～120次，呼吸增数，食欲减退或废绝，常发生臌气。奶牛泌乳量下降，妊娠牛可发生流产。严重者兴奋不安，惊慌哞叫，肌肉震颤，步态蹒跚；继则高度沉郁，皮温不均，呼吸困难，可视黏膜发绀，并有出血斑点，口和鼻腔往往有红色泡沫流出。颈、胸、腹部和外生殖器可能发生水肿，有的病牛有腹痛和血样腹泻。后期体温下降，呼吸高度困难，病牛常因膈肌强直性痉挛而死。本型的病程稍长，多为1～2天。

3. 亚急性型　症状类似急性，但病程较长、病情缓和，不如急性严重。此外，炭疽杆菌侵入损伤皮肤，如病牛的喉、颈、胸前、腹下、乳房及外阴部等皮肤，可引起皮肤水肿或形成炭疽痈；有时在直肠、口腔黏膜等部位也可发现炭疽痈。本型病程一般为3～5天。

〔病理特征〕死于炭疽的病牛常会出现特征性的病变，但为了防止污染和避免病原扩散，一般严禁剖检。必须剖检时，一定严格地执行各项消毒和保护措施。

牛炭疽多呈败血而死亡，剖检见尸僵不全或完全缺乏，尸体极易腐败而呈现腹围膨大；从鼻腔和肛门等天然孔内流出红色不凝固的血液（图1-1-3）；可视黏膜呈蓝紫色，并有小出血点。剥皮和切断肢体后，见皮下与肌间结缔组织，特别是在颈部、胸前部、肩胛部、腹下部及外生殖器部皮下密布出血点或呈出血性胶样

图1-1-3　败血型病例的天然孔出血

浸润；全身肌肉呈淡黄红色变性状态，从血管断端流出暗红色或紫黑色煤焦油样凝固不良的血液；胸、腹腔的浆膜下和肾脂肪囊也均密布有出血斑点（图1-1-4），胸、腹腔内还积留有一定量红黄色浑浊的液体。

图1-1-4　皮下淡黄色胶样浸润及出血，内脏出血

脾脏显著肿大，常达正常的3～5倍，甚至更大，呈紫褐色（图1-1-5），质地柔软，触摸有波动感，有时可自行破裂。断面隆突呈黑红色，切缘外翻，脾髓软化呈污泥状，甚至变为半液状自动向外流淌，脾白髓和脾小梁的结构模糊不清（图1-1-6）。组织学检查见脾静脉窦充盈大量血液，脾正常结构被压挤而破坏，残留的脾白髓呈岛屿状散在，脾窦内有大量炭疽杆菌（图1-1-7）。

图1-1-5　脾脏明显肿大，从中分离出炭疽杆菌

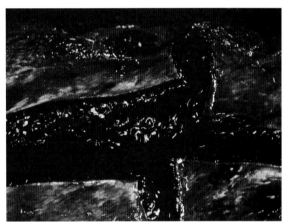

图1-1-6　脾脏切缘外翻，血凝不良呈煤焦油样

全身淋巴结，特别是在炭疽痈附近的淋巴结呈现浆液性出血性或出血性坏死性淋巴结炎。眼观淋巴结肿大，呈紫红色或暗红色，切面隆突、湿润呈黑红色。镜检见淋巴组织内的毛细血管极度扩张、充血、出血、水肿和有大量白细胞积聚，有时见扩张的淋巴窦内充满红细胞、纤维蛋白、中性粒细胞和存有大量炭疽杆菌，淋巴组织结构破坏并伴发坏死。

胃肠道，特别是小肠常呈现弥漫性出血性肠炎或局灶性出血性坏死性肠炎，即形成所谓肠炭疽痈。肠呈弥漫性出血和坏死时，见肠黏膜肿胀，呈红褐色（图1-1-8）。肠壁淋巴小结

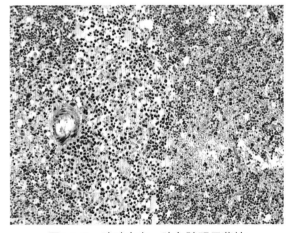

图1-1-7　脾脏出血，脾白髓明显萎缩

肿大，隆突于黏膜表面并常伴发出血，有时肿大的淋巴小结坏死并形成灶状溃疡。镜检见肠黏膜充血、出血，肠绒毛坏死和脱落，在黏膜固有层和黏膜下层内存有大量红细胞、白细胞或有纤维蛋白渗出，有时在坏死的黏膜部位见有炭疽杆菌。

图1-1-8　肠黏膜出血，水肿，系膜淋巴结肿大

此外，肝、肾、心、脑等实质器官常发生变性、肿大，表面和切面常见数量较多的出血点。

〔诊断要点〕牛炭疽的经过通常很急，多数病例生前看不到特征性症状就发生死亡。因此，诊断本病必须结合流行病学分析、微生物学和血清学诊断等。

在死亡前后不久的血液中一般能查到炭疽杆菌。因死于炭疽的病畜规定不得解剖，但可采取末梢血液（如耳部血管）作涂片检查（图1-1-9），必要时，在严格隔离和卫生防护条件下，作局部解剖，取一小块脾脏（图1-1-10）作组织触片检查，血片（或组织片）用姬姆萨或瑞氏染色法染色后镜检，可见到菌体粗大、两端平截，菌体呈红色、荚膜呈紫红色的炭疽杆菌。若用美蓝染色，则菌体呈蓝色、荚膜呈红色。如检查后仍不能确定，可进行人工培养和实验动物（如小鼠，豚鼠）接种。

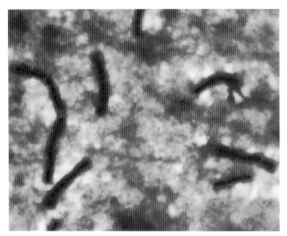

图1-1-9　从血中检出的带荚膜的炭疽杆菌

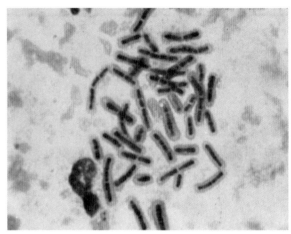

图1-1-10　从脾脏中检出的呈竹节状炭疽杆菌

在死牛的组织中含有特异的炭疽杆菌沉淀原，能耐热并耐腐败，与炭疽沉淀血清相遇则发生沉淀反应。因此，它为诊断炭疽提供了一种简便而有效的方法。其方法是：将可疑病料（脾、肝或淋巴结）数克剪碎或捣烂，加入5～10倍生理盐水浸渍再水浴煮沸30分钟或103.4千帕高压灭菌15分钟，然后用滤纸过滤或离心沉淀，取其滤液或上清液备用。取沉淀管3支（也可用糖发酵管代替），标上1、2、3标号，用毛细玻璃管吸取高效价炭疽沉淀血清（约0.5毫升或更少些）注入1号和2号沉淀管内，另用一毛细玻璃管吸取同量阴性血清注入第3号管；再用新毛细吸管吸取上述备用抗原，沿试管壁轻轻重叠于第1号及第3号管内（抗原量约同血清量）；再取正常动物的脏器滤液加于第2号管的血清表面上作为抗原对照。在室温中静置3～5分钟后观察结果。如在1号管两液面交界处出现白色沉淀环的即为阳性，而2号和3号管则应无此现象。

〔类症鉴别〕诊断牛炭疽时应与梨形虫病、牛巴氏杆菌病和气肿疽等疾病相鉴别，鉴别的主要特点分别简述如下：

1.梨形虫病　牛患梨形虫病时，脾脏虽然肿大、淤血，但色泽较淡，不呈深红色或紫红色，脾髓也不软化；在不同部位的皮下虽然有不同程度的胶样浸润，但通常没有出血性变化，浸润部多呈淡黄色胶样，而不是出血性红褐色胶样；各组织器官的黏膜和浆膜多黄染。采血进行涂片染色，常在红细胞内可检出数量不等的梨形虫。

2.**牛巴氏杆菌病** 牛出血性巴氏杆菌病虽然多呈败血症过程，但其与炭疽有明显的不同，主要表现为脾脏不肿大，出血性胶样浸润通常局限于咽喉部与前颈部；肺脏常有较明显的病变，特别是病程较久的病例，常可检出较典型的纤维素性肺胸膜炎的变化。

3.**气肿疽** 牛气肿疽的肿胀通常发生于肌肉丰满的部位，如臀部，用手触摸时可闻及捻发音，并常能从创口流出带有泡沫样的污秽不洁的液体，具有酸臭的气味。脾脏不肿大，多无明显的病理变化。

〔治疗方法〕 本病的病程短促，病情急剧，对人也有严重的危害，如有必要进行治疗时，必须及早确诊，及时治疗，同时还必须在严格的隔离和专人负责的情况下进行。治疗本病较有效的方法是血清疗法和大量的抗菌药的使用。

1.**血清疗法** 抗炭疽血清是治疗本病的特效药物，病初即大量使用，可获得较好的疗效。牛一次的用量为100～300毫升，其中一半进行静脉注射；另一半用于皮下注射。这样可使药物有一个较长时间消灭细菌和中和其毒素的时空。若注射后体温仍不下降，则可于12或24小时后再注射一次。使用血清疗法，为了避免过敏反应的发生，最好用牛的抗血清；如果没有牛的抗血清而须使用异种动物的抗血清时，最好先皮下注射0.5～1毫升，观察30分钟无不良反应时再注射全量。

2.**抗菌药疗法** 及时大量应用抗菌药是治疗本病的重要环节。治疗应首选青霉素，使用方法是：按每千克体重4 000～8 000单位肌内注射青霉素，每天2～3次，连续2～3天，治疗效果良好；如同时用10%～20%磺胺嘧啶钠溶液100～150毫升静脉或肌内注射，每天2次，效果更好。据报道，将青霉素与抗炭疽血清或链霉素合并应用，治疗效果更好。

另外，土霉素对本病也有良好的治疗作用，可先用土霉素1～2克，肌内或静脉注射，每天2次，连用2～3天。金霉素与链霉素对本病也有效。

〔预防措施〕 平时严格规章制度，加强饲养管理；发病后及时果断采取措施是预防本病的中心环节。

1.**常规预防** 加强饲养管理，建立定期消毒制度，搞好环境卫生，增强牛群的抗病能力，是一种最积极有效的防病措施。对疫区、常发地区或受到威胁的牛，每年应定期预防注射，以增强牛的特异性免疫力。现在常用的疫苗有两种：①无毒炭疽芽孢苗，注射方法是1岁以上的牛皮下注射1毫升，1岁以下的牛皮下注射0.5毫升；②Ⅱ号炭疽芽孢苗，用法是皮下注射1毫升。两种疫苗均于注射14天后产生免疫力，免疫期为1年。注射疫苗时须注意：不满1月龄的犊牛，妊娠最后2个月的母牛，病弱、发热或有其他疾病的牛不宜注射。

2.**紧急预防** 发生本病后，应尽快上报疫情，迅速确诊，划定疫点，并采取有力措施尽快扑灭疫情。

（1）及时隔离 发生本病的牛舍或牛场，应立即禁止牛的流动，并对牛场中的牛逐一测温，凡体温升高的可疑牛，要尽快隔离，并用大剂量的青霉素或血清进行治疗；对与病牛直接接触的牛，应先用抗炭疽血清注射，8～10天后注射无毒炭疽芽孢苗或二号炭疽芽孢苗进行免疫；对体温不高的牛，仍需用药物进行预防，并适时注射疫苗。

（2）封锁疫区 根据发病现场的牛群分布、地理环境情况而划定疫区，进行封锁。疫区内禁止动物随便调群、随便出入，禁止输出畜产品和饲料，禁止食用病牛乳、肉。疫区周围的健康牛也应紧急预防接种。在最后一头病牛痊愈或死亡14天后，不再出现新的病牛时，方可解除封锁。

(3) 严格消毒　病牛住过的圈舍、被污染的饲养管理用具、运动场牛栏、车辆等可用10%～20%漂白粉或10%热碱水等消毒；病牛污染或停留过的土地，则应铲除地表土15厘米，混以漂白粉深埋。被污染的饲料、垫草、粪便要烧掉。被炭疽杆菌污染的牛皮可用2%盐酸或10%食盐溶液浸泡2～3天消毒或用福尔马林熏蒸消毒。

(4) 严禁剖检　对确诊死于炭疽的牛，不得进行剖检，尸体及其排泌物应在指定的地点焚烧或深埋。埋尸的土坑不能浅于2米，坑底及尸体表面应撒上一层漂白粉。严禁剥皮吃肉，以免人被感染和散播病原；也不允许将尸体抛于野外或江河之中，以保护土壤、牧场和水源等不受污染。

〔公共卫生〕人可以感染炭疽。因此，在发生炭疽时兽医、防疫员、饲养人员和有关工作人员，都应加强防护，一旦有可疑症状，应及早到医院诊治。人患炭疽常见以下类型：

1. 皮肤型炭疽　多见于面、颈、肩、手和脚等裸露部位皮肤，初起为丘疹或斑疹，逐渐形成水疱、溃疡，最终形成黑色似煤炭的干痂，常以痂皮下有肉芽组织，周围有非凹陷性水肿，坚实，疼痛不显著，溃疡不化脓为特性。

2. 恶性水肿型炭疽　累及部位多为组织疏松的眼睑、颈、大腿等部位，无黑痂形成而呈大块水肿，扩散迅速，可致大片坏死。局部可有麻木感及轻度胀痛，全身中毒症状明显，如治疗不及时，可引起败血症。

3. 口咽部炭疽　出现严重的咽喉疼痛，颈部明显水肿，局部淋巴结肿大。水肿可压迫食管引起吞咽困难，压迫气管可出现呼吸困难。

4. 肺型炭疽　肺炭疽多为原发吸入感染，偶有继发于皮肤炭疽，常形成肺炎。通常起病较急，出现低热、干咳、周身疼痛、乏力等流感样症状。一段时间后症状加重，出现高热、咳嗽加重，痰呈血性，同时伴胸痛、呼吸困难、发绀和大汗。肺部啰音及喘鸣。X线胸片显示肺纵隔增宽、支气管肺炎和胸腔积液。

5. 肠型炭疽　患者出现剧烈腹痛、腹胀、腹泻、呕吐，大便为水样。重者继之高热，血性大便，可出现腹膜刺激征及腹水。

二、气肿疽

气肿疽（Gas gangrene）俗称"黑腿病"，是由气肿疽梭菌引起的一种急性、败血性传染病。本病的临床特点是高热，肌肉丰厚部位（尤其是股臀部）发生气性肿胀、肌肉发黑，压之有捻发音；病理特征是在肌肉丰满部位发生出血性坏死性肌炎，皮下和肌纤维间的结缔组织呈弥漫性浆液性出血性炎，并于患部皮下与肌间产生气体，触摸患部有明显的捻发音，故又称"鸣疽"。

〔病原特性〕本病的病原体为梭状芽孢杆菌属的气肿疽梭菌（*Clostridium chauvoei*）。气肿疽梭菌又名黑腿病杆菌（Blackleg *Bacillus*）、鸣疽杆菌（Rauschbrand *Bacillus*）或费氏梭菌（*Clostridium feseri*），是一种两端钝圆、有周身鞭毛（图1-2-1）而无荚膜的专性厌氧的粗大杆菌，在体内、外均可形成芽孢，芽孢一般位于菌体中央或近端，使菌体呈纺锤形（图1-2-2）。菌体呈单个存在或成对排列，或由2～5个菌体形成短链（图1-2-3），在肝表面压片也不形成长线状（图1-2-4）。这是本菌与呈长链状排列的腐败梭菌的主要区别。气肿疽梭菌有鞭毛抗原、菌体抗原及芽孢抗原，可产生溶血性和坏死性α毒素，透明质酸酶及脱氧核糖核酸酶等毒素。这些毒素均属外毒素，不耐热，加热52℃持续30分钟即可破坏之。

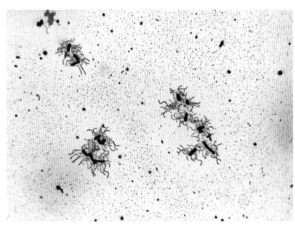

图1-2-1　用鞭毛染色法可检出气肿疽菌的鞭毛

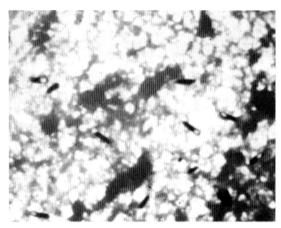

图1-2-2　在病变组织涂片中带有芽孢的病原菌

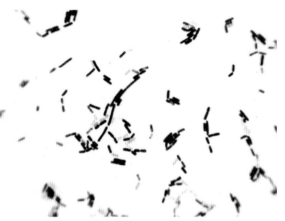

图1-2-3　产气荚膜杆菌的菌体，多呈短链状

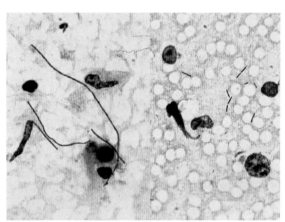

图1-2-4　右为肝涂片中的气肿疽梭菌，左为肝涂片中的腐败梭菌

本菌的繁殖体对热和消毒药的抵抗力并不强，但所形成的芽孢有很强的抵抗力。芽孢在腌肉中能存活2年以上；在腐败的肌肉中能存活6个月；在泥土中可存活5年以上；在风干的皮肤和肌肉内可生存18年。芽孢在液体和组织内需加热到100℃持续20分钟才能使其失活。芽孢对化学消毒液的抵抗力也很强，如5%石炭酸或来苏儿在4周内仍不能将皮肉内的芽孢杀死；0.2%升汞、3%甲醛溶液于10～15分钟才能将芽孢杀死。

〔流行特点〕本病主要发生于牛，虽然奶牛常有发生，但以黄牛最为易感。发病的年龄多在6个月到4岁。吃奶的犊牛一般不发病，但在严重流行的地区，断奶前不久或刚断奶的犊牛也可发生。病牛是本病的主要传染源。病原体由病牛或尸体污染土壤、草地、饲料、饮水等而引起传播；而草地和土壤被病原体污染之后可长期保持病原，成为持久的间接性传播媒介源。本病的主要传播途径是消化道。牛通过摄入含本菌芽孢的饲料或饮水后，病菌经口腔、咽喉和胃肠道损伤部黏膜进入淋巴或血液并到达肌肉组织。在自然条件下，牛体肌肉遭受损伤（如打伤、撞伤或肌内注射使肌肉受损）在本病的发生、发展上具有重要意义，因它有利于随血液而来的细菌的增生和繁殖。此外，本病还可通过吸血昆虫（蜱、蝇和牛虻等）叮咬而传播。

本病为地方性传染病，多呈地方性流行，在山区、平原或低湿草地均可发生；虽可发生于任何季节，但以夏季放牧时最多发生，舍饲牛发病较少。

图1-2-5　病牛颈部皮下发生的气肿疽

〔临床症状〕本病的潜伏期不定，最短1～2天即可发病，长者可达7～9天，平均为3～5天。病牛突然发病，体温升高（40～41℃），食欲反刍停止，精神沉郁，呼吸和心跳加快。在典型症状出现之前，病牛通常先发生支跛，继之，在身体肌肉丰满的部位，如股、臀、腰、肩、胸、颈部（图1-2-5）等处出现肿胀。肿胀常发生于一处，也可数处同时发生，然后连成一大块。肿胀部位先热而痛，后变冷且中央无感觉，压迫肿胀部、甚至切开都没有明显的疼痛反应。随后，该部皮肤干燥而变黑，甚至坏死，触压肿胀部位可闻及捻发音。若将肿胀部位切开，可见含气泡的黑红色液体流出，并具特殊的酸臭味。肿胀部位附近的淋巴结常常发炎而肿大。如细菌侵入口腔或喉部，则发生急性咽喉炎，舌肿大，伸出口外，舌部有捻发音。

本病的病程一般为2～3天，也有延长达10天。于特殊症状出现时，病牛呼吸逐渐困难，脉搏快而细（90～100次/分），结膜发绀，食欲锐减反刍停止。最后病牛体温下降或稍回升而终归死亡。

〔病理特征〕气肿疽梭菌在病牛肌肉组织繁殖过程中，不断产生α毒素、透明质酸酶和DNA酶。毒素可导致受损组织溶血坏死；透明质酸酶有分解间质透明质酸的作用。在毒素和酶类的作用下，全身的组织和器官，特别是受损部位的组织发生严重充血、出血、溶血和大量浆液渗出，继而肌肉发生变性、坏死，肌肉组织的蛋白质和肌糖原被分解，产生有特殊酸臭气味的有机酸和气体，从而形成特有的气性坏疽；再由蛋白质分解产生的硫化氢与游离的血红蛋白中的铁结合，形成硫化铁，从而使患部肌肉呈污黑色。

剖检，尸体迅速腐败，腹围高度膨胀（图1-2-6），从口、鼻、肛门或阴道等天然孔流出带泡沫的血样液体。典型病变发生于颈、肩、胸、腰，特别是股臀部等肌肉丰满之处，肿胀可以从患部肌肉扩散到邻近的广大范围（图1-2-7）；有时病变也见于咬肌、咽肌和舌肌。病变部肌肉肿胀，皮肤紧张，按压有捻发音。皮肤干燥呈黑褐色，病程较久时则可发生坏死。切开病变部皮肤和肌肉，最初皮下结缔组织和肌膜呈胶样浸润，肌肉呈红褐色（图1-2-8）。继之，皮下及

图1-2-6　发生气肿疽病牛死后全身肿胀，胸腹膨满

图1-2-7　肿胀从颈部扩散到肩、胸前部

肌间淤血、出血、变性和坏死，呈暗红色，切开见多量暗红色的血液样液体流出（图1-2-9）。病情严重时，皮下有大量出血性胶样浸润，呈暗红色，皮下组织及皮肌内有弥漫性出血，或有紫红色斑块（图1-2-10）。全身肌肉肿胀、变性、坏死，出血明显，形成黑褐色斑块（图1-2-11）。病变组织触之易破碎、断裂，肌纤维间充满含气泡的暗红色带酸臭的液体，故肌肉断面呈多孔的海绵状（图1-2-12），具典型的气性坏疽和出血性炎特点。镜检见肌纤维肿胀、崩解和分离，肌浆凝固，均质红染，肌纤维的纵横纹消失，呈典型的蜡样坏死（图1-2-13），肌间间质组织也表现水肿和出血，

图1-2-8　发生气肿疽的皮下呈暗红色胶样浸润

并有炎性细胞浸润和气肿疽梭菌存在。触片染色，常能检出大量无芽孢的气肿疽梭菌（图1-2-14）。

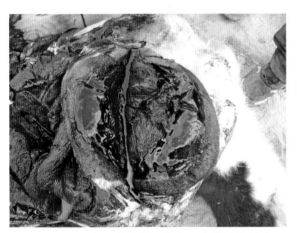

图1-2-9　肌肉呈暗红色，有大量血样液体流出

图1-2-10　胸肌部呈出血性胶样浸润

图1-2-11　肌肉肿胀、变性、坏死，呈暗红色

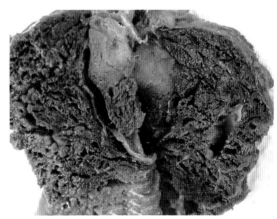

图1-2-12　肌肉变性、坏死，纤维间有气泡呈海绵状

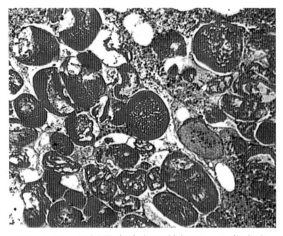

图1-2-13　肌纤维发生凝固性坏死，肌浆中有微细空泡

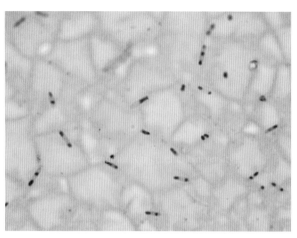

图1-2-14　肌肉触片检出的无芽孢气肿疽梭菌

　　除典型的局部性病变之外，全身的一些组织器官的病变也很明显。胸腔、腹腔和心包腔内常积有大量红褐色液体。用心包液涂片染色，常能发现带有芽孢或无芽孢的气肿疽梭菌（图1-2-15）。淋巴结，特别是受侵肌肉附近的淋巴结高度肿大，周围有浆液性出血性浸润，切面湿润，布满出血点，呈浆液性出血性淋巴结炎的变化。心脏显著扩张，心内、外膜有斑块状出血，心肌柔软、色淡，呈实质变性状。病情严重时，心肌变性淤血呈暗红色，心外膜常附有大量纤维蛋白膜（图1-2-16），发生纤维素性心包炎。肺淤血、水肿，有时见有出血和坏死灶。肝脏肿大，呈紫红色或淡黄红色，有时肝内有黄豆大至核桃大、干燥而呈黄褐色的坏死灶。切开坏死灶见其切面呈海绵状多孔样。脾脏偶见黑红色干燥、轮廓鲜明的坏死灶。胃肠道一般无明显变化，个别病例可见轻度的出血性胃肠炎变化。

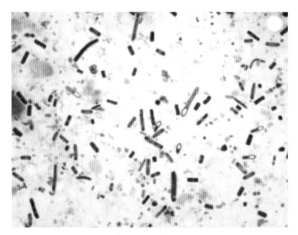

图1-2-15　心包液中检出的带有芽孢的气肿疽梭菌

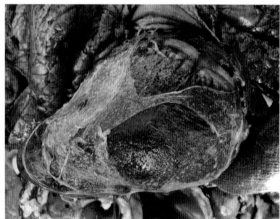

图1-2-16　心肌淤血、出血，呈现纤维素性心包炎

　　〔诊断要点〕根据本病的流行病学特点、临诊症状和特征性的眼观剖检病变，即可进行诊断。进一步的确诊可取病牛肿胀部位的水肿液、肝脏和脾脏等组织作涂片，染色镜检，如见到单个或两个连在一起的无荚膜（有时可检出芽孢）的大杆菌（图1-2-17），即可确诊。如有条件，还可进一步作细菌分离培养和动物（豚鼠）接种试验。其方法是：将病料做成1∶10乳剂，取0.5毫升注射于豚鼠臀部肌肉，于24～48小时内注射部位出现肿胀并死亡，剖检时肌肉呈黑红色且干燥，从病变的组织中可检出或培养出病菌。

〔类症鉴别〕牛气肿疽的生前临床症状和局部病变与炭疽、恶性水肿和巴氏杆菌病有类似之处，故在进行诊断时应注意鉴别。

1. 炭疽 本病可发生于各种动物，多散发。局部的肿胀为出血性炎性水肿，触诊多为捏粉样或有硬固感，灼热、疼痛，无捻发音。剖检时见血液呈暗红色或黑红色，凝固不全；脾脏高度肿大；取末梢血液镜检可发现革兰氏阳性、有荚膜而无芽孢呈竹节状的炭疽杆菌；做炭疽沉淀反应出现阳性结果。

2. 恶性水肿 病牛无年龄区别，老幼都能感染，多散发，主要由伤口感染。发生部位不定，全身各处都可能发生。发病组织厥冷，无痛，气性肿胀不显著，有时可闻及轻微的捻发音，

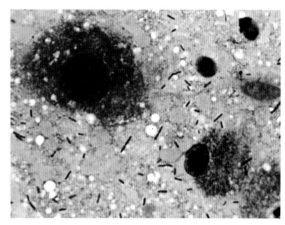

图1-2-17 从病料涂片检出的气肿疽梭菌

但不如气肿疽明显，后期可因水肿加剧而消失。剖检，病变部一般无明显的出血现象，也无黑红色的肌肉坏死。镜检可发现菌体长短不一，能形成短链，革兰氏染色呈阳性反应的腐败梭菌；用肝表面做涂片可检出微弯曲呈长丝状的腐败梭菌。

3. 牛巴氏杆菌病 本病多呈散发，有时呈地方流行性。肿胀部位主要发生于咽喉和颈部，常为炎性水肿。肿胀部硬固，灼热，疼痛，但不产生气体，无捻发音。本病的特征是出现急性纤维素性肺胸膜炎的症状与病变。用血液或实质器官涂片镜检，可检出革兰氏阴性，呈两极染色的多杀性巴氏杆菌。

〔治疗方法〕早期如用抗气肿疽梭菌血清静脉或腹腔注射，同时应用大剂量的抗生素（青霉素、四环素）或磺胺类药等治疗，可取得明显的疗效。抗气肿疽梭菌血清的用量为每头牛150～200毫升；青霉素每天肌内注射3～4次，每次100万～200万单位；四环素2～3克溶于5%葡萄糖200毫升中静脉注射，每天1～2次；10%磺胺噻唑钠100～200毫升静脉注射。

局部的气性肿胀不宜过早切开，以防病原菌扩散。早期可用1%～2%高锰酸钾溶液或3%过氧化氢或3%石炭酸溶液在肿胀部位周围分点进行皮下或肌内注射，或用0.25%～0.50%普鲁卡因溶液10～20毫升溶解青霉素80万～120万单位，于肿胀部周围分点注射，可收到较好效果；中、后期可将肿胀部位切开，除去坏死肌组织，并用2%高锰酸钾溶液或3%双氧水充分冲洗或在肿胀部周围分点注射。

在进行局部处理的同时，还须给予强心剂、补液、解毒及其他对症疗法，如5%葡萄糖生理盐水1 000～2 000毫升、樟脑酒精葡萄糖液200～300毫升和5%碳酸氢钠溶液500毫升一次静脉注射，有良好的辅助性治疗作用。

临床实践证明，一些中草药对本病也有良好的治疗作用。例如，大黄30克、黄柏30克、黄药子30克、连翘30克、金银花30克、蒲公英30克、黄连25克、白药子25克、天花粉25克、茵陈25克、全蝎25克和甘草25克，水煎3次，混合后一次灌服，连用3天，治疗效果明显。

〔预防措施〕在气肿疽病常发生的地区，一定要坚持预防注射。方法是：每年春、秋两季用气肿疽明矾菌苗或气肿疽甲醛菌苗，大小牛一律皮下注射5毫升，免疫期可达6个月。对6个月以下的犊牛注射后，当其年龄达到6个月时，再进行第二次注射，借以确保免疫效果。

当本病在牛群中流行时，对已确诊的病牛，须立即隔离治疗；同时对未感染的牛用抗气肿疽梭菌血清或抗生素进行预防性注射；对牛舍、用具、饲槽等用5%～10%氢氧化钠溶液或含有效氯5%的漂白粉溶液严格消毒；也可用3%甲醛液对污染的牛舍、地面和用具等进行喷洒消毒。

对已确诊的病例，尸体严禁剥皮，应连同被污染的饲料以及粪尿等一起烧毁（图1-2-18）或深埋（图1-2-19），可疑被污染的饮水或饲料应停止使用。

图1-2-18　将死体焚烧处理

图1-2-19　将死体深埋处理

三、恶性水肿

恶性水肿（Malignant edema）主要是由腐败梭菌引起的一种经创伤感染的急性传染病，多发生于牛、马和绵羊。本病的特征是在创伤感染局部发生弥漫性炎性水肿，并伴有发热，严重时导致全身性毒血症。本病分布于世界各地，我国时有散发病例。

〔病原特性〕本病的主要病原体为梭菌属的腐败梭菌，其次为魏氏梭菌，再次为诺维氏梭菌（*Clostridium novyi*）和溶组织梭菌（仅占5％）。腐败梭菌（*Clostridium septicum*）又名恶性水肿杆菌，是两端钝圆的大杆菌（图1-3-1），在病变部的渗出物内呈长链或长丝状，易形成芽孢，无荚膜，有鞭毛，革兰氏染色阳性。本菌在适宜条件下，能产生 α、β、γ 和 δ 四种毒素，α 毒素为卵磷脂酶，具有坏死、致死和溶血作用；β 毒素为脱氧核糖核酸酶，有杀白细胞的作用；γ 和 δ 毒素分别具有透明质酸酶和溶血素活性。病菌芽孢经皮

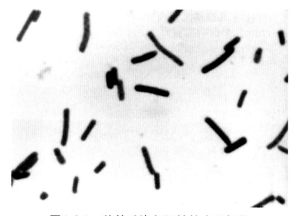

图1-3-1　革兰氏染色阳性的大型杆菌

肤、口腔、消化道、阴道、子宫创伤或去势创侵入组织后，于厌氧条件下在组织间隙发芽转变成细菌并不断增殖，产生外毒素，使局部组织发炎、坏死，破坏血管壁致使通透性增强，大量血液成分漏入组织间隙，形成重度水肿。同时病变部肌糖原与蛋白质在细菌酶的作用下发生分解，产生具酸臭气味的有机酸和气体，从而使病变部呈现气性炎性肿胀，故触压患部有捻发音。当细菌毒素和组织有毒分解产物被吸收进入血液，则可引起全身性毒血症而导致动物死亡。

本菌广泛分布于自然界，如牛的肠道、粪便和表层土壤等，强力消毒药如20%漂白粉，3%~5%硫酸-石炭酸合剂或3%~5%氢氧化钠等可于短时间内杀灭病菌；而本菌的芽孢抵抗力则很强，一般消毒药需长时间作用才能使之失活。

〔流行特点〕各种年龄的牛对本病均有易感性。本病的主要传染源是外环境的污染，病牛虽不能通过直接接触将病原传染给健康牛，但病牛的排泄物能加重外环境的污染。本病的主要传播途径是外伤，如分娩、去势、刺伤、咬伤和骨折等；用污染本菌的不洁针头进行注射时也常引起感染。尤其是创伤深部存有坏死组织时，造成局部组织缺氧，更易发生本病。

本病多呈散发，没有明显的季节性；如用不洁或消毒不彻底的针头连续给牛注射时，也可引起牛群中多头牛同时发病。

〔临床症状〕恶性水肿发生于创伤之后，潜伏期一般为2~5天。病初，病牛食欲减退，体温升高，产奶量锐减。创伤局部发生炎性水肿，并迅速扩散蔓延。有的病牛颊部感染而迅速使颜面部变形（图1-3-2）；有的病牛颈部感染，肿胀可波及胸前及前肢上部（图1-3-3）；当腹部感染时，炎性反应有时可累及乳房。肿胀的局部最初坚实、灼热、疼痛，后期变为无热，逐渐变软，有轻度捻发音，尤以触诊部上方最为明显，切开肿胀部，有多量红棕色混有气泡液体流出，并有腐臭气味。随着炎性气性水肿的不断加剧，全身性症状明显，主要表现为高热稽留，呼吸困难，脉搏细而快，可视黏膜充血发绀，有时腹泻。由分娩性外伤感染者，病牛的阴户水肿，阴道充血，流出有臭味的褐色液体，性器官相邻部分亦发生气性肿胀，可向会阴、股部及乳房扩散。病牛起立困难，垂头拱背，不断痛苦呻吟，泌乳停止。

图1-3-2　病牛的右颊部受感染，软组织特别是右鼻孔肿胀，口腔流涎

图1-3-3　病牛胸前明显水肿，肿胀多波及前肢

〔病理特征〕死于败血病的病牛，常见全身肿胀，触之有捻发音和气体流动感。病牛常从鼻孔流出大量血性渗出物（图1-3-4）。剥皮后见皮下湿润，有淡红色胶样渗出，血管断端流出凝

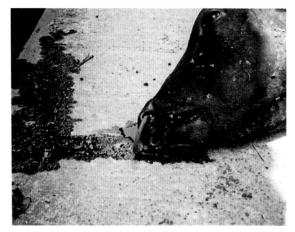

图 1-3-4　病牛死后从鼻孔流出大量血性渗出物

固不全的血液（图 1-3-5）。本病的特征性病变是在创伤感染局部呈弥漫性的急性炎性水肿，切开患部见皮下和肌间有多量红黄色或红褐色（图 1-3-6）含气泡并有酸臭味的液体流出，并布满出血点，肌肉呈暗红色或灰黄色，如同浸泡在水肿液之中；肌肉松软易碎，肌纤维间多半含有气泡（图 1-3-7）。镜检见含蛋白质少的水肿液将肌纤维与肌膜分开，肌纤维变性，深染伊红。病变深部的肌纤维往往断裂和液化，肌纤维间的水肿液中很少见有中性粒细胞，固有的组织细胞多无变化。病尸多半易腐败，血液凝固不良。全身淋巴结特别是感染局部的淋巴结呈急性肿胀，切面充血和出血并表现湿润多汁。肺淤血、水肿；心、肝、肾（图 1-3-8）等实质器官呈严重变性，而脾脏一般无显著变化。

图 1-3-5　患恶性水肿的病牛，全身肿胀，皮下有红色胶样浸润

图 1-3-6　肌肉呈暗红色，含大量血样水肿液

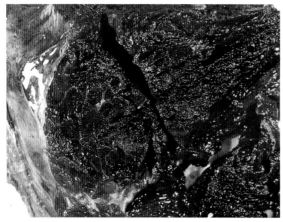

图 1-3-7　病灶湿润，有大量水肿液流出，肌纤维间有少量气泡

图 1-3-8　肾脏变性、色泽变淡，质地脆弱

如本病继发于产后，则见盆腔浆膜及阴道周围组织出血和水肿，臀、股部肌肉变性、坏死和有气性水肿变化。子宫壁水肿、增厚、肿胀，附有污秽不洁带有恶臭的分泌物。

如本病是由感染诺维氏梭菌所致，则其病变与以上所述有所不同。因诺维氏梭菌的外毒素对血管内皮和浆膜具有特异的作用，故感染诺维氏梭菌所致的恶性水肿一般可引起广泛的结缔组织水肿，水肿液呈澄清、胶冻样，但腐败变化不明显，肌肉变化也极为轻微。

〔诊断要点〕根据流行病学、临诊症状和病理变化，可做出初步诊断。确诊必须进行实

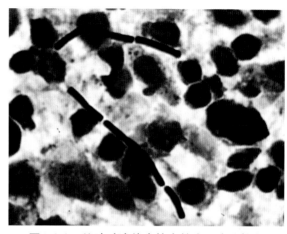

图1-3-9 从脾脏涂片中检出的大型腐败梭菌

验室诊断。实验室诊断首先可从病牛肝表面或脾脏切面做触片，然后染色镜检，见到腐败梭菌呈微弯曲的长链（图1-3-9），这是与其他梭菌不同的特点。其次，采取病料（病变部分的组织渗出液或小块肌肉）接种于厌氧培养基培养，获得纯培养后，接种于鉴别培养基，观察培养特性和生化特性。此外尚可接种实验动物（豚鼠、小鼠和家兔），观察不同的致病力，最后综合试验结果做出确诊。

〔类症鉴别〕本病易与气肿疽、炭疽和巴氏杆菌病相互混淆，诊断时应注意区别。

1. 气肿疽 恶性水肿多经伤口感染，一般无明显出血现象；而气肿疽多侵害肌肉丰满的部位，如臀部等，肿胀部位的捻发音更为明显，多发生于6月龄犊牛至3岁青年牛，常呈地方性流行。用死亡病牛的肝表面触片染色，可见到单个散在或成对排列的菌体。

2. 炭疽 主要经消化道感染，可呈流行性发生。全身多处皮下发生的是一种出血性浸润，呈捏粉样肿胀，不产生气泡，无捻发音。死后病尸的天然孔多出血，剖检见血管断端流出煤焦油样凝固不全的血液，脾脏极度肿大，全身淋巴结出血。用病料做触片，常能检出带有荚膜呈竹节样的散在或短链大杆菌。

3. 巴氏杆菌病 多散发，有时呈地方性流行。水肿主要发生在头颈部，硬固、灼热、疼痛，但无捻发音。剖检见水肿部为出血性胶样浸润，没有气泡出现，无特异性气味。用病料做涂片染色，可检出两端着色较深的球杆菌。

〔治疗方法〕本病经过急，发展快，局部和全身症状重剧。因此，治疗时宜从局部和全身两个方面同时着手。

1. 局部处理 早期对患部不急于切开，而是进行冷敷，借以使血管收缩，减少渗出，防止组织水肿。同时用青霉素和1%普鲁卡因对患部进行封闭。中后期，当组织明显水肿时，应尽快切开肿胀部位，除去创腔内的异物及腐败坏死的组织，吸出水肿部的炎性渗出液，再用0.1%高锰酸钾或3%过氧化氢等氧化剂充分冲洗损伤部组织，造成不利于腐败梭菌繁殖的条件，最后撒布青霉素粉或磺胺类等各种粉剂进行开放性治疗；或用浸过氧化氢溶液的纱布填塞切口进行引流，也可将过氧化氢溶液注入肿胀与健康部交界处的皮下，使创腔内有足够的氧气限制细菌繁殖，待创腔内的渗出物减少时再撒布上述抗生素等。在进行创腔处理的同时，若能用青霉素和1%普鲁卡因在肿胀周围进行环形封闭，疗效更好。

2. 全身疗法 尽早应用大剂量对本菌有明显作用的抗生素，如青霉素、链霉素、土霉素和磺胺类药物，同时兼顾病牛机体的状况，采取对症治疗，如果病牛的心动过速，脉搏快而无力，可用强心剂；病牛饮食不佳，消化不良，有脱水表现或持续发热时，应及时补充葡萄糖液；如

病牛持续精神沉郁，尿量减少时，应注意利尿、解毒（主要是代谢性酸中毒），可注射适量的氢氯噻嗪和碳酸氢钠等。

〔预防措施〕平时注意外伤的处理，助产、去势、注射和其他外科手术时，要注意伤口的消毒，手和用具也要彻底消毒。我国已研制出梭菌多联苗，在本病常发的地区，应每年进行注射，可有效防止本病的发生。

发生本病时，应立即隔离病牛，污染的畜舍和场地用10%漂白粉溶液或3%氢氧化钠溶液消毒，烧毁粪便和垫草。病牛的肉尸不能食用，须深埋或焚烧处理。

四、破伤风

破伤风（Tetanus）又名强直症，俗称"锁口风"，是由破伤风梭菌产生的毒素侵害神经系统所引起的一种创伤性传染病。本病以运动神经中枢对外界刺激的反应性增强，全身或局部肌肉强直性痉挛为特征。其发病率比以前大为降低，这与有效的创伤治疗和破伤风类毒素的广泛应用有关。

〔病原特性〕本病的病原体为破伤风梭菌（*Clostridium tetani*）。该菌是细长的厌氧性杆菌，长2～4微米，宽0.5～1微米，多单个散在，间有短链，菌体有周身鞭毛，能运动，可形成芽孢，革兰氏染色阳性。芽孢常位于菌体的一端，大于菌体，形似网球拍（图1-4-1）。本菌在动物体内或培养基中可产生毒性很强的外毒素，即引起破伤风症状的痉挛毒素和溶血毒素，其中特别是痉挛毒素，如在8%的甘油冰醋酸肉汤培养中产生的毒素，稀释500～1 250倍后，再用1毫升皮下注射于体重312千克的马、骡，即可引起死亡。破伤风外毒素是

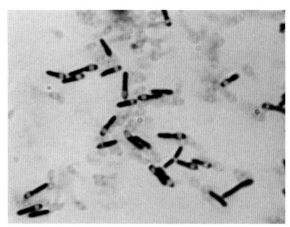

图1-4-1　从病牛体内分离培养的破伤风杆菌

一种蛋白质，对酸、碱、日光、高温和蛋白分解酶的作用很敏感。经甲醛处理后可形成类毒素，用于预防注射。

破伤风杆菌对一般的理化因素的抵抗力并不强，煮沸5分钟即死亡；一般的消毒药在短时间内均可将之杀死。芽孢的抵抗力很强，在干燥的阴暗处能存活10年以上，在土壤表层能存活数年；煮沸需10～90分钟才被杀灭；5%石炭酸经15分钟，5%来苏儿经5小时，3%福尔马林经24小时才被杀死。本菌对10%碘酊、10%漂白粉和3%双氧水较为敏感，一般约经10分钟即被杀死。

〔流行特点〕牛对本病的易感性较强，不论是奶牛、黄牛还是水牛，其中以犊牛（特别是生产接生时易发生）、奶牛（机械挤奶发生深部损伤时）和青年牛易发。破伤风梭菌及其芽孢广泛存在于土壤、尘土和淤泥之中，也见于健康动物的粪便，病原的来源比较广泛。本病的主要感染途径是创伤，狭小而深的创伤（钉伤、刺伤）同时为泥土、粪便或坏死组织封闭而造成厌氧环境时最易引起本病的发生。外科手术、预防注射消毒不严以及母牛分娩时的产道损伤、产后感染、犊牛断脐、使役不当形成的创伤未及时处理时常可导致发病。在临床上一些病例往往不能确定感染门户，这是因为在芽孢侵入后及出现症状之前创伤已愈合之故。侵入组织内的芽孢需经过一定时间，在厌氧条件下才能发芽、生长、繁殖，产生毒素，从而导致本病的发生。

另外，新生犊牛的去角伤、阉割伤、橡皮带去势伤、鼻环伤、橡皮带断尾、蹄底脓肿、耳号伤等，也易引起本病。

本病没有季节性，一年四季均可发生。由于本病是创伤性感染的中毒性传染病，不能由病牛直接传染给健康牛，故本病多呈散发性。

〔临床症状〕本病的潜伏期长短不一，多与病牛的年龄、机体的状态、创伤的部位和性质、病菌侵入的数量和毒力等有关，一般为1～2周。本病的主要特点是全身肌肉强直性痉挛。病初，病牛体温和脉搏无明显变化，一般不易发现损伤部位，但有时可见感染部发生化脓性炎（图1-4-2），同时出现破伤风的临床症状。其主要表现为头部肌肉强直、痉挛，采食、咀嚼和吞咽缓慢，动作不自然，不灵活；反射作用增强，凡声、光、触摸或其他动作都可使症状加剧。呼吸浅而快，较平常增加数倍，鼻孔开张。眼睁大，可视黏膜呈蓝紫色。肠蠕动缓慢，引起便秘，或只排出少量粪便，间或发生臌气。泌乳量明显减少，甚至停止。症状较轻者，病牛有一定的饮食欲，若无并发症，经及时治疗，常可恢复。

随着病程发展，病牛体温升高，可超过40℃，脉搏细而快。全身强直症状显著，反刍与嗳气停止，口闭锁，流涎呈线状；瞬膜突出（图1-4-3），颈背硬直，静脉沟显露，两耳竖立不动（图1-4-4）；腹部蜷缩，尾根高举，稍偏于一侧；脊柱常呈直线，间有角弓反张或侧向反张；四肢硬直，关节不易屈曲，呈木马状（图1-4-5）；有的病例抬蹄困难，不愿走动，转弯和后退极度困难，一旦倒地后，很难自行起立。重症的病牛，多以死亡而告终。

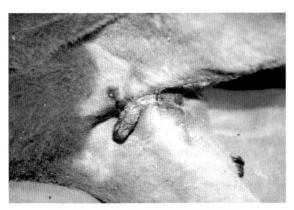

图1-4-2　病牛感染部位有化脓性创伤

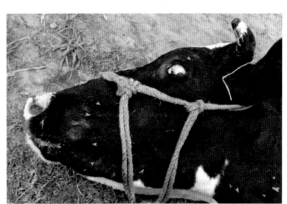

图1-4-3　病牛瞬膜突出，遇刺激时更明显

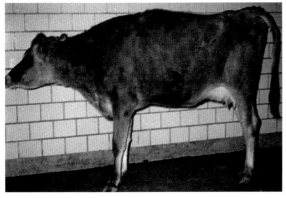

图1-4-4　病牛全身肌肉强直，头颈伸直，两耳竖立，尾根高举

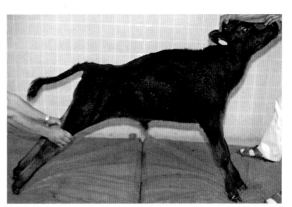

图1-4-5　病牛全身肌肉强直，呈木马状

〔病理特征〕当本菌的芽孢侵入深部创伤后，在无氧的条件下，芽孢出芽、生长、成为繁殖型的梭菌，产生特异性破伤风毒素，即痉挛毒素等。后者可通过外周神经纤维间的空隙上行到脊髓腹角的神经元，或通过淋巴、血液途径到达运动神经中枢。实验证明，痉挛毒素与中枢神经有高度的亲和力，能与神经组织中的神经节苷脂结合，封闭脊髓的抑制性突触，使抑制性突触末梢释放的抑制性冲动传递介质（甘氨酸）受阻。如此，上下神经元之间的正常抑制性冲动不能传递，由此引起了神经兴奋性异常增高和骨骼肌痉挛的强直症状。一般而言，下行性破伤风的强直性痉挛起始于病牛的头部、颈部，随后逐渐波及躯干和四肢；上行性破伤风最初在感染周围的肌肉出现强直症状，然后扩延到其他肌群。由于痉挛毒素对中枢神经系统的抑制作用，故导致病牛的呼吸机能紊乱，进而发生循环障碍和血流动力学的改变，出现脱水和酸中毒等症状。

由于破伤风的外毒素主要是作用于神经系统，引起的是肌肉的强直性痉挛，其他器官的病变并不明显，因此，本病在剖检时的特殊表现是病尸全身肌肉僵硬，四肢强直，尾巴直伸（图1-4-6），并表现出程度不同的角弓反张症状（图1-4-7）。没有肉眼可见的特殊变化。

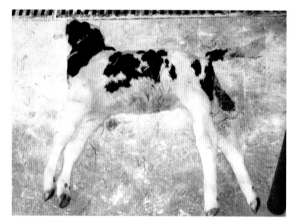

图1-4-6　病牛全身肌肉僵硬，尾巴直伸

图1-4-7　病尸四肢强直，角弓反张

〔诊断要点〕根据有创伤病史和特殊的临床症状，一般即可诊断。

〔类症鉴别〕诊断本病时须与牛的风湿病相互鉴别。虽然两病均有全身肌肉紧张、腰背僵硬和运动障碍等相似的临床表现，但风湿病是一种与溶血性链球菌有关的全身性变态反应性疾病，是机体遭风、寒、湿的侵袭而抵抗力下降所致。病牛发病时常伴有高热，病痛常呈游走性，易复发。肌肉风湿时，触之皮肤紧张，有坚实感，且肌肉温热疼痛；关节风湿时，关节温热、疼痛、肿大。运动时，病牛步态强拘，步幅短缩，呈现跛行，但跛行可随着病牛运动的持续而明显减轻。另外，本病没有外伤史，且病牛的瞬膜不突出，不流涎，牙关紧闭不显著，吞咽时咽喉无麻痹症状且无惊恐反应。

〔治疗方法〕治疗本病应以早发现、早治疗和采取综合措施为基本原则。

1. 中和毒素　早期应及时应用抗破伤风血清（破伤风抗毒素），一般以一次大剂量注射效果为佳。常用的方法有两种：

（1）皮下或肌内注射法　成龄牛60万~100万单位，犊牛20万~30万单位。

（2）静脉注射法　按上述抗破伤风血清的量与4%碳酸氢钠溶液300毫升混合后静脉注射。

抗破伤风血清可在机体内保持两周，具有良好的中和毒素的作用。对重病的牛，必要时可连续注射3天，每天1次。

2. 镇静解痉　镇静解痉药物的及时应用，对于缓解因毒素引起的肌肉强直性痉挛和反射兴奋性的增高具有良好的作用。一般用氯丙嗪肌内注射，犊牛150～250毫升，成牛250～500毫升；也可用25%硫酸镁，犊牛20～30毫升，成牛80～100毫升，或与0.5%普鲁卡因溶液20～30毫升，一次肌内或静脉注射（缓慢注射）；亦可用水合氯醛20～50克，溶于500～1 000毫升淀粉浆中内服。

3. 消灭病原　处理感染创是消除破伤风梭菌产生外毒素的最重要的措施，是从根本上治疗本病的必需方法。因此，一定要找出病牛的创伤，并要扩创（即使外表已愈合的创伤），除去创内的脓汁、异物、坏死组织等。清创最常用的药物是3%双氧水、1%高锰酸钾或5%～10%碘酊。与此同时，全身可应用青霉素100万～200万单位，链霉素1～2克，肌内注射，每天上下午各1次，连续3～5天，直至创伤愈合。

4. 对症治疗　这是促进本病迅速康复的不可缺少的方法。当病牛有酸中毒时，应静脉注射5%碳酸氢钠300～500毫升；病牛采食和饮水明显减少时，可每天静脉注射5%葡萄糖生理盐水500～1 000毫升，同时注射维生素制剂；心脏衰弱时可皮下注射20%樟脑油10～20毫升；粪便干燥时可灌服缓泻剂；恢复期可适量内服人工盐或健胃散等。

5. 中药疗法　中草药治疗破伤风具有悠久的历史，且有良好的治疗效果，常用的是防风散或加减防风散。此将防风散方剂介绍如下：

处方：防风30～60克，羌活30～60克，天麻15～45克，胆南星15～30克，炒僵蚕30～60克，川芎24～45克，细辛6～15克，蝉蜕（炒黄研末）15～45克，全蝎12～24克，白芷15～45克，红花24～45克，半夏24～45克。

用法：水煎服。病初、体躯小的牛用小剂量，病重、体躯大的牛用大剂量；初期病轻的连日服2～3剂，中期病重的可连日服3～4剂，以黄酒120克为引，以后则每隔1～2天服一剂，引药改用蜂蜜120克；或猪胆2个，其中红花可换当归18～24克，至病势基本稳定时，即可停药。

6. 加强护理　精心护理是治疗本病的重要环节。将病牛放入清洁、干燥、黑暗的厩舍。冬天注意保温，地面要多铺垫草。周围环境保持安静，减少各种不良的刺激。对于不能站立的病牛，应用吊带吊起，以防其摔伤。给以充足的饮水，放置饲料和饮水的位置要便于采食。对采食困难者，应给予柔软的干草、青草或多汁易消化的饲料；对牙关紧闭不能采食者，可用胃管投入流质食物（如麸皮汤、豆浆和稀粥等）。恢复期的病牛可增加适当运动，以促进肌肉功能的恢复。值得指出，股骨骨折和髋关节脱位等损伤也是引起破伤风病牛死亡的常见原因。因此，恢复期的牛应防止在光滑地面上行走，康复运动应在土质运动场进行。

〔预防措施〕破伤风主要是由创伤感染所致。因此，加强饲养管理，防止外伤是预防本病的重要措施。牛发生外伤后应及时处置，消毒防腐；如创伤大而深时，要注射抗破伤风血清或抗毒素进行预防；若创口小而创腔大且深时，应及时扩创，清除异物和坏死组织，使创腔内有足够的氧，进行开放性治疗；剖宫产、助产等手术时应严格消毒。在本病常发地区，进行手术前、生产后或发生创伤时注射抗毒素1万单位可以预防本病的发生。

另外，破伤风类毒素是预防破伤风发生的有效的生物制剂，在本病较多发地区可定期进行预防注射，其用法和用量应根据兽医生物药品厂的说明书实施。

五、牛沙门氏菌病

牛沙门氏菌病（Salmonellosis of cattle）是由沙门氏菌属细菌所引起的一种人畜共患传染病。

本病虽可发生于各种年龄阶段的牛，但以犊牛常见多发，故称犊牛副伤寒（Calf paratyphoid）。犊牛和成年牛的主要病型不同，犊牛急性发生时多呈现败血症和急性胃肠炎症状，慢性者则表现为关节炎与肺炎，并可呈地方性流行；成年牛多为慢性或隐性感染，有时可能引起妊娠母牛流产。

〔病原特性〕本病的主要病原菌为沙门氏菌属的肠炎沙门氏菌（*Salmonella enteritidis*）、鼠伤寒沙门氏菌（*S. typhimurium*）、都柏林沙门氏菌（*S. dublin*）和纽波特沙门氏菌（*S. newport*）。它们均为革兰氏阴性杆菌，不产生芽孢，无荚膜，有鞭毛，能运动，在普通培养基上生长良好，需氧及兼性厌氧。在肠道杆菌鉴别或选择性培养基上，大多数菌株因发酵乳糖而形成无色菌落。沙门氏菌根据其菌体抗原（O）、鞭毛抗原（H）、毒力抗原（Vi）、荚膜抗原（K）和菌毛抗原等成分不同而分为许多血清型。其中菌体抗原（O）、鞭毛抗原（H）和毒力抗原（Vi）可用于菌型鉴定。

本菌可产生耐热力很强的内毒素，75℃加热1小时不能使其破坏。研究表明，沙门氏菌所产生的内毒素，实际上就是存在于细胞壁中的脂多糖。该脂多糖是由一种低聚糖芯（称为O特异键）和一种脂质A成分所组成。脂质A成分具有内毒素活性，可引发沙门氏菌性败血症：动物发热，黏膜出血，白细胞减少，血小板减少，肝糖消耗，低血糖症，最后因休克而死亡。过去认为沙门氏菌不产生外毒素，但近年的研究表明，鼠伤寒沙门氏菌或都柏林沙门氏菌等均可产生肠毒素。肠毒素不仅是引起肠炎的毒力因子，而且还能提高细菌的侵袭力。

沙门氏菌对干燥、腐败、日光等因素具有一定的抵抗力，在潮湿温暖的环境中可生存4～5周，在干燥的垫草上可存活8～20周；肠炎沙门氏菌在牛粪中可存活10～11个月，在含食盐12%～19%的腌肉中可存活75天；鼠伤寒沙门氏菌在土壤中可生存12个月以上。本菌在低温环境中生存时间更长，如在-25℃中能存活10个月左右；但对热相对较敏感，如加热60℃经1小时，70℃经20分钟，75℃经5分钟即被杀死。

本菌对化学消毒药的抵抗力不强，兽医上常用的消毒剂都有良好的消毒效果，如3%石炭酸、3%来苏儿、5%石灰乳等。

〔流行特点〕本病可发生于各种年龄的牛，但以1～2月龄的犊牛最易感。病牛和带菌牛是本病的主要传染源；消化道是本病的重要的传播途径。病牛和带菌牛的粪便、尿液及流产胎儿、胎衣和羊水均可排出病菌，污染牛舍，水源和草料后，经消化道感染健康牛。据报道，子宫内感染，鸟类和鼠类的粪便、尿液污染水源和草料，饲喂带菌的鱼粉和骨粉也可能传播本病。带菌母牛有时还可以通过乳汁排出病菌感染犊牛，病牛和健康牛交配或用病牛的精液进行人工授精也可以发生感染。另外，隐性感染的牛，如继发寄生虫感染、患子宫炎、产后瘫痪等受不良内外环境的影响及应激因素的作用也可发生内源性感染。

此外，饲料不足、管理不善、卫生不良、牛舍潮湿和拥挤、通风换气不良等均能促进本病的发生。犊牛在初乳不足或没能吸够初乳以及断乳过早时更易发病。

本病在犊牛群中一年四季均可发生，而成龄牛多发生在夏、秋季放牧或气候突变时。

〔临床症状〕本病的潜伏期平均为1～2周。临床表现受病牛的年龄、体质、病原菌侵入的数量和毒力、侵入的途径及各种应激因素的影响等而有明显的不同。一般而言，犊牛发生本病时临床症状重剧，而成龄牛发病时临床表现较温和。

1.犊牛的症状　根据病程长短可分急性和慢性两型。

（1）急性型　本型以急性胃肠炎为特点，多见于出生后1月龄以内的犊牛。病初体温升高达40～41℃，脉搏增加，呼吸快速，呈腹式呼吸，并发生结膜炎和鼻炎。常在发病后第2～3天出现下痢，粪便先由灰白色稀便（图1-5-1），逐渐发展为灰黄或黄色液状（图1-5-2），或混有黏液的血便（图1-5-3），带有恶臭气味，从中可分离出病原菌。病情严重时，出现肾盂肾炎的症状，即排尿频繁，表现疼痛，尿呈酸性，并含有蛋白质。病犊迅速脱水，体质衰弱，倒卧不起（图1-5-4），四肢末梢及耳尖、鼻端发凉，多于发病后一周左右死亡。

图1-5-1　病牛排灰白色稀便

图1-5-2　病牛排黄白色稀便

图1-5-3　病牛排出的黏液性血便

图1-5-4　病牛明显脱水而消瘦

（2）慢性型　本型以肺炎和关节炎为主症，多由急性型转变而来。病犊的下痢逐渐减轻以至停止，排粪趋于正常。但病犊的呼吸异常，咳嗽不断加重，初为干咳，后变为湿性痛咳，先从鼻孔流出浆液性鼻液，后变为黏液性或脓性鼻液。呼吸道的炎症不断加重，开始为喉气管炎、支气管炎，以后发展为肺炎。此时，病犊的体温显著升高，精神极度沉郁。与此同时，病犊的四肢关节发炎，特别是腕关节和跗关节明显肿大，关节囊突出，内含多量滑液，触之较软，有热痛感，运动时出现跛行。有的病牛可因血管炎而发生末梢血液循环障碍，引起耳朵坏死，并继发干性坏疽而脱落

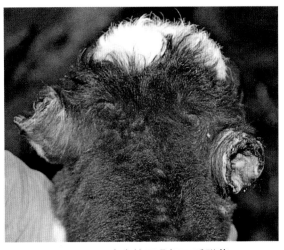

图1-5-5　病牛的耳朵坏死后脱落

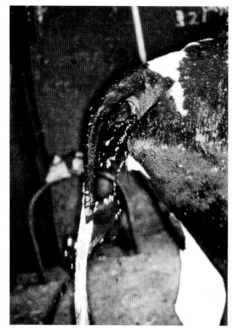

（图1-5-5）。本型的病程较长，一般可拖延1～2个月。

2.成牛的症状 成龄牛以1～3岁者多发，一般为散发。病牛常以发热（40～41℃），精神沉郁，食欲不振，呼吸困难，脉搏增数开始，多数病牛于发病12～24小时后开始腹泻，即粪便稀软，其中带有血块、纤维蛋白性凝块，并有恶臭的气味。病情严重时，病牛排出暗红色血样稀便（图1-5-6）。少数病牛可于发病24小时内体温下降或略高于正常而死亡，多数则于1～5天内死亡。病程延长者则见病牛迅速脱水和消瘦，眼窝下陷，可视黏膜充血黄染。有的病牛腹痛较重，常用后肢踢腹，借以缓解疼痛。妊娠母牛多数发生流产，从流产的胎儿中可检出大量沙门氏菌。

成牛有时可呈顿挫型经过，即病牛发热，食欲废绝，精神不振，产奶量大减，但经过24小时后这些症状即明显减退，并逐渐恢复。还有少数成龄牛取急性感染经过，仅从粪便中排菌，但数天后即可康复，排菌也随之停止。

图1-5-6 病牛排出血样稀便

〔病理特征〕由于犊牛和成龄牛发病时所表现出的症状各不相同，故其病理变化也有一定的差异。

1.犊牛的病变 与临床表现相似，也有急性型和慢性型之分。

（1）急性型 多为败血型，特征性病变在肠道、肠系膜淋巴结、脾和肝脏。

胃肠道的急性炎症，通常始于回肠，随后炎症扩展到空肠和结肠。胃肠炎呈卡他性，有时为出血性。胃黏膜多充血、水肿，潮红肿胀，被覆多量黏液，并夹杂有出血点或出血斑（图1-5-7）。小肠壁充血、淤血，呈暗红色，浆膜面有点状出血；肠腔内充满有气泡的淡黄色水样内容物，有时因出血而呈咖啡色；肠黏膜红肿，被覆多量黏液，黏膜面有许多出血点或呈弥漫性出血，呈现出血性卡他性肠炎变化（图1-5-8），出血严重时，整个小肠如同血肠子，呈现出血性肠炎变化（图1-5-9）。肠系膜淋巴结肿大，呈现浆液性炎症反应（图1-5-10）。肠壁淋巴小结肿大，呈半球状或堤状隆起，还可能发展为黏膜坏死和脱落。当病程较久时，小肠黏膜可发展为纤维素性坏死性炎症，此时肠黏膜表面有灰黄色坏死物覆盖，剥离后出现浅表性溃疡。镜

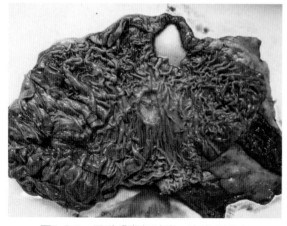

图1-5-7 胃黏膜潮红肿胀，有出血斑点

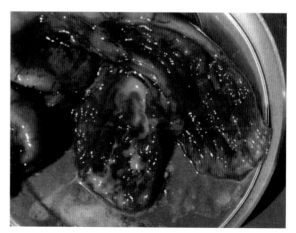

图1-5-8 小肠的卡他性出血性肠炎

检，肠黏膜初期呈浆液性卡他性炎性变化，肠绒毛坏死脱落，固有层水肿增厚（图1-5-11）。免疫组化染色，在肠上皮间呈强阳性反应（图1-5-12）。继之，肠上皮坏死脱落，固有层裸露（图1-5-13），肠黏膜血管破坏，发生出血性炎症反应。

图1-5-9　小肠的出血性肠炎

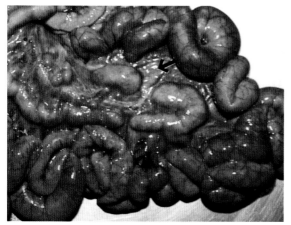

图1-5-10　肠系膜淋巴结肿大，呈串珠状

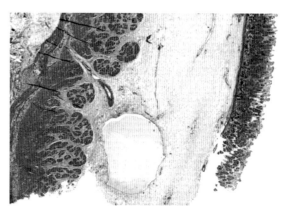

图1-5-11　肠固有层明显水肿，增厚

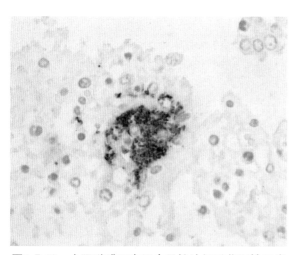

图1-5-12　小肠黏膜固有层中呈抗沙门氏菌阳性反应

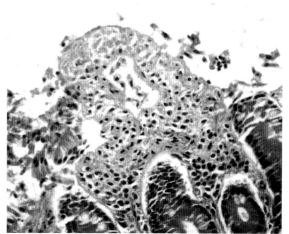

图1-5-13　肠上皮坏死脱落，固有层裸露

此外，脾脏呈现出急性炎性脾肿变化。眼观，脾脏明显肿大，可达正常体积的几倍，透过被膜可见出血斑点、粟粒大的坏死灶和结节，质地柔软，切面的固有结构不清，有大量粥样物。镜检，可在脾组织中发现大小不等的坏死灶和副伤寒结节。肝脏肿大、淤血和变性，肝实质内可见有数量不等的细小灰白色或灰黄色病灶。镜检，可发生较多的坏死性和增生性副伤寒结节（图1-5-14）。临床有排尿障碍的病例，剖检常见肾变性，被膜下有点状出血（图1-5-15）或化脓灶，并见程度不等的肾盂肾炎变化。

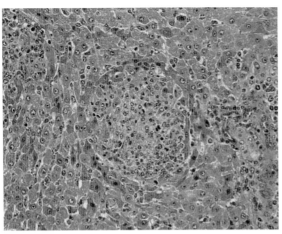

图1-5-14　肝组织中的增生性副伤寒结节

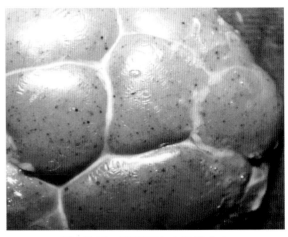

图1-5-15　肾表面有大量出血点

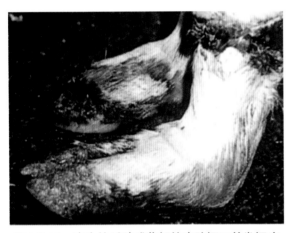

图1-5-16　病牛的后肢球节部的皮肤坏死并发坏疽

（2）慢性型　主要病变为肺炎、肝炎和关节炎。肺病变主要是在尖叶、心叶和膈叶前下部散在卡他性支气管肺炎的实变区，有时散布粟粒大至豌豆大的化脓灶；少数病例还伴发浆液纤维素性胸膜炎和心包炎，在胸腔和心包内积留混有纤维素膜的浑浊渗出液。肝脏有许多粟粒性坏死灶和副伤寒结节。腕关节和跗关节肿大，关节腔内积聚大量浆液纤维素性渗出物。有时可见后肢下端的皮肤发生坏死，并继发坏疽（图1-5-16）。

2.成牛的病变　病型比较复杂，有些病例与犊牛急性型相似，表现为急性胃肠炎，但多以肠炎变化为主，常为出血性小肠炎，肠壁淋巴小结明显肿大，肠黏膜有局部性坏死区并被覆纤维素性假膜（图1-5-17）。有的病例发生肺炎、关节炎。隐性病牛常无明显病理变化。

〔诊断要点〕根据流行特点、临诊症状和剖检变化，只能做出初诊。其中，肝脏的病理

图1-5-17　病牛肠黏膜肥厚，表面被覆假膜

组织学检查发现的小坏死灶、副伤寒结节及其过渡型结节是诊断的重要依据。

对本病的确诊一般须进行细菌学检查。在病初发热期，有时从血液中可分离出沙门氏菌，但用粪便进行培养时可能为阴性；当肠道症状出现后，通常粪便培养物为阳性，而血液中却无菌。对病尸，尤其是急性死亡者，可取脾、肠系膜淋巴结等内脏组织和肠内容物作沙门氏菌的分离培养和鉴定。

〔治疗方法〕对本病有治疗作用的药物很多，有抗生素（合霉素、金霉素或新生霉素等）和磺胺类药物（磺胺二甲嘧啶或磺胺嘧啶等）。由于沙门氏菌中常出现抗药菌株，因此当使用某一种药物无效时，可换另一种再试用；或请有关单位作细菌分离，再以药物敏感试验测试，选用

对细菌敏感的药物进行治疗。

病犊牛可土霉素0.5克内服，每天2次，连服3～5天；新霉素每天2～3克，分2～4次内服；合霉素1～2克，每天2～3次；氨比西林（氯青霉素钠）犊牛口服每千克体重4～10毫克，注射每千克体重2～7毫克，每天1次。重症者可每天2次。磺胺药物应用时须注意，在病初，犊牛出现腹泻时可应用，但在病的后期，当病牛伴发肾功能障碍时则不能使用，防止发生磺胺中毒。

另外，在使用抗生素的同时，内服止泻、收敛及保护肠黏膜的药物；输液调节机体的酸碱平衡，补充各种维生素和糖盐水等也是重要的辅助治疗，有时对病牛的恢复也起到关键性作用。

〔预防措施〕本病的预防关键是从平时做起。

1. 平时预防　在未发生本病时，要加强对妊娠母牛、犊牛的饲养管理，注意饲料及饮水的清洁、卫生，消除一切发病的诱因，借以增强机体的抵抗力。防止鼠类污染饲料、水源。防止犊牛吃污染的垫草或饮污水，做好犊牛舍和奶具的清洁卫生，并定期进行消毒。有条件时可用抗血清或菌苗进行预防注射。

2. 紧急预防　牛群一旦发病，首先要消除传染源，对犊牛群进行逐头检查，将病犊牛和可疑病犊隔离，进行治疗。检查阳性牛或带菌牛，一般在1～2周内做三次直肠拭子的沙门氏菌检查，三次为阳性的为带菌牛，应立即隔离治疗。在分娩后2～3小时内对新生犊牛注射抗血清进行紧急预防，并于10～14天后再注射菌苗。据报道，犊牛出生后1～2小时皮下注射母牛脱纤血液100～150毫升具有一定的预防作用。

〔公共卫生〕人如果吃了未经消毒的牛乳、烹调不当的肉类和被病牛排泄物污染的食物，均易发生食物性沙门氏菌中毒。人中毒后主要表现为剧烈呕吐、腹泻、发热及胃肠疼痛等症状。因此，做好乳、肉制品的加工卫生、加强食品卫生管理和肉品的卫生检验，对于防止沙门氏菌食物中毒的发生具有十分重要的意义。

六、牛大肠杆菌病

牛大肠杆菌病（Colibacillosis in cattle）是由致病性大肠杆菌引起新生幼犊的一种急性传染病，故又有犊牛大肠杆菌病之称；又因犊牛发病后的主要临床症状是腹泻，排出灰白色稀便，故又称为犊牛白痢（Calf scour, white scour）。本病常发生于出生后几天内的幼犊，病犊多因腹泻、脱水、衰竭和酸中毒而死亡；急性病例多死于败血症。

〔病原特性〕本病的病原体为肠道杆菌科埃希氏菌属的大肠埃希氏杆菌（Escherichia coli），简称大肠杆菌。本菌为革兰氏阴性、能运动、无荚膜、不形成芽孢、两端钝圆的短粗杆菌。大肠杆菌有菌体抗原（O，即内毒素）、表面（或荚膜）抗原（K）和鞭毛抗原（H）三种。现已知大肠杆菌有O抗原171种，K抗原103种，H抗原60种。其中，H抗原与细菌的致病性无关，O抗原是区分大肠杆菌血清群的根据，K抗原则是区分血清型或亚型的根据。

牛大肠杆菌病可由多种血清型（主要是O8、O78、O101，还有O26、O86、O137、O115和O117等）致病性大肠杆菌引起。这些大肠杆菌菌株通常具有K_{99}菌毛黏素，能产生肠毒素。病原菌在空肠、回肠绒毛上皮细胞表面大量定植；在细菌定殖部位的绒毛可能缩短和向侧方倒伏或中等程度萎缩，有时融合，绒毛上皮细胞可能为立方状，上皮下毛细血管扩张，中性粒细胞从固有层游走到肠腔。绒毛萎缩可能与肠上皮细胞变性和脱落有关，绒毛萎缩后可出现腹泻。

牛大肠杆菌主要是通过定植因子、内毒素和外毒素等来引起病变的。定植因子（又称菌毛黏着素）可与黏膜表面细胞的特异性受体结合而定植于肠黏膜，是引起细胞损伤的先决条件。内毒素是菌体崩解所释放的一种脂多糖，在引起败血症方面扮演重要角色。外毒素可分为两种：①不耐热肠毒素（LT），可激活肠毛细血管上皮细胞的腺苷环化酶，使肠黏膜上皮细胞内的环腺苷酸含量增多，分泌亢进，引起腹泻和脱水；②耐热性肠毒素，可激活回肠上皮细胞内的鸟苷环化酶，使细胞内的环鸟苷酸增多，进而引起分泌性腹泻。

本菌对外界不良因素的抵抗力不强，加热能很快将之杀死，兽医临床上常用的消毒药均能将之灭活。

〔流行特点〕本病主要发生于10日龄以内的犊牛，特别是出生1～3日龄的犊牛最易感。由于不同日龄犊牛的生理机能状态不同，因此，对本病的易感性也有差异。

病牛和带菌牛是致病性大肠杆菌的携带着，是最重要的传染源。本病的主要传播途径是消化道。致病性大肠杆菌多存在于被病牛或带菌牛粪便所污染的地表、水源、草料和其他物品中，在犊牛出生后的很短时间内，本菌就能随乳汁或其他食物进入胃肠道；当犊牛的抵抗力降低或发生消化障碍时，这些存在于胃肠道的病原菌就会大量繁殖，引起发病。

犊牛大肠杆菌病的发生，与使机体抵抗力降低的各种诱因有关。在这些诱因中以不喂初乳或饲喂过晚，或初乳不足、质量不好最为重要。因初乳中含有丰富的免疫球蛋白，其中有一定量的抗大肠杆菌抗体。另外，哺乳母牛饲养管理不当，环境卫生不良，畜舍拥挤，缺少运动，通风换气不好，气候多变等因素，都可促进本病的发生。

本病一年四季均可发生，但以冬季舍饲时最多见，有时可发展成为地方流行性发生。

〔临床症状〕本病的潜伏期很短，一般仅为数小时。通常根据临床症状与病理变化的不同而将之分为以下三型：

1. 败血型　又称脓毒型，病犊体温升高，精神委顿，食欲减退或废绝，间有腹泻，常于症状出现后数小时至一天内急性死亡；有时未发生腹泻即已死亡，从血液和内脏中易分离出致病性大肠杆菌。

图1-6-1　严重下痢的病牛呈虚脱状

2. 中毒型　又称肠毒血型，较少见，急性者，病犊常无明显的症状就突然死亡。如病程稍长，则可见到典型的中毒性神经症状。病犊先是兴奋不安，随后腹泻，脱水（图1-6-1），沉郁，昏迷而死亡。肠毒血症的发生主要是由于致病性大肠杆菌产生的肠毒素被机体吸收所致，因此，没有菌血症的出现。

3. 肠炎型　又称肠型，病初体温升高达40℃，精神沉郁，食欲减少，数小时后发生腹泻。病初排出的粪便呈淡黄色粥样，有恶臭，继则呈水样、淡灰白色（图1-6-2），混有凝血块、血丝和气泡。腹泻之初，由于肛门缩肌的反射作用，病犊排粪有些用力，后来因肛门松弛，排便失控，粪便自由流出（图1-6-3）。病犊的肛门、股部及尾部被稀便污染，被毛拧结（图1-6-4）。病畜常有腹痛，多用蹄踢腹壁。病牛常因严重的腹泻而明显脱水，眼窝下陷，眼无神而流出多少不一的分泌物（图1-6-5）。后期多因脱水、电解质平衡破坏，代谢性酸中毒，病犊高度衰弱，卧地不起，有时表现痉挛。一般经1～3天因虚脱而死。本病的死亡率可高达80%～100%。

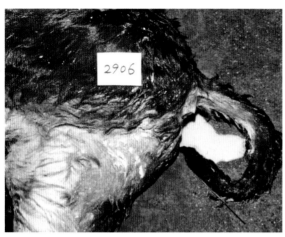

图1-6-2 病牛的肛周有大量灰白色水样痢便附着

图1-6-3 病牛不断下痢，肛门失禁，粪便自动流出

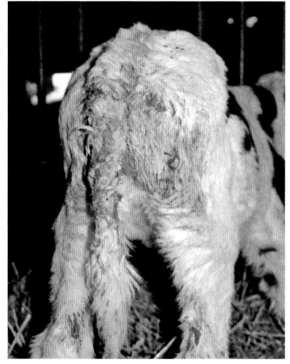

图1-6-4 病牛的尾根肛周有大量白痢附着，被毛拧结

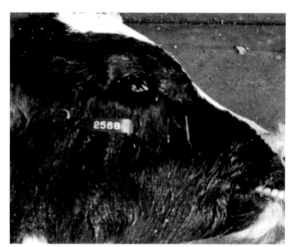

图1-6-5 病牛严重脱水，眼睛塌陷

　　耐过的病畜，常继发脐炎、关节炎或肺炎等病。此时如及时治疗，常能将之治愈。但治愈后的病犊，恢复很慢，发育迟缓。

　　〔病理特征〕败血型和肠毒血型的病犊，常因死亡迅速，故无特征性的病理变化。

　　肠型因腹泻而死的病犊，可因机体明显脱水而尸体极度消瘦，黏膜苍白，眼窝下陷，肛门周围被稀粪污染。重要的病理变化为急性胃肠炎。皱胃内有凝乳块，黏膜红肿，皱襞出血，其表面有大量黏液团块；小肠充满气体，肠壁菲薄，充血明显（图1-6-6）。肠内容物常混有血液和气泡而具恶臭，黏膜充血、出血，部分黏膜上皮脱落。镜检，肠绒毛萎缩不严重，但在小肠后段绒毛表面有大量病原菌（图1-6-7）。扫描电镜下见大量椭圆形病原体镶嵌在破坏的微绒毛及肠上皮间（图1-6-8）。

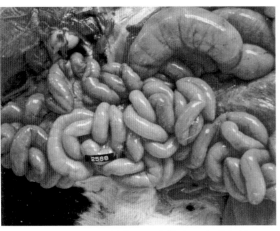

图1-6-6　肠管弛缓，肠壁菲薄，充满气体

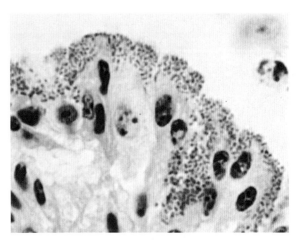

图1-6-7　回肠黏膜上皮表面有大量大肠杆菌

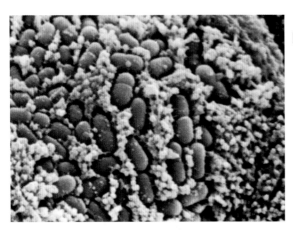

图1-6-8　用扫描电镜在肠黏膜上皮细胞间检出大量大肠杆菌

　　另外，肠系膜淋巴结肿大、充血，切面多汁。肝脏、肾脏和心脏等实质变性，散在出血点。肾脏常见有间质性肾炎变化（图1-6-9）；胆囊内充满浓稠暗绿色胆汁。病程延缓时，病犊常伴发关节炎和肺炎。继发感染时可检出化脓性脑膜炎变化（图1-6-10）。

图1-6-9　肾表面有大量灰白色结缔组织增生灶

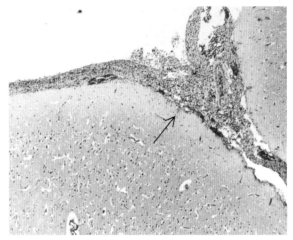

图1-6-10　发生于大脑的化脓性脑膜炎

　　〔诊断要点〕根据初生犊牛发生腹泻，剖检表现急性胃肠炎，同时在回肠黏膜刮取物的涂片中有大量革兰氏阴性大肠杆菌，可以做出诊断。确诊则需分离出致病性大肠杆菌菌株和证明其产生肠毒素。进行细菌学检查时，应注意取材的部位。败血型一般多采取血液和内脏组织；肠毒血症多采小肠前部的黏膜；肠型为发炎的肠黏膜。对分离出的大肠杆菌，一般先做生化反应

和血清学检查，然后再根据需要做进一步检查。

〔治疗方法〕本病一旦发生，就要及时治疗，不能延误，防止败血症的发生。由于本病多以腹泻为特点，常导致机体严重脱水，血中离子平衡失调以及酸中毒等，所以治疗本病应以抗菌消炎、补液补碱和调整胃肠机能为原则。

1.抗菌消炎　抗菌消炎常用的抗生素为土霉素、链霉素和新霉素，这些药物内服的初次剂量为每千克体重用30～50毫克；12小时后剂量可减半，连服3～5天，或以每千克体重10～30毫克的剂量肌内注射，每天2次。多黏菌素每千克体重3万单位内服，或每千克体重肌内注射2 500单位，均为每天2～3次，连用3～5天。庆大霉素每千克体重1～1.5毫克，肌内注射，每天2次，连用3天。

在此应该强调指出，由于大肠杆菌有很多耐药菌株，有条件时可分离病犊的大肠杆菌进行药敏试验，用对之敏感的药物进行有效治疗。如不能确定耐药菌株，当用一种抗菌药效果不理想时，赶快更换其他的抗菌药进行治疗。

2.补液补碱　借以预防脱水和酸中毒。补液量依脱水程度而定，原则上是失水多少补水多少。当病犊有食欲或能自吮时，可用口服补液盐。补液盐的配方为氯化钠1.5克、氯化钾1.5克、碳酸氢钠2.5克、葡萄糖粉20克、温水1 000毫升。不能自吮时，可进行补液。静脉补液时应给药液加温，使之接近体温。方法是用5%葡萄糖生理盐水500～1 000毫升，再加入80～100毫升碳酸氢钠，或乳酸钠注射液缓慢静脉注射。为了强心和提高机体对糖的利用率，在补液时还应加入安钠咖和维生素C等药物。

3.调整胃肠　调整胃肠机能，保护胃肠黏膜，减少肠毒素的吸收，是治疗本病的一个关键。一般可内服保护药和吸附剂，如内服次硝酸铋（5～10克）、白陶土（50～100克）或活性炭（10～20克）等；或鱼石脂乳酸溶液（鱼石脂15～20克、乳酸2毫升、蒸馏水90毫升）一茶杯与同量脱脂乳一起灌服。据报道，用复方新诺明，每千克体重0.06克、乳酸菌素片5～10片、食母生5～10片，混合后一次内服，每天2次，连用2～3天，疗效良好。

当病情好转时可停止抗生素的使用，而应内服调整肠道微生态平衡的生态制剂，如促菌生6～12片，配合乳酶生5～10片，每天2次，或健复生1～2包，每天2次，或其他乳杆菌制剂。使肠道正常菌群早日恢复其生态平衡，有利于病犊彻底康复。

〔预防措施〕预防本病主要在于加强对妊娠母牛和初生幼犊的饲养管理。

1.母牛的管理　对妊娠母牛应供给配比合理的日粮，其中应有足够的蛋白质、矿物质和维生素等；牛舍，特别是产房要保持清洁、干燥，保温并能通风换气，室内空气新鲜；及时清除污物及粪尿，并经常进行消毒，勤换垫草，保持牛体清洁，特别是母牛的乳房一定要清洁无污。

2.犊牛的管理　一定要让新生犊牛吃上初乳，要保证适量的母乳供给。当母乳不足时要及时用适宜的代用品补充，使犊牛能获得足够的营养。要保证犊牛圈舍的清洁卫生，防止犊牛舔饮污物或污水。在犊牛大肠杆菌病常发的地区，可内服合霉素0.5克，每天1次，连服3天，能有一定的预防作用。另据报道，若给犊牛皮下注射50～100毫升母牛血液，则可预防本病的发生。

七、牛传染性脑膜脑炎

牛传染性脑膜脑炎（Bovine infectious encephalomeningitis）又名牛传染性血栓栓塞性脑膜炎（Bovine infectious thromboembolism encephalomeningitis），是牛的一种急性败血性传染病，临床及病理学上有多种类型，以血栓栓塞性脑膜脑炎、血管炎、关节炎、胸膜炎和肺炎为其特征。

本病于1956年由Griner等在美国首先报道，以后在英国、加拿大、德国和瑞士也发现，现已遍及世界大多数养牛国家。本病主要发生于奶牛和肉牛，特别在秋冬季节，由于牛群受拥挤和寒冷刺激等应激因素作用而诱发。放牧牛较少发生，但经长途运输后有时也可暴发本病。

〔病原特性〕本病的病原体为嗜血杆菌属的昏睡嗜血杆菌（*Haemophilus somnus*），为小型球杆菌，在人工培养物中常呈现明显的多形性，有球状、小杆状或球杆状、短链排列的线状以及丝状等。本菌无鞭毛，不形成芽孢和荚膜，不能运动，也没有溶血的能力；革兰氏染色呈阴性，美蓝染色呈两极浓染，但着色不均匀。昏睡嗜血杆菌是严格寄生的需氧菌，生长需要动物组织或细菌提取物中的生长因子。本菌具有细胞黏附性、细胞毒性，能抑制细胞吞噬作用，还能产生Ig结合蛋白。

本菌抵抗力不强，常用的消毒药液在室温条件下一般5～20分钟即可将其杀死。

〔流行特点〕昏睡嗜血杆菌是牛的正常寄生菌，一般能从健康牛体中分离出来，当牛遭遇应激因素或继发其他疾病时即可导致发病，通常呈散发性。病牛的分泌物中常能分离出大量病原，成为本病的传染源。本病的传播方式还不完全清楚，一般认为主要通过飞沫经呼吸道传播；另外，病牛排出的尿液、流出的鼻液和从生殖道流出的分泌物等造成对饲料及水源严重的污染，也可引起消化道传播。本病的易感染动物多为奶牛和肉牛，尤以6月龄到2岁的牛常见多发。此外，猪、绵羊和马也易感染本菌而发病。

本病无明显季节性，一年四季均可发生，但多见于秋末、初冬或早春寒冷潮湿的季节，一般为散发。

另外，急性传染病如炭疽、气肿疽、出血性败血症、李氏杆菌病、哺乳犊牛败血症等，也可继发脑膜脑炎。化脓性感染是引起脑膜脑炎最常见的原因，如败血性子宫炎、乳房炎、脐炎和窦炎，有时亦见于创伤性网胃炎和心包炎、脑挫伤或颅骨骨折等。

〔临床症状〕本病的临床症状有多种病型，以呼吸道型、生殖道型和神经型为多见。

患呼吸道型的病牛，主要表现高热（41～42℃）、呼吸困难、咳嗽、流泪、流鼻液、有纤维素胸膜炎症状。

生殖道型可引起母牛阴道炎、子宫内膜炎、流产以及空怀期延长、屡配不孕；感染母牛所产犊牛发育障碍，出生后不久死亡。

患神经型的病牛，早期表现体温升高，精神极度沉郁，厌食，肌肉软弱，以球节着地，步行僵硬，有的发生跛行，关节和腱鞘肿胀；病的后期，出现明显的神经症状，先以兴奋为主，表现为运动失调、惊厥和感觉过敏，肌肉震颤或虚弱，转圈运动，舞蹄、摇头，目光凶恶，甚至嗥鸣；有时则身体摇晃，以头角猛撞障碍，或攻击人畜；有的则扬头颈，挥动尾巴，前腿悬起，做攀高状。随后，病牛站立不稳而倒地，眼球向上翻转呈惊厥状，眼结膜充血，意识障碍，不能站立，头颈伸直而卧在地上（图1-7-1）。有的病牛发生严重的意识障碍，目光呆滞，

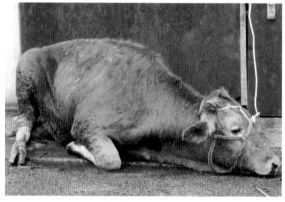

图1-7-1　病牛头颈伸直，卧地不起

闭目垂头，嘴抵在地上（图1-7-2），即便大声呼唤也无反应。有的病牛四肢肌肉麻痹，常卧地不起（图1-7-3）。还有的病牛全身肌肉，甚至连舌肌也发生麻痹，呈昏睡状，躺卧在地，从口腔流出大量涎液（图1-7-4）。一些病牛失明，麻痹，昏睡，角弓反张和痉挛等，常于短期死亡，另有少数病牛甚至无先兆症状突然死

亡（图1-7-5）。

图1-7-2　病牛不能起立，目光呆滞，嘴抵于地

图1-7-3　病犊四肢肌肉麻痹，不能站立

图1-7-4　病牛的舌麻痹而大量流涎

图1-7-5　发病12小时后急性死亡的病例

除以上三种类型外，有的病例还可见到心肌炎、耳炎、乳房炎和多发性关节炎等症状。

〔病理特征〕死于本病的病牛多为神经型的病例，剖检的最特征性病变为脑的出血性梗死。脑梗死常为多发性，可发生于脑的任何部位。眼观，脑膜充血，有针尖大到拇指大的出血性坏死灶（图1-7-6），脑切面有大小不等的出血灶和坏死软化灶，其色泽为鲜红色至褐色，直径为0.5～3厘米。脑膜炎为局灶性或弥漫性，脑脊液呈淡黄色，浑浊，常含絮状碎屑物。镜检，脑出血和梗死是在血管炎的基础上发生的，浸润的主要的炎性细胞为中性粒细胞（图1-7-7），有时在软化的病灶中可检出球杆状的昏睡嗜血杆菌。

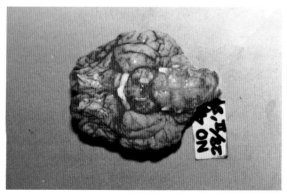

图1-7-6　脑淤血和出血，并见小的出血性梗死灶

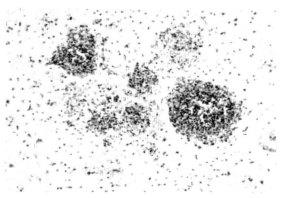

图1-7-7　小血管发炎，有血栓形成和炎性细胞浸润

此外，剖检本病时还可检出浆液性纤维素性喉炎、气管炎、胸膜炎和肺炎；多关节炎、心包炎和腹膜炎也常可见到。喉头黏膜见有灶状溃疡及固膜性假膜，且可扩张到气管。息肉状气管炎亦曾有报道。关节炎表现为关节滑膜水肿，伴发点状出血；关节囊的滑膜液增量、浑浊、内含纤维素凝块，但关节软骨通常不见损害。全身淋巴结肿大，心肌、骨骼肌、肾脏、前胃、皱胃和肠管的浆膜有时见点状或斑状出血。

〔诊断要点〕根据本病的流行特点、临床症状和病理变化，一般可做出初步诊断；如从病变组织中分离出病菌并进行发病实验后方能确诊。目前用于本病诊断的血清学方法有微量凝集试验、补体结合试验、酶联免疫吸附试验、对流免疫电泳等，但由于本病原是牛的常在菌，故血清中的抗体检测只能作为诊断本病的参考。

〔类症鉴别〕诊断本病时应注意与李氏杆菌性脑膜炎、狂犬病和牛维生素A缺乏症相互鉴别。

1. 李氏杆菌性脑膜炎　本病在临床上可见单侧性面神经麻痹、头颈偏斜，脑髓液中通常是单核细胞增多。病理变化表现为脑软膜、脑干后部血管充血，血管周围有以单核细胞为主的浸润，脑组织有小的化脓灶。此外，还可见坏死性肝炎与心肌炎，而体腔不见有炎症变化。

2. 狂犬病　本病与狂犬病均有明显的神经症状，病初都以过度兴奋为主，后期均多见舌肌麻痹，吞咽困难，口腔流出大量涎液等，极易混淆。但狂犬病有三个特殊的神经症状易与本病相区别：①病牛好斗，攻击性强，常追赶人或其他动物；②痒觉明显，感染的局部或全身瘙痒，导致病牛自咬或到处乱蹭；③性机能亢进，病牛频繁交配，或爬跨其他动物。

3. 牛的维生素A缺乏症　本病常发生于6～12月龄青年牛，其临床特征是：病牛视力轻度减退，惊恐不安，或突发短期惊厥，晕厥持续10～30秒钟后，偶见病牛死亡，但多数病例可恢复正常。运动可促使本病发作。剖检，脑脊髓液增多，大脑穹隆和椎骨变小，脑神经和脊髓神经根受压迫而损伤。但缺乏牛传染性脑膜脑炎所具有的发热、脑部多发性出血性梗死和其他组织器官的脉管炎变化。

〔治疗方法〕病牛在没有出现神经症状之前，尽快用抗生素和磺胺类药物治疗，效果明显，如氨苄西林，每200千克体重5克，安痛定注射液20毫升，磺胺嘧啶钠每千克体重0.1毫升，分侧肌内注射。但如出现神经症状，则抗菌药物治疗无效，只能对症治疗。如当病牛兴奋时，为了防止人畜受伤，应迅速注射溴化钠、水合氯醛、氯丙嗪等镇静剂；如发生心机能不全时，可使用安钠咖、氧化樟脑等强心剂；出现颅内压增高症状时，可试抽脑脊髓液，并静脉注射乌洛托品、25%山梨醇、20%甘露醇等。

中兽医疗法对本病也有较好的疗效。神经症状出现之前，投服疫疬解毒清心散：生石膏300克、黄连20克、黄芩30克、玄生50克、鲜生地50克、知母15克、丹皮15克、焦栀子15克、生绿豆100克、鲜菖蒲15克、白毛根100克，温开水调服。每天1次，连用7天可痊愈。当病牛兴奋时，可针灸太阳鹘脉、蹄头、耳尖、山根、尾本等穴位。同时投服清热解毒、安神镇静药，如朱砂15克、茯神、黄连、栀子、远志、郁金、黄芩、菖蒲各40克，水煎去渣，待冷后加鸡蛋清7个，蜂蜜200克，混合灌服，1天1次，连用3天。据报道，鲜地龙250克，洗净捣烂，和水灌服，也有很好的疗效。

〔预防措施〕本病是当机体抵抗力降低时在应激因素的作用下发生，病原体多为机体内的正常寄生菌。因此，预防本病必须加强饲养卫生管理，减少应激因素；为了提高机体的特异性免疫力，可用氢氧化铝灭活的嗜血杆菌菌苗进行注射。在本病常发地区，还可定期在牛的饲料中添加四环素族抗生素借以降低本病的发病率，但应注意抗生素不能长期使用，否则易产生抗药性而后患无穷。

八、结核病

结核病（Tuberculosis）是奶牛多发的一种人畜共患的慢性传染病，其临床和病理学特征为病牛渐进性消瘦，机体许多组织和器官形成结核结节（结核性肉芽肿），继而结节中心发生干酪样坏死和钙化。OIE将其列为B类疫病，我国将其列为二类动物疫病。

本病在世界各地广泛发生，曾是引起人畜死亡最多的重要疾病之一。我国的人畜结核病虽然曾得到控制，但近年来的发病率又有所增长，而且奶牛的发病率较高。这不仅影响奶牛业的发展，而且还有通过肉品和乳汁传染给人的可能。因此，本病具有特别重要的公共卫生学意义。

〔病原特性〕本病的病原体为结核分支杆菌（*Mycobacterium tuberculosis*）。结核分支杆菌（简称结核杆菌）主要有三型：牛型、人型和禽型。各型结核杆菌的形态、培养特性和对动物的毒力不尽相同。奶牛的结核病主要由牛型结核杆菌所引起。

牛型结核杆菌稍粗短，着色不均，是可单独、平行或群集成束排列的需氧性细菌，兼性细胞内寄生。其形态多为棍棒状、弯曲状，间有分支状。菌体长1.5～4微米，宽0.2～0.6微米，没有荚膜，不产生芽孢，也不能运动。结核杆菌用革兰氏染色时呈阴性反应，用一般的染色法较难染色，但用抗酸染色法可使其染成红色。抗酸染色的基本方法是：先用石炭酸复红加温初染，后用3%盐酸酒精脱色，再用美蓝液复染，水洗后用油镜检查。结核杆菌被染成红色（图1-8-1），而其他细菌则被染成蓝色。

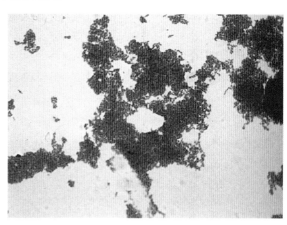

图1-8-1 抗酸染色阳性的结核杆菌

结核杆菌不产生毒力因子，未检出有内毒素、外毒素、细胞外酶系、溶血素或杀白细胞素等，而且很易被多核白细胞和巨噬细胞吞噬。这是因为巨噬细胞膜对含类脂质较高的菌体外壁具有亲和力，菌体易附着在巨噬细胞表面，从而迅速被吞噬。细菌壁成分中的索状因子（Cord factor）和茧密糖二霉菌酸酯与本菌的毒力有关，可使菌体彼此粘连呈索状或丛状，而诱发肉芽肿反应。

结核杆菌外面有一层蜡样膜，因此，对外界干燥和低温的抵抗力很强，在干燥的痰中能生活10个月，在腐败的痰中能存活6个月；在潮湿的地方能存活8～9个月；在粪便、厩肥、土壤中能存活6个月以上；在放牧的青草地上能存活1～5个月，在冷藏的奶油中可存活10个月。但结核杆菌对热的抵抗力较差，在日光直射下数小时死亡，痰中的结核杆菌经煮沸5分钟即被杀死，牛奶中的菌体在60℃经30分钟即可灭活。因此，应用巴氏灭菌法消毒牛乳时，通常应用62～65℃、15～30分钟达到灭菌目的。化学消毒药多用3%～5%来苏儿溶液、5%石炭酸溶液、5%福尔马林或10%漂白粉溶液。

〔流行特点〕牛型结核除奶牛最易感染外，其次为黄牛、水牛和牦牛，猪和人也可感染发病。病牛是本病的主要传染源，其分泌物和排泄物，特别是于肺部形成结核性空洞病变的奶牛，其鼻液中含菌量最多；其次患乳腺结核病牛分泌的乳汁、患肠结核病牛排泄的粪便含菌也很多。当病牛咳嗽时，喷出的飞沫和痰液分散在空气中，或落于饲料、饮水、灰尘或土壤中；排出的唾液、粪、尿、生殖器官的分泌物和乳汁等污染了饲料、饮水、用具、饲槽、畜栏和牧草等，就使这些物体成为散播结核病的媒介物。

本病的传播途径有三条：①呼吸道为其主要途径，即病牛喷出的飞沫经呼吸道而感染健康牛；②其次为消化道，即通过污染的饲料、饮水和乳汁等的采食而感染；③生殖道，可以交配感染，母牛患子宫结核时，通过脐静脉能使胎儿感染。

另外，奶牛场环境卫生不良，牛群过于拥挤，场地潮湿，通风不良，光照不足，易于引起发病；饲养管理不良亦能减低机体的抵抗力，促进本病的发生；而长期不检疫，防疫及隔离措施不严，病牛与健康牛同栏饲养所造成的危害更大。

〔临床症状〕奶牛结核病具有病程长，治愈慢，易感染，易恶化的特点。其潜伏期长短不一，短者十几天，长者可达数月甚至数年。病初症状不明显，随后逐渐出现。由于病畜发病程度和患病器官的不同，故在临床的表现也各不相同。

1.肺结核　牛结核以肺部居多，初期，病牛的精神、食欲和反刍均无明显变化，主要表现为短促干咳，尤其当病牛起立、运动、吸入冷空气或含尘土的空气时易发作。随着病情的发展，病牛的咳嗽次数增多，由干咳逐渐变为湿咳，咳嗽加重并带疼痛；流出黏液性或脓性鼻液，呼吸次数增多，严重时呼吸困难。听诊时可闻及肺泡音粗厉，有干性和湿性啰音；叩诊时能叩出浊音、半浊音和鼓音区。当胸膜发生结核时，胸部可听到摩擦音，触诊时病牛疼痛，有抗拒反应。随着病程的持续，病畜消瘦、贫血，泌乳量明显减少或停止。

当病牛发生全身性粟粒性结核或弥漫性结核性肺炎时，体温常升至40℃以上，呈弛张热，精神、食欲不振或废绝，呼吸困难，终因急速心肺功能不全和衰竭而死亡。

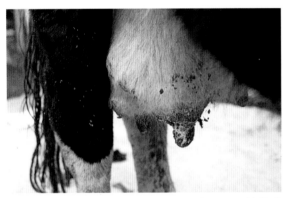

图1-8-2　乳房结核，右侧前后分房有大小不等的结核结节

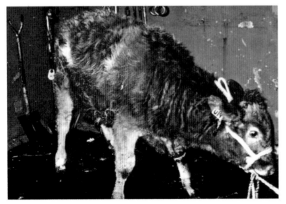

图1-8-3　患病犊牛被毛粗乱，明显消瘦

2.乳房结核　乳房淋巴结肿大，无热无痛；乳房可触摸到局限性或弥漫性无热无痛性结节（图1-8-2）；乳汁初期无明显变化，继之泌乳量减少，乳汁稀薄，甚至为水样并混有凝块，最后泌乳停止；病程较长时，常能引起乳腺的萎缩，使两乳房呈不对称状。

3.肠道结核　病初病牛精神不振，食欲不佳，消化不良。继之，病牛腹泻或便秘交替，或持续性下痢，粪便呈稀粥样，混有黏液和脓液。病牛迅速脱水、消瘦（图1-8-3）。直肠检查时，可摸到肠道和肠系膜淋巴结的异常变化。

4.生殖道结核　多数在分娩时受污染，或交配时被感染。病牛性机能紊乱，多为性欲增加，频频发情，但屡配不孕；有的病牛性欲亢进而呈慕雄狂状。妊娠母牛经常流产。有的病牛在生殖器官形成结节和溃疡，从阴道流出黄白色分泌物，内混有絮状物。公牛的附睾及睾丸肿大，硬固而有疼痛感。

5.淋巴结结核　通常不是一个独立的病型，而是伴发于各类型结核。最常见的是体表淋巴结，如下颌、咽后、颈前（图1-8-4）、颈浅及腹股沟等淋巴结肿大，变硬，有结节，无痛，高低不平，不与皮肤粘连。当咽后淋巴结肿大时，常压迫喉部，引起呼吸困难（图1-8-5）；纵隔淋巴结因结核病变而肿大时，常能压迫食管，造成慢性瘤胃臌胀。

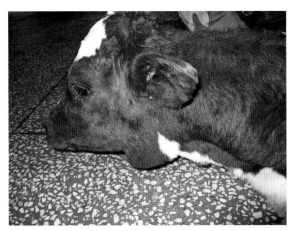

图1-8-4　颈前淋巴结发生结核性病变，明显肿大

图1-8-5　病牛咽后淋巴结肿大，呼吸困难

6.中枢神经结核　当全身性粟粒性结核侵及脑膜与脑实质时，常出现神经症状，如运动障碍、精神紧张、应激反应增强，甚至发生癫痫。据报道，一例在临床上有癫痫症状的病牛，剖检时在其延脑膜上发现有结核结节。

〔病理特征〕结核病的病理变化由于机体感染细菌的数量、毒力及机体本身抵抗力的不同而表现多种多样，但基本的病变有两种，即形成增生性和渗出性结核结节。

增生性结核结节多见于感染细菌量少、菌的毒力低或机体抵抗力强的病牛。其特点是在组织和器官内，特别是在肺组织内形成粟粒大至豌豆大、灰白色半透明的坚实结节；有的结节孤立散在，有的密发，也有的几个结节相互融合形成比较大的集合性结核结节（图1-8-6）。镜检，一个典型的增生性结核结节，通常有以下三层结构（图1-8-7）：即中心为干酪样坏死与钙化，中间层为由上皮样细胞和郎格罕氏细胞构成的特异性肉芽组织，外层为由成纤维细胞和淋巴细胞构成的普通肉芽组织。病期长或机体抵抗力强时，坏死中常见钙盐沉积（图1-8-8）。

图1-8-6　肺组织有多量大小不一灰白色半透明的结核结节

渗出性结核结节是在机体感染的细菌多、菌株毒力强而机体抵抗力弱或变态反应较强时所形成的，此时的增生性变化极为微弱。其特点是结节的中央为黄白色、干燥的干酪样坏死物，周边为暗红色的反应带（图1-8-9）。镜检，结节中央的受侵组织连同渗出的单核细胞及淋巴细胞发生出血、坏死，失去原有结构，坏死灶周边的血管扩张，充血、淤血、出血、水肿，并见薄层特异性肉芽组织及一般结缔组织围绕（图1-8-10）。

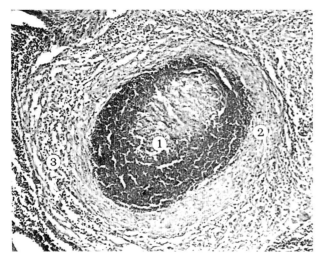

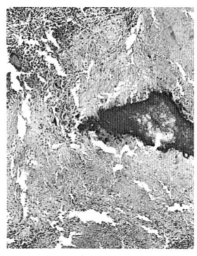

图1-8-7　结核结节的干酪样坏死区（1）、上皮样细胞层（2）和普通肉芽组织（3）

图1-8-8　干酪样坏死灶中心区有蓝紫色钙盐沉积

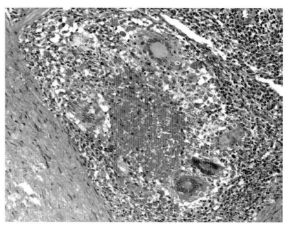

图1-8-9　肺组织中有较多的渗出性结核结节

图1-8-10　脾脏渗出性结核结节的组织变化

　　牛结核病多是在机体的原发性结核病变的基础上，当机体的免疫功能受各种因素影响而降低时，病灶内残留存活的细菌又通过淋巴或血液蔓延而扩散至全身各组织器官，形成晚期全身化。此时的病变复杂多样，有的可因结核性败血症或结核性肺炎而死亡；但在多数情况下，于病牛的肺脏、淋巴结、胸腹腔、浆膜、乳腺、子宫和肝、脾等部位形成特异性结核病变。

　　1. 肺结核　是牛结核病的基本表现形式，发病率高达75%～99%。牛肺结核的主要表现形式为结核性支气管肺炎，其病灶分布具有与支气管树分布相一致的规律。小叶性结核具有明显渗出性特征，病变可达榛子大乃至核桃大，切面呈灰白色干酪样，其相应的细支气管也出现结核性支气管炎（图1-8-11）。当小叶性结核病灶进一步扩大而侵及某一肺叶或几个肺

图1-8-11　结核性支气管肺炎

叶大部分组织时，则称结核性大叶性肺炎（图1-8-12），它是经支气管源性扩散时最为严重的病理变化。病变多半位于膈叶后部，病变部质地坚实，与周围肺组织境界明显，表面呈淡红褐色。切面具大叶性肺炎肝变期所呈现的类似变化，但多数病灶中心部形成黄白色干酪样坏死或形成黄白色液状脓汁，所以称此为干酪性肺炎（图1-8-13）。此外，当小叶性结核或大叶性结核坏死、崩解、液化而破坏了病灶内的支气管壁时，则病灶内的坏死物经破损的支气管排出体外，则于病灶部形成肺空洞病变，此称开放性结核。新形成的空洞，其内部表面粗糙不平，腔内蓄积有残留的干酪样坏死物或脓样物质，与空洞壁相邻的肺组织中可见有不同形式的结核性病变。陈旧的空洞壁见有厚层结缔组织增生。有的空洞常以其病灶内破损的较大的支气管壁为其部分周界，并由于支气管腔蓄留有脓性渗出物而扩张，而管壁也由于结核性肉芽组织增生而增厚，此种空洞称为支气管扩张性空洞。

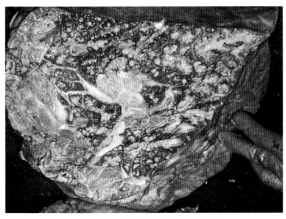

图1-8-12　结核性大叶性肺炎

图1-8-13　结核干酪性肺炎

2. 浆膜结核　多见于腹膜、胸膜、心外膜、大网膜和横膈膜等部位，尤以腹膜较为多见。浆膜发生结核的病变主要有两种表现形式：①珍珠病（peal disease），为增生性浆膜结核，多见于腹膜和胸膜。其特点为在浆膜有许多由黄豆大、榛子大、核桃大乃至鸡卵大的结节。有的小结节密集成堆或互相融合成为一个大结节（图1-8-14）。有的结节以一细长根蒂连接于浆膜，结节表面均有一厚层包膜，表面光滑而有光泽，切面呈黄白色干酪样坏死或钙化，因其形似珍珠，故习称为珍珠病。②干酪样浆膜炎，为渗出性浆膜结核。首先发生急性浆液性、纤维素性浆膜炎，使浆膜急剧水肿、增厚，随后迅速发生干酪样坏死。心外膜和心包发生浆膜结核时，由于有特异性和非特异性肉芽组织大量增生而使两者粘连（图1-8-15），包裹心脏而状似盔甲，称之为盔甲心。

图1-8-14　胸膜的结核性珍珠样结节

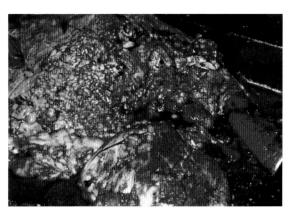

图1-8-15　心包膜发生干酪性炎而与心外膜粘连

3.淋巴结结核　淋巴结也是结核病过程中最易受侵害的器官，发生率可高达97%～100%。特别是某器官出现结核病变时，其所属淋巴结也必然出现相应的结核病变。肺和肠道是易受结核菌侵害的部位，所以肺门淋巴结、纵隔淋巴结和肠系膜淋巴结也最常发生结核病变。结核性淋巴结炎主要有两种表现形式：①增生性结核性淋巴结炎，眼观，淋巴结高度肿大，质地坚硬，表面和切面密布大小不等、中心呈干酪样坏死或钙化和周边有结缔组织包绕的结核病灶（图1-8-16）。病灶有的单个存在，有的互相融合，往往在一个大结节病灶内存有多个小结节病灶（图1-8-17）。镜检见病变组织具典型的结核病灶特异结构。②渗出性干酪性淋巴结炎，其病变特点是淋巴结高度肿大，一般可达核桃大、鹅卵大乃至更大，切面呈大片黄白色或斑块状有间质分隔的坏死灶（图1-8-18）。严重时整个淋巴结的淋巴组织完全坏死，形成结核性干酪样脓肿（图1-8-19）。

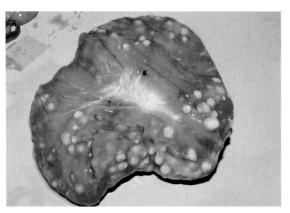

图1-8-16　淋巴结内有大量灰白色结核结节

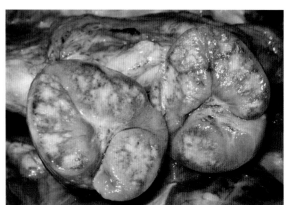

图1-8-17　切面见有大量融合性结构结节

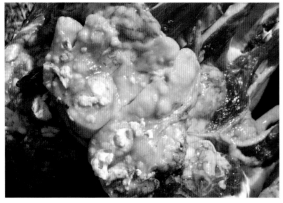

图1-8-18　渗出性干酪性淋巴结炎

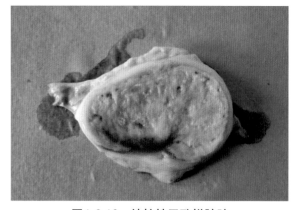

图1-8-19　结核性干酪样脓肿

4.乳腺及生殖器结核　乳腺结核主要经血源传播而来，病变特点为形成增生性或渗出性结核病变，也见有形成大片干酪性乳腺炎。眼观，乳房部不仅有大小不等的结节，严重时乳头萎缩，散布糜烂、溃疡和结痂（图1-8-20）。子宫发生结核病变时常表现子宫角增厚，于黏膜形成结节性坚实肿块，或形成大面积干酪样坏死；此时，输卵管也往往同时受侵害而呈索状，管腔内充积黄色脓液或干酪样团块。

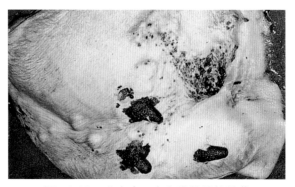

图1-8-20　乳房皮下有多发性结核结节

5.肠结核　肠结核的病变多发生于小肠和盲肠，形成大小不同的结核结节或溃疡。溃疡多呈圆形或卵圆形，周围呈堤状，上面覆盖干酪样物（图1-8-21）。病情严重时，小溃疡可融合成大溃疡，溃疡面上覆有大量干酪样坏死物（图1-8-22），溃疡底部坚硬，脆性增加，常可因肠内压力增加而破裂，形成肠穿孔。

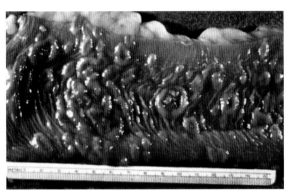

图1-8-21　小肠黏膜面散布大量的结核性溃疡

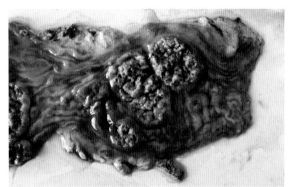

图1-8-22　小肠黏膜有融合性结核性溃疡

6.实质器官结核　肾脏偶见形成较大的增生性结核病灶或发生结核性肾盂肾炎。肝脏发生的结核病变多半为增生性结核（图1-8-23）。犊牛结核早期全身化时，部分病例可发生结核性脑膜脑炎，表现脑底部软脑膜或蛛网膜存有干酪化病灶或有结核结节散在。在大脑和小脑实质内也偶见有干酪化结节。

此外，结核病变还可见于骨骼、软骨、关节、肌肉和眼等部位。

〔诊断要点〕患结核病的奶牛在临床上没有特殊的症状，一般根据病牛发生进行性消瘦、咳嗽、慢性乳房炎、顽固性下痢和体表淋巴结的慢性肿大等，可做出初步诊断。病理剖检，发现典型的结核结节，并用病料涂片，或在临检时采取鼻液、尿、乳及其他分泌物作抹片，进行抗酸染色，若检出染成红色的中等大平直或稍弯曲或带分支的杆菌（图1-8-24），即可确诊。

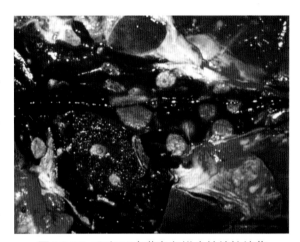

图1-8-23　肝切面有黄白色增生性结核结节

目前，在临床上诊断结核病的主要方法是用结核菌素皮内注射和点眼。每回检疫作两次，两种方法中任何一种呈阳性反应，即可判定为结核阳性反应牛。

1.皮内注射法　注射部位：在左侧颈部上1/3处剪毛（3月龄以内的犊牛可在肩胛部），直径约10厘米，或在尾根无毛部；然后用卡尺测量其皮肤皱襞的厚度并作记录。注射剂量：酒精消毒注射部位后，皮内注射结核菌素原液，3月

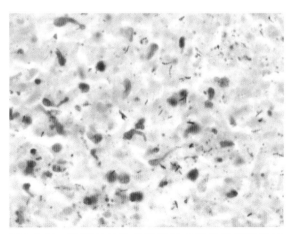

图1-8-24　淋巴结核触片抗酸染色检出的阳性结核杆菌

龄以内的犊牛注射0.1毫升；3月龄至1岁犊牛注射0.15毫升；1岁以上的成牛用0.2毫升。观察反应：注射后在72和120小时各进行一次观察，并用卡尺测量注射部皮肤皱襞的厚度及肿胀面积，同时检查局部热、痛、肿胀的性质，做好记录。对奶牛，在72小时观察后为阴性或疑似反应的牛，须在第一回注射的同一部位，以同一剂量进行第二次注射，48小时后再进行观察，所检项目同上。判定标准如下：

图1-8-25　结核菌素皮敏试验呈强阳性反应的病牛

(1) 阳性反应　局部有热、痛及弥漫性水肿，硬软度如面团或硬片，其肿胀面在35毫米×45毫米以上，或仅皮厚比原来增加8毫米以上，或尾根部出现明显的炎性肿胀（图1-8-25），判定为阳性，其记录符号为"＋"。

(2) 阴性反应　局部无炎性反应，皮厚差不超过5毫米，或仅有坚硬而无热痛结节，判为阴性反应，其记录符号为"－"。

(3) 疑似反应　炎性肿胀面积在35毫米×45毫米以下，皮厚差在5～8毫米，判为疑似反应，其记录符号为"±"。

2.点眼法　奶牛结核菌素点眼，通常每次检查进行两次，间隔3～5天。点眼前检查：点眼前必须检查牛的结膜是否正常，一般点左眼，如左眼有病则改点右眼。点眼的方法是：用1%硼酸棉球擦净眼部外周的污物，以左手食指与拇指使瞬膜与眼睑形成凹陷，用玻璃滴管吸取结核菌素，向眼睑结膜囊内滴入结核菌素原液3～5滴（0.2～0.3毫升），并用手轻轻揉动上下眼睑后放开。点眼后的注意事项：点眼后应将牛拴好，防止牛头部与周围物体摩擦，防止风沙侵入和避免阳光直射。观察反应：于点眼后第3、6、9小时各进行一次观察，必要时于第24小时再观察一次。主要观察结膜红肿、眼睑肿胀程度、流泪及分泌物的性质与数量。判为阴性及疑似反应的牛须于72小时后，在同一眼用相同的剂量再次点眼，方法与观察内容与前述相同。判定标准如下：

(1) 阳性反应　自眼角流出两个大米粒大或2毫米×10毫米以上的呈黄白色脓性分泌物，其分泌物积聚在结膜囊、眼角内或眼的周围。或有明显的结膜充血、水肿、流泪者，可判定为阳性反应，其记录符号为"＋"。

(2) 阴性反应　无反应或眼结膜仅轻微充血，流出少量透明的浆液性分泌物者，可判定为阴性，其记录符号为"－"。

(3) 疑似反应　眼角流出两个大米粒大或2毫米×10毫米以上灰白色、半透明的黏液性分泌物，眼睑不肿胀，无明显结膜炎，不流泪者，可判为疑似，其记录符号为"±"。

〔治疗方法〕患结核病的奶牛一般不进行治疗，而作淘汰除理；但对一些有利用价值的奶牛可用结核杆菌敏感的药物进行治疗。实验证明：结核杆菌对磺胺类药物、青霉素及其他应广谱抗生素均不敏感，但对链霉素、异烟肼、对氨基水杨酸和环丝氨酸等较敏感。

牛群中有表现明显临床症状的，或呈急性暴发的病牛，可肌内注射链霉素、对氨基水杨酸、丝氨酸和异烟肼等，其中以异烟肼的疗效较好。异烟肼的用量为每次1克，每天两次，待急性症状消失后，可改用口服，剂量同前，连续内服一周。

结核病牛群最好在易发季节前，采取预防性治疗，对消瘦、多咳、食欲不佳等奶牛，每次口服异烟肼1克，连服5～7天，这样可以大大减少病牛群的急性暴发病例。

〔预防措施〕应建立以预防为主的防疫、卫生、消毒、隔离制度；采取综合性防疫措施；防止结核病的传入和扩散；净化病牛群，培育健康牛群。这是防治结核病的主要措施。

1.无结核病牛群的防治　平时加强防疫、检疫和消毒工作，防止本病传入。每年春秋两季各进行一次检疫，发现病牛及时处理。补充牛前，要进行检疫，运回后必须隔离三个月以上，经三次检疫，确实无病方可入群。患结核病的人不能担任饲养人员。

2.假定为健康牛群的防治　每年进行2～3次检疫，发现结核菌素阳性牛，及时送至病牛群隔离饲养，并对牛群应于30、45天后再检疫，直至连续3次检疫不再发现阳性反应牛为止，同时要经常做好防疫卫生工作。

3.结核菌素阳性牛群的防治　将阳性反应的奶牛隔离在指定地点，固定专人饲养，并定期进行临床检查。结核菌素阳性奶牛所产的奶必须煮沸消毒后才可以食用。发现开放性病牛，要立即淘汰扑杀，肉以高温处理后方可食用，有病变的器官要销毁或深埋。对新建的奶牛场或阳性反应牛少的奶牛场，应采取果断措施，及时处理阳性牛，借以根除传染源。

4.培育健康奶牛群　培育健康奶牛群，是一种积极的防治措施。其方法是：在犊牛产出后，立即与母牛分开，隔离于犊牛培育场，喂初乳3～5天后，饲喂健康牛乳或消毒牛乳。小牛在生后一个月进行第一次检疫，3～4个月后进行第二次检疫，6个月后进行第三次检疫。三次检疫均为阴性者，且无任何可疑的临床表现，可放入假定健康育成牛群中进行饲养。以后定期进行检疫。

5.加强兽医防疫卫生措施　具体要做好：奶牛的产房要经常进行消毒，保持清洁干燥，及时更换褥草，母牛分娩时要妥善处理胎衣、羊水和污染物；加强对奶品的卫生管理工作；固定饲养管理工具及运输车辆，并保持清洁；加强饲养员及兽医人员的责任感，做好防护和卫生工作；粪便集中发酵、处理和利用；加强消毒工作，每年进行2～3次预防性消毒，每当牛群中出现阳性病牛后，都要进行一次严格的大消毒，常用的消毒药为5%来苏儿、10%漂白粉、3%甲醛或3%苛性钠溶液。

〔公共卫生〕应该强调指出，牛型结核杆菌可感染人，引起人的不同类型的结核病。研究证明，牛的开放性结核可导致牛型结核杆菌在牛与人、人与人之间传播，引起人的肺结核，损伤肺脏的通气与换气功能。儿童多是通过饮用消毒不彻底的处于隐性感染病牛的奶而受累，通常发生肠型结核，引起腹痛、腹泻与腹部感染。有的成年人会发生淋巴结核，特别是颈部淋巴结肿胀、破溃，形成溃疡。因此，在与患病牛的接触过程中一定要注意防护、消毒和保健。

九、布鲁氏菌病

布鲁氏菌病（Brucellosis）是一种重要的人畜共患传染病，是一种侵害生殖系统和关节的地方流行性慢性传染病，妊娠母牛以流产、胎衣不下、生殖器官及胎膜发炎为特征；公牛以发生睾丸炎为特点。一般先在家畜中发生流行而后由家畜传染给人。本病除了牛感染以外，羊、猪等动物也易感，而且在世界各地均有不同程度的流行。因此，本病不仅对畜牧业造成重大损失，而且严重危害人类健康。

〔病原特性〕本病的病原体是布鲁氏菌属的细菌。布鲁氏菌属有六个种，其中主要的是羊型（马耳他）布鲁氏菌（Brucella melitensis）、牛型（流产）布鲁氏菌（B. abortus）和猪型布鲁氏菌（B. suis）。这三个种布鲁氏菌除主要分别感染羊、牛和猪外，还可交叉感染，均可感染人，其中以羊型布鲁氏菌对人的致病力最强，猪型布鲁氏菌次之，牛型布鲁氏菌最弱。近年来新发现的有沙林鼠型布鲁氏菌、绵羊型布鲁氏菌和犬型布鲁氏菌。各型布鲁氏菌在形态上没有明显的区

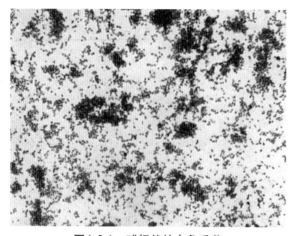

图1-9-1　球杆状的布鲁氏菌

别，均为一种短小的杆菌，有时类似球菌，无鞭毛，不能运动，不产生芽孢，革兰氏染色呈阴性反应（图1-9-1）。本菌具有荚膜，能抵抗吞噬细胞的吞噬，并能在该细胞内增殖，故成为细胞内寄生菌。在病料涂片上，本菌常密集成堆、成对或单个散在或位于变性坏死的巨噬细胞内。

布鲁氏菌对消毒剂的抵抗力较弱，如在2%石炭酸中可存活1～2分钟；1%来苏儿、2%福尔马林、0.2%漂白粉溶液中可存活15分钟；对热较敏感，如在60℃加热30分钟、70℃加热5分钟即可杀死，煮沸后立即死亡；但对寒冷和外环境的抵抗力较强，如在冰冻的环境中能存活几个月，冷乳中最长可存活40天，奶油中可存活27天，在污染的土壤中能存活20～120天，在水中能存活72～150天，在牛乳中存活8天，在肉品中能存活2个月，在干燥的胎膜中能存活4个月，在衣服、皮毛上能存活150天。

〔流行特点〕牛布鲁氏菌病主要发生于牛，各地都有散发。一般情况下，母牛比公牛易感，犊牛有一定的抵抗力，随着年龄的增长，对本病的易感性增高，性成熟后对本病非常敏感。一般第一次妊娠的母牛容易感染发病，多数母牛只发生一次流产，流产两次的较少。本病的主要传染源是病牛或带菌动物，病原菌随其精液、乳汁、脓液，特别是流产胎儿、胎衣、羊水以及子宫渗出物等排出体外，通过污染饮水、饲料、用具和草场等媒介而造成牛群感染。本病的主要感染途径是消化道，其他如自然交配或人工授精，皮肤和黏膜微小损伤，媒介昆虫（蜱、蚊）或啮齿类动物（野兔、野鼠）都可能散布本病。布鲁氏菌是寄生在细胞内的细菌，对妊娠的子宫内膜和胎儿胎盘有特殊的亲和性，故可引起明显的病变。

另外，饲养管理不良，牛群拥挤，寒冷潮湿及饲料不足等因素，也能促进本病的发生。

〔临床症状〕本病的潜伏期一般为两周到半年左右，最主要的症状是已妊娠5～7个月的母牛发生流产，流产后常伴有胎盘滞留。病牛多为第一胎妊娠的母牛，于流产前体温多不高，主要表现是阴道及阴唇黏膜红肿，流淡褐色或红黄色透明无臭分泌物，乳房肿胀，继而发生流产，但也有时看不出任何前驱症状而突然流产。

流产多见于妊娠的中后期，中期流产的胎牛体表光滑，无被毛形成（图1-9-2）；后期流产的胎牛已发育至分娩时的大小，体表有发育较好的被毛和斑纹（图1-9-3）。流产的胎儿多为死胎，即使产出时存活，也因衰弱而很快死亡。多数病牛流产后常伴发胎衣不下或子宫内膜炎，或从阴道流出红褐色或灰黄色污秽不洁的分泌物（图1-9-4），有时带有恶臭的气味。本病往往持续1～2周，如不伴发慢性子宫内膜炎，常可自愈。一般认为，布鲁氏菌性流产，是由胎盘炎引起的。由于布鲁氏菌所致的胎盘炎，可逐渐使胎儿胎盘与母体胎盘松离，胎儿营养障碍和发生病变，导致母畜流产。病程缓慢的病例由于胎盘炎症过程中结缔组织增生，使

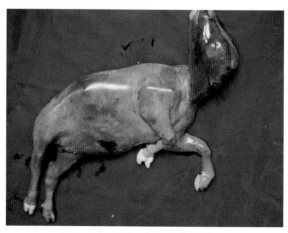

图1-9-2　妊娠中期流产的胎儿

胎儿胎盘与母体胎盘粘连，招致胎衣滞留。胎儿若不被排出，可能木乃伊化，但多发生腐败而被排出，并有恶臭液体流出。

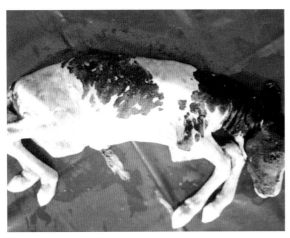

图1-9-3　妊娠后期流产的胎儿　　　　　图1-9-4　流产母牛从阴门流出污秽不洁的分泌物

本病的另一个常症状是关节炎，多发生于腕关节、跗关节和膝关节。主要表现为关节肿大、疼痛，关节腔中有大量滑液，关节囊突出，有波动感，较长时间不能消退；当关节内滑液逐渐被吸收后可能发生关节愈合，病牛出现跛行。

〔病理特征〕母牛的主要病变在子宫和乳房，公牛的在睾丸。

流产布鲁氏菌对妊娠子宫有特殊的亲和性，故可引起明显的病变。感染的妊娠子宫，外观正常，在子宫内膜与绒毛膜的绒毛叶之间有或多或少的无臭、污黄色、稍黏稠的渗出物，其中含有灰黄色软絮状碎屑。胎膜水肿而增厚，可达1厘米或更厚些；脐带中也浸润着清亮的水肿液。胎盘的病变不完全一样，有些呈现广泛的坏死性变化（图1-9-5），另一些坏死性病变稍轻，还有一些没有多少病变。胎盘受侵的区域含淡黄色明胶样液体而增厚、暗晦、质韧，呈淡黄色似皮革样外观（图1-9-6）。镜检，胎盘的基质水肿，含大量的炎性细胞；绒毛膜上皮细胞中充满病原菌，许多含菌的上皮细胞脱入子宫绒毛膜间腔。流产布鲁氏菌在完整上皮细胞内呈球菌样，但游离于渗出液中的则为短杆状。

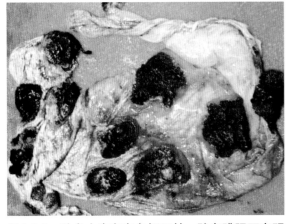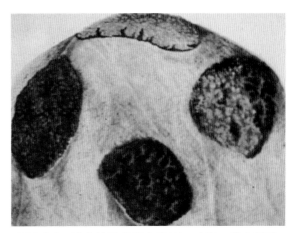

图1-9-5　胎盘上有灰白色坏死灶，胎盘膜肥厚有明　　图1-9-6　流产的胎儿胎盘增厚、暗晦，似皮革样
　　　　　显的炎性反应

　　乳腺的病变主要为间质性或兼有实质性乳腺炎，病情严重者可继发乳腺萎缩和硬化。镜检见乳腺间质水肿，腺泡上皮变性、坏死，并伴发结缔组织增生和炎性细胞浸润。

　　胎儿通常有一定程度的水肿，皮下组织中有血样液体潴留，体腔积液（图1-9-7）。肺炎是布鲁氏菌病胎儿的重要病变，可出现于多数妊娠后期流产的病例。肺炎的轻重程度不同，轻者只能在显微镜下见到散在分布的细小的支气管肺炎灶。重症例可见肺脏膨胀、质地坚实而呈灰白色或暗红色的病灶，并有黄白色纤维素附着于胸膜面。肝脏表面常能发现灰白色结节性病灶，镜下可见到由网状细胞形成的增生性结节（图1-9-8）。

　　慢性感染的重症病牛还可发生关节炎和腱鞘炎等病变。

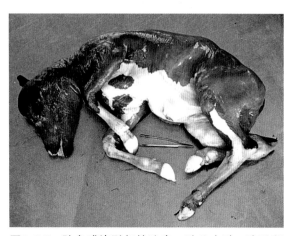

图1-9-7　胎盘感染引起的流产，胎儿水肿，腹腔积液而膨大

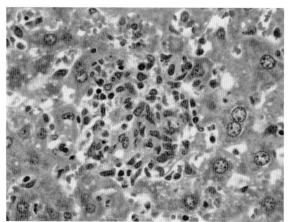

图1-9-8　肝脏中有增生性布鲁氏菌结节

　　〔诊断要点〕初步诊断可以根据流行病学、临床症状、检查流产胎儿和胎盘的病理变化。然而，并非所有的感染牛或流产胎儿都呈现典型症状和病变，因此，常需分离和鉴定病原菌进行确诊。细菌分离的常用方法是将病料如流产胎儿的皱胃胃液、肺、肝、脾以及病畜的乳汁和关节液，直接接种到培养基上或接种豚鼠、鸡胚，获得纯培养，然后进行细菌鉴定。

　　病菌的特殊染色也是诊断本病的简便方法。取胎衣、胎儿胃内容物、水肿液、胸腹水等制成涂片，用柯兹罗夫斯基染色法染色后镜检，可检出单个、成对或成堆的红色球杆状细菌，而其他杂菌则被染成绿色或蓝色。

　　目前实验室常用的诊断本病的方法是血清凝集试验和补体结合试验；对无症状牛群还可以用乳汁环状试验进行监视性试验，以确定牛群是否有本病存在。

　　〔治疗方法〕目前治疗本病还没有特效药物，但临床实践证明土霉素、四环素和磺胺类药物具有较好的治疗作用。有报道称，在牛场暴发本病时应用土霉素2克，配成5%溶液肌内注射，隔天1次，连用3次，可以阻止牛流产的继续发生。也可用四环素肌内注射，每天每千克体重5～10毫克，每天2次，连用3～5天。三甲氧苄啶-磺胺甲噁唑连用对本病的疗效也较好。当病牛的关节肿大，关节囊内有大量积液时，可抽出多余的关节液，然后内注链霉素0.5克或四环素0.5克，并装着压迫绷带，借以减少渗出。

　　中医常用三仁汤治疗本病，也有较好的效果。方剂为：杏仁15克、通草7克、竹叶10克、半夏15克、厚朴7克、薏仁15克，加水，煎成300毫升，每天1次灌服，连服1周。

　　〔防治措施〕布鲁氏菌病是一种慢性传染病，一旦传入牛群，要想短期净化是十分困难的。因此，做好预防工作是非常重要的。

1. 平时预防　主要任务是保护健康牛群，提高牛的抵抗力。对从未感染过布鲁氏菌病的牛群，必须坚持自繁自养的原则，避免从外面引进感染牛。若必须引进种牛或补充牛只时，应从无本病的地区选购。新购入的牛，一定要隔离观察一个月，并进行两次检疫，确认为健康奶牛时才能并群饲养。每年对牛群进行定期检疫，以便及时发现病牛。

当牛群中发生不明原因的流产时，应首先隔离流产母牛，并做好消毒工作，对流产胎儿及胎膜进行病理观察和细菌学检查，同时对流产母牛进行血清学检查，直到查明为非传染性流产时，才能取消对流产牛的隔离。

受本病威胁的牛群，每年应采用血清凝集试验，定期进行两次检疫；对检出的病牛应隔离饲养，成立病牛饲养场。同时，还应定期进行预防注射。目前常用于牛的菌苗有两种：

（1）布鲁氏菌19号弱毒菌苗　也是各国多年来使用的菌苗。其特点是菌株稳定，病原性低，免疫原性好，在牛群中不会造成传染。使用方法是在牛颈部皮下注射5毫升，注苗后一个月产生免疫力，免疫期为一年。牛一般在6～8月龄注射，必要时在18～20月龄再注射一次。注意：5月龄以下的犊牛和妊娠母牛不能使用本疫苗注射。

（2）布鲁氏菌羊型5号弱毒菌苗　本菌苗既可注射也可气雾免疫。但不论哪种方法，均以在配种前1～2个月进行为宜，免疫期暂定一年，应每年进行一次免疫。

①注射法　先按标签注明的活菌数，用无菌生理盐水将菌苗稀释，使每毫升含活菌100亿，然后注射于牛颈部皮下或臀部肌肉2.5毫升（250亿菌体）。

②喷雾吸入法（或称气溶胶吸入法）　用压缩空气通过雾化器将稀释的菌苗喷射出去，使菌苗形成直径在10微米以下的雾化粒子，均匀地悬浮于空气中（这种悬浮着大量雾化粒子的空气又称"气溶胶"），使牛群在这样的环境中通过呼吸运动将含菌苗的气雾粒子吸入呼吸道内，从而达到免疫接种的目的。这种方法适用于大群免疫，根据实际情况，可在室内（每立方米空间200亿个菌体计算），也可在露天进行（按每头牛用500亿个菌计算）。用生理盐水将冻干苗稀释为每毫升含菌100亿，然后装入雾化器的瓶中进行喷雾。

2. 紧急预防　当牛群发生本病时，对头数不多或经济价值不大的病牛，以淘汰为宜。若病牛数量较多或有一定利用价值，可进行对症治疗，并建立布鲁氏菌病阳性牛群。阳性牛应集中于偏僻、便于隔离的地方，采取严格的隔离防疫措施，不让病菌散布。对可疑牛群应定期采用凝集试验检疫，将检出的阳性和疑似反应的牛隔离饲养和治疗。病母牛所产的犊牛，应立即隔离于犊牛培育群，喂给初乳3～5天，以后喂健康牛的乳汁或经巴氏灭菌后的牛乳。在6月龄和9月龄各检疫一次，两次均为阴性者可送入健康牛群；阳性反应者则送到病牛群。

对被污染的牛舍、运动场、饲槽、水槽、奶具及管理用具等可用10%石灰乳或2%～3%热碱水进行消毒。特别要做好产房的清洁卫生和消毒工作。流产胎儿、胎衣、胎水及母牛阴道的分泌物要消毒后深埋。粪便、垫草等要及时清除，并经生物发热发酵后利用。乳汁煮沸后利用。

病牛群（场）经过采取综合防治措施后，若牛群中没有流产及其他明显症状出现，并且连续三次检疫（每次间隔2～3个月）均为阴性，则可认为该牛群已达净化。若在检疫时仍有新的病牛出现，可隔离到阳性牛群中饲养。对阴性牛可考虑接种疫苗。每年定期免疫一次，坚持数年后，常可达到净化的目的。

〔公共卫生〕牛型布鲁氏菌对人有一定的感染性，人可通过接触病牛及其排泌的污染物而感染。人急性感染时，其主要特点为波浪状发热，即发热2～3周后，体温降低1～2周，但并未达到正常体温，之后再发热。发热期间常伴有多汗、头痛、全身乏力，游走性关节痛（主要为大关节）。有的病人还出现局部症状，如腰椎受累出现持续性腰背痛，并伴发肌肉痉挛，活动受限后影响行走，男性病人可有睾丸肿大、睾丸炎症等表现。因此，有可能与病牛接触的任何人员，必须做好防护。

十、坏死杆菌病

坏死杆菌病（Necrobacillosis）是多种家畜所患的一种创伤性传染病。其特征为在皮肤、黏膜发生坏死性炎症与溃疡形成，病理过程全身化时在内脏可出现转移性病灶，并常以脓毒败血症的形式使病牛死亡。由于坏死杆菌侵害不同的组织可引起不同的病变，故在临床上常有不同的名称，如腐蹄病、坏死性皮炎、坏死性口炎、坏死性肝炎、坏死性乳房炎等。其中奶牛多患腐蹄病，而犊牛多发生坏死性口炎（犊白喉）。

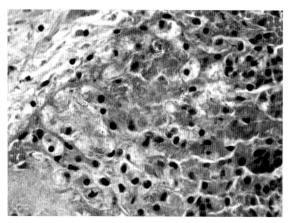

图1-10-1　切片中断发样坏死杆菌

〔病原特性〕本病的病原体主要是坏死梭杆菌（*Fusobacterium necrophorum*），为严格厌氧的革兰氏阴性细菌，无鞭毛，不能运动；无荚膜，不能产生芽孢；多呈球状、杆状、断发状（图1-10-1）、长杆状或丝状（图1-10-2），但在坏死性炎灶内呈长丝状者居多（图1-10-3）。据报道，牛的胃、肠道中也有此菌并随粪便不断排出。病菌在污染的土壤中能长时间存活，因此，坏死梭杆菌广泛存在于牛的周围环境中，特别是粪便污染严重的地区。坏死梭杆菌能产生外毒素，具有溶血和杀白细胞的作用，使吞噬细胞死亡，释放分解

酶，致组织溶解；其内毒素可使组织发生凝固性坏死。因此，在感染局部由于坏死梭杆菌毒素的作用，局部组织发生坏死，并能引起病畜不同程度的中毒症状。与此同时，往往有其他细菌，特别是化脓菌的感染，可使病变得更加复杂。局部病灶形成后，其中的坏死梭杆菌还可循血流播散至体内各器官形成新的病灶。

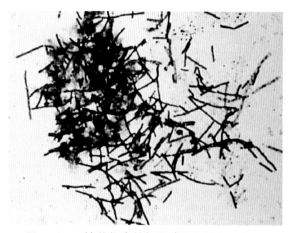

图1-10-2　培养物中的杆状或丝状的坏死杆菌

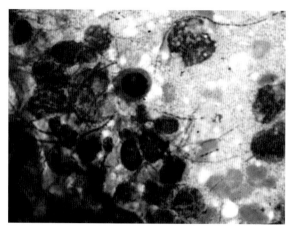

图1-10-3　涂片中的长丝状坏死杆菌

研究证明，坏死杆菌病的病灶中除坏死梭杆菌外，还能分离到化脓棒状杆菌、化脓球菌、有结类杆菌等。坏死梭杆菌的致病作用往往与同时感染的细菌的协同作用有关。例如，腐蹄病中的坏死梭杆菌和化脓棒状杆菌协同作用，化脓棒状杆菌能产生一种大分子消耗氧的物质来引

发坏死梭杆菌生长，而坏死梭杆菌通过其外毒素的杀白细胞作用和阻抑吞噬作用为化脓棒状杆菌的生长创造有利条件。有结类杆菌和坏死梭杆菌之间也存在着类似的关系：有结类杆菌产生的蛋白酶使细菌容易穿透表皮基质，它还产生一种对热稳定的可溶性因子，能增强坏死梭杆菌的生长和毒性。总之，坏死梭杆菌的主要作用是破坏组织、产生杀白细胞毒素。此外，生长在坏死组织碎屑中的各种细菌有助于形成厌氧环境使厌氧的病原菌得以存活。

本菌对理化因素的抵抗力不强，常用的消毒药如1%高锰酸钾、1%福尔马林、3%～5%氢氧化钠溶液均可在短时间内将之杀灭。加热60℃ 30分钟、煮沸1分钟即可将之杀死。该菌在土壤中可存活10～30天，在粪便中可存活50天，尿液中可存活15天。

〔流行特点〕本病常发生于奶牛，犊牛尤为易感，饲养密集的牛群也易发生。病牛的分泌物和排泄物污染外界环境成为重要的传染源。坏死梭杆菌一般不能侵害正常的上皮组织，因此，本病多通过损伤的皮肤、黏膜、消化道而感染。一些能引起皮肤、黏膜损伤和机体抵抗力降低的因素，在本病发生中起重要的诱因作用，如棚圈场地潮湿泥泞，经常行走于荆棘丛生之处，厩舍拥挤、互相践踏，饲喂粗硬草料，吸血昆虫叮咬，以及卫生条件恶劣等。钙磷等矿物质缺乏或比例不当；维生素缺乏、营养不良等均可促进本病的发生。奶牛患骨软症时，由于蹄角质疏松，腐蹄病的发病率增高，病情也较严重。

本病多发生于多雨季节和低湿地带，依条件不同可呈散发性或地方性流行。

〔临床症状〕本病的潜伏期一般为1～3天，长者可达两周左右。临床上依病变所在部位出现的特异性症状，常将本病分为以下几种：

1. 腐蹄病　通常为成年牛的坏死杆菌病，以蹄部受侵为特征，所以称之为腐蹄病。发病初期，病牛站立时间变短，喜卧地；继而病肢不敢负重，走路时出现跛行。用器械或用力按压病部有明显的疼痛感，清理蹄底时可见到小孔或创伤，有腐烂的角质及污黑臭水从中流出（图1-10-4）。急性发作时则见蹄部红肿、热痛，如不及时治疗，病情进一步恶化，可在趾（指）间、蹄冠、蹄踵出现蜂窝织炎（图1-10-5），形成脓肿和皮肤坏死。

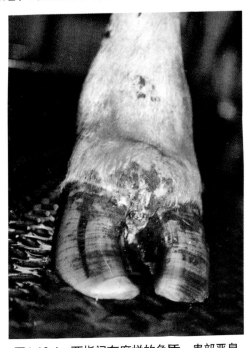 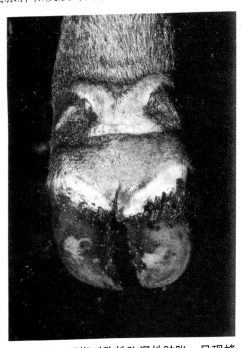

图1-10-4　两指间有腐烂的角质，患部恶臭　　图1-10-5　两指对称性弥漫性肿胀，呈现蜂窝织炎

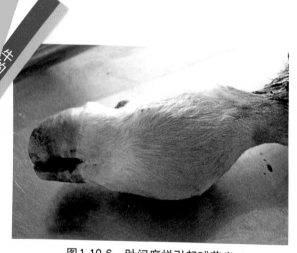

图1-10-6　趾间腐烂引起球节炎

当病情严重时，坏死可蔓延深达腱部、韧带、关节（图1-10-6）和骨骼，并伴发化脓，致使病牛的蹄壳变形或脱落。此时，病牛行走困难，喜卧地，奶量明显减少，出现全身症状，如发热、精神极度沉郁、食欲锐减等，重者可发生脓毒败血症而死亡。

2. **坏死性口炎**　本型的潜伏期为3～7天，多发生于犊牛，数日龄的幼犊至2岁左右的牛均可得病，故又称犊白喉。病犊发热，厌食，流泡沫样口涎（图1-10-7），口腔黏膜红肿，口温增高，由于口腔疼痛，可见病犊张口突舌，两侧腮部明显增大（图1-10-8）。口腔检查时，可见齿龈、舌、上腭、颊部或咽喉等部的黏膜发生坏死，形成污秽色粗糙的假膜。当假膜脱落后，即可遗留界线分明的形态不整的溃疡面（图1-10-9），直径1～5厘米，溃疡底部附有恶臭的坏死物。如病变蔓延至喉头、气管和肺时，则病犊吞咽困难，反刍停止，从鼻孔流出黄色脓样分泌物，呼吸困难，最后可因败血症而死亡。

图1-10-7　病犊厌食，流泡沫样口涎

图1-10-8　病犊张口突舌，有泡沫样唾液流出

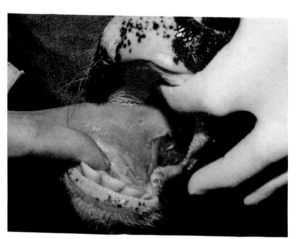

图1-10-9　口腔内有形态不整的溃疡

3. **坏死性皮炎**　奶牛偶尔发生。其特征是在体表及皮下发生坏死和溃烂，多发生于体侧、头及四肢。病初为突起的小结节，逐渐增至核桃大到鸡卵大。结节局部发痒，触之较硬（图1-10-10），有时其表面盖有干痂。进而结节组织迅速坏死，形成外口小内腔大的坏死灶。坏

内组织腐烂，积有大量灰黄色或灰棕色恶臭的液体，最后皮肤也发生溃烂。

此外，皮肤的坏死还可见于奶牛的乳头和乳房皮肤，甚至引起乳腺坏死。

4. 瘤胃炎-肝脓肿综合征　各种原因引起的瘤胃黏膜损伤为存在于瘤胃中的坏死梭杆菌提供了感染的侵入门户。瘤胃坏死性炎发生之后，常引起继发性坏死杆菌性肝炎。急性病例可出现精神沉郁，结膜黄染，腹泻物呈淡黄色，肝区疼痛和腹膜炎。慢性病例则患多发性肝脓肿，可无全身症状，但脓肿破溃后发生腹膜炎而导致病牛死亡。

另外，奶牛偶尔可见到坏死性子宫炎。

〔病理特征〕本病所见的病理变化与临床症状大致相同，也与发生的部位与组织有关。

牛的腐蹄病通常只见趾间皮肤出现糜烂或溃疡，有时可见深的裂隙，其中含有浆液性渗出物和少量具恶臭

图1-10-10　病犊右颊部有鸡卵大结节，触之坚实

气味的灰色脓液（图1-10-11）。有的炎症可蔓延至蹄球部，招致蹄球软角质的分离。有些病例可伴发严重的蜂窝织炎，此时，除趾间隙明显肿胀外，炎性浸润还可波及球节或更高的部位，以致蹄匣易于脱落，并见大量脓汁从球节部流出（图1-10-12）。排出坏死物质的窦道可能开口于趾间隙和蹄冠上方。

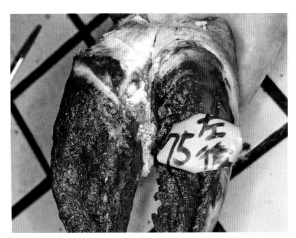

图1-10-11　右侧的趾蹄肿胀，排出恶臭的灰色脓液

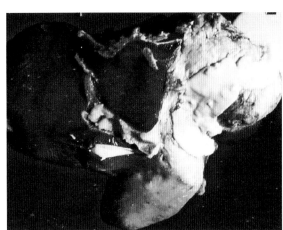

图1-10-12　蹄匣脱落，发生化脓性球节炎

犊白喉通常在口腔黏膜损伤的基础上感染坏死梭杆菌而引起。幼畜在生齿期间，常因口腔或舌黏膜创伤而容易感染发病。眼观，病灶表面为黄白色碎屑状坏死物，隆起于周围黏膜，其下方为干硬的凝固性坏死（图1-10-13）。坏死不仅波及黏膜和黏膜下层，还可累及肌肉，甚至骨骼。当坏死过程发展迅速时，坏死组织与正常组织紧密邻接，不见明显的反应性炎，且不易分离。当坏死过程进展缓慢时，周围组织的反应性炎逐渐明显，坏死组织与活组织之间出现鲜明的分界，最后坏死物可腐离，局部缺损由肉芽组织增生形成疤痕而修复。镜检在接近活组织的坏死组织中可见稠密交织在一起的长丝状坏死梭杆菌。有时病变可蔓延至喉头，引起坏死杆菌性喉炎（图1-10-14）。

图1-10-13 舌侧面见一个大病灶，发生黄白色凝固性坏死

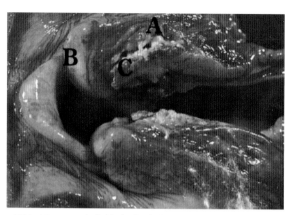

图1-10-14 病牛的喉头肿胀，切开有干酪样坏死
A.坏死组织 B.正常组织 C.反应性炎

坏死杆菌性子宫炎，通常是由产后创伤感染而引起。眼观子宫体积增大，子宫壁明显增厚、变硬，子宫腔内蓄积脓样液体或者含有坏死胎盘的残留物；黏膜增厚并形成皱褶，其中有大斑块状坏死，其表面暗晦粗糙，呈碎屑状；切面见子宫壁内层为黄白色凝固性坏死组织，其外侧为一呈锯齿状的红色炎性反应带与活组织分隔开。镜检细菌染色的组织切片，可见大量坏死梭杆菌出现于坏死灶边缘，邻近白细胞浸润的区域；同时见病灶部有明显的血管炎和血栓形成。

坏死杆菌性瘤胃炎多发生在瘤胃腹囊的乳头区，偶见于肉柱。眼观早期病变为黏膜面出现多发性不规则形、直径为2～15厘米的斑块，其中乳头肿胀、色暗，并与纤维素性渗出物缠结在一起。以后乳头发生坏死，局部坏死组织腐离，形成大小不一的溃疡。网胃和瓣胃也可发生坏死性炎，瓣胃的坏死性炎常可招致瓣叶穿孔。

坏死杆菌性肝炎病灶可以是原发性病灶，也可以是继发于体内其他部位坏死杆菌性炎灶的播散。眼观，肝炎灶多为继发性、圆球形、干燥、黄白色、大小不一的化脓性结节（图1-10-15）。切开检查，肝淤血，呈暗红色，小的化脓性结节周围常见暗红色的炎性反应，大结节内有黄白色浓稠的脓汁或干酪样凝固性坏死物，坏死组织周围有薄层脓肿膜（图1-10-16），与肝组织的分界比较明显。镜检，病灶中肝组织发生凝固性坏死，坏死灶外周区有一呈核破碎的坏死性白细胞带，其间有集聚在一起的断发状梭杆菌（图1-10-17）；坏死性白细胞带外见明显的充血、出血，并有血栓形成。当病灶转为慢性时，坏死灶周围被增殖的肉芽组织包裹，形成较大的肝脓肿（图1-10-18）。

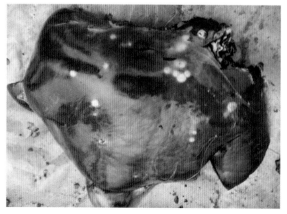

图1-10-15 肝被膜下见大小不一黄白色化脓性结节

图1-10-16 肝切面暗红，结节内为干酪样化脓性坏死组织

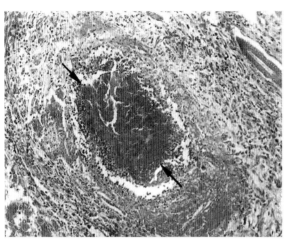

图1-10-17　坏死灶中心呈凝固性坏死并见丝状坏死杆菌（箭头）

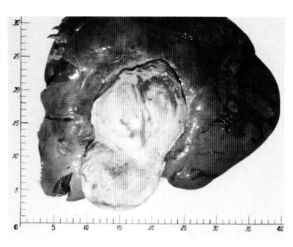

图1-10-18　坏死杆菌引起的慢性肝脓肿

〔诊断要点〕依据本病的流行特点、临床症状、患病的部位、坏死组织的特殊变化和恶臭气味等，一般即可建立诊断。必要时应做细菌学检查，即由坏死组织与健康组织交界部用消毒锐匙刮取病料做涂片，以石炭酸复红染色镜检，如见有呈颗粒状或串珠样长丝状菌（图1-10-19）或细长的杆菌，即可确诊。此外，也可将采取的病料做成混悬液，给家兔耳静脉注射，家兔常在一周内死亡。剖检在其肝脏内常见坏死性脓肿，由此采取病料分离培养或涂片镜检，常能检出坏死杆菌。

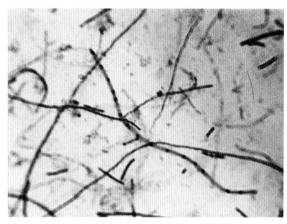

图1-10-19　病料中呈串珠样长丝状坏死杆菌

〔类症鉴别〕牛的坏死杆菌性肝炎、肺炎和子宫炎，在病理剖检时须与牛结核相区别。坏死杆菌性肝炎和肺炎时，病灶中没有结核结节特征性的干酪化和钙化，其周围也多无包囊形成。牛的结核性子宫炎常在坏死层下的肉芽组织中检出特征性的结核结节。另外，本病引起的肝脓肿等，还须与葡萄球菌病相鉴别。葡萄球菌病多为金黄色葡萄球感染，流黄白色脓汁，而坏死杆菌多流出黑色坏死组织分泌物，有恶臭的气味。

〔治疗方法〕及时发现、早期治疗、合理用药、消除病因和加强护理是防止病原转移、提高治愈率的重要措施。

奶牛最常见的坏死杆菌病是腐蹄病，治疗时首先须清除患部的坏死组织，然后用1%高锰酸钾溶液或3%来苏儿溶液清洗患部，之后可向创腔内填入高锰酸钾粉、硫酸铜粉或水杨酸粉，包扎后外面涂些松馏油以防水渗入。也可用消毒水洗涤后向蹄底孔洞灌注10%甲醛酒精或浓碘酊。有的地方用血竭粉填入创腔内，然后用烙铁轻轻烙化封口，也有良好的效果。

犊白喉的治疗方法是小心地除去口腔内的假膜，用0.1%高锰酸钾溶液或鲁戈氏液冲洗，然后局部涂擦碘甘油，每天1～2次，直至痊愈。

皮肤、乳房部等软组织的损伤，在扩创清除坏死组织和异物后，用双氧水和1%高锰酸钾液冲洗后，可涂布各种抗生素软膏或散布磺胺粉、碘仿磺胺粉或碘仿鱼石脂软膏等药物。据报道，在创面散布中药粉也有良好的抗菌和促进生肌的作用，如龙骨35克、枯矾35克、乳香25

克、乌贼骨16克混合后研为细末，散布于消毒的创面。

在局部进行治疗的同时，为了防止病菌扩散，常需用青霉素等抗生素进行全身性治疗；有必要时还可进行适当的对症治疗。

〔防治措施〕对本病目前尚无特异性疫苗预防，只能采取综合性的防治措施，加强饲养管理，搞好环境卫生，消除发病诱因。

腐蹄病是一种在奶牛中发病率最高，危害也最大的坏死杆菌病。因此，对奶牛腐蹄病的预防特别重要。奶牛的运动场应建立在地势高燥的地方，无条件时，地势低凹处应注意排水，防泥泞，及时清除运动场及牛舍的粪便和污水，以保持牛蹄部的清洁卫生。与此同时，还要注意避免外伤，定期进行检查，发现外伤要及时治疗。

对犊白喉务使畜舍温暖而通风又良好，经常用弱消毒剂溶液洗拭口腔（但防止误咽），要特别注意幼犊的人工哺乳用具的清洁和消毒。

加强饲养管理，注意饲料配合，补充足够的矿物质，提高奶牛的抗病能力。

十一、弯曲菌病

弯曲菌病（Campylobacteriosis）曾被称为弧菌病（Vibriosis），是由弯曲菌属的病原菌引起的人畜共患的细菌病。本病最易发生于牛，主要表现为弯曲菌性流产和弯曲菌性腹泻。近年来，国内外人、畜弯曲菌发病的报道日益增多，在许多国家和地区有很高的发病率，已作为重要的人畜共患病而引起了广泛的关注。

〔病原特性〕本病的病原体主要是弯曲菌属的胎儿弯曲菌（*Campylobacter fetus*）和空肠弯曲菌（*C. jejuni*），前者又有两个亚种，即胎儿弯曲菌胎儿亚种和胎儿弯曲菌性病亚种。

弯曲菌为革兰氏阴性的多形态细菌，可呈现出细长弯曲的杆状、逗点状、撇状、S状、弧状和短杆状等（图1-11-1）。用扫描电镜观察，本菌多呈短波浪的弯曲状（图1-11-2）。本菌为微需氧菌，在含10%二氧化碳的环境中生长良好，于培养基中添加血液或血清，有利于初代培养。在陈旧的培养基上弯曲菌呈螺旋状或圆球形，运动活泼。本菌的抗原结构复杂，已知有O、H和K抗原，仅空肠弯曲菌就有60多个血清型。

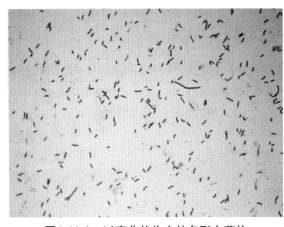

图1-11-1　以弯曲状为主的多形态菌体

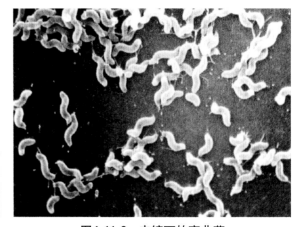

图1-11-2　电镜下的弯曲菌

近年来的研究表明，空肠弯曲菌能产生三种毒素：①细胞紧张性肠毒素（Cytotonic enterotoxin，CE）。该毒素对热敏感，56℃ 30分钟即可灭活，可引起病牛发生水样腹泻。②细胞毒素（Cytotoxin，C）。它不耐热，60℃30分钟或100℃15分钟即被灭活，多与出血性腹泻有关。③细胞致死性膨胀毒素（Cytolethal distending toxin，CDT）。本毒素对热敏感，胰酶也可使之失活，用大鼠回肠袢试验证明其引起的出血反应不及细胞毒素。

最近，还有人从胎儿弯曲菌中分离出内毒素，可诱导病牛体温升高，用其培养液静脉注射，可引起妊娠母牛发生流产。

〔流行特点〕本病多发生于奶牛和黄牛，其他品种的牛也可感染发病。病牛和带菌牛是本病的主要传染源。胎儿弯曲菌主要是经过交配感染，最终导致妊娠母牛流产；而空肠弯曲菌则多通过消化道传播，导致病牛腹泻。

据报道，奶牛感染空肠弯曲菌后，可随粪便排出大量细菌，也可通过牛奶和其他分泌物向体外排菌，污染饲料、饮水、饲草和场舍等。当奶牛采食了病原菌后，在机体抵抗力降低的情况下即可发病。在国外，人由于饮用未经巴氏消毒的牛奶而引起疾病暴发的报道已屡见不鲜。

母牛通过交配感染胎儿弯曲菌一周后，即从子宫颈和阴道黏液中分离到病原菌；感染后3周到3个月，分离到的菌数最多。多数感染牛经过3～6个月后，母牛有自愈趋势，细菌阳性培养数减少。但某些母牛可在整个妊娠期带菌，并可于产犊后再配时将病菌传给公牛，公牛与有病母牛交配后，又可将病菌传给其他母牛，如此反复，可形成恶性循环。感染公牛带菌时间很长，甚至终身带菌。因此，这是一个值得人们关注的大问题。

〔临床症状〕弯曲菌性流产和弯曲菌性肠炎的临床症状完全不同。

1. 弯曲菌性流产　本病的潜伏期一般为10～14天。病初，病牛的阴道呈卡他性炎，黏膜潮红肿胀，黏液分泌增多，特别是子宫颈部分明显，病情严重时常可继发子宫内膜炎（但须与毛滴虫病区别，因为本病除无子宫积脓外，其他症状与毛滴虫病颇为相似）。继之，妊娠母牛的胚胎早期死亡并吸收，从而不断虚情。有些妊娠母牛的胎儿虽未死，但可发生流产。流产多发生于妊娠的第5～6个月，但其他时间也能发生，流产率一般为5%～10%。早期流产时，胎膜常随之排出，如发生于妊娠第五个月以后，往往有胎衣滞留现象。

胎儿吸收或流产后的母牛，常出现发情周期不规则和特别延长（30～60天）现象。不孕的持续时间因牛体的差异而定，有的牛于感染后第二个发情期即可受孕，有的牛即使经过8～12个月仍不能受孕，但大多数母牛通常于感染后6个月就可受孕。母牛第一次感染痊愈后，可获得较强的免疫力，即便再次与带菌公牛交配时，仍可受孕，并能正常生育。

2. 弯曲菌性腹泻　本病的潜伏期一般为2～4天，多发生于秋冬季节，故又有牛"冬痢"之称，大、小牛均可发生，常呈地方性流行。病初，病牛的体温、脉搏、呼吸和食欲均无明显的改变，只可闻及小肠音亢进，奶牛的产奶量明显下降，严重时可下降50%～90%。继之，突然出现临床症状，一夜之间牛群中可有20%的牛发生腹泻，仅经2～3天，可累及80%的牛。病牛排出恶臭水样褐色稀便，其中带有血液（图1-11-3）。病情恶化时，病牛的精神沉郁，食欲不佳或废绝，脱水明显，被毛逆立，背腰弓起，肌肉震颤，虚弱甚至不能站立。如治疗不及时常能引起死亡。

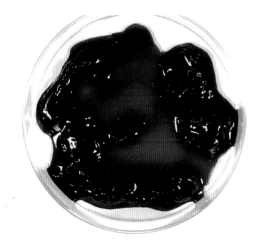

图1-11-3　病牛排出的血便

另外，病牛还可出现乳房炎，从分泌的乳汁中可分离出空肠弯曲菌。

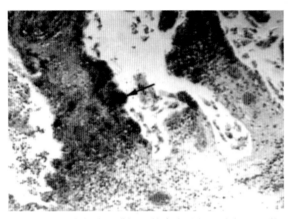

图1-11-4 胎盘绒毛膜坏死并含有紫红色弯杆菌菌落

〔病理特征〕弯曲菌性流产的主要病变是急性黏液性化脓性子宫内膜炎。眼观，子宫内膜肿胀、潮红，黏膜上覆有灰白色黏液或黄白色黏液脓性分泌物，除去分泌物可见黏膜有点状出血和糜烂。发生流产时常见胎儿与胎盘的自溶性变化，即胎盘淤血、水肿、出血，胎盘绒毛坏死呈灰红色；胎儿皮下水肿，皮肤似皮革样，体腔有多量积液，实质器官变性，并常见化脓性肺炎和坏死性肝炎等变化。镜检，子宫黏膜上皮轻度坏死脱落，固有层有中性粒细胞和淋巴细胞浸润，并可见淋巴细胞形成的结节。胎盘绒毛膜坏死、脱落，在残留的绒毛上可检出大量病原菌团块（图1-11-4）。

死于腹泻的病牛，剖检的主要病变是出血性肠炎，尤以小肠和结肠明显。眼观，肠黏膜肿胀，弥漫性出血，呈暗红色（图1-11-5），肠内容物也被血液染成淡红色，甚至红豆水样并有血凝块。镜检，肠黏膜上皮坏死脱落，固有层和黏膜下层有大量红细胞浸润。镀银染色时可在残存的肠绒毛或肠腺的上皮细胞间检出大量病原菌（图1-11-6）。

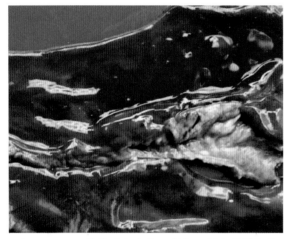

图1-11-5 肠黏膜明显充血、出血，呈弥漫性红染

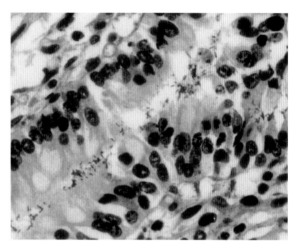

图1-11-6 镀银染色，盲肠黏膜上皮细胞覆有大量弯曲菌

〔诊断要点〕弯曲菌性流产以暂时性不育、发情期异常延长和流产为主要症状，但其他生殖道疾病也有类似的情况。因此，本病的确诊有赖于实验室的细菌学检查。其方法是：直接用流产胎膜涂片染色，镜检时若发现有多形态的胎儿弯曲菌即能做出初步诊断（图1-11-7）；进一步确诊时，可收集子宫颈黏液样品（用无菌吸管吸取，迅速冷藏，保存在冰中，在4～6小时内送检）作实验室检查，样品严防被污

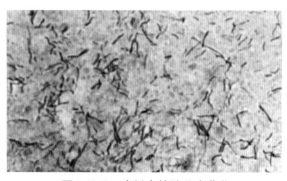

图1-11-7 病料中的胎儿弯曲菌

染；或以流产胎儿新鲜的皱胃内容物，用特种培养基做细菌分离培养，对典型的菌落进行镜检和生化鉴定。

弯曲菌性腹泻多根据其特殊的病史和腹泻症状进行初诊。确诊可采取粪便作为送检材料，通过高度选择性培养基，如Campu-BAP血琼脂和Butzler血琼脂等进行培养，当出现疑似菌落时，即可进行涂片、革兰氏染色检查和荧光抗体染色进行鉴别（图1-11-8），也可用生化反应进行鉴定。

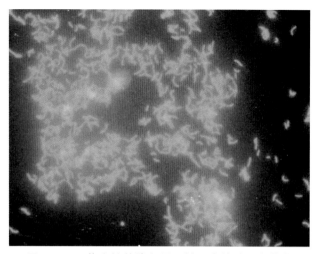

图1-11-8　荧光抗体染色呈阳性反应的胎儿弯曲菌

〔治疗方法〕弯曲菌性流产和弯曲菌性腹泻的治疗方法不尽相同。

1. 流产的治疗方法　根据本病的性质，局部治疗常较全身治疗有效，子宫内投药可使药物在子宫内形成较高浓度和保持较长时间。治疗常选择的药物是抗生素，其常用的配伍为：链霉素和四环素，或链霉素加青霉素。方法是：按该药物使用的最大剂量混合均匀，植入子宫内，连续用药4～6天。对公牛用抗生素进行局部治疗时，可先行硬膜外腔轻度麻醉，之后，将阴茎拉出，并用含多种抗生素的软膏涂擦于阴茎和包皮的黏膜；也可将药物（1克链霉素和100万单位青霉素混合于50毫升油和50毫升水中）做成乳剂，注入尿道20毫升，其余涂搽于阴茎外部和包皮，连用4天。

2. 腹泻的治疗方法　治疗本病常需进行局部和全身兼顾。肠道可选用磺胺脒等抗生素，并可口服肠道防腐、收敛药。据报道，服用黄连素也有良好的治疗作用，每千克体重1～5克一次口服，每天两次，连用3～5天。全身可选用四环素或链霉素肌内注射或静脉注射；同时根据病牛的具体情况进行补水、补碱，借以纠正脱水和酸中毒，强心、补糖和维生素，借以提高病牛的抵抗力等。新近的研究表明，本菌对庆大霉素、红霉素、链霉素、卡那霉素、新霉素、四环素族、林可霉素均敏感；对青霉素和头孢菌素有耐药性。因此，全身用药时可根据本地的具体情况选用敏感药物进行治疗。

〔预防措施〕预防弯曲菌性流产时根据本病多数是由交配传染，以及胎儿弯曲菌对抗生素敏感的事实，采取淘汰种用有病公牛和使用抗生素治疗母牛的措施来控制本病。平时应注意对牛群的健康检查，特别是母牛的发情周期、妊娠状态、配种后再发情或流产状况。借用别处的公牛无论是自然交配或人工授精都有一定的危险。使用抗生素处理精液的方法目前还不能达到每次都能将所有的弯杆菌杀死，因此单凭抗生素控制本病未必有效。

弯曲菌性腹泻多是由于食入被病菌污染草料和饮水，经消化道传播而引起的。因此，平时搞好环境卫生，及时清除污染物，定期环境消毒，勤换垫草和垫料等，对于预防本病具有重要的意义。

〔公共卫生〕空肠弯曲菌可感染人，接触病牛的相关人员必须做好防护措施。人感染后的潜伏期大约5天，病初有头痛、发热、肌肉酸痛等前驱症状，随后出现腹泻，恶心呕吐。骤起者约60%病人发热，一般为低到中度发热，体温38℃左右，个别可高热达40℃，伴有全身不适，儿童高热可伴有惊厥。腹痛和腹泻为最常见症状，表现为整个腹部或右下腹痉挛性绞痛；初为水样稀便，继而呈黏液或脓血黏液便，有的为明显血便，腹泻次数多为4～5次，频者可达20余次。如出现类似感染症状，应立即到医院诊治。

十二、细菌性肾盂肾炎

牛细菌性肾盂肾炎（Bacterial pyelonephritis）是以膀胱、输尿管、肾盂和肾组织的化脓性或纤维素性坏死性炎为特征的一种细菌性传染病。本病遍布于世界各国，我国的牛场也时有发生，但多为散发，主要发生于成龄牛，若治疗不及时，则死亡率很高。

〔病原特性〕本病的病原体为棒状杆菌属的肾棒状杆菌（*Corynebacterium renal*）。本菌为多形态性细菌，一般为球状、椭圆形、短杆状至长杆状等。由于较长的杆菌在一般情况下均能发现其一端或两端膨大，呈棒状，故将之命名为棒状杆菌。肾棒状杆菌通常单个散在、成栅栏状或成丛状排列；无鞭毛，不产生芽孢，不能运动，为需氧性兼性厌氧菌。本菌用革兰氏染色呈阳性反应，用奈氏（Neisser）法或美蓝染色多出现异染颗粒；生长的最适温度为37℃，在有血液或血清的培养基上生长良好。肾棒状杆菌对理化因素的抵抗力不强，从病牛或带菌牛的尿液中容易被分离出。

本病除主要由肾棒状杆菌引起外，有时还可混合感染假结核棒状杆菌、化脓棒状杆菌、大肠杆菌及金黄色葡萄球菌等。

〔流行特点〕患病牛和带菌牛是本病的主要传染源，主要通过尿源性（上行性）感染（母牛阴户是细菌最常见的侵入门户），其次是血源性（下行性）感染，淋巴源性感染偶有发生。本病通常是通过直接接触而感染。例如，用污染的毛刷刷洗母牛阴户、与受感染或污染的公牛交配以及使用导尿管不慎等都可使之感染；甚至由于病牛的尾部摆动而累及健康牛的尿生殖道而发生感染。另据报道，肾棒状杆菌的感染（有时也见于大肠杆菌的感染），甚至可能在犊牛时期，生殖道就存在这种细菌。一般在分娩后由血液或尿道开口（经膀胱、输尿管而达肾盂）进入泌尿系而感染。病原菌经生殖道感染后，由于该菌在尿液中具有特殊的生长能力，从而首先引起尿道炎，并累及膀胱、输尿管进而上行感染至肾脏，导致肾盂肾炎。因肾组织的损坏与排尿阻塞，终于导致尿毒症而死亡。

本病虽然没有明显的季节性，一年四季均可发生，但很多病例在天气寒冷时有发作或加重的倾向。

〔临床症状〕本病多呈慢性经过。病初，病牛的体温一般不增高，但有消化不良症状，呈现食欲不佳，衰弱，消瘦，腹部似乎有疼痛感觉。泌尿系统的变化较明显，尿中带有黏液，排尿次数增加，尿量逐渐减少，每当排尿时，病牛腰背弓起，有用力排尿的感觉（图1-12-1）。以后，随着病程的延长，病情的加重，病牛的全身症状明显，体温升高，可达40℃以上，精神不振，食欲大减，泌乳量明显减少。泌尿系统的刺激症状明显，如尿频、尿少、尿浑浊带血色或呈淡红色

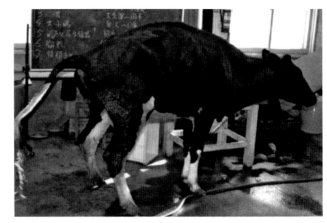

图1-12-1　病牛排尿时腰背拱起，有明显的疼痛感

（图1-12-2），尿中常有血块或脓块，有恶臭的气味。直肠检查，肾脏感觉过敏，输尿管肿大，膀胱增厚。阴道有黏稠的脓性分泌物，黏膜发红或糜烂。病情严重时，病牛排尿困难或没有尿液排出，终继发尿毒症而死亡。

尿液检查，可见尿液混浊，有红细胞下沉，病情严重时尿液则呈红褐色血尿（图1-12-3）。尿沉渣检查时，可发现其中含有大量蛋白质、尿路上皮细胞、红细胞、脓细胞等，除能检出化脓性管型外，其他各种管型通常不被检出。这可能是其他管型多被中性粒细胞所释出的蛋白水解酶破坏之故。沉渣涂片染色后，从中常可发现大量的呈球形、短杆状或长链状肾棒状杆菌和松针状的尿酸盐结晶（图1-12-4）。

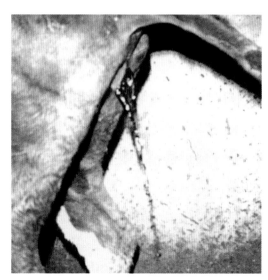

图1-12-2　病牛排出红褐色的尿液　　　　　图1-12-3　尿液混浊，并见明显的血尿

〔病理特征〕死于本病的牛，其特征性的病变主要发生于泌尿生殖系统，以肾脏的病变最有代表性。剖检，肾脏一侧（图1-12-5）或两侧（图1-12-6）均肿大，严重的可达正常的2倍。肾脏的被膜初期易剥离，病程较久者则部分粘连于肾表面。病肾由于化脓而形成灰黄色小坏死灶，致肾表面呈斑点状，颇似局灶性间质性肾炎的病灶（图1-12-7）。切面可见肾皮质变薄，肾髓质有灰黄色条纹，呈放射状由溃烂缺损的乳头顶端向髓质和皮质伸展，或呈灰黄色楔状伸向髓质和皮质部。肾盂由于渗出物和组织碎屑的积聚而扩大，肾乳头坏死（图1-12-8）。

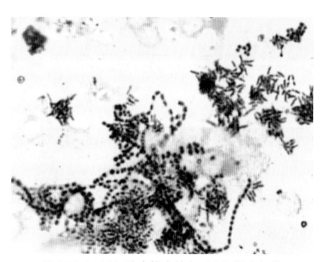

图1-12-4　尿沉渣内检出的多形态肾棒状杆菌

肾盂扩张，积有灰色无臭的黏性脓性渗出物，并混有纤维素凝块、小凝血块、坏死组织和钙盐颗粒。肾盂黏膜充血或出血，被覆纤维素或纤维素性脓性渗出物。病程长时，可见肾盂部、输尿管及膀胱内有数量不一的结石形成（图1-12-9）。镜检，肾小球和球囊周围有多量中性粒细胞浸润，混有多量细菌。肾小管上皮细胞变性、坏死，伴发尿管型，内含大量崩解的中性粒细胞，即脓细胞（图1-12-10）。肾小管的间质明显充血、出血、水肿及中性粒细胞浸润和细胞积聚。病变严重的部位整个肾单位均坏死，在肾实质内形成大小不一的化脓灶。乳头部顶端的肾组织，有的完全坏死，坏死区向皮质伸展，周围环绕充血带。经时较久者，在充血带周围出现肉芽组织，坏死的乳头部脱落，遗留疤痕组织。

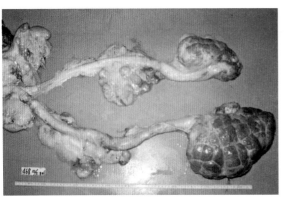

图1-12-5　病肾（下方）明显肿大，输尿管变粗

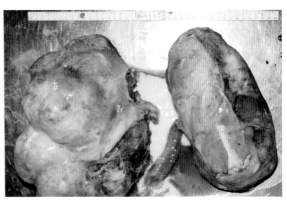

图1-12-6　两侧肾肿大，肾盂部贮积多量脓汁而扩张

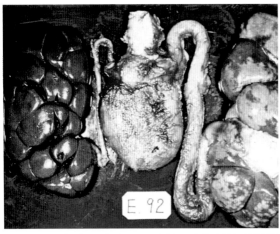

图1-12-7　肾表面有大量化脓灶，病肾侧输尿管扩张变粗

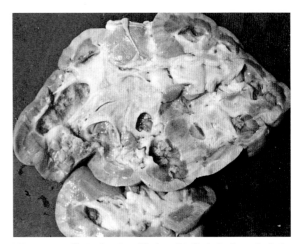

图1-12-8　肾盂部明显扩张，肾乳头充血、出血和坏死

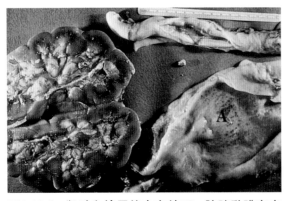

图1-12-9　肾脏和输尿管内有结石，膀胱黏膜有出血（A）

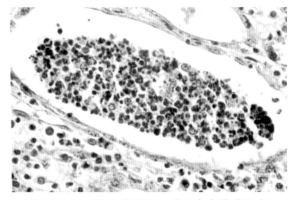

图1-12-10　肾小管扩张，其腔中充满脓细胞

　　另外，一侧或两侧输尿管肿大变粗，内含脓性尿液，黏膜面覆有大量污秽色脓性黏液或假膜（图1-12-11）。膀胱壁增厚，内含恶臭尿液，其中混有纤维素、脱落坏死组织或脓汁。膀胱黏膜肿胀、出血（图1-12-12）、坏死或形成溃疡。当膀胱发生化脓性炎症时，可见其黏膜上有脓性假膜形成（图1-12-13）。病牛的外阴发炎而红肿，黏膜表面常覆有大量脓性分泌物。

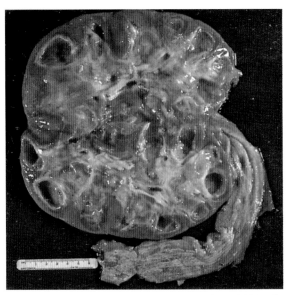

图1-12-11　病肾的输尿管变粗，黏膜有化脓性假膜

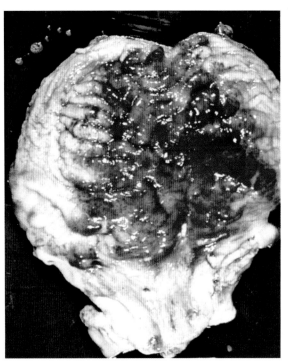

图1-12-12　膀胱黏膜明显肿胀、出血

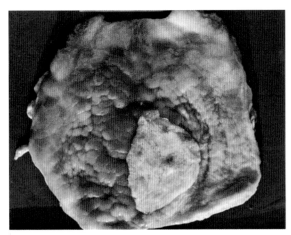

图1-12-13　膀胱黏膜肥厚，覆有脓性假膜

〔诊断要点〕根据本病特异性临床症状和特殊的病理变化，一般不难做出诊断，但确诊还有赖于微生物学检查。其方法是：剖检时，可采取肾盂的细胞碎屑或尿道、膀胱黏膜作涂片、培养，如为肾棒状杆菌即可确诊；也可以无菌法用导尿管采取尿液，离心后用沉淀制作涂片，进行革兰氏染色和奈氏染色，检查细菌的形态和染色反应，同时将病料划线于血液琼脂平板上，培养24～36小时后挑取疑似菌落作纯培养，进行鉴定。

值得指出：病情较轻的病例，细菌可能只存在于肾盏的上皮内，以及肾盂的黏膜、尿道和膀胱的黏膜上，采取检查样品时应注意从这些部位取样。

〔治疗方法〕本病的治疗原则是：抗菌消炎，利尿消肿。如能早期发现，并及时治疗，治愈率较高。青霉素对本病有较好的治疗效果，多为治疗的首选药物。治疗的方法是：病初，按每千克体重0.5万～1万单位肌内注射，每天两次，连用1～2周，一般可以治愈；病情重者，可按实际情况增大药量，或用大剂量普鲁卡因青霉素G，可按每千克体重15 000单位的量，每天注射一次，连用10天。也可用诺氟沙星或先锋霉素肌内或静脉注射。全身性症状比较明显时可用10%葡萄糖500毫升、头孢菌素2克、安痛定30毫升、地塞米松20毫升静脉注射，每天1次，连用5～7天。病牛出现水肿时可用利尿素7～12克内服，或用速尿，每千克体重0.5～1.0毫克，肌内注射，连用3～5天。治愈后的病牛仍需隔离观察一年左右，如不复发方可认为彻底治愈。

如用青霉素治疗效果不明显时，可改用卡那霉素（每天2次，每次3～5克，肌内注射）。治疗本病时尽量不用磺胺类药，因为磺胺可在酸性尿液中析出结晶，有可能使病情加重。但可应用呋喃妥因（口服，或肌内注射）等进行治疗。在应用呋喃类药物进行治疗时，须注意多给病牛饮水，借以提高尿液中药物的排泄量，增强治疗效果。

中兽医认为肾盂肾炎为湿热之邪入侵，结于下焦，下注膀胱，导致气化功能受阻，湿热积滞，水道不通，尿频涩痛。治疗时应以清热、利湿、通淋为主。常用方剂为"八正散"，即木通30g、瞿麦30g、车前子45g、萹蓄30g、甘草梢25g、灯心草10g、金银花30g、栀子25g、滑石10g、大黄15g，共为末，开水冲调，候温灌服，每天一剂，连用10剂，效果良好。

〔预防措施〕预防本病的重点是要做好牛的个体卫生和牛场的环境卫生；注意对母牛的助产卫生及导尿时消毒工作；被病牛尿污染的牛床、垫草及其他物质，都应烧毁，以免造成接触传播；天气寒冷时须注意牛体保温，加强饲养管理，提高牛体的抗病能力。

牛群中如发现本病，要及时隔离、积极治疗，并对牛活动的场所进行彻底消毒。

十三、牛巴氏杆菌病

牛巴氏杆菌病（Pasteurellosis in cattle）又称牛出血性败血病，是由多杀性巴氏杆菌所引起的一种急性、热性传染病。本病以发热、肺炎、急性胃肠炎及内脏器官广泛性出血为特点；急性型常以败血症和各组织器官发生出血性炎症为特征，因此通常称本病为出血性败血病（haemorrhagic septicaemia），简称"出败"。本病除了牛以外，还可感染其他多种动物，一般呈散发。

〔病原特性〕本病的病原体主要为Fg型多杀性巴氏杆菌（*Pasteurella multocida*），从自然病例中新分离出培养的菌体，绝大多数为小型短杆菌，两端钝圆，中央微凸，近似于椭圆形或球形（图1-13-1）。在病畜体液中的菌体稍肥大些，多呈单个散在或成对连接（图1-13-2）。但经长期人工培养，菌体变为长杆状，少数呈长链状，长短差异较大。用自然病料涂片染色镜检，病菌多呈杆状，用美蓝或姬姆萨染色，两端着色深，中间部分着色极浅，所以有两极菌的名称。菌体周围隐约可见到为菌体1/3宽的荚膜，无鞭毛，不能运动，不形成芽孢；革兰氏染色呈阴性。本菌存在病牛全身各组织、体液、分泌物及排泄物中；部分健康牛的上呼吸道中也可能带有本菌。用血清琼脂培养，菌落在45°斜射光下观察时，根据菌落表面有无荧光及荧光的颜色变化，可分为三型：蓝色荧光型（Fg）、橘红色荧光型（Fo）和无荧光型（Nf）。其中Fg型对牛、羊、猪有强大的毒力；Fo型对鸡和兔为强毒；Nf型对畜禽的毒力较弱。值得注意：Fg型和Fo型在一定的条件下可互相转换。

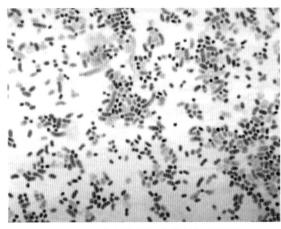

图1-13-1 分离培养的多杀性巴氏杆菌

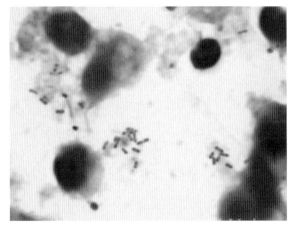

图1-13-2 病料中检出的多杀性巴氏杆菌

巴氏杆菌对外环境及理化因素的抵抗力不强，加热、低温、日光和干燥很易将其杀死；加热60℃数分钟可将之杀死，在浅层的土壤中可存活1周左右，在粪便中可存活2周，在堆积的粪便中可存活一个月。常用消毒药如2%～3%石炭酸、5%石灰乳及1%漂白粉都能在短时间内将其杀死；但克辽林对本菌的作用很小，在实际工作中不宜采用。

〔流行特点〕 本病可发生于各种牛，如奶牛、黄牛、牦牛和水牛等，一般无年龄、性别区别，但通常以幼龄动物较为多见，且死亡率也高。

感染分外源性感染和内源性感染两种。外源性感染是指由病畜的排泄物和分泌物排出的病菌，污染饲料、饮水和周围环境后主要经消化道或由于病畜咳嗽排菌经呼吸道侵入健康牛机体。内源性感染是指健康牛的扁桃体和上呼吸道在正常情况下即栖居有本菌，毒力微弱而不致病。一旦饲养管理条件不良或气候剧变而致机体抵抗力降低时，寄居于呼吸道的病菌就会毒力增强并乘虚而入，经淋巴入血流而导致发病。病菌一旦侵入机体突破第一道防御屏障后，很快通过淋巴结的阻留进入血液形成菌血症，并可在24小时内发展为败血症而致病牛死亡。病菌可存在于病牛的各组织器官、体液、分泌物和排泄物中。病牛濒死时血液中仅有少量细菌，死亡后经几个小时在机体防御能力完全消失后才迅速大量繁殖，脾脏、胸腹腔体液及颈和下颌肿胀处的渗出液中含菌量最多，便于分离培养和直接涂片镜检。

新近研究表明，不同种类畜禽之间巴氏杆菌病可相互感染。科学家从自然病例分离到的Fg型巴氏杆菌，不管它的地区来源和动物种类，都具有完全相同的抗原，对牛等动物均具极大的致病力。因此，在一般情况下，不同动物对不同菌型的巴氏杆菌的感受性虽有所差别，但同种及异种动物之间都可相互感染。

本病的发生虽无明显季节性，但以温热潮湿季节，尤以秋冬和冬春之交气温变动较大的时期发病较多，天气骤变时也容易发病。

〔临床症状〕 本病的潜伏期一般为2～5天。病牛生前均有程度不同的高热、呼吸迫促、鼻流浆液或脓样鼻漏和咽喉及颈部有炎性肿胀等症状。根据牛体抵抗力及细菌致病力的差异所致的表现不同，临床上一般将之分为败血型、水肿型和肺炎型三型。

1. 败血型 病牛体温突然上升至40～41.5℃，全身衰弱，精神沉郁，低头拱背，被毛粗乱，皮温不整，肌肉震颤；食欲减退或废绝，反刍停止；鼻镜干燥，呼吸困难，脉搏加快；泌乳量锐减甚至停止。有时还有咳嗽、流鼻液、眼泪和呻吟；病程稍长者还发生腹泻，粪中有时可能混有纤维蛋白甚至血液；有时尿中也可能带血。

本型的病程很短，一般在一昼夜内死亡。

2. 肺炎型 此型最为常见，除体温升高及一般的全身症状外，主要表现出肺炎症状。病牛呼吸困难，咳嗽，初期为干性痛咳，此后变成湿咳；流黏性鼻液（图1-13-3），有时带血红色，后期则呈脓性。胸部叩诊出现浊音区并有痛感，听诊有支气管呼吸音或啰音，有时还有胸膜摩擦音或拍水音。奶牛的泌乳量明显减少，最后则停乳。病情严重时，病牛高度呼吸困难，张口伸舌喘气，口腔内含有泡沫样涎液（图1-13-4），可视黏膜发绀；有的病牛还下痢，粪便呈粥样，后期呈水样，并多伴有血液。

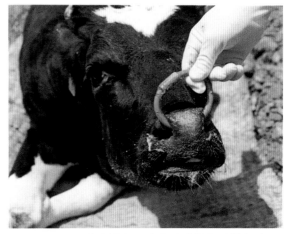

图1-13-3 病牛的鼻孔含有黏液性化脓性鼻液

图1-13-4 病牛张口呼吸，口腔内含有泡沫样唾液

本型的病程稍长，病牛多在三天内死亡，也有一周以上的，有的病例可转为慢性。

3.水肿型 病牛除明显的全身症状外，最明显的特点是咽喉、颈部及胸前皮下出现炎性水肿（图1-13-5）。水肿部初期有热痛感，按压时坚实；后期逐渐扩散，变凉，疼痛减轻。有的病牛高度呼吸困难，黏膜紫绀，眼红肿，流泪，流涎，磨牙；咽喉部及周围组织高度肿胀，舌肿大伸出口外，呈暗红色，吞咽困难（图1-13-6）；也有少数病牛发生下痢。最后常因窒息或腹泻虚脱而死。

本型的病程多为16～36小时。

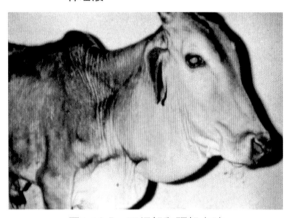

图1-13-5 下颌部和颈部水肿

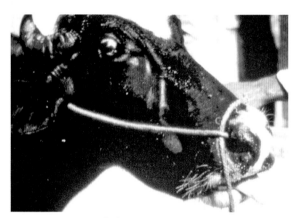

图1-13-6 病牛下颌间隙水肿，吞咽困难

〔病理特征〕死于不同类型的病牛，有不同的病理变化。

1.败血型 多为一般败血症变化，主要表现尸体稍有胀气，全身可视黏膜充血或淤血而呈紫红色，从鼻孔流黄绿色液体。皮下组织、胸腹膜及呼吸道与消化道黏膜（图1-13-7）、肺及肌肉多半散布有点状或斑块状出血。脾不肿大但被膜密布有点状出血。肝、肾等实质器官发生重度实质变性。心外膜常见出血斑点或弥漫性出血（图1-13-8），心包腔内蓄积有多量混有纤维素絮状物的渗出液。全身各淋巴结充血、水肿，具急性浆液性淋巴结炎变化。

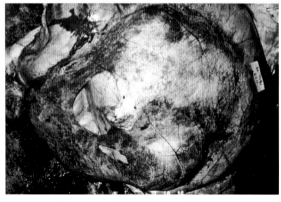

图1-13-7 瘤胃浆膜面弥漫性出血

图1-13-8 心外膜见有弥漫性出血

2.肺炎型 患牛除呈现败血型的各种病变外，其最突出的特点表现为纤维素性肺炎和胸膜炎。胸腔内贮积有多量混有纤维素的出血性渗出液（图1-13-9），肺、肋胸膜密布有出血斑点或被覆有纤维素薄膜。整个肺脏，尤其是肺尖叶可见不同大小的淡黄色化脓性病灶（图1-13-10），或在肺的尖叶、前叶部有较大范围的肝变样肺炎病灶，病变部质地坚实，呈暗红色或灰红色（图1-13-11）；小叶间结缔组织由于发生浆液性水肿而增宽，故其表面呈现大理石样花纹（图1-13-12），但此种变化不如

图1-13-9　胸腔中有大量出血性纤维素性渗出液

牛肺疫时明显。切面见肺小叶间质增宽，肺组织呈斑驳状。急性期见肺切面以红色肝样变为主，形成红色为主的大理石样花纹（图1-13-13）。支气管内有大量纤维素性渗出物凝集，在支气管的断端可见到化脓性纤维素性阻塞物（图1-13-14）。随着病程的延长和机体抵抗力的增强，大量中性粒细胞进入肺泡，在肺切面上即可见到灰白色肝样变的病灶（图1-13-15）。支气管与纵隔淋巴结肿大，呈紫红色，常伴发出血与水肿变化。病程稍长的病例，纤维素性肺炎病灶内可形成数目不等和大小不一的呈污秽色或灰黄色的坏死灶，其周边有时形成结缔组织包囊。镜检见肺脏具典型的纤维素性肺炎的各期变化，尤以红色肝样变和灰白色肝样变的变化更为多见，同时还见局灶性小化脓灶的形成（图1-13-16）。

图1-13-10　肺实质散发淡黄色化脓性病灶

图1-13-11　肺的尖叶和前叶发生红色肝样变

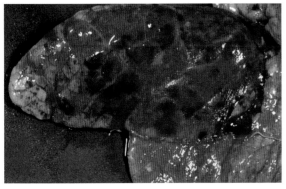

图1-13-12　肺表面呈现大理石样花纹

图1-13-13　以红色为主的大理石样花纹

此外，本型病例也常伴发纤维素性心包炎和胸膜炎，常见肺胸膜和肋胸膜粘连（图1-13-17），或与心包膜粘连。胃肠黏膜呈急性卡他性或出血性肠炎，肝、肾、心肌变性和肝内常出现坏死灶等病变。

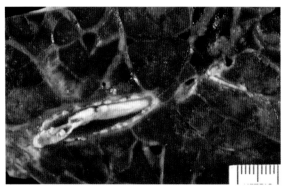

图1-13-14 支气管内含有化脓性纤维素性阻塞物

图1-13-15 肺切面可见散在的灰白色肝样变病灶

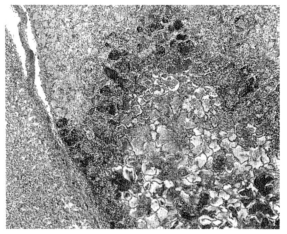

图1-13-16 肺组织中有明显的局灶性化脓灶

图1-13-17 肺脏与胸壁发生粘连

3．水肿型 主要表现颌下、咽喉部、颈部、胸前及有时两前肢皮下有大量橙黄色浆液浸润，因而上述各部有程度不同的肿胀，切开时流出多量深黄色稍混浊的液体，结缔组织呈黄色胶冻样，常伴有出血。严重时表现喉部硬肿，颈肿而伸直。舌和舌系带也偶可发生水肿而舌头伸出口外。下颌、咽后、颈部及纵隔淋巴结也呈急性肿胀，切面湿润，显示明显的充血和出血。全身浆膜、黏膜也散布有点状出血。胃肠黏膜呈急性卡他性或出血性炎。各实质器官变性，肺淤血水肿。

〔诊断要点〕根据本病的流行特点、临床症状和病理特征，可初步诊断。如将新鲜病料（心血、渗出液、肝、脾、淋巴结等）做成涂片，用碱性美蓝或瑞氏液染色，镜检可发现两极着色的小杆菌或将病料乳剂接种小鼠、家兔时，24～48小时可发生死亡，剖检后在病料中可检出巴氏杆菌。

〔类症鉴别〕由于本病的生前临床症状和死后的剖检病变与炭疽、牛肺疫、恶性水肿及气肿疽有一些类同之处，故应注意加以鉴别。

1．炭疽 炭疽病虽在胸前、颈部也可发生痈性水肿病变，但范围较局限，在机体的其他部位也可发现水肿变化。死后多出现天然孔出血，尸僵不全，迅速腐败，脾脏呈现急性炎性脾肿，血凝不良，呈煤焦油样。用血液或脾脏做涂片染色镜检可见有典型的炭疽杆菌。

2.**牛肺疫** 牛肺疫临床症状和缓，主要出现呼吸系统症状。死后败血性变化不明显，咽喉和颈部水肿缺乏，但其肺脏具典型的纤维素性肺炎各期变化，肺间质水肿、坏死明显，故具有明显的大理石样花纹。

3.**恶性水肿** 主要经创伤感染，在感染灶局部呈明显的炎性、气性肿胀，触摸肿胀处可闻及捻发音。切开肿胀，皮下见有大量呈黄红色混有气泡的液体流出。死后虽也见有败血症变化，但无头颈部肿胀及肺脏的特征变化。通过病原检查更可进行鉴别。

4.**气肿疽** 主要在臀、股部肌肉丰满处发生出血性气性坏疽，患部肌肉呈蜡样坏死。触诊患部可闻及捻发音；以4岁以下的青年牛多发。

〔**治疗方法**〕青霉素、链霉素、磺胺类及广谱抗生素等药物对巴氏杆菌都有一定的疗效，若能配合使用或根据病情有选择使用，可收到较好的疗效。

1.**磺胺药疗法** 对于急性病例，以20%磺胺噻唑钠50～100毫升，静脉注射，连用3天；亦可服用磺胺噻唑或磺胺二甲基嘧啶，全日量为每千克体重0.1～0.2克，分4次内服，连服3天；5%磺胺甲基嘧啶钠或磺胺二甲基嘧啶钠，按每百千克体重40～60毫升一次静脉注射，然后按每10千克体重1克的剂量每天分两次内服，连用3～5天有较好的疗效。

2.**青、链霉素疗法** 青霉素按每千克体重4 000～8 000单位，肌内注射，连用3天；链霉素按每千克体重10毫克，肌内注射，连用3天；在进行青、链霉素肌内注射的同时，配合磺胺类药物静脉注射或以大剂量四环素溶于葡萄糖生理盐水静脉注射，效果更好。

在应用上述抗生素时，配合强心、补液等对症疗法，再加强护理，饲喂一些易消化、吸收的饲料，方可提高治愈率。

此外，临床实践证明，中草药对本病也有良好的治疗作用，如石膏110克、鱼腥草60克、杏仁45克、黄芩45克、荆芥42克、银花45克、连翘40克、麻黄20克、甘草30克、板蓝根48克、知母35克，共为一剂，研磨后灌服，每天一剂，连用六剂；若熬制三次后，组成1 000毫升水剂灌服，效果更佳。

〔**预防措施**〕据研究及临床实践证明，本病的发生常常不是由于外来的传染，而是由于各种应激因素的作用，使牛的抵抗力降低而引起发病。所以平时注意饲养管理，增强牛的抵抗力，避免牛群过度拥挤、受寒、受热，做好牛舍及周围环境卫生等，是预防本病的重要措施。在经常发生本病的地区，应注射疫苗进行防疫，如牛出血性败血症氢氧化铝菌苗，皮下或肌内注射，体重100千克以下的牛4毫升，100千克以上的牛6毫升，免疫期为9个月。

当发生本病时，应将病牛隔离饲养及治疗；其他牛注意观察或检查，发现可疑病牛立即隔离治疗。禁止疫区牛迁移，以防传播，同时可用乳酸环丙沙星粉剂全群饮水，借以提高牛群的抵抗力。牛舍、运动场及用具等，可用3%来苏儿、5%漂白粉或10%石灰乳进行消毒。

〔**公共卫生**〕本病主要发生于动物，但偶有人感染的报道，须注意防护。人感染本病后，可出现两种类型：①伤口感染型，多由外伤或猫咬伤而发生，潜伏期短者数小时，长者可达1周。主要表现为伤口红、肿、热、痛，呈急性炎性反应，周围淋巴结肿胀，个别病人可发生败血症或脑膜炎。②非伤口型，主要由上呼吸道感染而引起，病人多出现以呼吸系统为主的症状，如肺炎、胸膜肺炎、心包炎、肺气肿、肺脓肿、支气管炎、支气管扩张、鼻窦炎和扁桃体炎；有时还伴发腹膜炎、肠炎、阑尾炎和泌尿生殖道感染等，使本病很难诊断。患者如发病前有与病牛接触史，在就诊时需向医生说明，帮助医生诊断。确诊时可从病人的分泌物或病灶中分离多杀性巴氏杆菌。

十四、李氏杆菌病

李氏杆菌病（Listeriosis）是由单核细胞增多性李氏杆菌所引起的一种人畜共患传染病。牛患本病后主要表现为脑膜脑炎、败血症和流产。据报道，由于李氏杆菌可在发酵不完全、pH达5.5以上的青贮饲料中大量繁殖，牛摄食后往往在3周后开始发病，故本病又有"青贮饲料病"之称。近几年来，李氏杆菌病已日益成为全球性疾病，因此，如今已有20多个国家把它列为"食品致病菌"。

〔病原特性〕 本病的病原体为单核细胞增多性李氏杆菌（*Listeria monocytogenes*），简称李氏杆菌。李氏杆菌为两端钝圆、稍弯曲的革兰氏阳性小球杆菌（图1-14-1）。在涂片标本中，李氏杆菌散在，成对构成V形、Y形，并列或几个菌体连接形成短链或小堆。本菌不形成芽孢与荚膜，菌体周围有1~4根鞭毛，能活泼运动。据报道本菌与葡萄球菌、肠球菌、化脓棒状杆菌及大肠杆菌等有共同抗原。现在已知李氏杆菌有7个血清型、16个血清变种，对牛有致病作用的主要是Ⅰ型和4b。

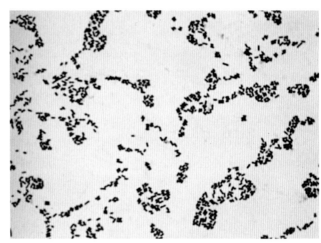

图1-14-1 血液琼脂培养的病菌

本菌的抵抗力很强，pH5.0以上能繁殖，pH9.6仍能生长；在含10%食盐的培养基中也能生长，在20%的食盐溶液中能经久不死；对热的耐受性比一般无芽孢杆菌强，常规巴氏消毒法不能将之杀死；在青贮饲料、干草、土壤和粪便中能长期生存。本菌对一般消毒药抵抗力不强，如3%石炭酸、70%酒精等常用消毒药能很快将其杀死；对四环素、红霉素、磺胺和链霉素敏感，但对青霉素有抵抗力。

〔流行特点〕 病牛或其他患病及带菌动物是本病的主要传染源，从患病动物的粪、尿、乳汁、精液和眼、鼻、生殖道的分泌液中均能分离出病菌。本病的主要传播途径是消化道，其次为呼吸道、眼结膜以及受损伤的皮肤等。污染的饲料和饮水可能是主要的传播媒介，吸血昆虫也起着媒介的作用。各种年龄的牛均可感染发病，但以妊娠母牛和犊牛易感性更高。

本病多发生于冬季和早春，由于缺乏青饲料而大量饲喂青贮饲料，增加了本病的发生概率。本病多为散发，虽然发病率不高，但死亡率却很高，应引起注意。

〔临床症状〕 本病的潜伏期为2~3周，但快者仅数天，慢者可达2个月左右。

成年牛发病后主要表现为神经症状。病初，体温升高1~2℃，不久降至常温。继之，病牛头颈一侧性麻痹，弯向对侧，将病牛保定在树干上，其头仍向右回转（图1-14-2），放开后仍沿该方向做圆圈运动（图1-14-3）。有的病牛则向左侧做转圈运动（图1-14-4），遇到障碍，以头抵撞而不动。病侧的眼半闭，耳下垂（图1-14-5），视力减退（图1-14-6）。有的病牛伴发舌咽神经麻痹而舌尖外伸，采食饮水困难，导致机体脱水而眼球下陷（图1-14-7），病情严重时，病牛的舌外伸、耳下垂、眼失明（图1-14-8）。有时吞咽肌麻痹而大量流涎。病情加重时，病牛颈项强硬，有的出现角弓反张症状，最后卧地不起，呈昏迷状（图1-14-9），以至死亡。病程长短不一，短者仅1~3天，长者可达3周或更长。妊娠母牛流产，但不伴发脑病症状。

图1-14-2　将病牛保定在树上，牛头仍向右回转

图1-14-3　病牛向右进行回转运动，不能直行

图1-14-4　病牛向左侧做强迫的回旋运动

图1-14-5　病牛偏侧性麻痹而引起左耳下垂

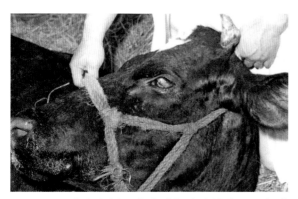

图1-14-6　病牛左侧眼麻痹引起瞳孔扩张，眼角膜发炎

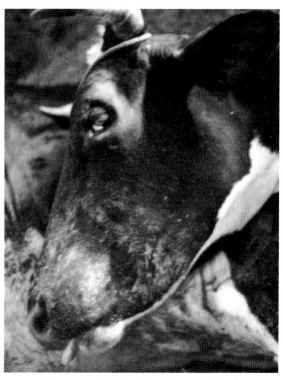

图1-14-7　舌麻痹引起脱水，眼球塌陷

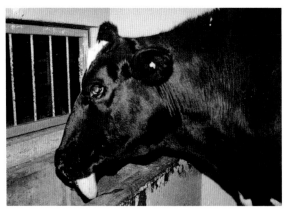

图1-14-8　病牛偏侧性颜面神经麻痹，舌脱出，耳
　　　　　下垂

图1-14-9　病牛颈强硬，弯向腹部，呈昏迷状

　　犊牛常发生败血症。病犊牛精神沉郁，呆立不动，低头垂耳，体表轻度发热，流涎，流鼻液和眼泪。不随群行动，不听驱使。咀嚼吞咽缓慢，有时可在口颊一侧积聚多量没有嚼碎的饲草。病犊多于1～2天迅速死亡。

　　〔病理特征〕剖检通常缺乏特殊的肉眼病变。有神经症状的病牛，可见脑膜和脑实质充血、发炎和水肿（图1-14-10），脑髓液增量，稍显浑浊，内含较多的细胞成分。脑干，特别是脑桥、延髓和脊髓变软，有小的化脓灶（图1-14-11）。镜检，脑软膜、脑干后部，特别是脑桥、延髓和脊髓的血管充血，血管周围有以单核细胞为主的细胞浸润，还可能发生弥漫性细胞浸润和细微的化脓灶（图1-14-12），用

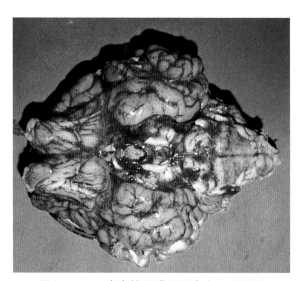

图1-14-10　病牛的脑膜强烈充血，呈网状

革兰氏染色时，可在延髓或脊髓的病灶中心发现病原菌。脑膜常有多量单核细胞和淋巴细胞浸润，此为特征性伴发病变。

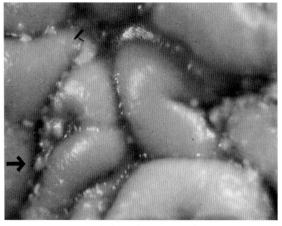

图1-14-11　败血症病例的脑表面密发粟粒大化脓灶

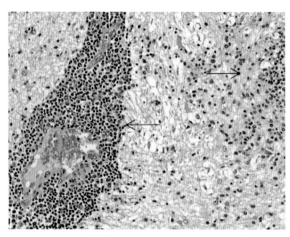

图1-14-12　延髓部有以单核细胞为主的血管套和微
　　　　　脓肿

李氏杆菌性流产多发生于妊娠的后期，通常无任何感染症状，但也发生于妊娠的前期，流产排出的胎儿多死亡（图1-14-13）和严重自溶。此时，局灶性肝坏死和肝内病原菌的检查在诊断方面具有重要价值。流产后母牛的子宫内膜充血以至广泛坏死，胎盘常见出血和坏死。

死于败血症的犊牛，剖检时除见一般的败血症病变外，主要的特征性病变是局灶性肝坏死。其次，在脾脏、淋巴结、肺脏、肾上腺、心肌、胃肠道和脑组织中也可发现较小的坏死灶。镜检，坏死灶中细胞破坏并有单核细胞和一些中性粒细胞浸润，革兰氏染色时很易在病灶中发现病原菌。

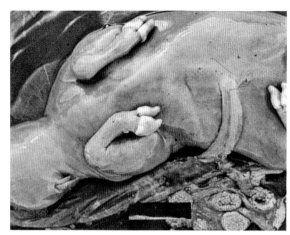

图1-14-13　感染李氏杆菌流产的胎牛

〔诊断要点〕依据临床症状、病理变化和细菌学检查即可做出初步诊断。如果临床上患畜表现有脑膜脑炎的神经症状，孕畜流产，血液中单核细胞增多；剖检见脑及脑膜充血、水肿，肝有小坏死灶；脑组织切片可见有以单核细胞浸润为主的血管套和微细的化脓灶等病变；采取病畜的血液、肝脏、脾脏、肾脏、脑脊液、脑组织及流产胎儿的肝组织等做触片和涂片镜检，如发现有呈V形或Y形排列或并列的革兰氏阳性小杆菌即可进行确诊（图1-14-14）；必要时可再进行细菌分离培养和动物接种试验。

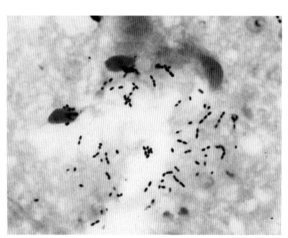

图1-14-14　从脑桥脓肿涂片中检出的李氏杆菌

〔治疗方法〕治疗本病的基本原则是：抗菌消炎，降颅内压和镇静解痉。抗菌药以磺胺嘧啶钠、链霉素、四环素和红霉素的效果较好，可以收到较满意的疗效。其中磺胺嘧啶抗菌力较强，并易扩散到脑组织和脑脊髓液中，是治疗脑部感染的特效药物。值得指出，治疗本病越早越好，一旦病牛出现神经症状或败血病表现，往往难以奏效。兹介绍几种临床实践证明是比较有效的治疗方法。

（1）抗菌消炎　可选用20%磺胺嘧啶钠液5～10毫升、庆大霉素每千克体重4～10毫克、氨苄青霉素100万～200万单位，一次肌内注射，每天2次，连用5天；或5%葡萄糖1 000毫升、硫酸镁注射液200毫升，20%磺胺嘧啶钠注射液200毫升，1次静脉注射，每天2次，连用5～6天；或链霉素600万～800万单位，用注射用水稀释后肌内注射，同时用10%葡萄糖200毫升、四环素3克、20%安钠咖20毫升、20%维生素C 20毫升，混合后一次静脉注射，每天1次，连用5天。

（2）降颅内压　当病牛颅内压增高，出现抑制性症状时，可先从病牛的颈部静脉放血1 000～2 000毫升，然后，再静脉注射20%甘露醇500毫升，10%葡萄糖500毫升，借以调整颅内压和血容。

（3）镇静解痉　病牛过度兴奋、狂躁不安时，可肌内注射2.5%氯丙嗪20毫升，或肌内注射速眠新2～3毫升，或肌内注射苯巴比妥钠10毫升，予以镇静解痉。

此外，中兽医以镇痉安神、祛风解毒为治疗原则，用中药治病本病也有较好的疗效。常用方剂为：天麻散加减，即朱砂10克、天麻30克、菖蒲30克、郁金30克、天竺黄30克、党参50克、川芎30克、虫衣20克、防风30克、荆芥30克、薄荷30克、黄芩50克、黄连40克、栀子30克、甘草30克，将以上药物混合，共研细末，开水冲调候温灌服，每天1剂，连用5～7天。

〔预防措施〕据研究，许多啮齿类动物特别是鼠类常是李氏杆菌的贮存宿主。因此，牛场平时应加强管理，注意驱除鼠类及其他啮齿类动物；不喂给牛变质青贮饲料；不从疫区引进牛，防止将隐性感染牛引入。

发现病牛时应立即隔离、消毒和治疗。首先要调查病因，如是青贮饲料引起，应立即更换饲料。病因不清时，可选用高浓度广谱抗生素土霉素或四环素，混入饲料，进行预防性饲喂，连用5～7天，对于本病的预防和治疗效果都很显著。对牛舍、运动场地、饲养用具等用2%氢氧化钠彻底喷洒消毒，粪便堆积发酵处理并洒上消毒药，饲料残渣、垫草、垃圾焚烧，尸体深埋无害化处理。对隔离的病牛，限制其活动，并要及时治疗，以防病情加重。

〔公共卫生〕李氏杆菌是一种严重的人畜共患病原菌，主要通过粪-口途径传播，食物是主要传播媒介。由于此菌的致病力强，感染后的死亡率高，美国已将本病列为发生后需向上级报告的传染病。据新近报道，2017年南非各地暴发李氏杆菌病疫情，在报告的557起病例中，已有36人死亡。据初步调查，此次李氏杆菌病的传染源可能来自于农场、乳品和肉类加工厂等，是因为污染的食品被人食用后所致。因此，有机会与病牛或被污染的牛舍等接触的人员，必须做好防护和注意个人卫生，病牛的肉品和乳品严禁食用。

人感染本菌后，多突然发病，初期症状为发热、头痛、恶心和呕吐，临床化验多见血液中单核细胞显著增高。病情恶化时可出现脑膜炎型神经症状，或败血症型的危急表现。孕妇感染后，可能会导致流产、早产或胎死腹中。由于本病的致死率很高，所以一旦怀疑被本菌感染，就应立即就诊，不可懈怠。

十五、传染性角膜结膜炎

传染性角膜结膜炎（Infectious keratoconjunctivitis），又名红眼病（Pink eye），是牛的一种急性接触性传染病。其主要的临床及病理特征为眼结膜和角膜发生明显的炎症反应，大量流泪，继之角膜发生浑浊或呈乳白色。

〔病原特性〕本病的病原体至今仍未完全搞清，一般认为它是一种多病原性疾病。本病自1888年在美国首次报道以来，曾提出过许多种病原，如细菌、立克次氏体、衣原体和病毒等。近年来，多数研究工作者认为本病的主要病原体是牛摩勒氏杆菌（Moraxella bovis），又名牛嗜血杆菌（Haemophilus bovis）。因该菌在病牛体内常能检出而在健康牛体却很少见到，并用该菌进行人工感染试验获得了成功，只是症状较温和；但在强烈的太阳紫外光照射下可以产生典型的症状。因此，牛摩勒氏杆菌和紫外光具有联合致病作用。另外，有人认为牛传染性鼻气管炎病毒可加重牛摩勒氏杆菌的致病作用。也有些研究工作者曾用不同的传染性鼻气管炎病毒毒株人工接种牛而引起传染性角膜结膜炎的典型病变，故认为本病可能是起因于病毒，而细菌是继发性病原体。

牛摩勒氏杆菌为粗短的革兰氏阴性球杆菌，长1.5～2.0微米，宽0.5～0.7微米，通常成双或短链，有荚膜（图1-15-1），无运动性，需氧，不产生芽孢及毒素，在普通琼脂培养基上能够生长，但在含血琼脂上生长旺盛。菌落圆形、灰色、透明，周围有狭窄的溶血带（图1-15-2）。

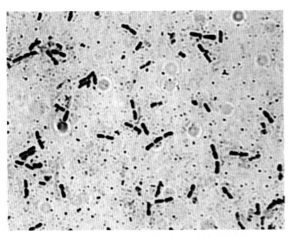

图1-15-1　成双或短链状排列的病原菌

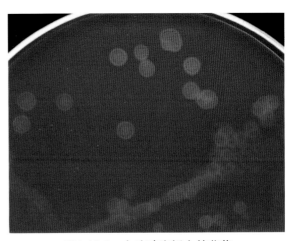

图1-15-2　血液琼脂板上的菌落

一般浓度的消毒剂或加温至59℃经5分钟，均有杀菌作用。

〔流行特点〕本病不仅发生于奶牛，而且黄牛、水牛，不分年龄和性别均对本病有易感性，尤以青年牛最易感，呈高度接触性传染。本病的传染源主要是病牛，引进病牛或带菌牛是牛群暴发本病的主要原因；而被病牛的泪液和鼻腔分泌物污染的饲料可能散播本病。本病的传播途径还不很清楚，一般认为是直接接触性传染，即牛可以通过直接或密切接触（例如头部的相互摩擦、打喷嚏和咳嗽等）而传染，蝇类和某种飞蛾可机械性传递本病。另外，气候炎热、刮风和尘土等因素可促进本病的发生和传播。

本病多发生于炎热的夏季和湿度较高的秋季，其他季节的发病率较低。一旦发生，传播迅速，多呈地方流行性或流行性，结膜可能是传染门户。

〔临床症状〕本病的潜伏期一般为3～12天。病初，病牛精神沉郁，食欲不振，体温轻度升高或不明显，产奶量和增重都受到影响。一眼或两眼同时发病，两眼发病时也多是一眼发病较重（图1-15-3）。病畜畏光，羞明流泪，先是浆液性（图1-15-4），后变黏液脓性。眼睑红肿、疼痛（图1-15-5），眼不能睁开（图1-15-6）。不少病例2～3天后开始在角膜中央出现轻度混浊，角膜微黄白，周边有新生血管（图1-15-7）。由于角膜高度混浊，完全不透明，所以病眼不能看见物体，失明（图1-15-8）。继之，眼

图1-15-3　角膜混浊呈白色，以左眼为重

内压不断增高，角膜则突起，呈尖圆形（图1-15-9），间有破裂形成溃疡，也有角膜和眼前房形成脓肿（图1-15-10），甚至角膜溃疡（图1-15-11）和穿孔。当角膜穿孔后，眼前房液流出，晶状体脱位，虹膜脱出，很容易继发眼内感染。如果发生视神经上行性感染，病牛常因脑膜炎而死亡。

以上病程并非所有患牛均如此，多数病牛可自然痊愈，或经及时合理的治疗而恢复正常，但康复后的牛常为带菌者。也有少部分病牛发生角膜薄翳、白斑和失明（图1-15-12）。

图1-15-4 病牛的角膜混浊，羞明流泪

图1-15-5 病牛的眼睑肿胀、疼痛

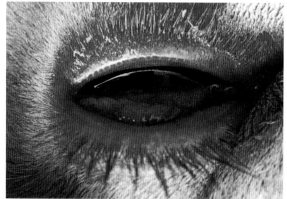

图1-15-6 病牛的眼结膜水肿流泪，眼难以睁开

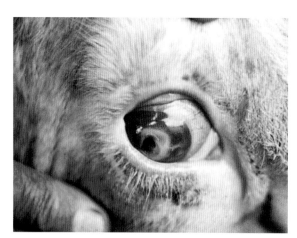

图1-15-7 角膜周围有新生的血管，中央部混浊

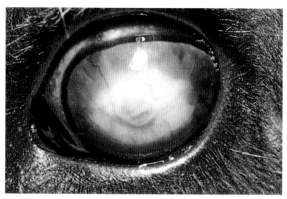

图1-15-8 角膜高度混浊，失明

图1-15-9 眼内压增高，角膜向外突出，呈锥形

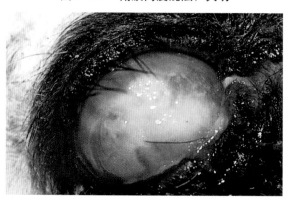

图1-15-10 眼前房内有脓汁贮积，角膜呈污灰色

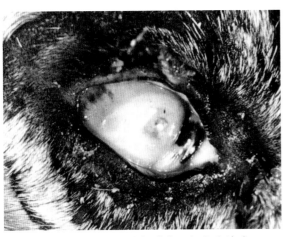

图1-15-11　混浊的角膜中心部发生溃疡

图1-15-12　病牛的角膜混浊，形成白斑而失明

〔病理特征〕患牛眼睑发炎肿胀，结膜高度充血和水肿，眼分泌物增多呈脓液性。角膜变化明显而多样：轻者，角膜从中央开始轻度浑浊，逐渐向外扩展，虹膜和角膜周围的血管扩张、充血和增生，眼周边呈淡红色，形成所谓的红眼病（图1-15-13）；严重者表现角膜炎、角膜溃疡、角膜增厚和角膜突出，有的形成角膜疤痕和角膜翳，有时发生角膜破裂。镜检，结膜内含有多量淋巴细胞及浆细胞，在上皮细胞之间可见中性粒细胞。角膜变化多样，所见差异也较大。有时见上皮剥脱，固有层有细胞浸润及坏死；有时表现为固有层呈弥漫性玻璃样变性；当角膜隆起时，则见上皮坏死和伴发细菌浸润，固有层发生纤维化或肉芽组织形成。

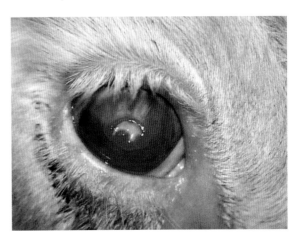

图1-15-13　虹膜和角膜的血管充血、增生，形成红眼病

角膜突出是由于虹膜粘连和细菌浸润、进而形成化脓灶和肉芽组织所致。

〔诊断要点〕根据病牛的临床症状、发病季节和病理变化等即可做出初步诊断；必要时可做微生物学检查或用沉淀反应试验、间接血凝试验、补体结合反应和荧光抗体技术等进行确诊。

〔类症鉴别〕本病在鉴别诊断上，应注意与外伤性眼病、传染性鼻气管炎、恶性卡他热等相区别。

1.外伤性眼病　常为一侧性，且限于个别动物而无传染性，眼中可见有异物或有物理性损伤的证据。

2.牛传染性鼻气管炎　本病除有结膜炎性变化外，还必伴有呼吸道病变。病牛常因呼吸道阻塞而发生呼吸困难及张口呼吸；又可因鼻黏膜的坏死而呼出带有臭味的气体。剖检可见呼吸道黏膜高度充血、水肿，呈鲜红或红褐色，表面有糜烂或浅表性溃疡，其上被覆腐臭的黏液脓性渗出物。

3.恶性卡他热　本病除眼病变外，伴有高热，由于口鼻黏膜充血、水肿、糜烂及溃疡，并伴发纤维素性坏死性炎性变化，所以病牛鼻孔前端常有浓稠的脓样分泌物。在典型的病例中，形成黄色长线状物直垂地面。这些分泌物干涸后聚集在鼻腔，妨碍气体通过，病牛出现明显的呼吸困难症状。口腔黏膜广泛坏死及糜烂，病牛常流出带有臭味的涎液。

〔治疗方法〕将病牛隔离至阴暗而清洁的厩舍，消毒牛舍，扑杀各种昆虫，尤其是蝇类，这是控制细菌感染、减轻病牛疼痛和预防角膜进一步损伤的重要措施。

治疗时，通常先用2%～5%硼酸水冲洗患眼，拭干后为了减轻眼睛的疼痛，可用2%盐酸可卡因滴眼；为了控制感染和降低炎性反应，可涂布2%可的松眼膏、5%黄降汞（黄氧化汞）软膏或抗生素软膏（图1-15-14），每天2～3次。对严重者或慢性进行性病牛则可用5%硝酸银液滴眼，每天1次，连用3～5天。角膜浑浊可吹敷甘汞粉或注入一滴"红药水"（应用红溴汞滴眼，还可鉴定角膜有无溃疡）。眼病严重时，可用盐酸普鲁卡因青霉素进行眼底封闭，方法是：

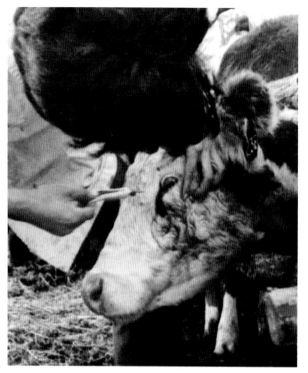

图1-15-14　用抗生素眼膏给病牛滴眼

用0.5%盐酸普鲁卡因5毫升、稀释青霉素80万单位，再加入地塞米松磷酸钠1毫升，待完全溶解后，取2毫升封闭液用10厘米封闭针头做眼底封闭，每天1次，连用3～5天，效果良好。

有些地方应用中药制剂，如三砂粉，即硼砂、硇砂和朱砂各等份，研成细末，充分混匀后用塑料管或竹管吹入眼内，每天1次，连用5天。栀子花50克、连翘50克、菊花100克、石决25克、草决明25克、荆芥40克、防风40克、郁金40克，水煎后去渣灌服，每天1次，连用3～5天。也可用硼砂6克、白矾6克、防风6克、郁金3克、荆芥6克，用净水煎，过滤取汁，候温后洗眼，每天2次，连用5天。

经治疗后，病牛眼结膜增生的血管逐渐减少，角膜的云雾状混浊越来越轻（图1-15-15）。

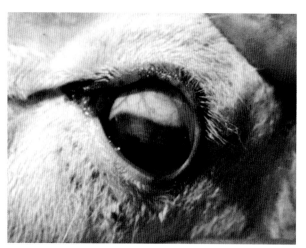

图1-15-15　治疗后，角膜逐渐透亮，混浊明显减轻

在对眼睛进行局部处理的同时，再配合全身治疗，效果更好，如肌内注射青霉素，或青霉素、链霉素联合使用。有人在眼结膜下注射青霉素加1毫克地塞米松获得了满意的疗效。

〔预防措施〕目前尚无可靠的疫苗供预防注射，主要的预防措施是注意防蝇、防热、防潮湿，牛舍要定期消毒。在管理方面应避免阳光直射牛眼，并避免灰尘的刺激。有人用染料对白面奶牛进行染色，借以减少反射光对牛眼的刺激。在本病流行的地区，或牛场曾发生过本病，可用1.5%硝酸银液定期点眼来进行预防。

十六、牛副结核病

牛副结核病（Paratuberculosis in cattle）又名牛副结核性肠炎和约内氏病，是主要发生于奶牛的一种慢性传染病。其临床特征是病牛持续性腹泻和逐渐消瘦，病理形态学特征为慢性增生性肠炎，在肠黏膜上形成脑回样皱褶。本病在我国分布广泛，一般养牛地区都有散发，有时呈地方性流行，危害较大。

〔病原特性〕本病的病原体为分支杆菌属的副结核分支杆菌（*Mycobacterium paratuberculosis*）。本菌系多形性短杆菌，呈球杆状、短杆状或棒状，长0.5～1.5微米，宽0.2～0.5微米，不形成芽孢、荚膜和鞭毛，无运动性。用Ziehl-Neelsen抗酸染色呈阳性反应，与结核杆菌相似，被染成红色；用革兰氏染色也呈阳性反应，被染成紫色。本菌为专性需氧菌，初次培养生长缓慢，一般在固体培养基上培养3周左右可见有粟粒大圆形菌落生长（图1-16-1）。该菌在病变组织的多核巨噬细胞和上皮样细胞内（图1-16-2）或在涂片上为成团或成丛排列。这一特点对本病具有证病性意义。

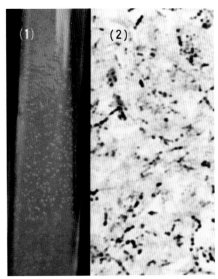

图1-16-1　副结核分支杆菌的菌落
（1）及菌体（2）

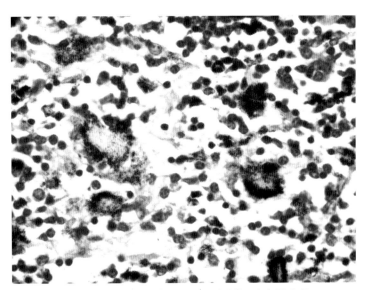

图1-16-2　位于巨噬细胞和上皮样细胞内的菌体

本菌对外界环境的抵抗力相当强大，在被粪便污染的牛舍、运动场、牧地、厩肥和泥土中可存活数月至1年；在尿中至少可存活7天；冻结状态下能存活一年，干燥则可存活17个月之久；在野外的污水中可存活6个多月。该菌对化学消毒药的抵抗力也较强，如5%克辽林2小时、3%来苏儿30分钟、3%甲醛20分钟、5%工业用苛性钠2小时、10%～20%漂白粉20分钟和3%～5%石炭酸5分钟才能将之杀死。但本病对热较敏感，如65℃30分钟，80℃1～5分钟即可灭活。

〔流行特点〕本病主要感染奶牛，其次为黄牛；在同样条件下犊牛和母牛的发病比公牛和阉牛多。除牛易感外，绵羊、山羊、骆驼、鹿和猪等动物也可感染发病。

病牛和隐性感染牛是本病的主要传染源。病畜可随粪便排出大量病原菌，其次是乳、尿也可能含有病原菌。因此，病牛所生产的乳不能食用。当病牛在临床上呈现顽固性腹泻时，其粪便几乎100%能查出病原菌；无症状病牛的粪便检菌率也可达30%~50%。消化道是本病感染的主要途径。健康牛和幼畜因摄入被带菌粪便污染的饲草、乳、饮水等而感染。被感染牛多取慢性经过及长期排菌，因而有本病发生的地区，往往造成长期广泛的传染。

本病除消化道感染外，有人从感染后期的病畜胎儿中分离到副结核杆菌，证明还可能有胎盘感染。一般认为感染母牛在机体抵抗力降低时，病原菌就可大量繁殖并释放到血流，再流入子宫传给胎儿；子宫内感染主要发生于受胎后三个月，取这种胎儿的内脏就容易分离到菌体。另外，从公、母牛的性腺中也分离到了副结核杆菌，而且经处理后的商品化精液中细菌仍保持活力。

易感动物对本病的抵抗力是随年龄的增长而增强的。30日龄以内的动物最易感，6月龄以内的犊牛可以自然感染，但一岁以上的成年牛则具有一定的抗感染能力。从感染至出现临床症状之间可以经数月乃至数年，虽然犊牛对本病易感性很高，但往往要到2~5岁时才出现临床症状。

本病的散播比较缓慢，各个病例的出现往往间隔较长的时间。因此，从表面上本病似乎呈散发性，但实际上它是一种地方流行性疾病。本病一年四季均可发生。

〔临床症状〕本病的潜伏期很长，可由数月至2年。病初，病牛精神、食欲及体温均正常，虽然无明显的临床症状，但有30%~50%的病牛却能排菌。继之，病牛出现早期的临床症状，即精神不振，食欲减损，逐渐消瘦，泌乳量减少（图1-16-3）；特征性的症状是间歇性腹泻，给予多汁的青饲料可加剧腹泻症状。以后变成顽固发生腹泻，粪便稀薄，从肛门流出（图1-16-4）。病情严重时，粪便稀薄如水，常呈喷射状排出（图1-16-5），粪便恶臭，带有气泡和黏液，间或混有血液及其凝块，病牛的尾根、肛门及会阴周围常被粪便污染（图1-16-6）。

随着病程的延长，病牛精神沉郁，食欲大减，逐渐消瘦，喜欢卧地，不愿运动，各部的骨骼显露，被毛粗乱（图1-16-7），贫血，眼窝下陷，泌乳量锐减，甚至停止。水肿也是本病的一种特殊症状，随着腹泻的反复发生，病牛的水肿变化也可逐渐加重，最初多见下颌皮下和颈后及胸前皮下发生水肿（图1-16-8）。继之，病牛的颌下、颈部、胸垂、胸前至腹部皮下均发生水肿（图1-16-9），指压留痕，有捏面团样触感。直肠检查时可触摸到肥厚的小肠，如同触到橡皮样管。

图1-16-3　病牛消瘦，精神不振，乳房萎缩

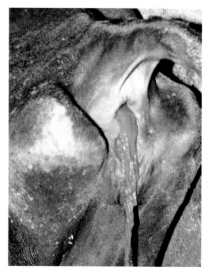

图1-16-4　慢性顽固性水样下痢

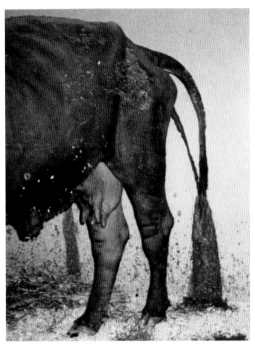

图1-16-5　病牛全身消瘦，呈水样腹泻

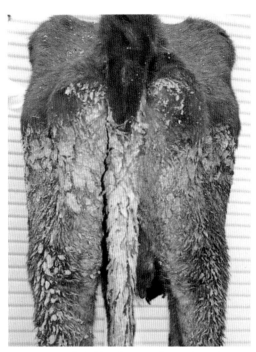

图1-16-6　病牛的臀部、后肢及尾部附有大量稀便

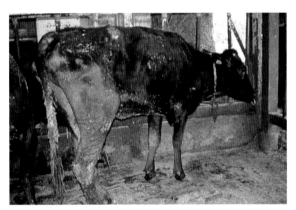

图1-16-7　病牛消瘦，严重下痢，乳房萎缩，泌乳停止

图1-16-8　病牛的颌下及胸前明显水肿

图1-16-9　病牛从颌下到腹部下均呈现水肿

本病的病程一般为3～4个月，也有拖至半年或更长时间。病程较长时，病牛的病情时重时轻，有时腹泻可能暂时停止，而后又加重；最后多因衰竭或并发症而死亡。死亡率一般为10%。

〔病理特征〕长期顽固性腹泻的病牛，尸体显著消瘦，肛门附近的被毛沾污粪便。可视黏膜因贫血而苍白，皮下脂肪组织消耗殆尽，多于眼睑、颌下及腹下等部位出现水肿，肌间结缔组织呈胶冻样。血液稀薄、色淡，凝固不全。胸、腹腔和心包腔积有多量淡黄色透明的液体。

本病的特征性病变位于小肠，主要集中于空肠后段和回肠，其次是空肠中段，向十二指肠逐渐减轻。眼观，病变肠管色泽变淡，甚至苍白，管径变粗，质地较实，如同橡皮管，肠系膜与肠壁连接处多发生浆液浸润（图1-16-10）。病变肠段与健康肠段相交错。横切肠管，肠管壁明显增厚，断端收缩，如同食管（图1-16-11），肠腔极度狭窄，常缺乏内容物。纵行剪开肠管，肠黏膜增厚，一般为正常的2～3倍，最严重可达10倍以上。肠黏膜表面覆有一层灰白色黏稠的黏液，拭去黏液，增厚的肠黏膜呈苍白色或红黄色脑回状皱襞（图1-16-12），有的黏膜表面还散布小点状或局灶性出血（图1-16-13）。触摸柔软而富有弹性，在皱襞之间的凹陷部，有时见有结节状或疣状增生（图1-16-14），偶见其中心部坏死。大肠的变化，多见于回盲瓣、盲肠及结肠近端。回盲瓣黏膜充血、出血、水肿，瓣口紧缩，呈球形而发亮（图1-16-15）。盲肠与结肠的变化与小肠相似，直肠、肛门很少见有病变，或仅见点状出血。病变部肠浆膜和肠系膜的淋巴管扩张、变粗，呈弯曲的线绳状，切面溢出灰白色浑浊液体。

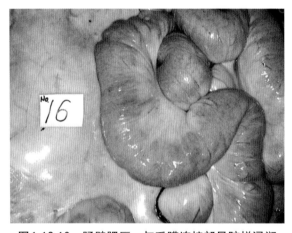

图1-16-10　肠壁肥厚，与系膜连接部呈胶样浸润

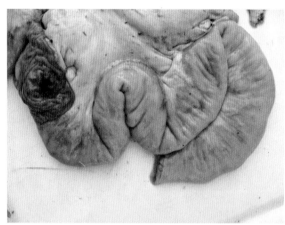

图1-16-11　横切肠管，肠壁增厚如食管

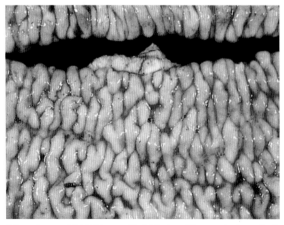

图1-16-12　肠壁肥厚，黏膜呈脑回样，覆有大量黏液

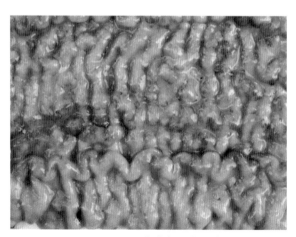

图1-16-13　肠黏膜有斑点状出血

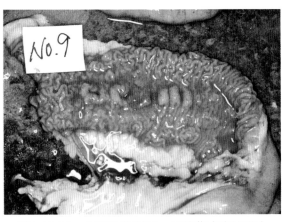

图1-16-14　小肠黏膜肥厚，见结节或疣状增生

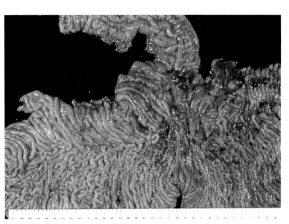

图1-16-15　回盲部肠黏膜明显肥厚，发生出血和水肿

镜检，肠绒毛变粗，呈各种弯曲状态，其顶端上皮大量脱落，绒毛固有层的中央乳糜管扩张。肠黏膜固有层（有时累及黏膜肌层稍下方）有多量淋巴细胞、上皮样细胞、少量郎格罕氏细胞增生，浆细胞、嗜酸性粒细胞和肥大细胞亦增量。在抗酸性染色的切片标本中，可见病原菌主要存在于上皮样细胞和郎格罕氏细胞浆内，呈丛状或积聚成团，染成红色（图1-16-16），但也有少数散在于细胞外（图1-16-17）。肠腺因固有层大量细胞成分增生，被压迫而变性、萎缩乃至消失。盲肠和结肠的组织学变化基本与小肠相同。

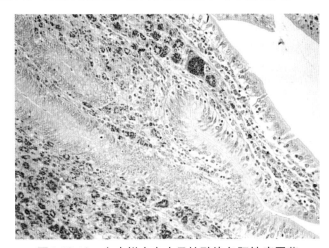

图1-16-16　上皮样内有大量抗酸染色阳性病原菌

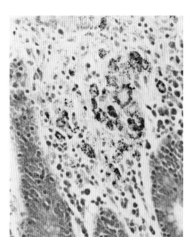

图1-16-17　回肠黏膜固有层中有大量带菌的上皮样细胞

　　肠系膜淋巴结，尤其是病变肠段的相应淋巴结均显著肿胀，排列成串，大的可达鸭蛋大。质地柔软，切面湿润、隆突，不见坏死灶，偶见点状出血，呈髓样外观，为细胞增生性淋巴结炎的变化（图1-16-18）。肝、肺、肾、脾等淋巴结亦有轻度肿胀。

图1-16-18　淋巴结肿大，呈现细胞增生性淋巴结炎

〔诊断要点〕根据病牛长期顽固性腹泻的临床症状和空肠后段、回肠、盲肠或结肠黏膜肥厚特征性病变，即可做出初步诊断；必要时可做细菌检查、变态反应和血清学检测来进一步确诊。

细菌学检查的常用方法是：刮取直肠黏膜、粪便黏液或采取病死牛的肠病变部分直接做成涂片或培养后涂片，经抗酸染色后镜检。副结核杆菌呈红色短杆状或球杆状，成堆或丛状排列（图1-16-19），其他菌呈蓝色。肠道中其他腐生菌亦呈红色，但较粗大，多单个或成对存在，不呈菌丛状排列。应该强调指出：涂

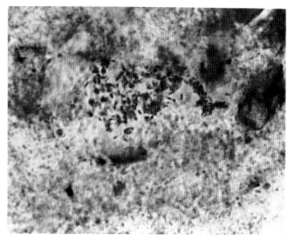

图1-16-19　稀便涂片中检出的抗酸性病原菌

片检查时应多做几张染色的涂片，并多检查几个视野；对间歇性排菌的病牛，如第一次检查为阴性，应间隔一定时间再进行检查，必要时可进行集菌处理，以提高检出率。

变态反应主要用于检查隐性感染或临床症状不明显的病牛。其方法是：①先在病牛颈中部上1/3处剪毛，测量皮肤皱褶厚度，消毒后皮内注射禽型结核菌素原液（因国内目前尚无副结核菌素）。注射剂量：1月龄至1岁的牛注射0.1毫升，1～3岁的牛注射0.2毫升，3岁以上的牛注射0.3毫升。②注射72小时和120小时后检查局部有无热、痛及肿胀等炎性反应，同时用卡尺测量注射部的肿胀面积和皮肤皱褶的厚度。③判定。凡注射局部有热、痛和弥漫性水肿，如面团样，肿胀面积在35毫米×45毫米以下，皮肤增厚5.1～8毫米者判为阳性；局部炎性反应不明显，皮肤增厚5毫米以下，或仅有界线明显的冷硬结者可判为疑似；反应不明显或仅有轻度的炎性反应者，可判为阴性。据报道，变态反应法可检出大部分隐性感染牛，这些阳性牛中有30%～50%是排菌者。

血清学检测的方法较多，常用的有补体结合反应（CF）、酶联免疫吸附试验（ELISA）、琼脂扩散试验（AGID）和免疫斑点试验等。其中ELISA法具有简便快速、敏感性高等优点，是该病血清流行病学调查的良好方法。

〔治疗方法〕由于本病只在感染的后期，肠管的组织结构发生明显改变后才出现临床症状，所以治疗效果不佳，一般只能根据具体情况而进行对症治疗。据报道，国外有人用氯苯吩嗪治疗病牛，可缓解病牛的临床症状。国内有人用异烟肼，按每千克体重20毫克口服，每天1次，连用1周；氨基羟丁基卡那霉素A，每千克体重18毫克，每天2次，分点肌内注射，连用5天，可使病牛的症状减轻，但不能治愈，细菌学检查时，粪便中依然带菌。

〔预防措施〕由于本病无特殊的治疗方法，所以预防就显得格外重要。预防本病目前尚无特异性疫苗，重点是做好平时的饲养管理和卫生防疫工作。

（1）常规防疫　平时要加强饲养管理，特别是要给犊牛足够的营养，以增强其抗病力。对尚无发病的奶牛场重点防控该病的传入。坚持自繁自养，引进种牛时应从健康牛群中挑选，并进行临床检查及变态反应检查，防止将病牛或隐性感染牛购入。奶牛购入后需隔离检疫，确认为健康时才能混群饲养。注意牛舍卫生、通风和定期消毒等。本病的常在地区，应注意培养健康奶牛群。其方法是：当犊牛出生后应与母牛隔离，人工饲喂母牛初乳3～5天，后改用健康牛乳或消毒乳饲喂。在犊牛1、3和6月龄时，分别用禽型结核菌素检疫一次，阴性反应者继续饲养，阳性反应者淘汰。以后可定期检测，使之加以稳定。

（2）紧急防疫 当牛群中发现久治不愈的腹泻时，必须查明原因。一般是采取病牛粪便涂片和培养，检查出阳性病牛，应立即淘汰。对感染严重和经济价值不高的奶牛群，应坚决全部将之淘汰，这是防止本病的最好方法。对被病牛污染的牛舍、饲槽、牛栏、运动场地及饲养管理用具等用生石灰、漂白粉或烧碱等药液进行彻底消毒，粪尿及残余饲料、垫草等，应及时清除，堆积经生物热发酵后作肥料利用。牛舍消毒后空闲一年左右才能引进健康奶牛饲养。

十七、嗜皮菌病

嗜皮菌病（Dermatophiliasis）又称牛皮肤链丝菌病、皮肤放线菌病、接触传染性脓疮病和草莓样腐蹄病等，是一种主要侵害牛等反刍动物的人畜共患的皮肤性传染病；临床上以形成局限性痂块和脱屑性皮疹为特征。

本病于1915年由 Van Saceghem 在非洲发现和定名以来，现已广泛流行于世界各地。我国甘肃、青海、四川、贵州、云南、广西、内蒙古、吉林、黑龙江、安徽以及河南等地，也曾有本病的流行。由于本病不仅感染奶牛、黄牛等反刍动物，单胃动物和野生动物，而且也感染人，因此具有重要的公共卫生意义。

〔病原特性〕 本病的病原体为嗜皮菌科、嗜皮菌属的刚果嗜皮菌（*Dermatophilus congloersis*）。本菌呈革兰氏阳性、非抗酸的需氧或兼性厌氧菌。菌体有两种形态，即丝状菌丝和能运动的游动孢子（Zoospore）。菌丝呈直角分支状，有中隔，顶端断裂呈球状体。球状体游离后多成团状，似八联菌。成团的球状体被胶状囊膜包裹，囊膜消失后，每个球体即成为有感染力的游动孢子。游动孢子有鞭毛，能运动。刚果嗜皮菌生活于皮肤的表皮层并完成其生活史。

刚果嗜皮菌的自然栖息地尚不完全清楚。它可能以腐生菌存在于土壤中，在干燥土壤中能分离到本菌，但在潮湿土壤中未能分离到。刚果嗜皮菌的球菌样孢子能在不利条件下（干燥和热）生存。本菌孢子耐热，对干燥也有较强抵抗力，在干涸的组织中可存活42个月。对青霉素、链霉素、土霉素、螺旋霉素等敏感。

〔流行特点〕 本病的主要传染源是病牛、感染动物，包括健康带菌和已恢复的动物。据报道，在流行区50%健康牛均带菌，病原菌存在于毛囊口。病菌主要通过直接接触经损伤的皮肤感染；或经吸血蝇类及蜱的叮咬而传播；或经污染的厩舍、饲槽、用具而间接接触传播；垂直传播也有可能。各种年龄、不同种类的牛对本病均有易感性。

本病多见于气候炎热地区的多雨季节。长期淋雨，被毛潮湿可促进本病发生。幼龄动物发病率较高。动物营养不良或患其他疾病时，易发生本病。本病一般呈散发性或呈地方性流行。

〔临床症状〕 成年牛潜伏期约为1个月，犊牛为2～14天。

成年牛感染本病后，最初在病牛体表见到的损害是皮肤上出现小丘疹，并常波及几个毛囊和邻近表皮，分泌浆液性渗出物，使被毛凝结在一起，呈"油漆刷子"状（图1-17-1）。继之，被毛和细胞碎屑凝结在一起，逐渐发展成大小不一的灰色、白色或黄褐色的圆形隆突的厚痂，无脓汁，表面湿润、发红且粗糙。较陈旧的病变，可见由真皮肉芽组织形成半球形、结节状、疣状和平顶状的突起（图1-17-2）。皮肤的损害通常从背部开始，由鬐甲到臀部，并蔓延至胸腔外侧部，有的可波及颈、前驱和乳房后部（图1-17-3），有的则在腋部、肉垂、腹股沟部及阴囊处发病，有的牛仅在四肢弯曲部发病。有的病变结节可互相融合在一起，形成颗粒状或片状融合性病灶（图1-17-4）。随着病程的延长，病牛能产生免疫力，痂块自然脱落，病变可自愈。

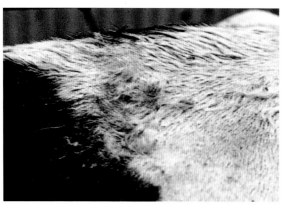

图1-17-1 皮肤有淡褐色蜡样渗出性结节，被毛凝结呈刷子状

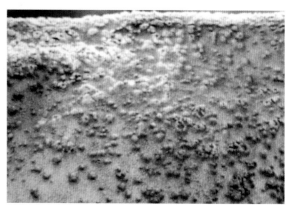

图1-17-2 结节呈半球形、结节状、疣状和平顶状

图1-17-3 病牛全身布满结节性病变

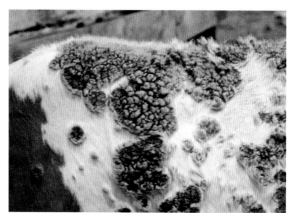

图1-17-4 局部的病变融合成片状

犊牛的病变常见于口和眼的周围、鼻镜和耳部皮肤，也可扩散到头和颈部皮肤。病变部被毛脱落，皮肤潮红，如环状且潮湿。1月龄以上犊牛的病损为圆形痂块，隐藏于被毛中，揭开痂块，遗留有渗出的出血面。严重的病例，特别是位于腹股沟的病变，有时可继发感染引起坏死性或坏疽性皮炎；也可因皮肤发生裂纹，导致蜂窝织炎而死亡。

〔病理特征〕本病的病理特征与临床所见基本相同，病变多见于蜱好寄生部位，如腋下、垂肉、腹股沟、阴囊和乳房；也可始发于颈部、背部及臀部皮肤。丘疹、结节和结痂为本病的主要病变。结节型病变，表现皮肤隆起呈灰黑色或黄白色的结节，大小如绿豆大至黄豆大，粗糙、易剥离而形成锥形凹面，有少量渗出液和血液。结节孤立散在，界线明显。强行剥离早期结节，其底面形成低凹，有时含血液或脓样物。病变痊愈后结节自行脱落。

〔诊断要点〕根据皮肤出现渗出性皮炎和结痂，体温无显著变化，可初步诊断为本病。确诊要依靠病原检查。如能在痂皮、刮屑涂片中或培养物中检出革兰氏阳性的分支菌丝及成行排列的球菌状孢子时，即可做出确诊。必要时可将病料涂擦接种于家兔剪毛皮肤上，经2～4天后，接种部皮肤红肿，有白色圆形、粟粒大至绿豆大丘疹，并有渗出液，干涸后形成结节，结节融合成黄白色薄痂，取痂皮涂片染色镜检，也可检出本菌。

据报道，用血清学诊断方法，如免疫荧光抗体技术、酶联免疫吸附试验、琼脂扩散试验、凝集试验、间接红细胞凝集试验等，也可对本病进行诊断。

〔治疗方法〕本病的治疗多应采用局部治疗和全身治疗相结合的方法。

局部治疗时，先用剪毛剪将病变周围的毛及病灶中的残毛剪去，再用温肥皂水湿润皮肤痂皮，除去病变部全部痂皮和渗出物，然后用1%龙胆紫酒精溶液或水杨酸酒精溶液涂擦。也可用生石灰454克，硫黄粉908克，加水9 092毫升，文火煎3小时，趁温热涂布于患部，每天一次，直到痊愈。在进行局部处理的同时，全身可用青霉素、链霉素、土霉素或螺旋霉素等抗生素肌内或静脉注射，方能取得较为满意的疗效。

〔防治措施〕防治本病的主要措施为严格隔离病牛；尽可能防止牛淋雨或被蜱和吸血蝇类叮咬；加强对集市贸易检疫和牛运输检疫；人与病牛接触时应注意个人防护，防止感染本病。

十八、放线菌病

放线菌病(Actinomycosis)是牛和多种动物的一种慢性非接触性人畜共患的传染病。本病的特点是形成化脓性肉芽肿并在其脓汁中出现"硫黄颗粒"样放线菌块。在自然条件下，奶牛最易患本病。牛放线菌主要侵犯骨组织，其典型病变发生于牛的下颌或上颌，形成灰白色不规则致密结节状肿块，因而被称为"大颌病"(Lumpy jaw)。

〔病原特性〕本病的病原体主要为放线菌属的牛型放线菌（*Actinomyces bovis*）。本菌有细胞壁，无典型的核和核结构，以裂殖方式繁殖。菌体呈细丝状，与真菌相似，菌丝的粗细与普通杆菌相似，菌丝分支，可分裂为杆状（图1-18-1）。本菌不能运动，不形成芽孢，革兰氏染色阳性、非抗酸性的兼性厌氧菌，在病灶的脓汁中形成黄色、灰黄色或微黄色针头大的颗粒样聚集物，称菌块或菌芝，因其外观和硬度与硫黄颗粒相似，故又有硫黄样颗粒之称。将此颗粒在两玻片之间压碎或制成切片经革兰氏染色镜检，中央为革兰氏阳性（紫色）的密集菌体，外周有长杆状游离端膨大呈菊花形或玫瑰花形排列的革兰氏阴性（红色）菌丝（图1-18-2）。牛放线菌病除由牛型放线菌所致之外，在病变的颌骨组织中常能检出化脓性棒状杆菌等。

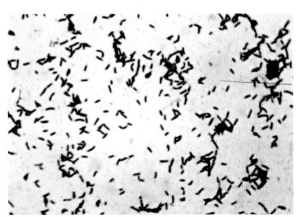

图1-18-1　牛型放线菌的菌体

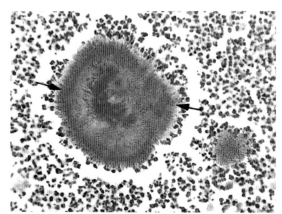

图1-18-2　放线菌集落（箭头）由菌丝团块及放射棒构成

牛型放线菌的抵抗力不很强，常用的消毒药即可将之杀死，加热75～80℃ 5分钟即死亡，但菌芝干燥后能存活6年之久，对日光的抵抗力亦很强，在自然环境中能长期生存。

〔流行特点〕放线菌病在自然条件下可发生于许多动物，但家畜中以奶牛和黄牛较为常见多发。本病一般呈散发性，为一种由组织损伤所致的内源性感染，通常没有传染性。

放线菌在自然界分布甚广，不仅存在于被污染的土壤、饲料和饮水中，而且也是动物及人类口腔、咽喉和消化道的正常或兼性寄生菌。在正常奶牛的口腔黏膜、扁桃体隐窝、牙斑及龋齿等处均能发现包括牛型放线菌在内的各种放线菌。放线菌的致病力不强，大多数病例均需先有创伤、异物刺伤或其他感染而造成的局部组织损伤后，放线菌才能侵入而发生感染；进而，病菌通过损伤的血管经血源性播散或由感染灶直接蔓延到相邻器官及组织。

牛型放线菌可以经口腔黏膜的损伤或换齿，直接经骨膜侵入骨组织，引起下颌骨膜炎及骨髓炎；也可能由齿周炎经淋巴管蔓延至下颌骨，引起慢性化脓性肉芽肿性炎症。

〔临床症状〕牛放线菌常侵害下颌骨（图1-18-3），上颌骨发病者较少（图1-18-4），通常发生缓慢，感染后一般经6～18个月才在第三或第四臼齿部出现一个不能移动，压之疼痛，小而坚实的硬结。此时常不被察觉，只有当下颌支的骨体已经增厚，触摸坚硬，并有大小不一的结节，病牛采食障碍，咀嚼困难时才被发现（图1-18-5）。病情加重时，临床的主要表现为下颌骨明显肿大，界限不清，触之坚硬（图1-18-6）。肿胀部初期疼痛，后期多无痛感。当赘生物从外层骨质突破时，可在皮下触摸到分叶的放线菌肿块。有时肿胀发展迅速，常可在1～2个月内蔓延至整个下颌支，使下颌骨畸变，有许多肿块和结节（图1-18-7）；病情严重者，皮肤溃烂，增生的骨组织裸露（图1-18-8）。有的可累及大部分面骨，使得硬腭肿大，间有白齿脱落。若鼻骨肿大，可能引起吸气困难和饮食扰乱。凡骨组织的肿胀发生迅速者，常由于牙齿松动甚至脱落，使病牛的咀嚼和吞咽困难，机体缺乏营养而很快消瘦。

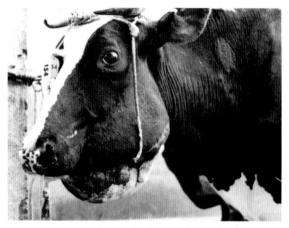

图1-18-3　病牛下颌部有坚硬的肿瘤样增生物

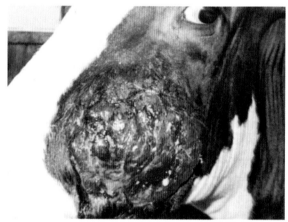

图1-18-4　左上颚放线菌肿，皮肤破坏，肉芽肿异常增生

图1-18-5　下颌支变粗，坚硬，并有结节

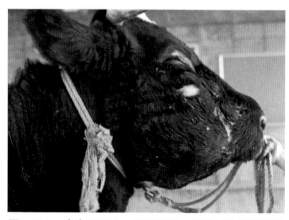

图1-18-6　病牛下颌骨、眼眶至第一臼齿部有骨性肿胀

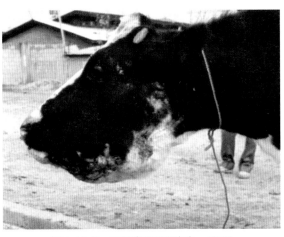

图1-18-7　下颚部明显肿胀、变形

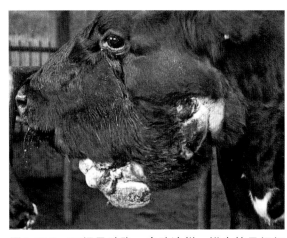

图1-18-8　下颌骨肿胀，皮肤溃烂，增生的骨组织露出

　　附着于患病部位的皮肤，通常发生破溃，从中流出大量黄白色脓液，并形成经久不愈的瘘管（图1-18-9）。附近的淋巴结（咽后、下颌淋巴结等）也常肿大，但一般不化脓，通常变得坚韧，难以移动。

　　〔病理特征〕牛放线菌常由齿颈部的齿龈黏膜侵入骨膜或在换齿期经由牙齿脱落后的齿槽侵入，破坏骨膜并蔓延至骨髓，使患骨呈现出特异性骨膜炎及骨髓炎。病变逐渐发展，破坏骨层板及骨小管，骨组织发生坏死、崩解及化脓。随即骨髓腔内肉芽组织显著增生，其中

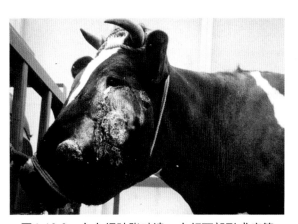

图1-18-9　左上颌肿胀破溃，在颜面部形成瘘管

嵌杂有多个小脓肿。与此同时，骨膜过度增生，在骨膜上形成新骨质，致下颌骨表面粗糙，呈不规则形坚硬肿大。

　　剖检可见，发病的颌骨显著膨大（图1-18-10），呈粗糙海绵样多孔状，局部正常结构破坏（图1-18-11）。当病骨穿孔，病原菌可侵入周围软组织，引起化脓性病变，伴发瘘管形成，在口黏膜、鼻腔或皮肤表面可见蘑菇状突起的排脓孔。增生的组织可引起鼻甲骨变形和鼻道阻塞

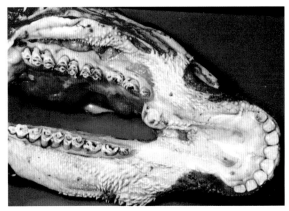

图1-18-10　下颌骨肿大，周围组织增生

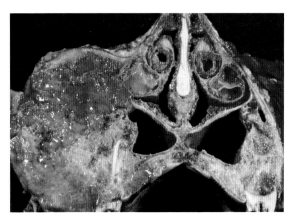

图1-18-11　横断肿胀的上颌骨，切面呈海绵状

（图1-18-12）。局部淋巴结虽表现肿大、变硬，但不化脓，病原菌很少播散至局部淋巴结。放线菌性脓肿内的脓液呈浓稠、黏液样、黄绿色和无臭味。脓汁中"硫黄颗粒"为放线菌集落，呈直径1～2毫米、淡黄色的干酪样颗粒，在慢性病例可以发生钙化，形成不透明而坚硬的砂粒样颗粒（图1-18-13）。镜检，放线菌病的慢性化脓性肉芽肿内，可见菊花瓣状或玫瑰花形菌丛，菌丛直径达20微米以上。其周围有多量中性粒细胞环绕，外围是胞浆丰富、呈泡沫状的巨噬细胞及淋巴细胞，偶尔可见郎格罕氏巨细胞，再外周则为增生的结缔组织形成的包膜（图1-18-14）。此种脓肿性肉芽肿结节可以在周围不断地产生，形成有多个脓肿中心的大球形或分叶状的肉芽肿（图1-18-15）。

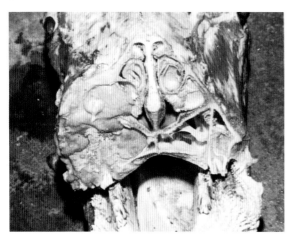

图1-18-12　大量结缔组织增生，使鼻甲骨发生变形

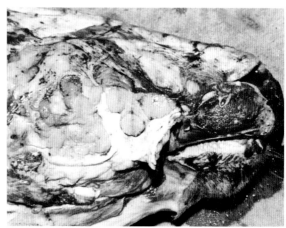

图1-18-13　剥皮后，上颌部有含"硫黄颗粒"的肉芽肿

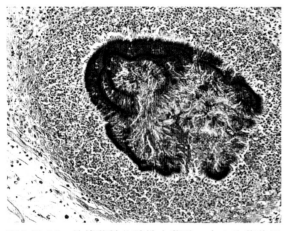

图1-18-14　放线菌性化脓性肉芽肿，中心为菊花瓣状的菌丛

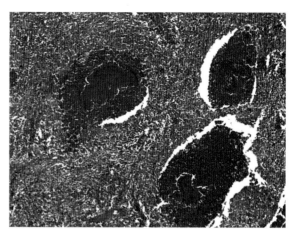

图1-18-15　多中心性化脓性肉芽肿

　　上颌骨放线菌病可从颅底部侵入脑膜和脑实质，有时经过上颌齿槽达于鼻腔，再扩展到上颌窦。此外，上颌窦偶有原发性病灶，即放线菌性增生物充满于窦内，可在软化骨组织后穿透面部或颞部皮肤或突破硬腭而侵入口腔。

　　〔诊断要点〕放线菌病的症状和病变比较特殊，不易和其他传染病混淆，故易于诊断。必要时可从脓汁中选出"硫黄颗粒"，以灭菌盐水洗涤后置于清洁载玻片上压碎，固定，干燥后，作革兰氏染色，镜下可见菊花状菌块的中心为革兰氏阳性丝体，周围为放射状排列的革兰氏阴性棍棒体（图1-18-16）。未染色的菌块压片，加入一滴10%～15%氢氧化钾溶液，覆盖盖玻片，在低倍弱光下直接镜检，可发现有光泽、呈放射状棍棒体的玫瑰形菌块（图1-18-17）。

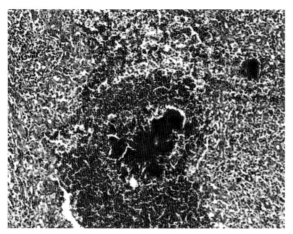

图1-18-16　化脓性肉芽组织中的菌块

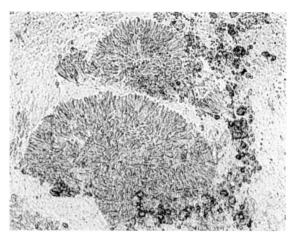

图1-18-17　下颌化脓性病灶中的"硫黄颗粒"的压片像

〔治疗方法〕治疗本病的方法较多，一般可使病情减轻，延缓病程，但很难彻底治愈。兹将几种常用的治疗方法简介如下：

1.手术疗法　如果主要病变在软组织，体积不大，并与周围组织界限分明，可用外科手术的方法将肿块切除。若有瘘管形成，则应连同瘘管一起切除。切除后的新创腔，用碘酊纱布填塞，一天或两天更换一次。伤口周围注射10%碘仿乙醚或2%碘溶液。此法的缺点是易复发和转移，伤口愈合较慢。

另外，也可采用烧烙疗法，即对顽固性病例或肿胀面积较大不易切除，可反复多次烧烙，每次间隔3～5天，一般能收到良好的治疗效果。

2.碘制剂疗法　病轻时可内服碘化钾，成龄牛每天5～10克，犊牛2～4克，可连用2～4周。病重时可静脉注射10%碘化钠，每次50～100毫升，隔日一次，共用3～5次。在用药过程中，如发现有碘中毒现象(食欲减损、口流清涎、羞明流泪、皮肤发疹、脱毛等)，应暂停用药5～6天，或减少剂量。

3.抗生素疗法　据报道，放线菌对青霉素、四环素和林可霉素比较敏感，可选用这些抗生素有针对性地进行治疗，如可用青霉素100万～200万单位，注于患部周围，每日1～2次，五天为一疗程。

4.锥黄素疗法　合理运用锥黄素或与其他药物交替使用，常能获得良好的治疗效果。病轻时，用1%锥黄素1.5～2毫升，注于患部，隔4～5天注射一次，共注2～4次；病重时，可静脉注射1%锥黄素200～400毫升，4～5天后再注射一次。

5.中药疗法　据报道，收敛、防腐、生肌的中药组方，对本病常有良好的疗效。方剂：白砒、明雄、朱砂、苦矾各等份，共研成细粉，加少量白面用水调制成绿豆大小的丸剂备用。用法：将患部切一小口，将白砒丸1～3粒放入，十余天后肿块脱落，然后局部按外科常规处理。此方对初发性病变或病情较轻者具有良好的治疗作用。

〔预防措施〕为了防止本病的发生，应避免在低湿处放牧。舍饲的奶牛，最好于饲喂前将干草、谷糠，特别是带芒的麦壳等浸软，避免刺伤口腔黏膜。平时注意防止皮肤、黏膜发生损伤，如发现伤口要及时处理、治疗。

十九、放线杆菌病

牛放线杆菌病(Actinobacillosis)是由林氏放线杆菌引起的一种慢性人畜共患的传染病。本病的特点是形成化脓性肉芽肿及在其脓汁中出现"硫黄颗粒"样放线杆菌块。林氏放线杆菌主要侵害舌、颊、头颈部软组织以及各部皮肤、内脏器官，唯独不侵害骨组织。

〔病原特性〕本病的病原体主要为放线杆菌属的林氏放线杆菌（Actinobacillus lignieresi），但从一些化脓性肉芽肿中还能分离出金黄色葡萄球菌。林氏放线杆菌为革兰氏阴性、需氧及兼性厌氧、多形态的短小杆菌（图1-19-1）。它不能运动，不形成芽孢和荚膜，在软组织病灶中也能形成灰白色的细小颗粒，压片或切片后革兰氏染色镜检，菌芝中央和周围均呈革兰氏阴性反应（红色），周边无明显的辐射状菌丝（图1-19-2）。

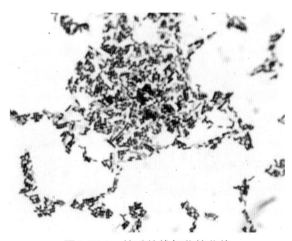

图1-19-1　林氏放线杆菌的菌体

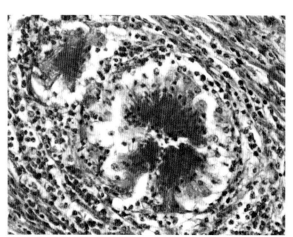

图1-19-2　舌肉芽肿病灶中有菌芝，周围有上皮样细胞

林氏放线杆菌的抵抗力不强，常用的消毒药即能将之杀灭。

〔流行特点〕本病以奶牛和黄牛较为多发，一般呈散发性，为一种由组织损伤所致的内源性感染。林氏放线杆菌为奶牛口腔黏膜的正常共栖菌，可随饲料中芒、刺等异物损伤或穿刺口腔黏膜后侵入，缓慢引起舌及口腔深部组织及附近淋巴结慢性化脓性肉芽肿性炎症。因此，本菌典型的病变位于头颈部软组织，病变经淋巴管蔓延，通常波及局部淋巴结。病原菌常经舌两侧的损伤侵入舌体，持续数周或数月之后在临床上出现舌的畸形及功能异常。

奶牛的皮肤上也常有林氏放线杆菌寄生，特别是乳房部皮肤——常因挤乳性损伤或犊牛吃奶时所引起的破损，均可由此而引起乳房的放线杆菌病。

〔临床症状〕林氏放线杆菌常侵害头部、颈部、颌下及四肢皮肤等软组织，病初形成有热、有痛的局部肿块（图1-19-3），有时病牛出现精神不振、食欲不佳、流涎和发热等全身性

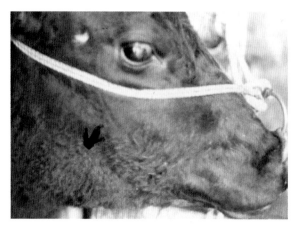

图1-19-3　右侧颌部肿胀，有热、痛感

症状。继之，病变部的炎症逐渐消退，形成局部脓肿，或形成核桃大硬肿块（图1-19-4），硬结不热不痛，并不断增大，最后破溃，形成难以治愈的化脓性肉芽肿或瘘管（图1-19-5）。有的病例则见下颌部呈弥漫性肿胀，富有弹性，下颌淋巴结受累也明显肿大（图1-19-6），仔细触诊可感知病变主要存在于软组织。

舌和咽部组织受感染时，呈现急性炎性肿大，舌质变硬，舌面有许多小结节（图1-19-7），运动不灵活，称为"木舌病"。病牛流涎，咀嚼吞咽和呼吸均感困难；并常伴发咳嗽、气喘、张口伸舌等症状，如不及时治疗，病牛常因窒息而死亡。

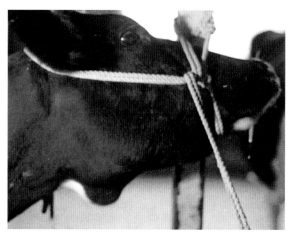

图1-19-4　病牛的下颚部有肿瘤样结节

图1-19-5　病牛下颌的肿块破溃，形成化脓性瘘管

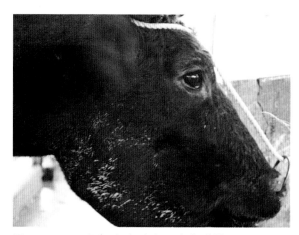

图1-19-6　下颌部高度肿大，富有弹性，下颌淋巴结也肿大

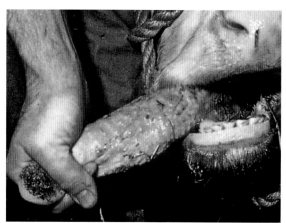

图1-19-7　除舌尖外，舌的其他部位均有结节形成

四肢皮肤发生放线杆菌病时，既可发生于一肢，形成象皮腿，其上有小豆状或蕈状坚硬的结节（图1-19-8）；也可发生于四个肢体，形成经久不愈的溃疡性肉芽肿（图1-19-9）。

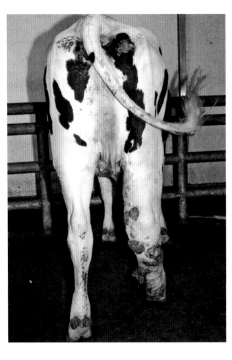

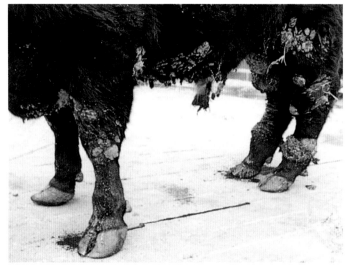

图1-19-9　四肢皮肤上经久不愈的溃疡性肉芽肿

图1-19-8　右后肢有大量小豆状或蕈状坚硬的结节

乳房患病时，呈弥漫性肿大或有局灶性硬结，病牛的乳汁黏稠，混有脓液。

〔病理特征〕林氏放线杆菌常引起唇、舌、皮下淋巴结、乳房和肺脏等软组织的化脓性病损。

1.唇放线杆菌病　在唇的黏膜面组织内发生多数豌豆大或榛子大甚至达鸡蛋大圆形或卵圆形坚硬而能活动的结节，颇似肿瘤，当继发脓性软化时则变为脓肿。有时由于其周围结缔组织高度增生，可使唇部显著肥厚而变形。

2.舌放线杆菌病　病原菌多经舌边缘的损伤侵入，常见于舌背隆起部的前面。常见的病变有两种：①结节性病变，初期患部黏膜坏死，形成糜烂与溃疡。继而肉芽组织增生，变为蕈状隆起，舌面见数量不等灰白色结节（图1-19-10），表面被覆褐色或棕褐色假膜。切面散在灰白色斑点，有时可发现包入的植物性碎屑或芒刺，周围分布灰黄色含脓样物的结节（图1-19-11）。脓

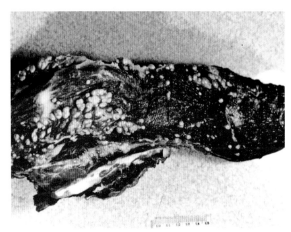

图1-19-10　舌质僵硬，表面有大量黄白色放线杆菌结节

图1-19-11　舌断面，有大量呈灰白化脓性肉芽肿

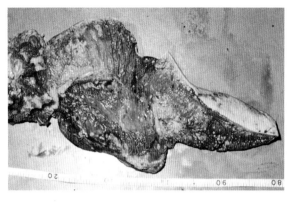

汁中含有不规则的小的"硫黄颗粒"。②弥漫性增生性病变，即早期在舌黏膜及肌肉内散在许多包含小脓肿的肉芽组织结节。结节可突起于舌面，被覆上皮完好或突破黏膜呈红黄色蕈状增生，穿破黏膜形成溃疡。后期，由于结缔组织增生，结果导致舌体肿大、坚硬如木板状（图1-19-12）。最后常因增生的结缔组织收缩，在舌表面形成疤痕性凹陷，使舌头缩短或向外偏转，从口内伸出，不能移动，在临床上将之称为"木舌症"。

图1-19-12　舌黏膜下层、肌层有大量结缔组织增生，舌质坚硬

3. 淋巴结放线杆菌病　多是病原菌由淋巴管扩散而引起，常见于病灶附近的淋巴结。眼观淋巴结肿大、坚硬，切面为灰白色，粗糙呈颗粒状，并含有灰黄色软化灶和少量硫黄样颗粒，有时变为脓肿，内含黏稠的脓汁（图1-19-13）。

4. 乳房放线杆菌病　病原菌由乳房皮肤的创伤经淋巴管侵入乳房内。在乳房组织内散在黄豆大至蚕豆大化脓性肉芽肿结节（图1-19-14），切面见结节隆突，肉芽组织中含有灰黄色脓汁，其中混有黄色砂粒样菌块。

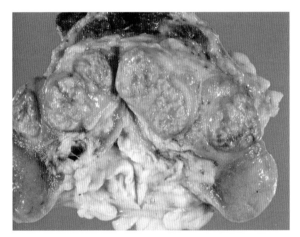

图1-19-13　化脓性淋巴结炎，软化灶中混有硫黄样颗粒

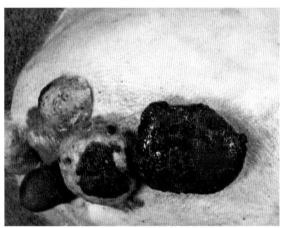

图1-19-14　乳房放线杆菌病，乳头部有出血性化脓性肉芽肿结节

5. 肺放线杆菌病　病原菌可经呼吸道或血源而引起。经呼吸感染的病灶较大，主要见于肺的膈叶，结节的肉芽肿中散在多数小的化脓灶，其中含有砂粒状菌块。血源性感染的病灶较小，在肺内形成粟粒大或稍大的放线杆菌病灶，结节呈灰白色，放油脂样光泽，不形成干酪性坏死，以此特征可与结核病相互区别。

此外，齿龈、咽和皮肤等软组织也常发生放线杆菌性肉芽肿，而瘤胃、网胃、肝脏、脾脏、肾脏和心脏等器官也偶见放线杆菌性肉芽肿。

〔诊断要点〕一般根据病变发生的组织及病原的特点即可做出确诊。林氏放线杆菌主要侵害软组织，常侵犯舌，形成"木舌症"，其他软组织的肉芽肿中充满黏液性无臭脓液，其中含有淡黄色"硫黄颗粒"。这种颗粒虽与放线菌的相似，但小得多，一般不发生钙化。新鲜材料压片或组织切片中，见菌丛中心及外周均为革兰氏阴性反应。

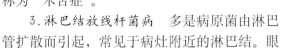

〔**治疗方法**〕林氏放线杆菌对链霉素、碘制剂和磺胺类药物较敏感，治疗时常将这些药物与其他的抗生素联合使用。例如，链霉素2～5克，或青霉素和链霉素同时应用，注于患部周围，每日1～2次，五天为一疗程。用抗生素治疗时只有加大剂量，才能收到良效。

据报道，对软组织肿胀和"木舌症"用链霉素与碘化钾合并使用可获得显著的疗效。其方法是：碘化钾10克，链霉素200万单位，青霉素80万单位，维生素C10片，凡士林30克，将上述药物充分混匀后，用于肉芽创的填塞或引流。

此外，也可参考放线杆菌病的手术疗法、碘剂疗法和中药疗法等对本病进行治疗。

〔**预防措施**〕林氏放线杆菌是牛口腔、呼吸道和皮肤的常在菌，主要经过创伤而感染。因此，预防本病最主要的措施是防止口腔黏膜的损伤和皮肤的创伤。当给奶牛饲喂带刺的饲料，如禾本科植物的芒、大麦穗、谷糠、麦壳等时，应浸泡软化，避免刺伤口腔黏膜；当牛发生口蹄疫、水疱病和恶性卡他热等易引起口腔黏膜损伤性疾病时，应及时对局部病变进行处置，防止继发本病。

牛的病毒性传染病

一、口蹄疫

口蹄疫（Foot and mouth disease）是由病毒引起偶蹄动物的一种急性、热性、高度接触性传染病。由于口蹄疫病毒具很强的嗜上皮细胞特点，故其临床和病理学特征是在皮肤及皮肤型黏膜上形成大小不同的水疱和烂斑，尤其是在牛的口腔黏膜及蹄部表现得尤为经常与典型，因此称口蹄疫，又称"口疮"或"脱靴症"。在急性致死性病例中，还有全身败血症变化，并在心肌和骨骼肌见脂肪变性和坏死性病灶，形成"虎斑心"病变。

口蹄疫在全世界绝大多数国家均曾发生流行，危害极大。由于其病毒寄主广泛，传染性极强，如不采取有效的防治措施，传播极快，往往能造成广大地区流行，引起巨大的经济损失。对本病易感的动物极为广泛，但主要侵害偶蹄动物，特别是奶牛和黄牛，其次为水牛、牦牛和猪，再次为绵羊、山羊和骆驼；野生偶蹄动物黄羊、羚羊、野牛、野猪、鹿以及肉食兽、犬和猫也偶可发病，并还可能成为本病毒的贮藏宿主而导致本病流行。人对本病也易感，主要表现发热和在手、脚、口黏膜形成小水疱。因此，本病在公共卫生上亦有重要意义。

〔病原特性〕本病的病原体为微核糖核酸病毒科、口蹄疫病毒属的口蹄疫病毒（Foot and mouth disease virus，FMDV）。病毒粒子呈圆形或六角形（图2-1-1），直径为23～25纳米，含有RNA。病毒由中央的RNA核芯和周围的蛋白质壳体所组成，无囊膜。位于细胞内的繁殖型病毒粒子常呈晶格状排列（图2-1-2）。成熟的病毒粒子约含30% RNA，其余70%为蛋白质。研究认为，病毒RNA决定其的感染性和遗传性，而蛋白质则决定其抗原性、免疫血清学的反应能力，并保护中央的RNA不受外界的RNA酶等的破坏。

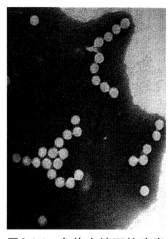
图2-1-1　负染电镜下的病毒粒子

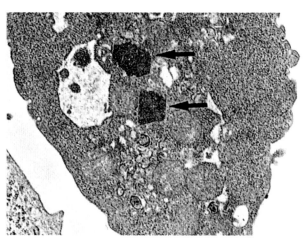
图2-1-2　细胞质中呈晶格状排列的病毒粒子

口蹄疫病毒具有多型和易变的特点。据世界口蹄疫中心公布，目前口蹄疫病毒在全世界仅有7个主型：A型，O型，C型，南非1、2、3型（SAT1、2、3）和亚洲1型（Asia-1）。各型病毒所致病畜的临床症状基本相似，但各型之间抗原性不同，彼此之间不能交叉免疫。研究表明，口蹄疫每一主型病毒又分若干亚型，目前全世界已报道了65个亚型，而且每年还不断有新的亚型出现。在同一主型病毒的各亚型之间，交叉免疫程度变化幅度较大，亚型内各毒株之间也有明显的抗原差异。口蹄病毒的这种特性，对本病的检疫和防疫造成巨大的困难。

病毒主要存在于病牛的水疱皮和水疱液中，在发热期，病牛的血液、乳汁、口涎、眼泪、尿、粪等分泌物和排泄物中都含有一定量的病毒。病牛排毒以舌面水疱皮为最多。口蹄疫病理的毒力很强，试验证明，1克病牛新鲜舌皮磨碎后，稀释百万倍，取一毫升接种于健康牛的舌面，即可引起发病。此外，病牛精液中也含有病毒，能使受精母牛发病。

本病毒对外界环境抵抗力较强，在冻肉、饲料、水疱皮、唾液、血、尿、用具、土壤和水中能保持传染性数周至数月；在低温条件下存活时间更长，体外病毒能耐寒冷数月而不死；对干燥和温热的抵抗力也较强，在牛毛上可存活24天，脱落的痂皮中能存活67天，夏季的牧草上能存活14天，在夏季堆积的粪便中可存活29～33天。但病毒对高温的抵抗力较弱，加热至70℃30分钟、85℃1分钟即死亡，煮沸即死。病毒在碱性和酸性的环境中也很快失活，故常用1%～2%氢氧化钠、10%石灰乳或2%福尔马林和20%～30%草木灰消毒。

〔流行特点〕在牛类中，奶牛和黄牛对本病最易感，其次是水牛和牦牛。一般犊牛的易感性较成年牛强，死亡率亦较高。新流行地区的发病率可高达100%，疫区的发病率常在50%以上。病畜和带毒者是本病主要的传染源，可通过各种分泌物和排泄物（包括唾液、舌面水疱皮、破溃蹄皮、粪、尿、乳、精液和呼出的气体等）排毒。另外，康复期的病畜亦可带毒、排毒。带毒的时间长短不一，有报道称50%的病牛可带毒4～6个月，甚至有人将康复后一年的病牛运到非疫区仍可引起本病的流行。牲畜和畜产品的流动调运，被病畜分泌物、排泄物和畜产品污染的车船、水源、牧地、饲养工具、饲料等以及空气流动、人员来往和非易感动物（犬、马、野生动物、候鸟等）等媒介，都是重要的传播因素。如果传播因素移动快、气温低、病毒毒力强，常可导致远距离的跳跃式传播，即在远离原发点的地区也可暴发，或从一个地区、一个国家传到另一个地区或国家。

本病通常经消化道和呼吸道感染，亦能经损伤甚至没有损伤的黏膜和皮肤感染。过去认为本病主要是通过污染的饲料和饮水等经消化道传播，但近年来的研究表明，呼吸道传染更易发生，感染量只需口服的0.001%～0.010%；病毒不仅可在消化道繁殖，而且能在上呼吸道黏膜上皮中增殖。

总之，本病的流行特点是：传染性强，即病毒较易从一种动物传到另一种动物，一般是牛先发病，而后才有猪、羊的感染；没有严格的季节性，即在不同的地区表现出不同的季节性，如在牧区常从秋末开始，冬季加剧，春季减轻，夏季基本平息，但在农区这种季节性的表现不明显；传播迅速，流行面大，即除一般的传播方式外，空气也是一种重要的传播媒介，病毒能随风扩散到50～100千米以外的地方，引起远距离的跳跃式流行；有一定的周期性，即大量统计资料表明，本病每隔3～5年流行一次。

〔临床症状〕本病的潜伏期平均为2～4天，短者为1～2天，有时可达1周左右。一般根据临床症状和病牛的死亡率不同而将之分为良性与恶性口蹄疫两种。

1. 良性口蹄疫　病初体温升高（40～41℃），精神委顿，食欲减退，闭口，流涎，开口时有吸吮声或咀嚼声，奶牛产奶量下降。1～2天后，口腔黏膜发红，在唇内面、齿龈、舌面和颊部黏膜发生水疱，有蚕豆至核桃大（图2-1-3）。此时口角流涎增多，呈白色泡沫状，常常挂满口边（图2-1-4）。有的病牛不仅口腔含有大量泡沫样的唾液，而且见鼻镜部有水疱及水疱破溃后形成大小不一的溃疡（图2-1-5）。病牛的采食和反刍可完全停止。水疱通常经一昼夜破裂，当大量水疱破裂后，其中的水疱液及受损的黏膜随唾液流出（图2-1-6）。此时，常在病牛的唇部（图2-1-7）、齿龈部（图2-1-8）和舌面（图2-1-9）形成浅表性边缘整齐的红色糜烂和溃疡。水疱破裂后，体温降至正常，糜烂逐渐愈合，全身状况逐渐好转。在口腔发生水疱的同时或稍后，指（趾）间及蹄冠的柔软皮肤也发生水疱（图2-1-10），并很快破溃，出现糜烂和溃疡（图2-1-11）。此时，病牛出现跛行，不愿站立和行走。通常病损可很快愈合，但若病牛衰弱或继发化脓菌感染时，蹄部和趾间可能化脓，形成糜烂、溃疡和坏死（图2-1-12）；若继性发腐败菌感染时，常引起干性坏疽的变化，即坏疽部干固皱缩，呈黑褐色，在蹄冠的角质部与皮肤交界部常有明显的分界性炎性反应（图2-1-13），甚至导致蹄壳脱落。此外，在奶牛的乳头及乳房的皮肤上常可出现水疱（图2-1-14）、糜烂、溃疡和结痂。

本型一般取良性经过。如仅口腔发病，约经1周即可治愈。如果蹄部出现病变时，则病程可延至2～3周或更久。死亡率很低，一般不超过1%～2%。

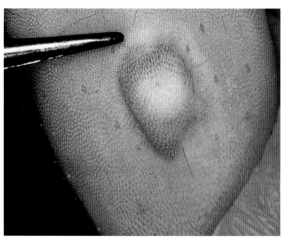

图2-1-3　舌面上形成的融合性大水疱

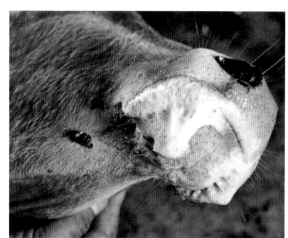

图2-1-4　感染初期，病牛从口腔流出大量唾液

图2-1-5　口腔含大量唾液，鼻镜有水疱和溃疡
（王金玲）

图2-1-6　大量水疱破裂，水疱液及黏膜随唾液流出

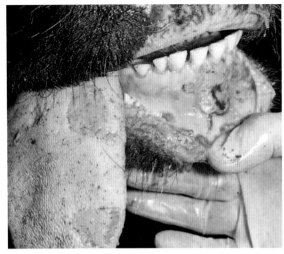

图2-1-7 唇黏膜及舌面的水疱破裂形成的溃疡

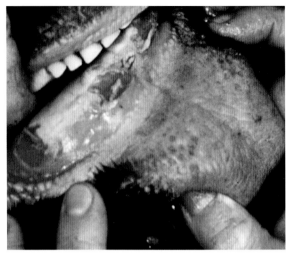

图2-1-8 齿龈部的水疱破裂后形成的糜烂及溃疡

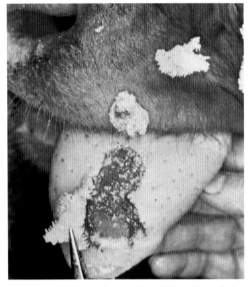

图2-1-9 舌面水疱破裂后形成的糜烂及溃疡

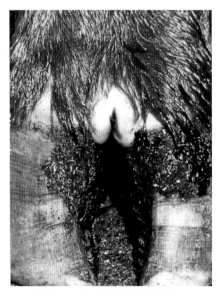

图2-1-10 病牛趾间的水泡

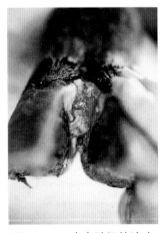

图2-1-11 病牛趾间的溃疡

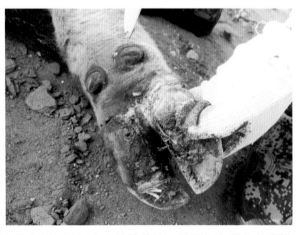

图2-1-12 趾间有化脓性溃疡,蹄冠部有黄白色糜烂

（王金玲）

图2-1-13 蹄冠部出现黑褐色分界性炎性反应

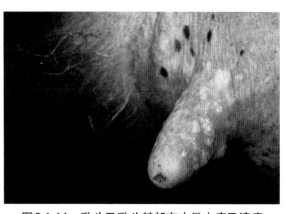

图2-1-14 乳头及乳头基部有大量水疱及溃疡

2.恶性口蹄疫 恶性口蹄疫多见于犊牛，常为原发型，主要是由于病毒侵害心肌所致，成年牛发生时多由良性型转移而来。犊牛发病时，多数看不到特征性水疱，主要表现为出血性肠炎和心肌麻痹，病程较短，突然死亡，且死亡率很高。成牛出现典型的口蹄疫症状后，在某些情况下，当水疱病变逐渐痊愈，病牛趋向恢复健康时，病情突然恶化，病牛全身虚弱，肌肉发抖，特别是心跳加快，节律不齐，反刍停止，食欲废绝，行走摇摆，站立不稳，常因心脏停搏而突然倒地死亡。这是一种继发性恶性口蹄疫，死亡率可高达20%～50%。

〔病理特征〕良性口蹄疫和恶性口蹄疫具有不同的病理过程和病变特点。

1.良性口蹄疫 病牛很少死亡，并且是最多见的一种病型。其病变分布很有特点，主要在皮肤型黏膜和少毛与无毛部的皮肤上形成水疱、烂斑等口蹄疮病变，特别是口腔的变化明显，舌面上常见较多的水疱和溃疡（图2-1-15），硬腭上常见大面积的糜烂和溃疡（图2-1-16），发生严重腹泻的病牛，剖检常有纤维素性或纤维素性坏死性胃肠炎变化，在瘤胃黏膜（图2-1-17）和肠黏膜上形成大量的坏死和溃疡灶。

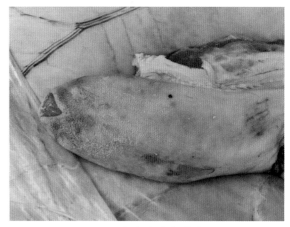

图2-1-15 舌面上有水疱和溃疡（王金玲）

图2-1-16 硬腭上有大面积糜烂和溃疡（王金玲）

图2-1-17 瘤胃黏膜上有大小不一的溃疡（王金玲）

良性口蹄疫如病变部继发细菌感染，常可导致脓毒败血症而死亡。此时除于感染局部见有化脓性炎外，还可见肺脏的化脓性炎、蹄深层化脓性炎、骨髓炎、化脓性关节炎及乳腺炎等病变。

2. 恶性口蹄疫 此型较少发生，主要见于犊牛，或由于机体抵抗力弱或病毒致病力强所致的特急性病例；也有的良性病例因病情恶化而导致急性心力衰竭而突然死亡。

剖检，本型的主要病变见于心肌和骨骼肌。成龄动物的骨骼肌变化严重，而幼畜则心肌变化明显。眼观，心肌表面呈灰白、浑浊色，于室中隔、心房与心室面散在有灰黄色条纹状与斑点样病灶（图2-1-18），由于它与红褐色心肌相间，状似虎皮斑纹，故称为"虎斑心"。用手触摸时，心肌稍柔软。镜检见心肌纤维肿胀，呈明显的颗粒变性与脂肪变性，严重时呈蜡样坏死并断裂、崩解呈碎片状。病程稍久的病例，在变性肌纤维的间质内可见有不同程度的炎性细胞浸润和成纤维细胞增生，乃至形成局灶性纤维性硬化和钙盐沉着。

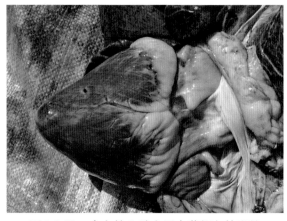

图2-1-18 充血的心壁上见有黄褐色的斑纹

骨骼肌变化多见于股部、肩胛部、前臂部和颈部肌肉，病变与心肌变化类似，即在肌肉切面可见有灰白色或灰黄色条纹与斑点，有斑纹状外观。镜检见肌纤维变性、坏死，有时也有钙盐沉着。

〔诊断要点〕本病多呈急性经过，流行性传播，多种偶蹄动物同时发病，流行具有一定规律性。因此，根据特征性的临诊症状，一般易于做出诊断。但要进行分型鉴定时，则必须进行实验室检查。其方法是：以无菌操作采取病牛舌面的水疱皮和水疱液，水疱液用消毒过的注射器抽出，置于消毒试管或小瓶内，加塞用蜡封固；或采取蹄及蹄冠部水疱皮（水疱皮要新鲜，10克左右，每次最好多采几头牛），将采取的水疱皮放入盛有50%甘油生理盐水的消毒瓶中，加塞用蜡封固；也可采取病后20～60天恢复期病牛的血清，迅速送有关单位做分型鉴定（补体结合反应）。在送检的病料中应加青霉素和链霉素各1 000单位进行防腐，送检材料均应用冰瓶保存运输。

确定毒型之所以重要，是因为目前使用的口蹄疫疫苗是单价疫苗，如果毒型和疫苗型不符合，就不能收到预期的防疫效果。

〔类症鉴别〕本病应与牛传染性水疱性口炎、恶性卡他热和牛瘟相互区别。

1. 传染性水疱性口炎 本病的口、蹄部水疱病变与口蹄疫极为相似，但本病毒不仅感染牛、羊等偶蹄动物蹄，也可使马、驴等单蹄动物发病；常发生于夏季和初秋，流行范围小，多呈地方性流行，发病率低，只有百分之几，死亡率更少。剖检时，本病多无"虎斑心"样的心肌病变。

2. 牛恶性卡他热 本病亦具高热和在口黏膜形成烂斑等特点，但一般无水疱发生，蹄部无水疱；同时还具有鼻镜和乳头等部发生坏死、眼角膜发生浑浊等特征病变。本病的传播速度和范围也远不如口蹄疫；除发生于牛外，其他动物不易感。

3. 牛瘟 本病是一种传染性猛烈和死亡率很高的病毒性疾病。与口蹄疫相比，病牛只有舌下黏膜、齿龈及颊黏膜等部位有灰白色扁平小结节，初期坚实，继之融合变软，形成假膜，假膜脱落后形成边缘不整齐烂斑和溃疡。但蹄部无病变，常伴发严重的胃肠炎，急性腹泻，粪便恶臭。本病只感染牛，而绵羊和山羊等偶蹄动物很少发病。

〔治疗方法〕牛发生口蹄疫后，一般经10～14天可自愈，但为了促进病牛早日痊愈，缩短病程，特别是为了防止继发感染和死亡的发生，应在严格隔离条件下，及时对病牛进行治疗。

首先应加强护理，给予柔软的饲料，几天不能吃草的病牛，应该喂以稀粥、米汤，防止因饥饿而使机体抵抗力下降，使病情恶化；畜舍应保持干燥、清洁、通风、暖和，多垫软草，多给饮水。

由于治疗本病无特别有效的药物，所以多是采取对症治疗。对口腔病变，可用清水、食醋、明矾水（1%～2%）、高锰酸钾溶液（0.1%）或硼酸水（2%～5%）洗漱口腔，对糜烂或溃疡可涂擦碘甘油或冰硼散等进行适当处理。蹄部的病变也要用无刺激性的消毒药液（如3%来苏儿等）洗涤，擦干后涂搽碘甘油、紫药水、松溜油、鱼石脂、青霉素软膏或消炎软膏等。蹄部经常接触污物，必要时可用绷带包扎，同时注意地面的清洁干燥。乳房病变可用肥皂水或2%～3%硼酸水清洗，然后涂以青霉素软膏或磺胺软膏。如有恶性口蹄疫出现，要特别注意病畜的心脏活动，凡心跳加快和心律不齐的应绝对休息，尽量避免一切活动和刺激，酌量使用强心剂。

在进行局部对症治疗的同时，还须根据病牛的全身情况及有无并发症而进行补液和注射抗生素等药物。也可采取病后20天以上的牛全血或血清，进行治疗或预防，一般每千克体重用2毫升皮下注射，常有较好的效果。

〔预防措施〕搞好群众性防疫组织，协作联防，是防治口蹄疫的基本措施。

1.常规预防　对牛群要加强检疫，常发地区要定期注射疫苗；不从疫区引进种牛或进行贸易。加强牛群的饲养管理，保持环境卫生，使牛群具有良好的抗病能力。

2.紧急预防　发生疫情时的主要措施是：

（1）及时确诊，上报疫情　当有疑似口蹄疫发生时，除及时进行诊断外，应于当日向上级及有关部门提出疫情报告并通知邻近的牛场和相关单位加强防疫，建立疫情报告制度和报告网络；同时必须迅速向有关单位提供送检病料，鉴定毒型，以便确诊，并针对毒型，注射相应的疫苗。

（2）划定疫区，进行封锁　对疫区严格实施封锁、隔离、消毒和治疗的综合性措施。疫点要求封死，人畜和用具等都不准随意出入；疫区要求封严，出入都须通过检疫、消毒。在最后一头病畜痊愈15天后，再未发现新病例，经彻底消毒后，报有关部门批准，方可解除封锁。

（3）疫区消毒，把关要严　对疫区进行消毒，常包括粪便和死畜的处理。消毒的方法很多，常用的如粪便堆积发酵进行生物热处理；畜舍地面和用具以1%～2%氢氧化钠溶液喷洒消毒；皮张用环氧乙烷、溴化甲烷或甲醛气体消毒；肉品以自然熟化产酸处理（在10～12℃经12～24小时即可使肉品pH降至5.5以下，病毒很快死亡）后，在疫区内食用，不准运至其他非疫区销售和食用。

（4）受累区域预防注射　对疫区和受威胁区要普遍进行防疫注射。发生口蹄疫时，应立即用与当地流行的病毒型相同的口蹄疫弱毒疫苗，对病群中的健畜、疫区和受威胁区的健畜进行紧急预防注射。我国目前使用的口蹄疫弱毒疫苗，可以对牛、羊、骆驼和鹿进行注射（但不能用于猪），注射后14天产生免疫力，免疫期4～6个月。另外，对疫区的良种牛和犊牛注射痊愈血或血清，常能收到理想的防治效果。

〔公共卫生〕人类可因食病牛乳、与病畜接触或通过外伤而感染，挤奶员也可因给病牛挤奶而感染。人发病时的主要表现为体温升高、呕吐、口腔黏膜、舌、手、足和面部等处均可发生水疱。有的病人发生头痛和腹泻。儿童可发生胃肠卡他，严重的亦能因心脏停搏而死亡。因此，在口蹄疫流行时，必须注意人身防护，非工作人员不许与病畜接，借以防止病原扩散和对人的感染。

二、恶性卡他热

恶性卡他热（Malignant catarrhal fever，MCF）又称恶性头卡他，是牛的一种急性、热性病毒性传染病。其特征是上呼吸道、头窦、口腔及胃肠道黏膜发生急性卡他性纤维素性炎症，伴发角膜浑浊和非化脓性脑膜脑炎。

本病在世界各地均有发生，主要呈散发形式，但死亡率很高（60%~95%）。在自然条件下只有牛（包括奶牛、黄牛和水牛）、鹿、绵羊和山羊易感，而主要以牛感染为主，无性别、品种和年龄的差异，但以1~4岁的牛多发。

〔病原特性〕本病的病原体为疱疹病毒科、疱疹病毒属的恶性卡他热病毒（Malignant catarrhal fever virus，MCFV）。病毒粒子主要由核芯、衣壳和囊膜组成。核心由双股线状DNA与蛋白质缠绕而成，直径为30~70纳米，但也有无感染性缺核芯的中空衣壳。衣壳由162个相互联结呈放射状排列且具有中空轴孔的壳粒构成；核衣壳的直径约为100纳米，囊膜由两层结构构成，比较宽厚，带囊膜的完整的病毒粒子，其直径为140~220纳米。病毒存在于病牛的血液、脑、脾、淋巴结等组织中，在血液中病毒牢固地附着于血细胞（特别是白细胞）上，但不存在于病牛的分泌物和排泄物中。病毒能在牛的甲状腺、肾上腺、睾丸和肾细胞上培养生长，并使细胞产生病变，形成嗜酸性核内包含体和合胞体。

本病毒是疱疹病毒中最为脆弱的一个，对外界环境的抵抗力不强，不能抵抗冷冻和干燥，很难保存。一般将病牛的脱纤血保存于5℃环境中最好，可保持病毒的传染性数天，在-60℃或冻干后则很快失去感染性。病毒对乙醚和氯仿很敏感；对一般常用的消毒液也很敏感，通常配制的浓度均可将之杀灭。

〔流行特点〕本病虽已发现了一个多世纪，但由于流行病学上的某些特点和恶性卡他热病毒本身非常脆弱等缘故，对本病的认识至今还不够深透。本病在流行病学上的一个显著特点，是很难通过牛与牛之间的传播，即一般不能由病牛直接传染给健康牛。除非洲以外的世界大多数区域，牛的恶性卡他热病多是通过接触无症状带毒的绵羊而感染的。在东非和南非有角马繁殖的地区，因角马带毒率甚高，常使放牧牛群遭受严重威胁，当牛在被角马产犊污染的草原上放牧时易发生本病。此外，有些犊牛在生后第一周即有病毒血症；由患病母牛胎儿的脾脏中也曾分离出病毒，从而证明通过胎盘感染也是可能的。

本病一年四季均可发生，更多见于冬季和早春，一般为散发，有时可呈地方流行；多数地区发病率较低，而病死率可高达60%~95%。病愈的牛在一定时间内具有免疫力。

〔临床症状〕自然感染本病的潜伏期差异很大，为3~8周，人工感染为14~90天。根据临诊的表现不同，可将之分为最急性型、头眼型、肠型及皮肤型四种，其中以头眼型最常见。

1. 最急性型　病程短，1~2天，常不出现明显的临床症状就已死亡。病牛突然发病，体温升高到41~42℃，精神沉郁，食欲和反刍减少或废绝，饮欲增加，鼻镜干燥，被毛粗乱，呼吸及心跳加快，眼结膜潮红，皮温不整，额部及角根发热。泌乳停止，体重迅速减轻，明显衰竭。

2. 头眼型　为最常发生的病型，几乎每一典型的病例均有头、眼的病变。初期，病牛食欲减退至废绝，反刍停止，高热稽留，体温升至40~41℃，精神委顿，眼结膜充血、潮红（图2-2-1）、流泪、畏光。继之，病牛的精神极度沉郁，头下垂无力，时时卧地，肌肉震颤，眼睑水肿，巩膜高度充血，眼角有多量黏液脓性分泌物，一般在高热后1~2天两眼的角膜即出现浑浊（图2-2-2）。一般先从角膜边缘开始，呈环状，以后向中央蔓延，致一片混浊至不透明（图2-2-3），最后甚至角膜形成溃疡或引起穿孔。角膜发炎、混浊是本病的一个特征性病征。

鼻黏膜发炎、充血、肿胀，流出大量鼻液（图2-2-4），鼻液最初呈黏液性，随后变为脓性（图2-2-5）或纤维素性，常带有血液及坏死组织，并伴有腥臭气味。病的后期，由于鼻腔被炎性渗出物和坏死组织堵塞（图2-2-6），病牛呼吸极度困难，发出粗厉鼾声。炎症可以蔓延到鼻窦、额窦、上腭窦，有时到角窦，两角基发热，严重时角根松动，甚至脱落。鼻镜部的皮肤先充血、发红、糜烂（图2-2-7），随后表皮坏死，形成大片结痂（图2-2-8）。随着病情的发展，病牛严重虚弱，精神十分沉郁，呆立凝视，低头搭耳，头颈伸直，呼吸困难，心跳加快，脉搏细弱，步态不稳，卧地难起。最后，病牛高度脱水，体温下降，衰竭而死。

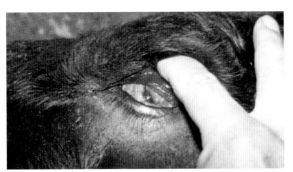

图2-2-1　病牛呼吸困难，眼结膜充血潮红

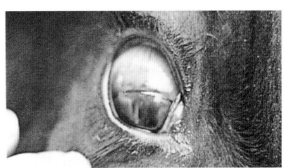

图2-2-2　病牛羞明流泪，角膜发炎并混浊

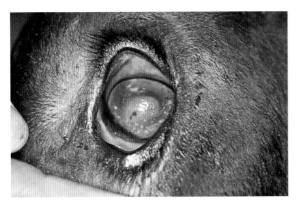

图2-2-3　病牛的眼角膜混浊

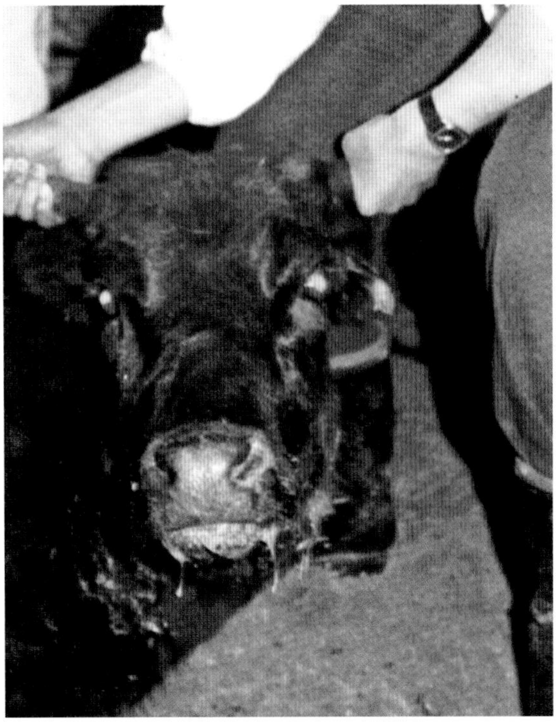

图2-2-4　病牛眼角膜混浊，鼻黏膜发炎，流出大量鼻汁

图2-2-5　病牛从鼻孔流出化脓性鼻液，两眼发生角膜炎

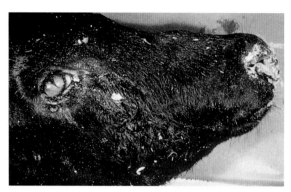

图2-2-6 发病数日后病牛的鼻孔有干涸的鼻痂

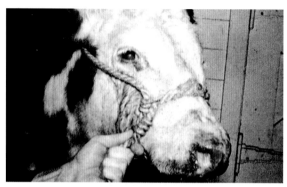

图2-2-7 结膜混浊流泪，鼻镜发红和糜烂，流鼻液

图2-2-8 鼻镜有大片痂皮形成，并有大量脓性鼻液黏附

此外，病牛的口腔黏膜充血，色红，干燥发热。有的病牛先在颊部、齿龈、唇内侧面与口连合部等处出现灰白色丘疹、糜烂和渗出；继之，形成假膜，后者脱落后形成溃疡。有的病牛体表淋巴结肿大，白细胞总数减少（4 000～6 000个/毫米³），初便秘，后下痢，带血块，偶可出现血尿。病情较重的病例，还见阴唇水肿，阴道黏膜潮红肿胀，孕牛可发生流产。

本病的病程一般为1～2周，有的可达3～4周，发病后大多以死亡而告终。

3. 肠型 此型不常见，除体温升高呈稽留热和一般的症状之外，病牛流涎，咀嚼和吞咽困难。口腔黏膜红肿，常在唇内面、舌的背腹面、齿龈、颊部及硬腭等部出现数量不一的灰白色丘疹及糜烂，上覆黄色假膜。粪便初期干燥，后期稀软，恶臭，混有纤维蛋白及血液。

4. 皮肤型 病牛在体温升高的同时，除有一般的症状外，常在颈、背、乳房（图2-2-9）等部的皮肤上出现丘疹、水疱，形成痂皮和龟裂坏死等病变，并见斑块状脱毛区。此外，这种皮肤病变在角基部、会阴等部也能看到；部分病牛的蹄冠周围和趾间的皮肤发炎、坏死，数日后蹄球部皮肤龟裂（图2-2-10），致使病牛运动困难或出现跛行。

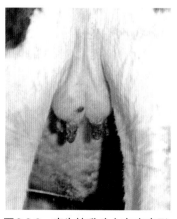

图2-2-9 病牛的乳头上有痂皮形成，触之有疼痛反应

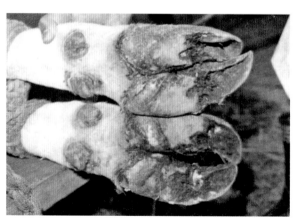

图2-2-10 病牛蹄部发炎，蹄壁龟裂，运步困难

〔病理特征〕死于恶性卡他热的病牛，尸体营养不良，被毛蓬乱，脱水。皮肤、眼、鼻和口腔等外部病变与临床所见基本相同。剖检最具特征性的病变主要见于呼吸道和消化道。

1. 眼部　眼睑充血，显著水肿，因此眼裂狭窄。结膜苍白，呈脂样色调，常散布小点状出血。眼角膜周边或全部发生浑浊，眼前房含有浑浊液，其中混有灰色絮片。虹膜常与晶状体粘连。

2. 皮肤　鼻镜糜烂，覆有干痂。在角基部、颈部、腰部、腹壁、会阴部以及乳头等部皮肤，常见疱疹和丘疹，干后结痂，并形成斑状脱毛区。剥去硬痂，留下糜烂和溃疡。

3. 消化道　唇内面（图2-2-11）、齿龈、舌（图2-2-12）、颊、软腭、硬腭黏膜充血和斑点状出血，散布灶状坏死，表面覆盖有黄色斑点状或灰色的坏死性假膜，剥去假膜遗留大小不等、外形各异的糜烂或溃疡（图2-2-13）。咽部、会厌及食管黏膜（图2-2-14）亦见有糜烂或溃疡，充血与出血变化。瘤胃与网胃黏膜可见弥漫性出血或糜烂，少数病例瘤胃乳头则明显出血。瓣胃扩张，充满干燥、坚实的食块。瓣叶肥厚、充血，乳头肿胀。皱胃通常空虚，或含有少量混有黏液的浑浊液体，黏膜充血、水肿，散布斑点状出血，在大弯部常见圆形或卵圆形溃疡，边缘呈堤状隆起，溃疡底呈鲜红色，溃疡面覆有干酪样物。肠管呈急性卡他性炎，有时则为纤维素性出血性炎或纤维素性坏死性炎。小肠黏膜肿胀，被覆多量浑浊黏液，并显示充血、点状出血或糜烂（图2-2-15）等变化。盲肠、结肠及直肠内含少量混有纤维素和血液的液体，黏膜肿胀、充血、点状出血及有小糜烂。

图2-2-11　唇乳头尖端组织坏死，呈暗红色

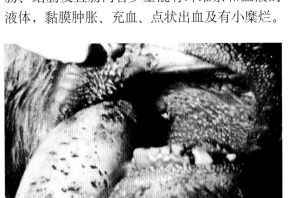

图2-2-12　舌头及口腔黏膜有糜烂及溃疡

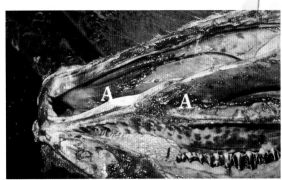

图2-2-13　口腔和鼻腔中有明显的出血性坏死性溃疡（A处所示）

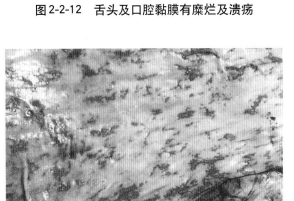

图2-2-14　食管黏膜发生糜烂

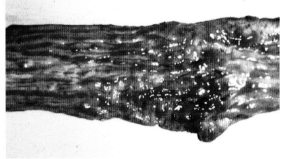

图2-2-15　小肠黏膜出血和糜烂

4．呼吸器官　鼻腔黏膜肿胀、充血和散布点状出血，有少量浑浊的黏性液体或卡他性化脓性分泌物（图2-2-16）。偶尔表面覆有污棕色的纤维素假膜。鼻甲骨、鼻中隔及筛骨黏膜均见同样病变。严重病例，炎症可蔓延至上颌窦、额窦及角窦，表现为窦壁黏膜呈弥漫性暗红色（图2-2-17），窦腔蓄积黄白色黏液脓样渗出物。咽和喉头黏膜充血、肿胀，有多发性糜烂或溃疡，表面覆盖灰黄色假膜。气管及大支气管黏膜充血、出血，有时亦见溃疡，偶尔发生纤维素性气管炎。肺充血、水肿及气肿，肺胸膜出血。病程较长时常见支气管肺炎或具坚实的红色肝变区。

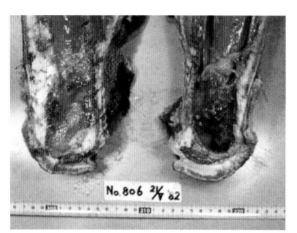

图2-2-16　鼻黏膜淤血呈暗红色，表面覆有脓性假膜

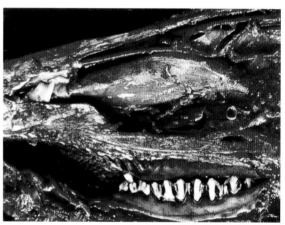

图2-2-17　病牛的鼻甲黏膜出血

图2-2-18　肾被膜下见灰白色间质性肾炎病灶

5．实质器官　肝脏肿大，呈黄红色，质地脆弱；多数病例，肝被膜散布针头大或粟粒大白色小点，即血管周围单核细胞浸润灶。胆囊胀大，充盈浓稠黑色胆汁，胆囊壁肥厚，黏膜充血、出血和糜烂。肾脏肿大、柔软，呈黄红色，明显充血，被膜散发点状出血，在皮质的表面可见灰白色病灶（图2-2-18），此为非化脓性间质性肾炎病灶，容易误认为梗死灶。心脏，在纵沟、冠状沟、心内膜均见出血斑点，纵沟和冠状沟的脂肪组织显示浆液性萎缩。心肌浑浊呈灰黄红色，有时在心肌切面见有小坏

死灶。少数病例的主动脉弓内壁散布多量芝麻大至粟粒大的灰白色、硬性结节状病灶，隆起于内膜表面。全身淋巴结肿大，尤以头颈部、咽部及肺淋巴结最为明显，呈棕红色，其周围显示胶样浸润；切面隆突、多汁和有点状出血，偶见坏死灶。脾脏稍肿大或中度肿大，被膜散布点状出血，切面呈暗红色，结构模糊。

此外，脑组织常因血管炎性反应和坏死，导致非化脓性脑膜脑炎的发生。

镜检，本病除见各组织的实质细胞的变性和轻度的坏死性变化之外，最具特征性的病变是全身性小血管的炎性反应。镜下见全身各组织的小血管均强度扩张、充血，多发生坏死性动脉炎和静脉炎，即血管外膜有多量淋巴细胞、单核细胞、浆细胞、嗜酸性粒细胞浸润；血管壁发生纤维素样变，内皮肿胀、增生，管腔变狭，常见血栓形成。

〔诊断要点〕头眼型病例诊断不困难，根据流行病学材料（如曾有接触绵羊病史），临诊特点（如突然发高热，从鼻腔流出黏液脓性分泌物，角膜浑浊，鼻镜及口黏膜糜烂，体表淋巴结肿大，白细胞减少等）和抗生素治疗无反应，可以初步诊断。对其他型的病例，则需结合流行病学、临床症状、病理变化和血清学等进行综合诊断。血清学诊断有病毒-血清中和、补体结合、间接免疫荧光、琼脂扩散、间接酶联免疫吸附试验等。近年有人应用DNA探针和聚合酶链反应诊断本病，取得了较好的效果。

〔类症鉴别〕本病在鉴别诊断方面应注意与牛瘟、牛传染性角膜炎和口蹄疫等传染病相互区别。

1. 牛瘟　牛瘟的病程急剧，传播迅速，多呈流行性，并以消化道的病变为主，无眼部变化和上呼吸道损害，也不见神经症状。

2. 牛传染性角膜炎　是由牛嗜血杆菌引起的以眼结膜和角膜发生明显炎症变化、伴发大量流泪并发生角膜浑浊为特征的地方流行性传染病。该病多无全身性症状和病理变化，故不难与本病相区别。

3. 口蹄疫　口蹄疫的鼻镜部常见水疱、糜烂和结痂，易与本病相混淆；但本病常没有蹄部变化，口腔、鼻镜虽见有糜烂、溃疡和假膜形成，但无水疱形成，故可与之区别。

〔治疗方法〕治疗本病目前尚无特效药物，但恰当的对症治疗，可缩短病程，减少死亡。例如，用0.1%高锰酸钾溶液冲洗口腔；用2%硼酸水溶液洗眼，然后滴入土霉素眼膏等；有下痢症状时，可内服磺胺类等抗菌药物；强心剂、氯化钙溶液及葡萄糖生理盐水等，也可酌情使用。

〔预防措施〕由于本病的发生规律还不十分清楚，因此，对其预防的措施也是有限的。其中最重要的是将绵羊等反刍动物从牛群中清除出去，分开、隔离饲养是预防本病的重要措施。加强饲养管理，注意牛舍卫生；发现病牛立即隔离，及时消毒牛舍及用具等，也是预防本病的好方法。

三、牛瘟

牛瘟（Rinderpest, Cattle plague）又称"烂肠瘟""胆胀瘟"等，为牛的一种急性、热性、病毒性传染病，其特征为体温升高，全身呈败血症变化、消化道黏膜发生卡他性、出血性、纤维素性坏死性炎症。

本病是世界上古老的家畜疾病之一，最早发生于亚洲，随后传到非洲和欧洲。本病在澳大利亚、日本、巴西等国流行过。中华人民共和国成立前本病在我国几乎遍及全国，中华人民共和国成立后由于党和政府采取了一系列的扑灭措施，于1956年基本上消灭了本病。但本病目前仍流行于印度等亚洲、非洲的十多个国家和地区，20世纪80年代初期曾有一次大暴发。因此，应引起我们的警惕，防止本病再次传入我国。

〔病原特性〕本病的病原体为副黏病毒科、麻疹病毒属的牛瘟病毒（Rinderpest virus）。病毒颗粒通常呈圆形和杆状（图2-3-1），平均直径为120～300纳米，内部有RNA组成的螺旋状结构，外部是由脂蛋白构成的囊膜，其上饰有放射状的短突起或钉状物。本病毒在结构上与麻疹病毒、犬瘟热病毒、鸡新城疫病毒以及其他一些副黏病毒很相似，在电镜下难以区分；而它与麻疹和犬瘟热病毒有共同的抗原，如果将麻疹病毒或牛瘟病毒注射于犬，则有抗犬瘟热的作用。本病毒在宿主细胞的胞浆中繁殖，可产生中和抗体、补体结合抗体和沉淀抗体。本病毒可在牛羊等动物的肾细胞培养物中繁殖，引起细胞病变和巨细胞形成（图2-3-2）。

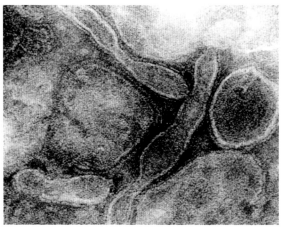

图2-3-1　牛瘟的病毒粒子

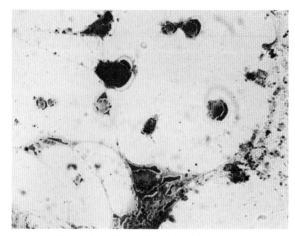

图2-3-2　牛胎肾培养出现的巨细胞

本病毒对理化因素的抵抗力不强。干燥易使病毒失去活力，病牛皮经日光曝晒48小时即可无害，但在盐腌和低温下则相当稳定。腐败极易消灭病毒，普通消毒药均易将病毒杀死，尤其是碱性消毒药，如1%氢氧化钠溶液在15分钟内即可将病毒杀死。

〔流行特点〕本病最易感的动物是牛，但因种类不同易感性也有差异。一般说来，牦牛易感性最大，奶牛和黄牛也易感染。除牛以外的偶蹄动物（如山羊、绵羊、骆驼、鹿、野牛、黄羊等）也有程度不同的易感性。病牛是本病的主要的传染源。病毒由病牛的分泌物和排泄物排出，特别是尿液（当病畜体温升高的第2天，尿中就存有大量病毒）。自然感染的途径多是消化道，也可经鼻腔和结膜感染。传播的最主要方式是与病畜接触，或通过病畜的皮、肉及被污染的饲料、饮水、用具、动物以至人类而传播。患病的妊娠母牛，可能使胎儿在子宫内感染。此外，蚊、蝇、蜱等吸血昆虫的机械性传播也是可能的。

本病的流行无明显的季节性，在老疫区呈地方性流行，在新疫区通常呈暴发式流行，发病率和死亡率都非常高。

〔临床症状〕潜伏期一般不超过10天，通常为4～6天。病初，体温高达41～42℃，一般持续3～5天。病牛精神委顿，厌食，反刍迟缓以至停止，大便干而少，呼吸、脉搏增快，常有咳嗽，有时伴随意识障碍。奶牛的产奶量明显减少。继之，各部的黏膜出现炎性变化和程度不同的出血。眼流泪，眼睑肿胀，结膜潮红（图2-3-3）。接着，眼结膜发炎，流出大量浆液性和黏液性分泌物，严重时发生化脓性眼炎（图2-3-4）。鼻镜干燥、皲裂，多覆有黄褐色痂皮。鼻黏膜

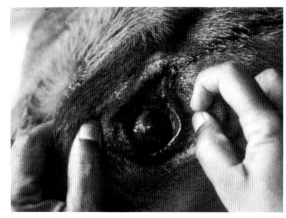

图2-3-3　病牛黏膜潮红，充血和出血

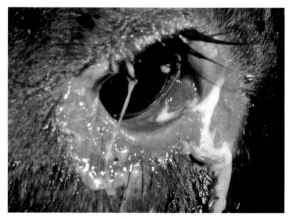

图2-3-4　病牛伴发严重的化脓性眼结膜炎

发炎，分泌物初为浆液性，渐变为黏液性和黏液脓性（图2-3-5），有时在黏膜表面有微薄的假膜，或在红色的鼻黏膜面上散布有深红色的出血点。口腔黏膜的变化具有特征性，初流涎增加（图2-3-6），混有气泡甚至血丝，黏膜呈鲜红色，尤以口角、舌、齿龈、颊内面和硬腭最为明显；随后充血的黏膜面上见有水疱、糜烂和小溃疡形成（图2-3-7）；病情严重时，口腔黏膜出血，有大面积糜烂和溃疡（图2-3-8）。舌黏膜表面最初有灰色或灰白色小点，大小如粟粒，初期坚硬，后渐变软，相互融合成大小不等的斑块（图2-3-9）；最后，这些病变再相互融合而成片状病灶，其表面被覆灰色或灰黄色假膜，以手抹之易于脱落，留下红色易出血的表面，糜烂区边缘不整齐，进而发展为溃疡或烂斑（图2-3-10）。

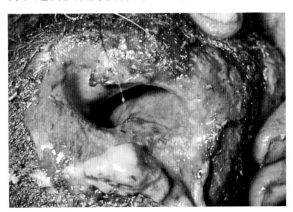

图 2-3-5　病牛出现严重的化脓性鼻炎

图 2-3-6　患病初期，病牛流泪、流涎和鼻液

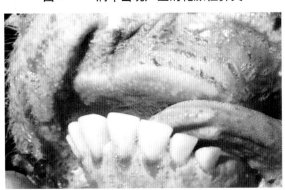

图 2-3-7　唇内侧的黏膜面和齿龈上的水疱、坏死和溃疡

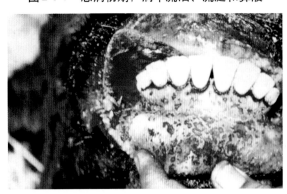

图 2-3-8　口腔黏膜出血、糜烂和溃疡

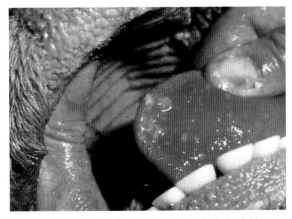

图 2-3-9　舌的背面和腹面出现灰白色病灶

图 2-3-10　舌下有点状出血、糜烂和假膜

当体温下降时，病牛发生腹泻，粪稀如水（图2-3-11），异常腥臭，有时排泄物内含有条状黏膜或长达10～30厘米的管状假膜。病情特别严重时，病牛腹泻加剧，常排出大量血样粪便（图2-3-12），末期排粪失禁。病牛迅速消瘦，两眼深陷，极度脱水，卧地不起，衰竭而死亡（图2-3-13）。母牛可伴发阴道炎，孕畜常流产；有时在乳头和乳房部也见有出血和坏死灶，并由此而引起糜烂（图2-3-14）。

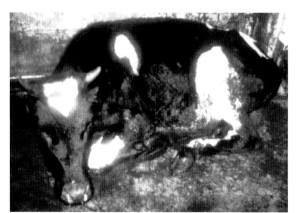

图2-3-12 病牛发生血样下痢，周围被污染

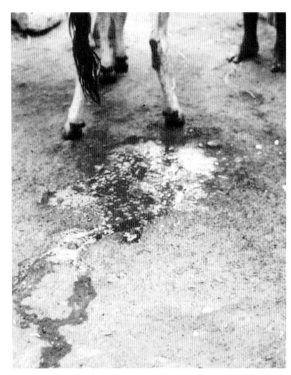

图2-3-11 病牛水样下痢

图2-3-13 我国曾因牛瘟而死亡几十万头牛

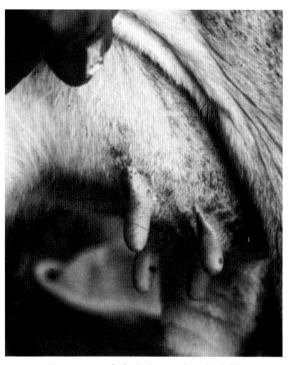

图2-3-14 病牛乳头及乳房上的糜烂

本病的病程一般为7～10天，病重者甚至2～3天即死亡；死亡率一般在50%以上。

〔病理特征〕死于牛瘟的尸体显著消瘦，严重脱水，眼球凹陷，眼、鼻孔和唇部的附近皮肤附有浆液、黏液性乃至脓性分泌物。肛门附近及尾根部皮肤污染粪便。直肠黏膜发红、肿胀。口腔内流出带泡沫的液体，其中混有血液。皮下组织淤血，胸部皮下有时见到气肿（间质性肺气肿所引起）。体表淋巴结肿大，呈暗红色，切面多汁。在有些病例的胸、腹腔内含有带黄色或暗褐色液体。

特征而重要的病变见于消化道黏膜。口腔的唇内面、齿龈、颊、舌的腹面甚至硬腭和咽部，可见有灰黄色、坚硬且突起于黏膜面的粟粒状小结节或污秽色碎屑状或薄片状假膜。剥去假膜，遗留大小不同、分界鲜明的鲜红色糜烂和溃疡。如果糜烂处有细菌侵入，则可转变为纤维素性坏死性病变。食管的上1/3也有明显的出血、糜烂和纤维素性坏死性病变（图2-3-15）。瓣胃通常积聚大量干燥食块。有些病例，在瓣胃叶的黏膜上可见糜烂。皱胃的最严重而经常的病变出现在幽门部，该部黏膜肿胀、充血和出血，并形成局灶性黑褐色血肿（图2-3-16），或有淡红色到暗褐色不规则的出血性条纹。病情严重时，胃黏膜弥漫性出血，呈红色或暗红色出血性浸润（图2-3-17）；有的胃黏膜坏死，遗留大小不一的烂斑与溃疡，溃疡底部因出血而呈红色，溃疡边缘隆起。胃壁水肿，横切面呈胶冻样外观。小肠的病变以十二指肠的起始部和回肠的后段最显著，黏膜皱襞的顶部见有出血性条纹，偶见糜烂（图2-3-18）。空肠含有污秽色液体，或因混合血液而变为暗褐色，或因腐败变为黄绿色，其中混有纤维素性碎片而带恶臭。肠壁的集合淋巴小结肿胀，常常坏死而呈黑色，结痂脱落后，即形成深陷的溃疡。大肠的损害通常比小肠严重，肠黏膜充血、出血、水肿，多被覆大量纤维素性坏死性假膜，除去假膜后可见大片的糜烂和溃疡。直肠严重出血，肠腔内含有暗红色血液和部分血凝块（图2-3-19）。肠系膜淋巴结显著肿胀，暗红色，呈出血性淋巴结炎。

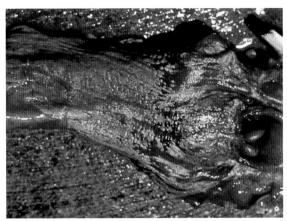

图2-3-15　食管黏膜覆有纤维素样坏死性假膜

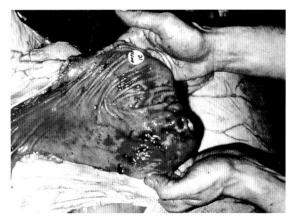

图2-3-16　皱胃黏膜有出血斑点和血肿

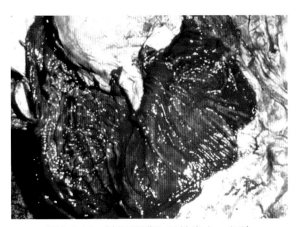

图2-3-17　皱胃黏膜弥漫性出血、红染

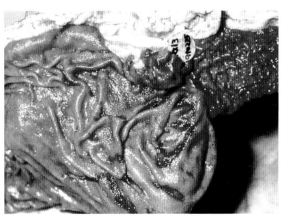

图2-3-18　幽门部和十二指肠黏膜充血和出血

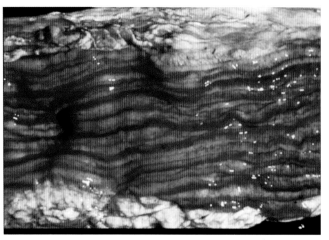

图2-3-19　直肠黏膜的纵纹有出血

呼吸道黏膜肿胀、充血，散发点状或线状出血。鼻腔和喉部黏膜常见小点状出血，伴发糜烂与溃疡，其表面覆有纤维素性假膜。气管（尤其是上1/3）黏膜上有线状出血，糜烂较少见。临床上出现呼吸困难者，常因支气管内积有胶样纤维素性块状物，致使通气发生障碍，而出现肺泡性和间质性肺气肿，并发不同程度的充血与出血，有时还见支气管肺炎病灶。

其他实质器官如肝脏、脾脏和肾脏等多呈现出不同程度的退行性病变。脑膜和脑实质充血，散发小点状出血。镜检表现为急性非化脓性脑炎变化。母畜生殖器的黏膜常有炎症变化，尤以阴道部明显。流产胎儿主要呈现全身败血症变化。

〔诊断要点〕在疫区，本病可根据流行特点、临床症状和病理特征（特别是消化道的病变）等进行诊断。但在非疫区，除了上述依据外，还需分离和鉴定病毒，并通过血清学反应，如中和试验、补体结合反应、琼脂扩散试验、酶联免疫吸附试验等进行确诊。实践证明，血清学试验以中和试验的准确性较高。

〔鉴别诊断〕牛瘟在鉴别诊断方面应与以下几种牛病相区别。

1.牛口蹄疫　病牛的齿龈、舌面和颊部的内面常发生大小不一的水疱，破溃后往往呈红色、圆形烂斑，无假膜覆盖；大量流涎，呈线状，蹄部和乳房有水疱和烂斑；传播速度较牛瘟快，多为良性经过。以口腔水疱皮给豚鼠皮内接种，在接种部位发生水疱，牛瘟则无。

2.牛巴氏杆菌病　常呈急性经过，有出血性败血症变化，特别是喉部皮下有胶冻样出血性水肿，血液和内脏以细菌学方法检查时可发现两极着染的巴氏杆菌。若将病料接种于小鼠（对牛瘟无感受性），可短期致死。剖检时可见其浆膜、黏膜和内脏广泛出血，皮下有明显的出血性水肿，于尸体内可分离出巴氏杆菌。

3.牛恶性卡他热　常为散发，并与绵羊有密切的接触关系。主要病变在鼻腔、头窦，特别是弥漫性角膜炎及纤维素性虹膜炎，表现为角膜浑浊，间有溃疡，眼前房积有淡黄色浑浊的液体。

4.牛水疱性口炎　病牛舌面发生蚕豆大至核桃大的水疱，常迅速破溃，形成烂斑，大量流泡沫样口涎，体温仅短时升高，多发生于夏季。

此外，本病还应与黏膜病、传染性牛鼻气管炎和血孢子虫病等病相鉴别。

〔治疗方法〕目前尚无有效的化学药物来治疗本病，但对一些贵重的品种牛可在病初注射抗牛瘟高免血清200～300毫升，有较好疗效。同时还可用一些抗生素及磺胺类药物，防止继发性感染；用活性炭或饮用一些稀薄的消毒水清理和保护胃肠。

〔预防措施〕预防本病必须严格贯彻执行兽医检疫措施，不从有牛瘟的国家和地区引进反刍动物。一旦发现可疑病例时，必须迅速上报，并在确诊后，严格执行封锁、检疫、隔离、消毒及毁尸等措施。与此同时，对疫区或临近疫区的牛，应普遍注射牛瘟疫苗（如牛瘟兔化疫苗、牛瘟山羊化兔化弱毒疫苗和牛瘟绵羊化兔化弱毒疫苗等）进行预防，建立被动免疫防护带。在无上述疫苗的情况下注射麻疹疫苗，也有较好的预防效果。

四、牛病毒性腹泻-黏膜病

牛病毒性腹泻-黏膜病（Bovine viral diarrhea-mucosal disease，BVD-MD），简称牛病毒性腹泻或牛黏膜病，是由病毒引起的一种多呈亚临床经过、间或呈严重致死性病程的传染病。临床表现以发热、咳嗽、流涎、严重腹泻、消瘦及白细胞减少为特征；剖检以消化道黏膜发炎、糜烂及肠壁淋巴组织坏死为特点。

据报道，Olafson于1946年首先发现了一种以腹泻为主的牛传染病，称之为病毒性腹泻；继之，Ramsey等（1953）又观察到牛的一种与病毒性腹泻相似的传染病，以消化道黏膜发生糜烂和溃疡为特征，命名为牛黏膜病；1961年，Gillespie从一头患黏膜病的病牛体内分离出的病毒与病毒性腹泻的病毒相同，从而把病毒性腹泻和黏膜病视为同一种病毒所致感染的两种不同表现形式。目前，本病广泛发生于欧美许多养牛发达的国家。我国以前没有本病，1980年以来从丹麦、美国、加拿大、新西兰等十多个国家引进奶牛和种牛，将本病带入我国，使本病在一些牛场不断发生，成为影响牛业发展的一种重要的传染病。

〔病原特性〕本病的病原体属披膜病毒科、瘟病毒属的牛病毒性腹泻-黏膜病病毒（Bovine viral diarrhea-mucosal disease virus，BVD-MDV）。本病毒呈圆形，大小为50～80纳米，为一种有囊膜的RNA病毒（图2-4-1）。它能在胎牛肾、睾丸、肺、皮肤、肌肉、鼻甲、气管、胎羊睾丸、猪肾等细胞培养物中增殖传代，也适应于牛胎肾传代细胞系。本病毒与猪瘟病毒、边界病毒为同属病毒，有密切的抗原关系。

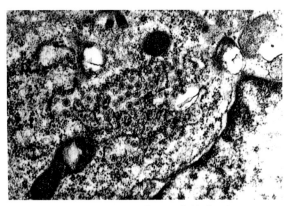

图2-4-1　位于粗面内质网中的病毒粒子

本病毒对乙醚、氯仿、胰酶等敏感，pH3以下易被破坏；在50℃氯化镁中不稳定；56℃很快被灭活；血液和组织中的病毒在冰冻状态下（-70℃）可存活多年。

〔流行特点〕本病的易感动物主要是牛，特别是奶牛和肉用牛，其次为役用牛如黄牛、水牛和牦牛等；虽然各种年龄的牛都有易感性，但以幼龄犊牛的易感性最高。人工接种可以使绵羊、山羊、鹿、羚羊、仔猪、家兔等动物感染。病牛和隐性感染动物是本病的主要传染源，其分泌物和排泄物中含有大量病毒。消化道和呼吸道传播是本病感染的主要途径，直接或间接接触是本病传播的主要方式。病毒侵入易感牛的消化道和呼吸道后，首先在入侵部位的黏膜上皮细胞内复制，然后进入血液，引起病毒血症并将病毒散播全身。现已确定，本病毒能通过胎盘屏障而使其胎儿感染，因此，妊娠牛感染本病后可导致其后代产生高滴度抗体并出现本病的特征性损害。

据报道，近年来欧美一些国家猪的感染率很高，一般不表现临床症状，多为亚临床感染。这可能成为牛感染本病的主要传染源，应引起高度重视。

本病的流行特点是，新疫区急性病例多，不论放牧牛或舍饲牛，大牛或犊牛均可感染发病。其发病率虽然不高，约为5%，但病死率高，可达90%～100%。发病牛以6～18月龄者居多。老疫区的急性病例很少，发病率和病死率很低，而隐性感染率在50%以上。本病一年四季均可发生，但多发生于冬季和春季。

〔临床症状〕本病的潜伏期一般为7～14天，人工感染2～3天，根据临床表现不同而有急、慢性之分。

1.急性型 病牛突然发病，体温升高至40～42℃，稽留高热，常可持续4～7天；有的病牛降温后，体温还有可能第二次升高。随着体温的升高，病牛白细胞减少，通常可持续1～6天，继而白细胞又微量增多，有的可发生第二次白细胞减少。病牛精神沉郁，厌食，鼻眼有黏液性分泌物（图2-4-2），2～3天内可能在鼻镜（图2-4-3）、口腔和齿龈黏膜形成糜烂及溃疡（图2-4-4），舌面上皮坏死，流涎增多，呼气恶臭。通常在口腔见有损害之后，病牛发生严重腹泻，开始水泻，以后带有黏液和血（图2-4-5）。严重的腹泻常导致病牛明显脱水，皮肤的弹性减退，眼窝下陷（图2-4-6）。有些病牛常伴发蹄叶炎及趾间皮肤糜烂坏死，从而导致跛行。

图2-4-2 从病牛的鼻孔中流出大量的黏液性鼻液

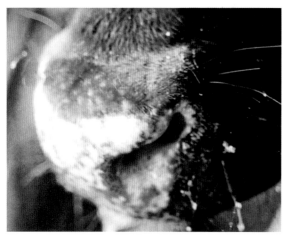

图2-4-3 病牛的鼻镜糜烂、溃疡，鼻黏膜潮红、肿胀

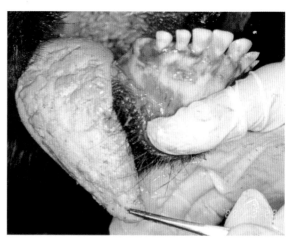

图2-4-4 齿龈糜烂，表面有黄白色隆起的病灶

图2-4-5 混有血液的黏液性下痢

图2-4-6 病犊严重脱水，眼眶塌陷

急性病例常常不易恢复，多于发病后1～2周死亡，少数病牛的病程可拖延1个月以上而转为慢性。

2.**慢性型** 病牛很少有明显的发热症状，但体温可能高于正常。本型最引人注意的症状是鼻镜糜烂，此种糜烂可在全鼻镜上连成一片。在口腔内很少有糜烂，但门齿部的齿龈通常发红、糜烂和溃疡（图2-4-7）。眼角先有浆液分泌物，继之变为黏液性或黏液脓性，久者可形成泪斑。病牛的跛行明显，这是由于蹄叶炎及趾间皮肤糜烂坏死而引起的。皮肤变厚、粗糙，表面常见大量皮屑，在鬐甲、颈部及耳后最明显。腹泻和便秘交替出现。

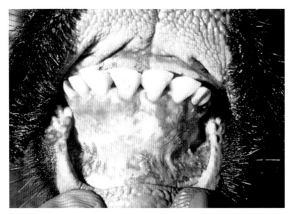

图2-4-7 病牛的齿龈和硬腭有糜烂和溃疡

慢性病例虽然可以恢复，但大多数患牛常因抵抗力下降而继发感染，并于2～6个月内死亡，也有个别病例可拖延到1年以上。母牛在妊娠期感染本病时常发生流产，或产下有先天性缺陷的犊牛。最常见的缺陷是小脑发育不全，患病犊牛可呈现共济失调，运动障碍（图2-4-8）或难以站立等症状，也可完全缺乏协调和站立的能力（图2-4-9）。

图2-4-8 先天性感染的犊牛精神沉郁、站立困难

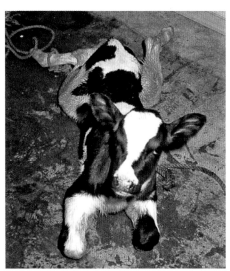

图2-4-9 病犊的脑畸形，不能站立，不会吃乳，有回旋运动

〔**病理特征**〕剖检时除见尸体消瘦和脱水外，最明显的病变见于消化道黏膜。整个口腔黏膜，包括唇、颊、舌、齿龈、软腭和硬腭可见有糜烂病灶（图2-4-10），咽部黏膜也有类似病变（图2-4-11）。食管黏膜的糜烂较严重，常见大部分黏膜上皮脱落，但最有特征性的病变是在黏膜面上有纵行排列的糜烂或小溃疡灶。偶尔可见瘤胃黏膜出血和肉柱的糜烂，瓣胃的瓣叶黏膜亦见糜烂和溃疡（图2-4-12与图2-4-13）。皱胃黏膜炎性水肿，在胃底部的皱襞中有多发性圆形糜烂区，边缘隆起，有时糜烂灶中有一红色出血小孔（图2-4-14）。小肠黏膜潮红、肿胀和出血，呈急性出血性卡他性炎变化（图2-4-15），尤以空肠和回肠较为严重。集合淋巴小结出血、坏死，

形成局灶性糜烂和溃疡，有时其表面覆有黏稠的血色黏液。盲肠、结肠和直肠黏膜常受侵害，病变从黏膜的卡他性炎、出血性炎以至发展为溃疡性和坏死性炎（图2-4-16）。镜检，从口腔到前胃的黏膜均为复层鳞状上皮，其特点是：上皮细胞呈空泡变性或气球样变乃至坏死，固有层充血、出血和水肿，有数量不等的淋巴细胞、浆细胞及中性粒细胞浸润（图2-4-17）。皱胃除溃疡部黏膜缺损外，还见胃腺萎缩和囊肿样扩张。肠管病变以下段比上段严重，表现肠黏膜上皮细胞坏死、脱落，伴有纤维素渗出乃至溃疡形成；固有层毛细血管充血、出血、水肿和有白细胞浸润；肠壁淋巴小结的生发中心有坏死变化。

图2-4-10　病牛的硬腭有大面积的溃疡

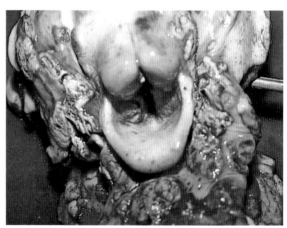

图2-4-11　感染波及喉头，喉黏膜有出血、坏死和化脓灶

图2-4-12　发生于瓣胃黏膜的糜烂和溃疡

图2-4-13　食管有点状、线状出血，糜烂和小溃疡

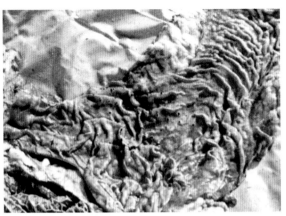

图2-4-14　皱胃黏膜出血，形成黑色斑块

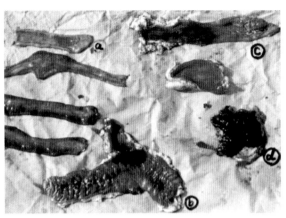

图2-4-15　消化道各肠段有不同程度的出血和出血块形成

图2-4-16　病牛回肠黏膜的出血和溃疡

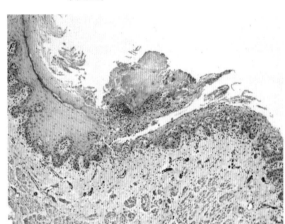

图2-4-17　食管黏膜上皮坏死，黏膜下层有明显的炎性反应

发生流产时，在流产胎儿的口腔、食管、皱胃及气管内可能有出血斑及溃疡；运动失调的新生犊牛，有严重的小脑发育不全，表现小脑体积小（图2-4-18），或缺如（图2-4-19）。在皮质见有白色的或盐类沉积的小病灶，或发生两侧性脑室积水。镜检发育不全的小脑呈现浦肯野细胞和颗粒层细胞减少，小脑皮质有钙盐沉着及血管周围见有胶质细胞增生。

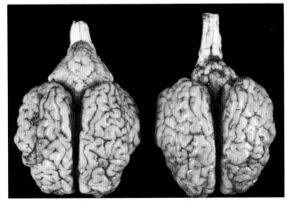

图2-4-18　剖检见，犊牛的小脑发育不全，左为正常脑，右为病牛的脑

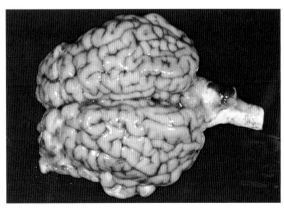

图2-4-19　新生犊牛的小脑发育不良，缺如

〔诊断要点〕在本病严重暴发流行时，可根据其发生病史、典型的临床症状及病理变化，特别是口腔和食管黏膜的特征性变化，做出初步诊断。但最后确诊则须依赖病毒的分离鉴定及血清学检查。

分离病毒的病料以急性发热期的血液、尿、鼻液或眼分泌物，剖检时的脾、骨髓、肠系膜淋巴结等为最好；通过人工感染易感犊牛或乳兔的方法，或用胎牛肾细胞、牛睾丸细胞等继代细胞来分离病毒。血清学检查可用补体结合试验、免疫荧光抗体技术、琼脂扩散试验等，但目前应用最广的是血清中和试验，试验时采取双份血清（间隔3～4周），滴度升高4倍以上者可判定为阳性。本法既可用来定性，也可用来定量。

〔类症鉴别〕在进行诊断时，本病应注意与牛瘟、口蹄疫、牛传染性鼻气管炎和恶性卡他热等相区别。

〔治疗方法〕本病目前尚无有效疗法，一般可采取对症治疗，借以增强机体的抵抗力，减少继发性感染，促进病牛康复。通常应用收敛剂和补液疗法可缩短恢复期，减少损失；用抗生素和磺胺类药物，可减少继发性细菌感染。

〔预防措施〕平时预防要加强口岸检疫，从国外引进种牛、种羊、种猪时必须进行血清学检查，防止引入带毒牛、羊和猪。国内在进行牛只调拨或交易时，要加强检疫，防止本病的扩大或蔓延。

近年来，猪对本病病毒的感染率日趋上升，不但增加了猪作为本病传染源的重要性，而且由于本病病毒与猪瘟病毒在分类上同属于瘟病毒属，有共同的抗原关系，使猪瘟的防治工作变得复杂化，因此在本病的防治计划中对猪的检疫也不容忽视。

一旦发生本病，对病牛要隔离治疗或急宰。目前可应用弱毒疫苗或灭活疫苗来预防和控制本病。

五、牛传染性鼻气管炎

牛传染性鼻气管炎（Infectious bovine rhinotracheitis，IBR）又称"坏死性鼻炎""红鼻病"，是仅发生于牛的一种急性病毒性传染病。临床上以发热、咳嗽、呼吸困难和流鼻液为特点；病理学上以呼吸道黏膜发炎、水肿、出血、坏死和形成糜烂为特征；同时还可以引起脓疱性阴道炎、结膜角膜炎、脑膜脑炎、流产等病变。因此，它是一种同一病原引起多种病状的传染病。

本病最初发现于美国的科罗拉多州（1955），并被命名为牛传染性鼻气管炎。其后在澳大利亚、新西兰、日本和许多欧洲国家均有发生，成为一种威胁世界养牛业的传染病。我国自1980年从新西兰进口奶牛时发现本病以来，现已从奶牛、水牛、黄牛和牦牛等牛体内分离出病毒。

〔病原特性〕本病的病原体为疱疹病毒科、水痘病毒属的牛传染性鼻气管炎病毒（Infectious bovine rhinotracheitis virus，IBRV），又称牛疱疹病毒Ⅰ型（Bovine herpesvirus Ⅰ，BHV-Ⅰ）；具有疱疹病毒科成员所共有的形态特征。虽然牛是其天然宿主；但野鹿体内也常有很高的中和抗体。本病毒呈球形，有双股DNA核心，外有囊膜（图2-5-1），直径为130～180纳米。病毒可于牛肾、睾丸、肾上腺、胸腺以及猪、羊、马、兔肾，胎牛肾细胞上生长，并可产生病变，使细胞聚集，出现巨核合胞体。研究证明，本病毒的DNA生物合成是在核内进行的，病毒粒子装配的部位也是在核内。因此，无论在体内还是体外被感染细胞用HE染色时均可见到嗜酸性核内包含体（图2-5-2）。

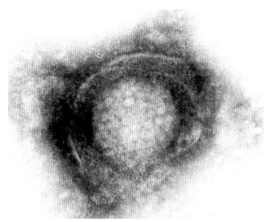

图 2-5-1　传染性鼻气管炎的病毒粒子

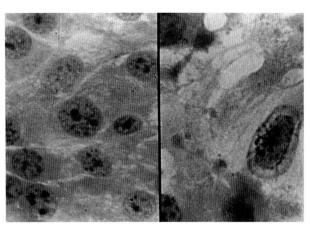

图 2-5-2　细胞内形成的核内包含体

据报道，本病只有一个血清型，但与马鼻肺炎病毒、鸡马立克氏病病毒和伪狂犬病病毒有部分相同的抗原成分。病毒可潜伏在三叉神经节和腰荐神经节内，中和抗体对于潜伏于神经节内的病毒无作用。据研究，病毒的这种能在神经组织中持续性感染的特性，与病毒所含的 *TK* 基因有关。

本病毒是疱疹病毒科成员中抵抗力较强的一种。病毒对热较敏感，37℃ 中的半衰期约为 10 小时，加热到 50℃ 21 分钟则死亡；在 22℃ 和 37℃ 下贮存，病毒能分别保持活力 50 天和 20 天；在 pH 4.5～5 环境中不稳定，在 pH 6～9 环境中则非常稳定。病毒对寒冷有很强的耐受力，−60℃ 可保存至少 9 个月；−70℃ 保存的病毒可存活数年。病毒对化学消毒药的抵抗力较低，乙醚、丙酮及酒精均能很快使之灭活；许多常用的消毒药也可使其灭活，如在 0.5% 氢氧化钠溶液中半分钟、5% 福尔马林中溶液 1 分钟、1% 石炭酸溶液中 5 分钟均可使之灭活。

〔流行特点〕本病一般只发生于牛，以 20～60 日龄的犊牛、奶牛和育肥牛的易感性最高。本病的分布范围很广，多数呈隐性感染，暴发时与牛群的易感性和抵抗力有关。有的零星发病，一般的发病率为 20%～30%，有时可达 80% 以上，有的甚至高达 100%。死亡率也有很大的差别，一般为 1%～5%，但犊牛的死亡率可能更高些。

病牛及带毒牛是本病的主要传染源，病牛临床康复 3～4 个月后还可从呼吸道排毒。病毒多随鼻、眼、阴道分泌物而排出，污染周围环境，主要通过直接接触由飞沫而传染。精液中也含有病毒，故也可通过交配传染。

本病主要在秋、冬寒冷季节流行；舍饲和大群密集的饲养可促进本病的传播。本病一旦发生，可在牛群中长期存在，不易彻底清除。据报道，美国是发现本病的第一个国家，对本病的预防工作也开展得最早，但到目前为止，美国牛群的抗体检出率仍为 10%～35%，而新西兰北岛牛的血清抗体则高达 31%～81.2%。

〔临床症状〕本病的潜伏期一般为 4～6 天，有时可长达 20 天以上。由于病毒侵害的部位不同以及病牛的抵抗力有异，故在临床上常出现不同的症状，一般可将之分为以下五种类型：

1. 呼吸型　这是最常见和最主要的一种类型。病牛突然精神沉郁，吃食减少，出现上呼吸道症状，呼吸节律加快，发热（40～41.6℃），咳嗽，流鼻液（图 2-5-3），流涎，流泪（图 2-5-4），体重减轻，鼻黏膜强烈充血而呈鲜红色，俗称"红鼻病"（图 2-5-5），散在有灰黄色粟粒大的颗粒；继之，发生糜烂和溃疡，常伴有鼻翼及鼻镜的坏死，俗称"坏死性鼻炎"（图 2-5-6）。由于病牛的上呼吸道积有多量渗出物，使呼吸道变狭，引起呼吸困难，鼻孔强烈扩张，甚至张口呼吸。由于鼻黏膜坏死，所以病牛呼出的气体中常带有臭味。此时奶牛的泌乳量锐减，甚至完全停止；病程如不延长（5～6天）则可逐渐恢复泌乳量。犊牛发病时病状更急，但发病率差异很大，这可能与不同的个体所存在的母源抗体水平不同有关。

图2-5-3　病牛发热、呼吸促迫，流出大量鼻液

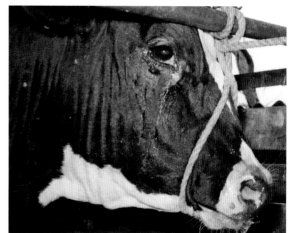

图2-5-4　病牛眼睑水肿和流泪

图2-5-5　眼结膜充血、流泪，鼻部充血呈鲜红色

图2-5-6　鼻镜干燥有糜烂、溃疡和痂皮

本型的病程为7～10天，严重的流行时，发病率可高达75%～100%，但死亡率一般在10%以下。妊娠牛在恢复后3～6周内可发生流产。

2. 生殖型　本型又称传染性化脓性外阴阴道炎、交媾疹、水疱性性病、水疱性阴道炎、交媾性水疱性阴道炎或交媾性水疱疹；主要侵及雌性动物生殖器，但雄性动物生殖器也可能出现病变。母牛在与感染或带毒公牛交配后经24～72小时突然发病。病初，病牛的体温轻度升高，精神沉郁，食欲减退，尾巴竖起及挥动，频频排尿，排尿时有疼痛感。阴门红肿，黏膜充血，有灰白色病灶（图2-5-7），或有黏性或出血性分泌物流出，阴毛染有血样渗出物。检查阴道时，见黏膜红肿，有灰白色粟粒大或融合性小脓疱，大量小脓疱使阴门前庭及阴道壁呈现一种特征的颗粒样外观（图2-5-8）。小脓疱可互相融合，在前庭和阴道壁形成广泛的坏死膜，除去坏死膜可见到大量糜烂与小溃疡。

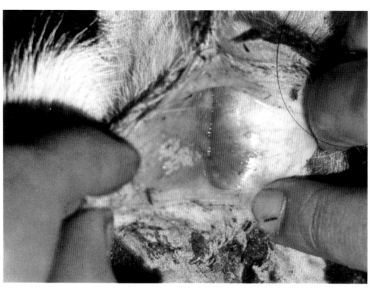

图2-5-7　阴唇黏膜充血，有灰白色病灶

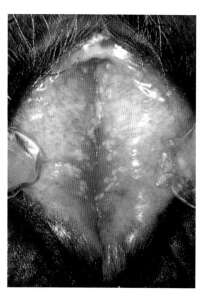

图2-5-8　阴唇黏膜有大量脓疱，形成传染性脓疱性阴门炎

本型的病程一般为两周左右，急性期过后，可逐渐痊愈；如果没有并发症，母牛一般不发生流产，但产奶量则随着病情的加重而明显减少，以后则伴随疾病的康复而增到正常。

3. 结膜型　一般无明显的全身性反应，有时伴发呼吸型；主要表现是眼结膜角膜炎。病牛畏光、流泪，眼结膜充血、水肿（图2-5-9），结膜隆起部形成灰色的坏死膜，呈颗粒状外观；角膜可变成轻度的云状混浊，但一般不出现溃疡。眼鼻常流出浆液性分泌物（图2-5-10），严重时可出现浆液性化脓性分泌物（图2-5-11）。

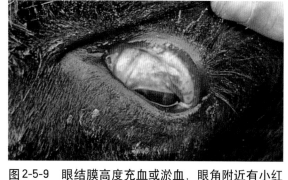

图2-5-9　眼结膜高度充血或淤血，眼角附近有小红色斑点

图2-5-10　病牛的眼内有大量分泌物，眼周被毛污染

图2-5-11　眼睑痉挛，伴发化脓性结膜炎

4.流产型 一般认为此型是某些病毒株经呼吸道感染后，从血液循环进入胎膜、胎儿所致。因此，本病多半是在呼吸型后1～2个月内出现。尽管在怀胎的任何时间都可能流产，但常发生的时间是在妊娠后1/3阶段，最严重的时期是妊娠后4.5～6.5个月。妊娠不足5个月接触病毒，很少发生流产。胎儿感染多为一种急性过程，感染7～10天后，常以死亡而告终；再经24～48小时排出体外。流产的胎儿多为死胎，可以暂时性胎衣不下，但很少发生子宫炎。

流产通常见于第一胎青年牛妊娠的任何阶段，经产牛较少发生，流产率一般为2%～20%，但有时可高达一群妊娠牛的60%。

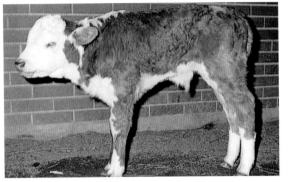

图2-5-12 病犊沉郁、昏睡，腹部蜷缩，流黏液脓性鼻液

5.脑炎型 主要发生于犊牛。病初，病犊的体温升高，可达40℃以上，精神沉郁，不吃，流泪，鼻黏膜潮红，流出浆液性或黏液脓性鼻液（图2-5-12）；继之出现神经症状，病犊共济失调，肌肉震颤，随后出现疯狂运动，口吐泡沫，惊厥；最后倒地，角弓反张，四肢抽搐，磨齿，多以死亡而告终。有时兴奋与沉郁交替发生。

本型的病程较短，5～7天后死亡；发病率虽然较低，通常为1%～2%，但死亡率较高，可高达50%以上。

〔病理特征〕与临床所见相同，因病毒感染部位的不同，所呈现出的病理变化也不相同，在病理学上也可将本病分为呼吸型、生殖器型、结膜型、流产型和脑膜炎型。

1.呼吸型 典型无并发症的病例，剖检仅呈现浆液性鼻炎，伴发鼻腔黏膜充血、水肿。但大多数病例，因并发细菌感染，病变则较严重，且常扩展到鼻旁窦、咽喉、气管和大支气管。鼻腔黏膜红肿，有明显的点状出血（图2-5-13），继之，发生明显的卡他性和化脓性炎，并伴有鼻黏膜的坏死与出血（图2-5-14），鼻翼和鼻镜部坏死；鼻窦黏膜高度充血，散布点状出血，窦内积留多量卡他性脓性渗出物；有些病例，在窦腔内尚见纤维素性假膜，拭去假膜遗留糜烂区。假膜性炎或化脓性炎还常蔓延到咽喉（图2-5-15）、气管，伴发咽喉部水肿、气管黏膜高度充血与出血，被覆黏液脓性渗出物（图2-5-16）。在气管黏膜与软骨环之间因蓄积水肿液，有时气管壁增厚达2厘米以上，使管腔变窄。气管壁的严重水肿也可蔓延到大支气管壁。病牛常因鼻腔、鼻旁窦贮有炎性渗出物以及气管与大支气管壁水肿而发生呼吸困难，严重时发生窒息死亡。肺脏如有并发感染时，则可出现化脓性支气管炎或纤维素性肺炎。

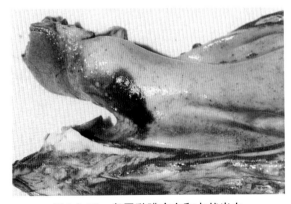

图2-5-13 鼻甲黏膜充血和点状出血

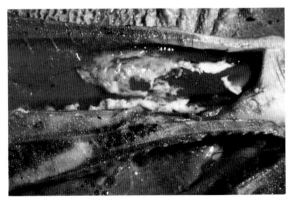

图2-5-14 鼻中隔黏膜坏死，易剥离，黏膜出血

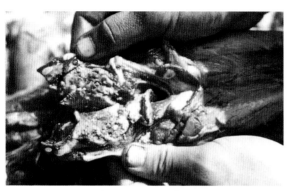

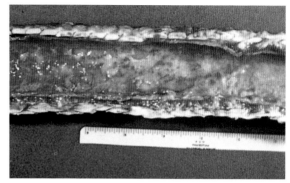

图 2-5-15　被覆于喉部黏膜的化脓性假膜　　　图 2-5-16　气管黏膜充血，被覆有黏液性化脓性假膜

镜检，在受损的上皮细胞核内可见嗜酸性包含体。包含体最初呈颗粒状，后期变成均质性的圆形斑块。包含体通常只出现在感染后 2～3 天。因此在自然死亡病例的尸体中难以见到。此外，在支气管黏膜上皮细胞和肺泡上皮细胞核内也可发现包含体。

2. 结膜型　此型的特点是眼结膜下有水肿，眼结膜有灰色坏死膜形成，外观呈颗粒状，角膜则呈轻度云雾状。眼鼻部有浆液脓性分泌物。

3. 生殖器型　眼观病变与临床所见基本相同。镜检，生殖器受损的黏膜上皮细胞坏死，黏膜固有层内有炎症反应，在黏膜上皮核内可见核内包含体。

4. 流产　死胎一般是在胎儿死后的 24～36 小时排出。严重的死后自溶是最重要的肉眼变化。流产胎儿的胎衣通常正常。胎犊的皮肤水肿，浆膜腔积有浆液性渗出液，浆膜下出血；肝脏、肾脏、脾脏和淋巴结散布坏死性病灶与白细胞浸润，于各组织病灶边缘的细胞中可发现核内包含体，但由于广泛的死后自溶，包含体较难发现。

5. 脑炎型　病牛脑部无明显特征性眼观病变，镜下则呈现脑膜炎和非化脓性淋巴细胞性脑炎，特点是神经元坏死和星状胶质细胞与变性神经元核内出现包含体，淋巴细胞在血管周围形成"袖套"和单核细胞在脑膜浸润。

〔诊断要点〕根据本病的临床症状和病理变化，可做出初步诊断。在牛群突然发生上呼吸道感染时应怀疑为牛传染性鼻气管炎。尸体剖检时在鼻道和气管中有纤维蛋白性渗出物，镜检在上皮细胞中能检出核内包含体，也为本病的特征。结膜型则以眼结膜的颗粒状外观、黏膜纤维蛋白性坏死、结膜水肿和眼、鼻有浆液脓性分泌物为牛传染性鼻气管炎的指征。若同时具有呼吸道症状时更有助于诊断。生殖器型主要发生于性成熟的牛，根据病变不难诊断。对流产型的病例需做病毒分离或抗体测定。传染性鼻气管炎引起流产后产生大量的抗体，通常在病后 2～3 周，血清抗体能增加 4 倍。对脑炎型更需进行分离病毒及脑组织学检查，以便发现脑炎变化和核内包含体。

分离病毒的材料可采自发热期病畜鼻腔洗涤物，或流产胎儿的胸腔液或胎盘子叶，用牛肾细胞或猪肾细胞等培养分离，再用中和试验及荧光抗体来鉴定病毒。

〔治疗方法〕目前，对本病尚无特效的治疗药物；若无继发性细菌感染，本病一般预后良好，7～10 天即可康复，但在临床实践中，常因继发性感染而使病情复杂化。因此，为了预防继发感染，减少病牛的死亡，常需用广谱抗生素和磺胺类药物进行对症治疗。对生殖器型病牛，可局部使用抗生素软膏，以减少后遗症。另据报道，康复牛可获得终生免疫。因此，皮下或肌内注射病愈牛的血清，具有良好的保护作用。

〔预防措施〕本病的病毒可引起长期持续性感染。因此，预防本病的重要措施中必须实行严格的检疫，防止引入传染源或带入病毒（如带毒精液等）。据报道，抗体阳性牛实际上就是本病的带毒者，因此，有抗本病病毒抗体的任何动物都应视为危险的传染源，应采取有力的措施对之实施有效的管理。欧美一些国家预防本病的方法是对抗体阳性的牛进行扑杀，其顺序是先种用牛，其次是肉牛和奶牛。这样做虽然付出了较高的代价，但防治本病的效果明显而确实。

当暴发本病时应立即隔离封锁，同时对所有牛只（除妊娠牛以外）接种弱毒疫苗。老疫区只对5～7月龄的犊牛接种疫苗，因为初乳中的母源抗体可维持4个月之久，在这4个月内母源抗体可阻止疫苗的免疫原性。

关于本病的疫苗，目前主要有弱毒疫苗、灭活疫苗和亚单位苗三类。研究表明，用疫苗免疫过的牛并不能阻止野毒株的感染，也不能阻止潜伏期病毒的持续性感染，只能起到防御临床发病的效果。因此，对检出抗体阳性病牛的扑杀可能是根除本病的有效措施。

六、牛流行热

牛流行热（Bovine epizootic fever）又称牛暂时热（Ephemeral fever）或三日热（Three day fever），是牛的一种急性、热性、病毒性传染病。其发生特点是发病率高，死亡率低，大部分病牛经过2～3天发热停止，逐渐恢复。但大群奶牛发病时，对产奶量有相当大的影响，而且病牛中有一部分常因瘫痪而被淘汰，故使养牛业蒙受较大的经济损失。

病牛在临床上突发高热、流泪，有泡沫样流涎、鼻漏、呼吸促迫；四肢运动不灵活，后躯僵硬，并有跛行和麻痹、瘫痪等特征，故又有僵硬病（Stiff sickness）之称。本病在非洲、亚洲和澳大利亚常呈周期性发生，最初曾被误诊为牛流行性感冒。

〔病原特性〕本病的病原为弹状病毒科、暂时热病毒属的牛流行热病毒，也称为牛暂时热病毒（Bovine ephemeral virus）。成熟的病毒粒子像子弹形或圆锥形（图2-6-1），含单股RNA，病毒的粒子长130～220纳米，宽60～70纳米，有囊膜，除典型的子弹形病毒粒子外，还常见到T形粒子，像截短的窝窝头样的病毒粒子（图2-6-2）。此外，在病毒中已确定的基因有11个，其中N、M_1、M_2、L和G为编码本病毒结构蛋白的基因。N基因编码核蛋白（N），是转录-复制复合物的基本组成蛋白，能刺激机体产生细胞和体液免疫；M_1、M_2基因编码基质蛋白1、2（M_1、M_2）、L基因编码RNA聚合酶大蛋白（L），对基因的转录、复制都具有调控作用，N、M_1和L蛋白是病毒核衣壳的重要组成部分，M_2是核衣壳外脂类膜的重要组成部分；G基因编码糖蛋白（G），是病毒的主要免疫原性蛋白，位于病毒粒子囊膜表面，形成突起，表面含有5个糖基化位点。用G蛋白做成的亚单位制剂免疫牛，可使牛产生中和抗体，对强毒的攻击具有较好的抵抗力。

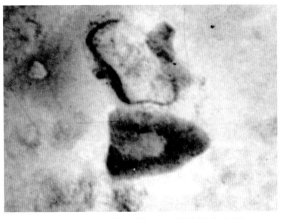

图2-6-1 电镜下检出的呈子弹状的病毒粒子

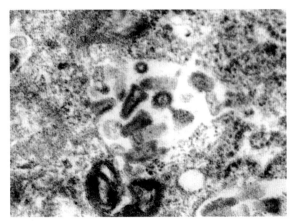

图2-6-2 从肺组织中检出的病毒粒子

本病毒主要存在于病牛的血液中，而鼻液、粪便及其他分泌物及排泄物中未证实有病毒的存在。例如，用高热期病牛血液1～5毫升静脉接种于易感牛，3～7后天即可发病；有人将自然感染牛发热极期的血液1毫升经1000倍稀释后仍有感染性；病牛退热后两周内血液中仍有病毒。分离本病毒可用发热期的病牛血液，脑内接种3日龄以内金黄鼠或小鼠的乳鼠，待其发病后，从其脑组织中易分离出病毒。

本病毒对高温和化学药品较为敏感，如加热25℃ 120小时，37℃ 8小时，56℃ 20分钟即可将之杀死，煮沸则立即死亡；酸性或碱性消毒药对病毒也有较好的杀灭作用，如在pH2.5和12的条件下15分钟内灭活；病毒对紫外线照射、氯仿和乙醚也很敏感。但病毒在低温下能长时间存活，如病牛的枸橼酸全血在2～4℃的条件下，可保持传染性8天；病毒冻干后于-40℃保存条件下，于958天后仍有致病力。

〔流行特点〕本病可感染不同性别、年龄和品种的牛，其中3～5岁的奶牛和黄牛的易感性大，水牛和犊牛发病较少；感染后，高产奶牛的症状较严重，而6月龄以下的犊牛则不显临床症状。本病毒在自然条件下只感染牛，而不感染其他家畜。

病牛是本病的主要传染源，而吸血昆虫（蚊、蠓、蝇）叮咬病牛后再叮咬易感的健康牛是本病的主要传播途径。业已证明，该病毒与血液中的白细胞及血小板等组分相结合，只有通过吸血昆虫的间接传染才有流行病学上的意义。由此可见，本病具有明显的季节性，即在蚊蝇多的夏季和初秋，北方地区常于8～10月流行，南方地区多在6～9月流行。实验证明，病毒能在蚊子和库蠓体内繁殖。因此，这些吸血昆虫是危险而又重要的传播媒介。另外，多雨潮湿容易诱发本病；劳役过度，营养不良，卫生状况不良也是本病发生的诱因。

本病流行的特点是：传染力强，传播迅速，短期内可使很多牛发病，常于开始发病后到十余天，呈流行性或大流行性发生，引起大面积流行；有时疫区与非疫区交错相嵌，呈跳跃式流行。另外，本病的发生具有明显的周期性，一般3～4年或6～8年流行一次，一次大流行后，常接着发生一次小流行。

〔临床症状〕本病的潜伏期一般为3～7天。病初，病牛的体温突然升高，可达40～42℃，呈稽留热，常维持3天左右，故有"三日热"之称。在发热期间，病牛精神极度委顿，体表温度不均（特别是角根、耳、肢端有冷感），被毛粗乱，有的突然倒地，不能站立（图2-6-3），产奶量明显下降，甚至停止。眼结膜充血、眼睑水肿，羞明流泪，内眼角常附有白色黏液或脓样眼眵。鼻镜干而热，鼻腔有浆液性分泌物流出，其量不定；呼吸快，每分钟可达40～80次；呼吸困难时，表现为头颈伸直，口张开，舌外伸，气喘如同拉风箱样，不时发出呻吟声（图2-6-4）。

图2-6-3 病牛突然发热、沉郁、萎靡，不能站立

图2-6-4 病牛呼吸困难，头颈伸直，不时呻吟

听诊时，肺泡音高亢，支气管音粗厉。病牛常可因间质性肺气肿、肺水肿而窒息。脉搏细弱而快，每分钟为70～110次。厌食，反刍停止，口边有泡沫，口腔大量流涎，呈线状（图2-6-5），但口腔没有病变。病初便秘，排泄物干而少，并发肠炎时则排泄物含有大量黏液，甚至带血。尿量减少，呈深黄色而浑浊。病牛肌肉疼痛而震颤，四肢关节肿胀，僵硬，有疼痛感，喜卧地，不愿走动，强迫行走，步态不稳，甚至倒地不能起立（图2-6-6）；有的病牛一肢或两肢出现跛行。妊娠母牛可能发生流产或产出死胎。

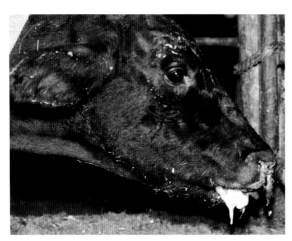

图2-6-5　病牛流泪，口内含有大量泡沫性分泌物

图2-6-6　并发关节炎的重症病牛，不能站立而伴发褥疮

本病的病程为一周左右，待体温下降到正常后，才逐渐恢复。大多数病牛呈良性经过，死亡率较低，一般在1%左右。急性病牛多见于流行初期，可在发病后20小时死亡；有的病牛虽然没有死亡，但因运动障碍或瘫痪而被淘汰。

〔病理特征〕因本病而急性死亡的直接原因主要是缺氧，剖检时主要的病变是各种程度不同的肺病、心包积液和胸腔、腹腔积水。病程较长（1～2周）而死者，一般呈现败血症变化。

眼观，病牛的鼻腔、咽喉（图2-6-7）、气管（图2-6-8）等上呼吸道黏膜有明显的充血、出血，肺脏有程度不同的气肿（图2-6-9）、水肿和局灶性肝变。肺气肿时，肺脏高度膨隆，间质

图2-6-7　喉头及气管黏膜充血和出血

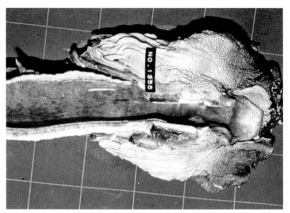

图2-6-8　气管充血、淤血和弥漫性出血

增宽，内有大小不等的气泡，触压时可闻及捻发音；有的被膜隆起，被膜下有拳头大到皮球大的气囊。切面见肺间质疏松，明显增宽，内有空洞（图2-6-10）；有时见大量肺泡过度充气而被撑破，切面见有许多大空洞（图2-6-11）。肺水肿时，胸腔积有多量暗红色液体，两肺膨满肿胀，间质增宽，内有胶冻样浸润，肺切面流出大量暗红色液体，气管内积有多量泡沫状黏液。当肺叶沉浸于胸水中，可发生膨胀不全（图2-6-12）。肝、脾、肾等实质器官轻度肿大，并见小灶状坏死。消化系统常见黏膜充血和点状出血，特别是第四胃和盲肠黏膜常有渗出性出血。全身淋巴结呈现浆性淋巴结炎变化。

图2-6-9　肺充血、淤血，间质中有大量气泡

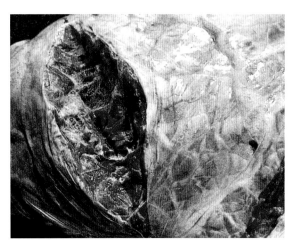

图2-6-10　肺小支气管破裂而形成间质性肺气肿

图2-6-11　肺膨胀不全，发生严重的间质性肺气肿

图2-6-12　肺膨胀不全和出现充血斑

另外一个最为显著的变化是浆液性、纤维素性多发性滑膜炎、腱鞘炎和关节周围炎。表现为关节滑膜水肿，有小出血点，关节囊中含有纤维蛋白凝块（图2-6-13）。骨骼肌呈局灶性坏死。个别病例见脑膜血管充血，脑脊液增加，外周神经的外膜有斑状出血。

镜检，肺多呈卡他性肺炎变化，支气管内充满脱落的上皮细胞、单核细胞和中性粒细胞等（图2-6-14）。滑膜、腱鞘、肌肉、筋膜、皮肤的静脉毛细血管主要表现为血管内皮增生，血管周围有中性粒细胞浸润和水肿，血管外膜细胞增生，血管壁坏死、血栓形成、血管周围纤维化。

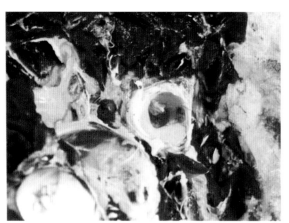

图2-6-13 股关节发生关节炎

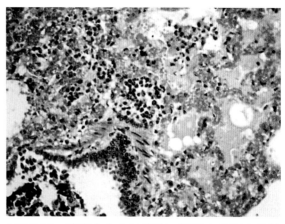

图2-6-14 肺泡内含大量浆液、脱落上皮及中性粒细胞

临床病理学检查，病牛在发热期间，红、白细胞数增多，特别是中性粒细胞增数明显，可达60%以上，其中杆状核和幼稚型白细胞约占50%，出现明显的核左移变化，而淋巴细胞相对减少。当病牛体温下降后，中性粒细胞的数量也随之减少，而单核细胞的数量反而增加，可增多15%左右。

〔诊断要点〕根据流行病学和临床症状，可做出初步诊断。本病的特点是在牛群中突然暴发流行，迅速传播，有明显的季节性，发病率高而死亡率低，有一定的周期性，数年流行一次。临床上以呼吸系统的病症最明显，并伴发运动障碍性变化。临床血检也有证病意义，其特点是病牛在发热期中性粒细胞数量剧增，其中的杆状核和幼稚型白细胞可达50%。进一步确诊需要进行病毒的分离和鉴定，或用中和试验、补体结合试验、琼脂扩散试验、免疫荧光法、酶联免疫吸附试验等进行检验。必要时可采取病牛全血，用易感牛做交叉保护试验。

〔鉴别诊断〕本病的诊断须与牛茨城病、牛病毒性腹泻-黏膜病、牛传染性鼻气管炎和牛副流行性感冒等相互区别。特别是在临床上应注意与牛茨城病的鉴别。

牛患茨城病时，其发病的季节、基本经过与临床表现，均与流行热相似，但患茨城病的牛，当体温下降到正常后出现明显的咽喉、食管麻痹症状。病牛低头时，第一胃内容物可自口鼻流出，而且诱发咳嗽。茨城病首先发生于日本，当时误认为病牛的咽喉麻痹是牛流行热的后遗症，后来从病牛的体内分离出不同的病毒，才将本病予以确诊。

〔治疗方法〕本病尚无特效药物进行治疗，只能采取对症治疗，提高病牛的抵抗力和防止继发感染。一般根据具体情况可酌用退热药、镇痛消炎药、强心利尿药和补充适量生理盐水及葡萄糖液等。

1. 解热镇痛　复方氨基比林注射液20～40毫升，或安痛定注射液20～40毫升，或30%安乃近注射液20～30毫升，皮下或肌内注射，每天1～2次。阿司匹林或复方阿司匹林20～30克，每天分2次加水内服；非那西丁10～20克，每天分2次内服。

2. 强心利尿　用5%葡萄糖盐水2 000～3 000毫升，加入樟脑水20～30毫升，一次缓慢静脉注射。也可用5%葡萄糖盐水1 500毫升，0.5%醋酸氢化可的松注射液50毫升，10%维生素C注射液40毫升，硫酸庆大霉素40万～80万单位，混合后一次静脉注射，每天1次，一般2～3天即可恢复正常。强心时可用20%安钠咖注射液10～30毫升，皮下或肌内注射；或20%樟脑油10～20毫升，皮下或肌内注射。

3. 兴奋呼吸中枢　尼可刹米注射液10～20毫升，皮下或肌内注射。

4. 消除肺水肿　肺水肿严重时，常从鼻腔流出大量带有泡沫的清淡的鼻液，此时常须利尿消除肺水肿，其方法是：用20%甘露醇500～1 000毫升，或25%山梨醇500～1 000毫升静脉注射；或内服双氢克尿噻0.5～2克。

5. 调理胃肠　当病牛食欲明显不振时，可用人工盐100～200克，碳酸氢钠20～50克，大黄末15～50克，复方胆酊10～50毫升，加温水5 000～10 000毫升，一次灌服。

6. 抗菌防感染　为了防止细菌继发感染，常需使用抗生素或磺胺类药物肌内注射或静脉注射。

7. 祛风补钙　对于跛行或卧地不起的病牛，可静脉注射10%水杨酸钠，每千克体重100～300毫升；地塞米松，每千克体重50～80毫克；10 %葡萄糖酸钙，每千克体重300～500毫升。病程长者可适当加入维生素B$_1$、维生素C和乌洛托品。亦可用3%盐酸普鲁卡因，每千克体重20～30毫升，加入5%葡萄糖溶液250毫升中缓慢静脉注射。

8. 中药治疗　在病初可用柴胡、黄芪、葛根、荆芥、防风、秦艽、羌活各30克，知母24克、甘草24克、大葱3根为引，共为末冲服。亦可用板蓝根60克、紫苏90克、白菊花60克，煎服，疗效尚好。

实践证明，在本病流行盛期，发病的牛或症状较轻者，只要加强护理，常可不药而愈。

〔预防措施〕平时做好预防，特别是注意本病的周期性流行；发生后及时采取措施，控制和减少其对易感牛群的感染，是预防本病的关键。

1. 平时预防　重点应放在积极免疫和消灭吸血昆虫方面。在本病的常发地区，每年应做好预防免疫，切忌麻痹大意。因为本病在大流行之后，常有3～8年的间歇期（在此期中常发生小规模流行）。研究证明，自然患病的牛，康复后可获得两年以上的坚强免疫力（这可能是本病呈间歇性发生的主要原因），而人工免疫迄今未达到如此的效果。因此，在每年本病流行季节到来之前，及时用能产生一定免疫力的疫苗进行接种，即可达到预防的目的。国内常用的疫苗有鼠脑弱毒疫苗、结晶紫灭活苗、甲醛氢氧化铝灭活苗、丙内酯灭活苗及亚单位疫苗；近年来研制出病毒裂解疫苗，在国内部分省份使用后，效果良好。另外，还要加强消毒，扑灭蚊、蠓、蜱等吸血昆虫，切断传播本病的主要途径。

2. 紧急预防　本病发生后，坚持早发现、早隔离和早治疗的原则，是及时控制疫情发展的有效方法。发现本病后，首先要对牛群或牛场隔离、封锁，对病牛进行积极的治疗。在流行初期，对牛群应逐头测温，早晚各一次，并注意观察牛群的精神、食欲及产奶情况等。对周围环境进行严格的消毒，采取有力的措施消灭蚊、蠓、蜱等吸血昆虫，减少本病在牛中相互传播的机会。与此同时，还要加强饲养管理，增强牛群的体质，提高抗病能力。

七、牛副流行性感冒

牛副流行性感冒（Parainfluenza bovum）简称牛副流感，临床上又称之为运输热（Shipping fever）、运输性肺炎（Shipping pneumonia）、牲畜围场热（Stockyard fever）等，是一种急性接触性病毒性传染病。本病以呼吸器官受侵害为主征，通常只引起轻微的呼吸道疾病或血清转阳的亚临床性感染。

本病目前主要发生于许多国家的奶牛场或经过长途运输后集中的育肥牛群。其发生多与一些病毒或细菌的继发性感染，或环境和气候改变、饲养管理不当、机体抵抗力下降和应激因素的诱发有关。因此，目前认为牛副流感是病毒、细菌、诱因三者联合作用的结果，如缺少其中一种因素，常不能发生典型的疾病。

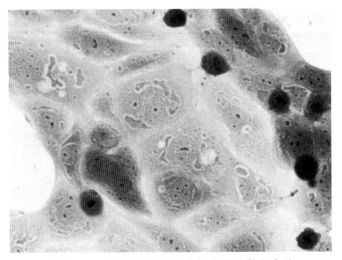

图2-7-1 从牛肾培养细胞中检出的胞浆包含体

〔病原特性〕本病的病原体为副黏病毒科、呼吸道病毒属的副流感3型病毒（Parainfluenza 3 virus，PIV3）。完整的病毒粒子大小为140～250纳米，呈圆形或卵圆形，有囊膜，含单股RNA，含神经氨酸酶和血凝素。该病毒可凝集鸟、牛、猪、绵羊、豚鼠、人的红细胞，尤以豚鼠红细胞最为敏感。感染的培养细胞具有血细胞吸附性。在胎牛肾细胞培养中能产生干扰素。现已证明，从不同地方分得的病毒，其抗原性是一致的，而且人、牛、绵羊的副流感3型病毒之间有密切的相关性，但并不完全相同。用豚鼠抗血清所做的中和、血凝抑制、补体结合试验可鉴定人、牛、绵羊的病毒株。病毒可在牛、羊、猪、马、兔的肾细胞培养中生长、增殖，形成合胞体与胞浆和核内包含体（图2-7-1）。

本病毒对牛的致病力不强，单独用此病毒感染牛，只产生轻微的症状，甚至呈亚临床反应，但在其他继发细菌（特别是多杀性巴氏杆菌或溶血性巴氏杆菌）以及外界诱因（特别是长途运输中受寒、饥饿、拥挤、气候恶劣等）的联合作用下，则可产生严重的呼吸道症状，无并发症的感染罕见。

本病毒的抵抗力不太强，对乙醚、氯仿敏感，pH 3时不稳定，一般常规的化学消毒药均可将之杀灭。

〔流行特点〕在自然条件下，本病仅感染牛，多见于舍饲的奶牛和育肥牛，放牧牛较少发生。病牛及带毒牛是本病的主要传染源；呼吸道与接触感染是本病的主要传播途径，同时也可发生子宫内感染。敏感动物接触病畜排出的病毒后，7～8天可在鼻分泌物中，17天可在肺组织中分离到病毒。此时的动物又可作为新的传染源进一步扩散感染。经气溶胶感染，潜伏期约为2天，随后出现6～10天的发热期。呼吸道黏膜上皮细胞是病毒最初侵犯的靶细胞。此后病毒在肺泡巨噬细胞、肺泡Ⅱ型上皮细胞、基底膜定位与增殖，引起细胞和组织损伤，为继发感染创造有利条件。副流感3型病毒与多杀性巴氏杆菌混合实验感染时，由于病毒损伤了呼吸道黏膜上皮细胞和肺巨噬细胞，从而抑制了肺巨噬细胞对巴氏杆菌的清除率。在这两种病原或其代谢产物的协同作用下，导致肺组织严重损伤。

本病虽可一年四季发生，但常见于晚秋和冬季。

〔临床症状〕本病的潜伏期一般为2～5天，通常根据病毒感染犊牛和成牛所表现的临床症状的不同，而将之分为两型，即犊牛型和成牛型。

1. **犊牛型** 又称犊牛地方性肺炎，是侵犯2周至数月龄犊牛的一种急性接触传染性疾病。原发病因为副流感3型病毒，常并发多杀性巴氏杆菌感染。临床特征为低热或中度发热，沉郁，流泪，具轻度浆液、黏液至脓性鼻漏（图2-7-2）。病犊常因出汗而被毛潮湿，粗乱，无光泽（图2-7-3）。这些症状在感染2～4天时最为明显。严重的病例出现咳嗽、呼吸困难、头颈伸直，张口呼吸并发出呼噜声。这种病牛一般在数小时内死亡，或在出现症状后3～4天内死亡。

图2-7-2　病犊的鼻孔中有脓性鼻液流出

图2-7-3　病犊消瘦，被毛粗乱无光泽

　　2.成牛型　多见于奶牛和育肥的成年牛，通常为一种或多种病毒与巴氏杆菌属细菌、支原体混合感染（支原体、巴氏杆菌、腺病毒、黏膜病病毒、鼻支气管炎病毒、呼吸合胞病病毒等是本病常见的继发或并发病原）引起的纤维素性肺炎。病牛咳嗽，高热（41℃以上），鼻镜干燥，继而流出黏脓性鼻液（图2-7-4）；眼睛最初流出大量浆液性分泌物，眼角的被毛潮湿（图2-7-5），继之变为黏液性分泌物，或伴发黏液脓性结膜炎；很快出现严重的呼吸障碍。病牛前肢外展式站立，颈部伸直，张口呼吸并伴发鼾音，流泡沫状唾液。听诊，常可闻及水泡音、捻发音，甚至支气管呼吸音和胸膜摩擦音。叩诊可听到鼓音和浊音等变化。通常在第一个症状出现后3～4天或严重呼吸障碍出现后几小时内死亡。

图2-7-4　大量黏液性鼻液从鼻孔流出

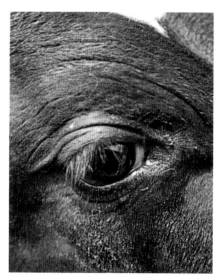

图2-7-5　眼结膜潮红，流出大量浆液性分泌物

本病在牛群中的发病率一般不超过20%，病死率一般为1%～2%。

〔病理特征〕死于本病的犊牛和成年牛，其病理变化类似，病变主要局限于呼吸道，其他器官的病变均为继发性。眼观，鼻腔和鼻旁窦积聚大量黏脓性渗出物，呼吸道黏膜上有黏液化脓性渗出物被覆。肺脏明显淤血，呈暗红色，间质水肿而增宽，实质中有灰白色岛屿状或融合性病灶（图2-7-6），充满整个胸腔，肺胸膜表面被覆易剥脱的纤维素性渗出物。肺尖叶、膈叶出现暗红色实变区（图2-7-7）。切面见病变累及肺脏深部，呈暗红色和灰白色，小叶间质因有渗出物浸润而极度增宽，呈现大理石样外观。严重的病例有时侵犯整个肺叶或肺叶的大部分，出现较多融合性大面积病灶。继发巴氏杆菌时，肺内常见淡黄色化脓性病灶，胸膜表面有纤维素附着。肺支气管淋巴结、纵隔淋巴结肿大、出血。另外，心内外膜下、胸膜、胃肠道黏膜有出血斑点，有些病例，其骨骼肌可对称地发生5～10厘米大小的灰黄色病灶。

图2-7-6　肺淤血、水肿，有岛屿状与融合性病灶

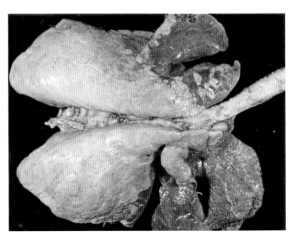

图2-7-7　肺前叶淤血呈暗红色，有硬结性病灶

镜检，本病的特点是在支气管肺炎的基础上由于病情恶化而发生纤维素性肺炎。支气管、细支气管黏膜上皮细胞呈不同程度增生和形成空泡与坏死。细支气管和肺泡内的渗出物以细胞碎屑、巨噬细胞、红细胞、浆液纤维素性渗出为主。空泡化的细支气管黏膜上皮和肺泡巨噬细胞内出现嗜酸性胞浆包含体。鼻、支气管、肺泡上皮细胞内的包含体数量较少，核内包含体罕见。随着病程的延长，由渗出变化而变为以细支气管黏膜上皮和肺泡Ⅱ型上皮细胞增生占优势，许多肺泡上皮细胞化生，偶见双核或多核细胞。当上皮增生达到峰值时，胞浆内包含体便很难发现了。2周以后渗出物开始被机化，细支气管黏膜上皮与肺泡上皮开始增生，被覆管壁与肺泡壁。

〔诊断要点〕依据本病的病史以及特征的临床症状和剖检病变，可以做出初步诊断，但确诊必须借助分离、鉴定病原或进行血清中和及血凝抑制等实验室诊断。

实验室检查，多以呼吸道渗出物和病肺组织作为细胞培养物，从中分离牛副流感3型病毒；也可在病的急性期以及恢复后3～6周采取双份血清作副流感病毒的中和试验或血凝抑制试验，如抗体滴度增加到4倍以上，则证明有副流感病毒感染。此外，免疫荧光法可作本病的快速诊断，而且可以区别混合感染时病原体的种类。

〔治疗方法〕治疗本病可在早期应用四环素族抗生素及磺胺类药。其方法是发病之初即可大量用药，若发病2～3天后才开始用药，则效果较差，治疗应持续3～4天。这种治疗虽对病毒无效，但对细菌则有抑制作用，防止继发性感染。

〔预防措施〕本病多是在病毒、细菌和各种诱因的相互作用下才发生的。因此，在国内还没有特异性预防疫苗的情况下，预防本病的最好方法是控制好诱发因素，如严禁连续的长途运输、避免牛受寒、饥饿和牛群过度拥挤等；定期严格地消毒，防止感染等。

目前，国外多用副流感3型病毒及巴氏杆菌制成的混合疫苗，以及其他各种多价疫苗、血清预防本病。

八、茨城病

茨城病（Ibaraki disease）是牛的一种急性、热性、病毒性传染病，其特征是突发高热、咽喉麻痹、关节疼痛性肿胀。本病曾被称为类蓝舌病（Bluetongue like disease）、咽喉头麻痹、非典型流感等。

本病于1946—1951年曾在日本全国的牛群中发生过流行，当时误认为异型流行性感冒，发病牛的总头数高达70万头以上。1955—1960年又在日本发生流行，虽然临床表现与前次流行略有不同，但最终病牛均出现咽喉头麻痹症状。1961年在日本的茨城从病牛体内分离出病毒，故命名为茨城病病毒。本病除在日本最先发生流行外，以后在朝鲜半岛地区及美国、加拿大、印度尼西亚、澳大利亚、菲律宾等国也有发生。我国目前尚未见发生本病的报道，但与我国接壤的周边国家不断发生，应引起我们高度重视。

〔病原特性〕本病的病原体为呼肠孤病毒科、环状病毒属的茨城病病毒（Ibaraki virus）。病毒粒子呈球形，直径50～55纳米，内含双股RNA，分10个节段，有32个壳粒，无囊膜（图2-8-1）。病毒结构的基因产物含群特异抗原和型特异抗原。将病毒经卵黄囊接种鸡胚（在33.5℃孵化），易生长繁殖并致鸡胚死亡；脑内接种乳鼠，可使其发生致死性脑炎。

本病毒对有机溶剂如氯仿、乙醚等有一定的抵抗力，但对酸性环境和温热较敏感。病毒在pH5.15以下的环境中即失去活力；56℃加热30分钟或60℃加热5分钟，感染力明显下降；在4℃放置稳定，但在－20℃条件下冰冻时则迅速丧失感染力。

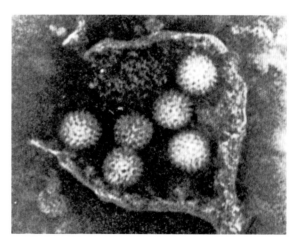

图2-8-1　位于内质网中的病毒粒子

〔流行特点〕本病自然源性感染的动物主要是牛，特别是奶牛和肉牛；在美国也有绵羊和鹿发生感染的报道；实验动物中哺乳小鼠较易感，日龄越小其感受性越高。

病牛和带毒牛是本病的主要传染源。传播的主要途径是吸血昆虫吸血而引起。现已证明是库蠓属中的蠓。蠓从感染动物体内吸血后，病毒在其体内繁殖，7～10天后，蠓就能传播疾病。因此，本病的发生与蠓的生长发育有密切的关系，在一些国家有季节性，而在另一些国家则无明显的季节性。在日本，本病有季节性，流行多在8～11月；有地区性，大体上只在北纬38°以南发生，在相同地区内，低温地区比高寒地区多发。而在菲律宾和印度尼西亚等热带地区的国家，本病一年四季均可发生，因为全年大部分时间有雨，温度和湿度均适宜于蠓的繁殖。

〔临床症状〕本病的潜伏期较短，一般为3～7天；发病率一般为20%～30%；病情轻微时，2～3天可完全恢复，但20%～30%病牛常因病情加重而出现咽喉麻痹，吞咽困难。

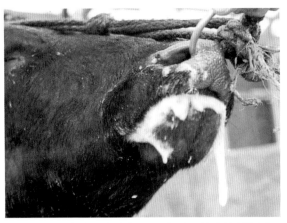

图2-8-2　病牛轻度发热，口含黏稠的泡沫样涎液

本病发生突然，病牛发高热，体温可达40℃以上，持续2～3天，少数可达7～10天。发热时病牛精神沉郁，厌食，反刍停止。结膜充血，水肿，流泪，病初为浆液性泪液，随后变为脓样眼屎；重症病例，结膜向外翻出。流涎具有特征性，带有泡沫（图2-8-2）。鼻液初期呈浆液性，随后变为脓性。鼻镜、鼻腔内和口腔内黏膜充血、淤血，其后陷于坏死。口腔黏膜的坏死见于齿龈、牙床，坏死的痂皮脱落后变成溃疡。

上述常见的症状大体消退后，病牛出现特征性的吞咽困难。这是因为与咽下有关的肌肉变性、坏死的结果。其临床表现因损伤累及的肌肉不同而有差异。当舌肌损伤时，则引起舌麻痹，轻者病牛舌尖突出（图2-8-3），运动不灵活；重者病牛的舌垂伸于口外，不能回缩（图2-8-4）；食管的肌肉损伤引起食管麻痹，即食管失去紧张和括约力而变成胶皮管状。病牛饮水正常，但饮入的水可从口和鼻孔反流（图2-8-5）。食管保留一定程度括约力的病牛，饮水后经数分钟低下头颈时，水从瘤胃反流（图2-8-6）。病牛由于不能饮水而出现脱水症状。吞咽困难的病牛在自由饮水时，常因误咽而进入气管和肺脏，导致化脓性或坏疽性肺炎的发生。

图2-8-3　舌尖因舌麻痹而伸出口腔

图2-8-4　病牛舌麻痹而不能回缩

图2-8-5　饮水时因咽下障碍而逆行流出

图2-8-6　食管麻痹而出现的饮水逆流症状

　　另外，病牛腿部常有疼痛性的关节肿胀。蹄冠部、乳房、外阴部可见浅表性溃疡。

　　〔病理特征〕死于本病的牛多因机体脱水而显消瘦，皮下组织干燥，胸腔、腹腔和心包腔等体液减少。临床出现吞咽困难和饮水反流的病例，可发现其上部食管壁弛缓，有时下部紧缩，在食管腔中充满水样的内容物，食管黏膜出血和水肿，食管的肌层出血、变性和坏死（图2-8-7）。瘤胃与瓣胃内容物干燥呈粪块状（图2-8-8）。皱胃黏膜充血、出血、水肿、糜烂、溃疡（图2-8-9）。所有脏器出血，水肿明显。发生误咽的病牛，在肺的支气管中常能见到阻塞的异物，由此而导致的支气管肺炎（图2-8-10），严重时可发生误咽性化脓性或坏疽性肺炎（图2-8-11）。此外，还可见躯干肌肉出血、水肿并伴有肌肉坏死。

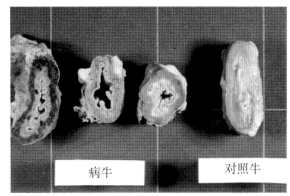

图2-8-7　上部食管弛缓，肌层出血呈暗红色

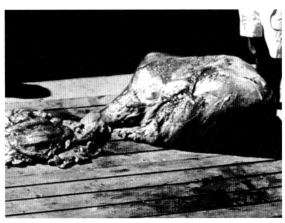

图2-8-8　瘤胃内充满干涸的食物，瘤胃体表高低不平

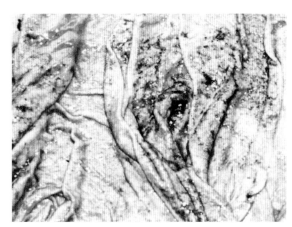

图2-8-9　皱胃黏膜充血、出血伴发糜烂

图2-8-10　大支气管被食物堵塞，肺组织发炎呈暗红色

图2-8-11　肺脏因误咽而发生化脓性坏疽性肺炎

病理组织学检查，出现吞咽困难的牛，其食管从浆膜层到肌层均可见出血、水肿，特别是横纹肌变成蜡样坏死和钙化（图2-8-12），伴发成纤维细胞增生，随后组织细胞、淋巴细胞增数。肺病灶的支气管或细支气管中常能检出异物和炎性渗出物，肺泡腔充满渗出物和脱落的肺上皮（图2-8-13）。

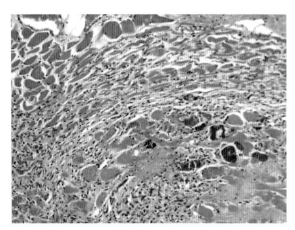

图2-8-12　食管的肌层发生透明变性、坏死和钙化

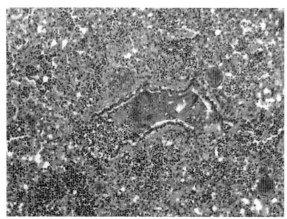

图2-8-13　细支气管被渗出物和脱落的上皮堵塞，肺泡内有炎性渗出物

〔诊断要点〕根据本病的流行季节、特殊的临床症状和病理变化，一般不难做出初步诊断，但确诊仍需进行病毒分离和血清学诊断。

分离病毒的材料，多以发病初期的血液为宜；剖检病料，以脾、淋巴结最为适宜。细胞培养可用牛肾细胞、牛胎肾、HmLu-1等细胞培养，观察CPE的出现。乳小鼠或仓鼠的脑内接种，也是分离病毒的好方法，对发病的小鼠，再根据中和抗体试验或CF试验等，进行病毒的鉴定。

血清学诊断可用已知阳性血清作中和试验来鉴定；或用已知病毒与急性期及恢复期血清作双份血清中和试验进行鉴定；也可用补体结合试验、琼脂扩散试验、酶联免疫吸附试验等进行诊断。

〔类症鉴别〕本病的流行季节、临床表现与牛蓝舌病、牛流行热、牛传染性鼻气管炎、口蹄疫、牛病毒性腹泻-黏膜病等有很多相似之处，应注意区别。

本病与牛疱疹病毒Ⅰ型感染、口蹄疫、牛病毒性腹泻-黏膜病等的口炎、鼻镜的部分临床症状和病变虽然相类似；但这些疾病的发生没有地区性、季节性，从流行病学上不难区别。

本病与蓝舌病的临床症状很相似，鉴别比较困难，常需用荧光抗体法予以鉴别。

本病与牛流行热的初期症状很相似，但流行热的呼吸困难更明显，发病率高，死亡率低，病重的牛无咽喉头和食管麻痹症状，但有的出现后躯僵硬、跛行、后肢麻痹和瘫痪等表现。

〔治疗方法〕患牛只要没有发生吞咽障碍，预后一般良好。发生吞咽障碍的，由于严重缺水和误咽性肺炎，可造成死亡，这是淘汰的主要原因。因此，补充水分和防止误咽是治疗的重点。为此，可使用胃导管或左肷部插入套管针的方法补充水分，也可经此注入生理盐水或林格氏液（可加入葡萄糖、维生素、强心剂等）。

〔防治措施〕在日本采用鸡胚化弱毒冻干疫苗来预防本病的发生。在无本病发生的我国，重点是加强进口检疫，防止引入病牛和带毒牛。

九、牛白血病

牛白血病（Bovine leukemia）又称谓地方流行性牛白血病（Enzootic bovine leukemia），是由病毒引起的一种慢性肿瘤性疾病，其临床病理学特征为淋巴细胞恶性增生，全身淋巴结肿大，进行性恶病质和高病死率。

本病于1878年首先发现于德国，但病因不清；直到1969年才由美国的Miller从病牛外周血液淋巴细胞中分离到病毒。目前本病几乎遍及世界各养牛国家。我国于1974年首次发现本病，以后在许多省份相继发生，对养牛业的发展构成严重的威胁。

〔病原特性〕本病的病原体为反转录病毒科、致瘤病毒亚科，C型反转录病毒属的牛白血病病毒（Bovine leukemia virus，BLV）。病毒粒子呈球形，直径80～120纳米，芯髓直径60～90纳米，外包双层囊膜，膜上有11纳米长的纤突（图2-9-1）。囊膜下为二十面体对称的衣壳，衣壳内有一个细丝样螺旋对称的核蛋白结构，病毒基因组由单股RNA构成。病毒粒子内含有反转录酶，BLV的反转录酶与其他C型致瘤病毒的酶不同，需要镁而不是锰离子才能发挥最理想活性。反转录酶以病毒RNA为模板合成DNA前病毒，前病毒能整合到宿主

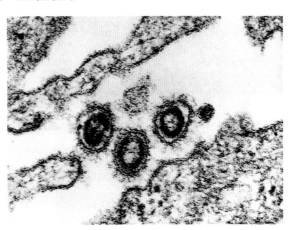

图2-9-1　牛白血病的病毒粒子

细胞的染色体上。据观察发现，本病毒是一种外源性反转录病毒，存在于感染动物的淋巴细胞DNA中。现在的研究表明，BLV仅感染B淋巴细胞，而不感染T淋巴细胞。

病毒有多种蛋白质，囊膜上的糖基化蛋白，主要有gp_{35}、gp_{45}、gp_{51}、gp_{55}、gp_{60}、gp_{69}等；芯髓内的非糖基化蛋白主要有P_{10}、P_{12}、P_{15}、P_{19}、P_{24}、P_{80}，其中以gp_{51}和P_{24}的抗原活性最高，用这两种蛋白作为抗原进行血清学试验，可以检出特异性抗体。

BLV对外环境和化学消毒药的抵抗力均弱，对乙醚、胆盐和温度较敏感，60℃以上迅速失去感染力；紫外线照射和反复冻融对病毒有较强的灭活作用；1%石炭酸和0.5%甲醛也能使其失活。

〔流行特点〕本病主要发生于奶牛，尤以4～8岁的成年牛最易感，其次是黄年和水牛等。病牛和带毒牛是本病的主要传染源，而乳、尿、粪和各种分泌物则是病毒扩散的主要方式。健康牛群发病，往往是由引进了感染的病牛，但一般要经过数年（平均4年）才出现肿瘤病例。血清流行病学调查结果表明，牛白血病病毒可通过垂直和水平途径传播。垂直传播主要是感染牛白血病病毒的母牛通过胎盘或经初乳传播给犊牛。水平传播主要是同群牛之间的接触感染或者说通过中间媒介在牛群之间传播。近年来证明吸血昆虫在本病传播上具有重要作用。病毒存在于淋巴细胞内，吸血昆虫吸吮带毒牛血液后，再去刺吸健康牛就可引起疾病传播。此外，被污染的医疗器械（如注射器、针头）、输血、疫苗接种、外科手术时所用器械等均可以传播本病。

有人指出，本病的发生似与遗传因素有关。感染的母牛在使本病由一个世代传给另一个世代上起着重要作用，从血统谱系上追查母牛及其后代与白血病发生的关系，可以看出本病呈明显的垂直传播。目前尚无证据证明BLV可以感染人，但要做出BLV对人完全没有危险性的诊断还需进一步研究。

〔临床症状〕本病有亚临床型和临床型两种表现。

1．亚临床型　此型较为常见，其特点是无肿瘤形成，主要为淋巴细胞增生，可持续多年或终身，但对病牛没有明显的影响。病牛虽然没有明显的临床表现，但部分病牛则可进一步发展为临床型；血液学检查时，白细胞总数虽在正常的范围内，但出现前淋巴细胞或不典型的淋巴细胞等异常的淋巴细胞（图2-9-2）。

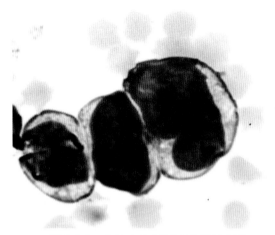

图2-9-2　血液中出现异形的淋巴细胞

2．临床型　病初，病牛体温一般正常，有时略为升高，生长缓慢，体重减轻。继之精神渐差，食欲减退，可视黏膜苍白，产奶量下降，易疲劳，喜卧地，不愿运动并呈现出进行性消瘦。体表的淋巴结如下颌淋巴结（图2-9-3）、颈浅淋巴结、髂下淋巴结和乳腺上淋巴结（图2-9-4）等一侧或对称性肿大，触摸时光滑、能移动，无热、无痛。

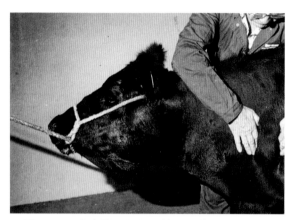

图2-9-3　病牛的下颌淋巴结和颈浅淋巴结肿大

图2-9-4　病牛消瘦，体表淋巴结肿大，肉垂和腹下水肿

病牛也常因病变发生的部位不同，而表现出不同的临床症状。当眼眶内的肿瘤组织增生时，可引起眼球突出（图2-9-5）；当受侵的眼睛继发感染时，可发生化脓性眼炎，角膜溃烂，眼球突出而失明（图2-9-6）。腹腔受侵害时，病牛的腹围逐渐增大，表现为消化不良、慢性胃肠臌胀，顽固性下痢，甚至排出带有血液的黑色粪便，直肠检查时可发现骨盆腔和腹腔有肿胀的淋巴结及肿块。若胸腔器官受累时，则呼吸困难，心跳加快，心音异常，心律不齐，病牛十分衰弱。当脊髓或脊神经受侵时，病牛运动出现障碍，严重时共济失调，不全麻痹或全麻痹。骨髓受累时，病牛明显贫

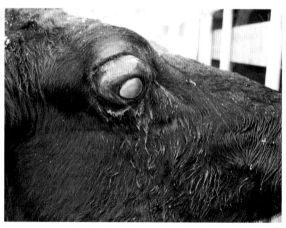

图2-9-5　眼窝内的肿瘤增生，使眼球突出，角膜混浊、干燥

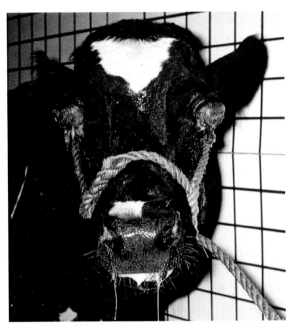

图2-9-6 眼球全部脱出，感染、溃烂而失明

图2-9-7 多数白细胞为体积较大、核型不整的淋巴细胞

血，可视黏膜苍白。肾、膀胱或尿道受侵时，病牛排尿量减少，排尿异常，甚至排尿困难，无尿排出，严重时可继发尿毒症。

血液学检查，淋巴细胞的比例明显增高，白细胞总数每立方毫米从正常可增高达3 000 000个，淋巴细胞可占98%之多；其中未成熟的淋巴细胞占绝大部分（图2-9-7）。

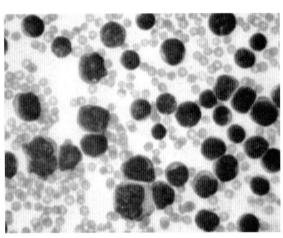

病牛的产奶量明显降低，一般在发病的第一、二年，产奶量降低15%～20%，第三、四年中降低40%左右，甚至完全停止。奶的质量也明显下降，主要表现为奶中的非必需氨基酸含量增高，而必需氨基酸的含量减少；胡萝卜素和维生素A的含量也降低。

出现临床症状的牛，通常取死亡转归，但其病程可因肿瘤病变发生的部位、程度不同而异。一般当病情发展快时，病牛常在数周即可死亡；反之，病情发展慢时，病牛可存活数年。

〔病理特征〕尸体消瘦，表面的骨形标志明显，贫血，可视黏膜苍白。具有特征性的变化是部分或周身淋巴结肿大，并在各个内脏器官、组织形成大小不等的结节灶或弥漫性肿瘤病灶。肿大的淋巴结多呈不整球形，由鸡蛋大到小儿头大，甚至更大（图2-9-8）。肿大的淋巴结表面常有增生的结缔组织包膜，切面呈鱼肉样，常伴有出血或坏死，质地柔韧或稍硬（图2-9-9）。全身大

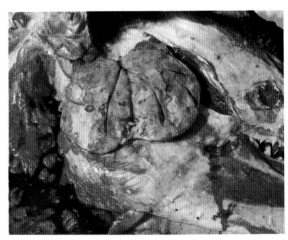

图2-9-8 体表淋巴结因肿瘤增生而明显肿大

图2-9-9 淋巴结肿大，切面呈鱼肉样

部分器官、组织均可见有肿瘤生长，但其多发部位是淋巴结（98％）、第四胃（90％）（图2-9-10）和心脏（77％）（图2-9-11）；其次是肾脏（53％）（图2-9-12）、脾脏（48％）、子宫（45％）（图2-9-13）、肝脏（38％）、肠管（31％）、眼眶（31％）和肺脏（21％）；还可见于膀胱，乳房，肾上腺，第一、二、三胃，以及齿龈、横膈、骨骼肌等处，但脑的病变少见。肿瘤组织多形成结节，突起于器官表面，切面亦呈鱼肉样，有些在表面见不到肿瘤结节的器官，切开后可见肿瘤组织呈浸润性生长。

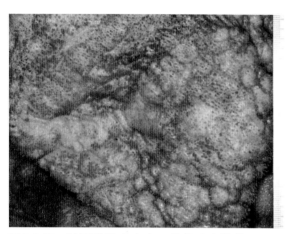

图2-9-10 皱胃黏膜有大小不等的肿瘤结节，切面呈黄白色

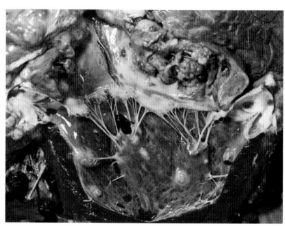

图2-9-11 切开右心室，心内膜下有粟粒大至黄豆粒大的肿瘤结节

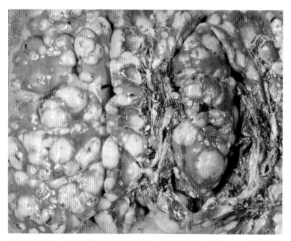

图2-9-12 肾组织中有榛子至核桃大灰白色肿瘤结节

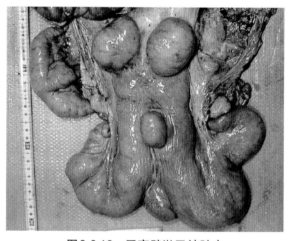

图2-9-13 子宫壁淋巴结肿大

　　镜检，肿瘤细胞可分为两类。一类体积大于正常淋巴细胞，称为成淋巴细胞（图2-9-14）。其胞浆丰富，呈强嗜派洛宁性，核呈多形性，一般呈圆形成椭圆形，多见核分裂象；另一类的体积较小，与小淋巴细胞相似，胞浆匮乏，细胞形态比较一致，呈弱嗜派洛宁性，核浓染，分裂象少。网状细胞突起互相交织成网，但分布疏密不等，肿瘤细胞散布于网状细胞构成的网眼内。上述两类肿瘤细胞可呈区域性分布，也可混合存在。眼观未见肿瘤病变的器官组织，镜下观察也常见到肿瘤细胞的浸润和增殖。由于肿瘤细胞的侵害和压迫，常导致被侵害器官、组织的细胞变性、坏死（图2-9-15）。

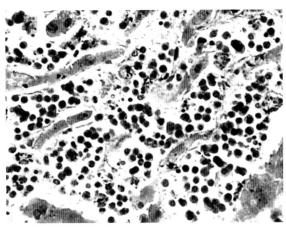

图2-9-14 肝组织内积聚许多体积大、分裂象多的成淋巴细胞

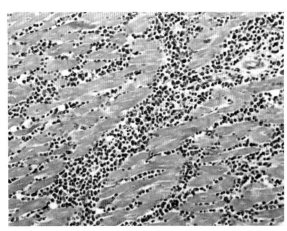

图2-9-15 心肌纤维间有大量肿瘤细胞浸润

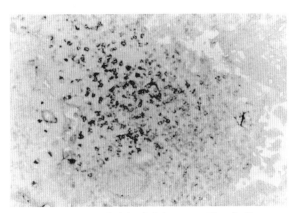

图2-9-16 肿瘤细胞来源于B1a淋巴细胞

通过运用抗表面膜免疫球蛋白（SmIg）单克隆抗体对肿瘤细胞检测表明，肿瘤细胞为SmIg阳性，因而认为流行性牛白血病的肿瘤细胞起源于B淋巴细胞；通过作者对B细胞亚群的研究，发现瘤细胞主要来源于B1a淋巴细胞（图2-9-16）；分子病理学研究表明肿瘤细胞在一定条件下可发生凋亡。

〔诊断要点〕诊断本病不能单纯依靠一种方法在生前进行确诊，而必须根据临床症状、病理变化、血液学检查和血清学检查等进行综合判定，其中被公认的血液学检查仍是一种较为普遍而常用的方法。

1.临床检查 如发现4～8岁的奶牛不明原因的渐进性消瘦，体表淋巴（腮、颈浅、髂下淋巴结等）肿大，直肠检查发现骨盆腔和腹腔的器官及淋巴结有增生变化，即可初诊为本病。

2.血液学检查 淋巴细胞增多症经常是发生肿瘤的先驱变化，它的发生率远远超过肿瘤的形成。因此，检查血象变化是诊断本病的重要依据，其特征是：白细胞总数明显增加，淋巴细胞增加（超过75%以上），出现成淋巴细胞（即所谓瘤细胞）。Goetze氏提出的判定标准是：白细胞总数在10 000～18 000个/毫米^3，淋巴细胞占60%～70%者为疑似；白细胞总数在18 000个/毫米^{3}以上，淋巴细胞的比例高于75%者为阳性。但也有认为每立方毫米淋巴细胞达9 000个者即可诊断为白血病。

3.病理学诊断 尸体剖检时可发现各器官的特征性肿瘤病变；并采取病变组织进行病理组织学检查，常能检出成淋巴细胞及大量分裂象，据此可做出诊断。活体组织检查时，如发现有成淋巴细胞，就可间接地证明机体内有肿瘤的存在。

4.血清学检查 根据牛白血病病毒能激发特异抗体反应的观察，已创立了用gp51和P24作为抗原的许多血清学试验，包括琼脂扩散、补体结合、中和试验、间接免疫荧光技术、酶联免疫吸附试验等，一般认为这些试验都比较特异，可用于本病的诊断。

据报道，应用聚合酶链反应（PCR）检测外周血液单核细胞中的病毒核酸，只需1～2个感染细胞即可做出诊断。

〔治疗方法〕 本病尚无特效疗法，一般只能根据病牛的临床反应而进行对症治疗。有人试验观察证明，给奶牛服用一定量的镁（氯化亚镁）或硒（亚硒酸钠）有预防白血病的作用。在日本曾有人用环磷酰胺、长春新碱、环胞苷和醋酸强的松龙等对患白血病的病牛进行治疗，结果证明，此种治疗可延缓肿瘤的恶化，延长病牛的利用年限。

〔预防措施〕 本病的发生特点是潜伏期长，发病缓慢，持续性感染，不易清除。因此，防治本病应以严格检疫、淘汰阳性牛为中心，包括定期消毒，驱除吸血昆虫，杜绝因手术、注射可能引起的交互传染等在内的综合性措施。

1. 平时预防 无病地区应严格防止引入病牛和带毒牛。从国外引进或国内购入种牛时，必须进行白血病检疫，发现阳性牛后必须立即淘汰，不得出售；阴性牛也必须隔离观察3～6个月，确认无病时方能混群。严格消毒和卫生管理制度，定时定点饲养，借以提高牛群的抵抗力。

2. 紧急预防 当发现牛群中有本病发生时，应立即将病牛剔出，坚决淘汰。对发病牛群的其余牛，要加强监督，进行必要的诊断检查，一旦有新的病例发现，也应及时屠宰处理；对检出的阳性牛，如因其他原因暂时不能扑杀时，应隔离饲养，控制利用。如果感染牛的数目较多（超过25%）或长期感染的牛群，也应采取果断的措施予以全部淘汰，用以防止白血病的传播。

疫场每年应进行3～4次临床、血液和血清学检查，不断剔除阳性牛；对感染不严重的牛群，可借此净化牛群。病公牛和病母牛所繁殖的犊牛不能留做种用，应隔离饲养，育肥后屠宰。病牛乳需经充分煮沸后方可食用；禁止用白血病病牛或疑似白血病牛的血液或内分泌腺制造治疗用药或食品。

兽医人员对常用的治疗器械如注射器、针头和剪毛剪等，应彻底消毒，严防交叉感染。在夏秋季节对牛舍及牛身可用1%敌百虫喷洒，借以消灭或减少吸血昆虫对本病的传播。

十、赤羽病

赤羽病（Akabane disease）又称阿卡班病，是牛、羊的一种虫媒病毒病。本病以流产、早产、死胎、胎儿畸形、木乃伊、新生胎儿发生关节弯曲-水脑畸形综合征（Arthrogryposis-hydranencephaly syndrome，AH综合征）为特征。

AH综合征于20世纪20年代首先在日本关东以西的奶牛群中暴发，以后在澳大利亚和以色列也有类似的报道，但其病原长期不明。直到1961年从日本群马县赤羽村的牛舍内采集的骚扰伊蚊和三带喙库蚊体内分离出病毒，乃命名为赤羽病病毒。随后证实澳大利亚、非洲和中东地区流行的AH综合征的病原也是这种病毒。本病现已遍及亚洲大多数养牛国家，1990年证实在我国的上海、北京、天津、山东、河北、陕西、甘肃、吉林、内蒙古、安徽、湖南等地也存有本病。本病的流行对养牛业的发展构成巨大威胁，已引起普遍重视。

〔病原特性〕 本病的病原体是布尼安病毒科、布尼安病毒属、辛波病毒群的赤羽病病毒（Akabane disease virus），也称为阿卡斑病毒。病毒颗粒呈球形（图2-10-1），直径90～100纳米，有时可见130纳米的大病毒；有囊膜，表面有糖蛋白纤突（图2-10-2）。病毒含单股RNA，由大、中、小3种分子组成，分别与核衣壳蛋白构成螺旋状核衣壳，核衣壳的直径为2～3纳米。病毒含4种蛋白，G_1蛋白、G_2蛋白、N蛋白和L蛋白。G_1和G_2蛋白为糖蛋白，具有血凝素活性和中和抗原位点，并决定病毒的毒力；N蛋白为核蛋白，具有补体结合抗原位点；L蛋白为脂蛋白，具有复制和转录活性。从感染细胞的超薄切片观察，已证明病毒是靠近高尔基体由出芽而增殖。

图 2-10-1　超薄切片中的病毒粒子
呈圆球形

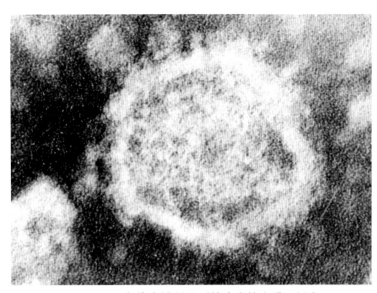

图 2-10-2　负染电镜所见到的病毒的囊膜及纤突

本病毒适于多种细胞培养，易增殖并产生细胞病变。病毒在动物体内主要存在于血液、肺、肝、脾、胎儿和胎盘中，以胎儿和胎盘的毒价为最高并能较长期分出病毒。将病毒接种鸡胚卵黄囊内，能引起鸡胚发生积水性无脑综合征、大脑缺损、发育不全和关节弯曲等畸形。

病毒不耐乙醚和氯仿，20%乙醚可在5分钟内使其灭活；对热（56℃可使之失活）、低pH和0.1%脱氧胆酸敏感。近来发现赤羽病病毒对鸽红细胞具有溶血作用，溶血活性在37℃时最高，0℃时几乎不发生；而这种溶血作用，可以特异性地被免疫血清所抑制。

〔流行特点〕妊娠的奶牛、黄牛、绵羊和山羊对本病最易感，围生期的胎儿常受到感染。有病牛羊和带毒动物是本病的主要传染源。病毒主要由吸血昆虫传播，在澳大利亚是短跗库蠓，在日本是三带喙库蚊和骚扰伊蚊，有的国家从按蚊体内分离到病毒，由于在牛体内检出抗体的时间，恰与短跗库蠓出现的时间相一致，故认为本病具有明显的季节性与地区性。在日本异常分娩发生于8月份，10月份达到高潮，并可一直延续到次年3月，但在同一地区连续2年发生的情况较少见。据报道，虫媒带毒后可借风力到达不同地区，再度叮咬易感动物引起流行。有试验证明，用本病病毒胸腔接种库蠓，病毒可在其体内复制并至少能在体内持续9天。

已证明妊娠仓鼠、牛、绵羊或山羊都能发生垂直感染。妊娠母牛被感染后，病毒可随血流感染胎盘，继而侵害胎儿，出现病毒血症。

〔临床症状〕感染本病的孕牛，体温反应和临床症状一般不明显。其特征性的表现是妊娠母牛异常分娩，多发生于妊娠7个月以上或接近妊娠期满的牛。感染初期，胎龄越大的胎儿越易发生早产，多产出体形异常的胎儿（图2-10-3）。中期因体形异常如胎儿关节弯曲、脊柱弯曲等而发生难产，即使顺产，新生犊也不能站立（图2-10-4）。后期多产出无

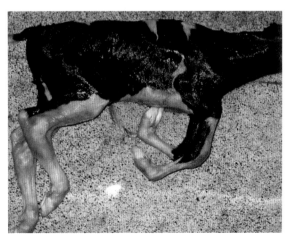

图 2-10-3　流产的死胎前肢弯曲，体形异

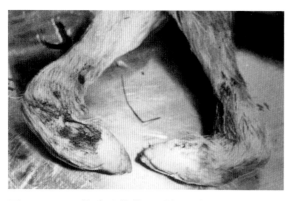

图2-10-4 两前肢腕关节分别向前或后方弯曲，不能站立

生活能力的犊牛（图2-10-5）或瞎眼的犊牛（图2-10-6）。

〔病理特征〕赤羽病病毒能致胎儿畸形，但母畜本身不受影响。因此，本病的主要特点是病犊体形异常、大脑缺损、肌肉萎缩、非化脓性脑脊髓炎和脊髓腹角神经元减数等。

1.体形异常 病牛的四肢和脊柱等关节异常弯曲，同时多数伴有大脑缺损。关节弯曲的犊牛常死产，腿部肌肉和脊柱发生萎缩或挛缩，一条或多条腿的关节僵硬（图2-10-7），也发现脊柱的外侧面或背腹面变形（图2-10-8），因此，常常需要截胎助产。这一病变除见于流行初期的流产胎儿外，几乎在整个流行过程中都可见到。关于其形成的原因，有人认为是由于正常的神经组织退行性变性所引起；有人认为是因为受侵害的肌肉的长度和体积缩小，因而造成肌肉萎缩的结果。

图2-10-5 病犊四肢屈曲，颈向后侧方弯曲，不能站立

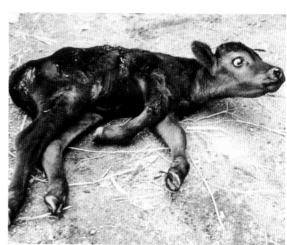

图2-10-6 病犊的眼球震颤、失明，前肢做回转运动

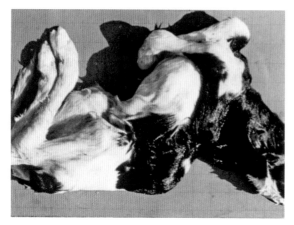

图2-10-7 流产的胎儿四肢异常，关节僵硬

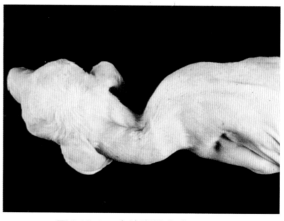

图2-10-8 病犊脊柱弯曲、变形

2. **大脑缺损（脑内积水）**   患有脑积水的犊牛，脑形成囊泡状空腔，完全没有大脑或仅有退化的痕迹（图2-10-9），脑膜内充满脑脊液（图2-10-10），病变轻者，常见大脑发育不全（图2-10-11）。这些病变主要发生于流行期的后半期，即从12月末到翌年3月之间多发。其程度可因胎龄的不同而有着明显的差别。

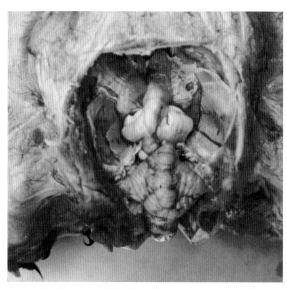

图2-10-9   病犊的大脑发育不良，脑干显露

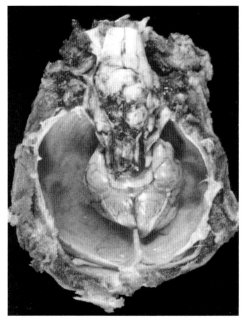

图2-10-10   病犊的大脑发育不全，颅腔
内充满脑脊液

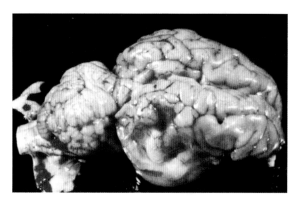

图2-10-11   病犊的大脑右半球发育不全

关于大脑缺损的形成原因，一般认为，在胚胎发生初期，柔弱的神经组织在病毒的作用下，首先在局部发生坏死崩解，其缺损部分逐渐扩大，脱落块被吸收，在空隙部分充满液体。由于感染的时期和程度不同，可见有脑回部完全消失，只残留脑底的脑干部分和颞叶的一侧或一部分的缺损等各种病变。

3. **肌肉萎缩**   病牛的骨骼肌变性、萎缩，皮下及肌肉内常见出血和胶样浸润（图2-10-12）。镜检，肌纤维不呈连续的纤维状，而出现断裂的小球形或纺锤形（图2-10-13）；或者虽然保持其长度，但肌纤维极细，并失去肌肉特有的红色而呈白色或黄色，光泽和弹力亦消失。这些肌肉的病变，有人认为是源于脊髓中枢的病变；有人认为是源于肌肉本身的病毒感染或者是与这两方面都有关系。

4. **非化脓性脑脊髓炎**   感染后不久导致的流产胎儿，在大脑、脊髓等即可见到病变。因而，在流行初期发生率高。其特点是：血管周

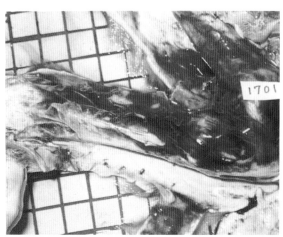

图2-10-12   肌肉萎缩，皮下及肌肉出血和胶样浸润

围淋巴样细胞浸润，神经细胞变性和神经胶质细胞增生等（图2-10-14）。这些病变和日本脑炎的病变相类似。

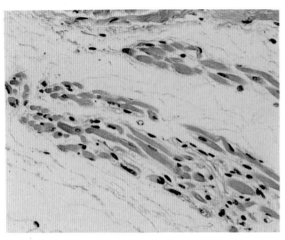

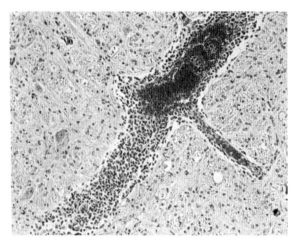

图2-10-13　躯干肌纤维发育不良　　　　图2-10-14　大脑出现血管套，呈非化脓性脑炎变化

5. 脊髓腹角神经元减数　主要见于流行中、后期的病例。通常认为是由于病毒感染，使神经细胞发生变性、坏死的结果。由于腹角神经细胞是骨骼肌的运动中枢，因此，认为这些中枢中神经细胞的消失，使其控制下的肌肉变性，与人的小儿麻痹的发病机制相类似。

〔诊断要点〕根据流行特点、临床表现和病理变化可做出初步诊断。赤羽病具有一定的经过、地区性和季节性，通常从8月末左右开始出现流产，随后产出体形异常的胎儿增多，或者是母牛没有任何变化即开始发生流产，产出大脑缺损、失明、虚弱等异常的犊牛等。

确诊必须进行实验室检查，包括病原学鉴定和血清学试验。病原学鉴定时，可将病料接种于小鼠脑内，一般在接种后6天左右发病，传第2代时2～5天死亡，收获鼠脑，分离病毒；或用免疫荧光技术检查病毒抗原。血清学试验，可用未吃初乳的新生犊牛或流产胎儿血清，做中和试验、琼脂扩散试验、补体结合试验、血凝和血凝抑制试验、酶联免疫吸附试验或斑点免疫吸附试验。在上述各种血清学试验中，以中和试验结果较为可靠。

〔类症鉴别〕引起牛流产的原因很多，有的是非传染性的，也有传染性的，前者如遗传因素、植物、饲料、农药和化肥中毒、营养和激素的不平衡等；后者如真菌、毛滴虫、钩端螺旋体、弯杆菌、布鲁氏菌、李氏杆菌、边界病病毒、副流感3型病毒、牛传染性鼻气管炎病毒、蓝舌病病毒、细小病毒等。因此，对本病的诊断应注意流产发生的特点并与上述疾病进行鉴别。

〔治疗方法〕本病尚无有效的治疗方法，仅能采取对症治疗，即对流产的母牛可根据情况而注射青霉素、链霉素或磺胺等广谱抗生素，借以防止子宫内膜炎或继发性感染；如果病牛的机体虚弱也可注射10%葡萄糖，借以增强机体的能量供给；如果恶露多时还需注射适量的碳酸氢钠以防止酸中毒。

〔预防措施〕有计划地定期注射疫苗是预防本病的重要措施。据报道，日本和澳大利亚用甲醛灭活的细胞培养病毒，添加磷酸铝胶作为佐剂而制成的灭活苗，在流行季节到来之前，给妊娠母牛和计划配种牛接种两次，免疫效果良好。我国预防本病的疫苗尚在开发研究过程中，因此，防止引进病牛，加强检验力度，改善环境卫生和彻底消灭吸血昆虫及其滋生地则能有效地预防本病。

十一、轮状病毒感染

轮状病毒感染（Rotavirus infection）主要是发生于犊牛（又称新生犊牛腹泻，Neonatal calf diarrhea）等多种幼龄动物的一种急性肠道传染病，以腹泻和脱水为特征，成龄动物多呈隐性感染。

犊牛轮状病毒是由 Mebus 等（1968年）在美国内布拉斯加州犊牛腹泻病例中发现的。近年来，世界许多国家都有发生本病的报道，我国于1981年首次从患腹泻病的犊牛病例中分离到病毒，此后，又从多种腹泻动物中分离到病毒。本病不仅感染率高，有时发病率也相当高，对养牛业和畜牧业的发展都有较大的危害，因此受到了人们的关注。

〔病原特性〕 本病的病原体为呼肠孤病毒科、轮状病毒属的轮状病毒（Rotavirus）。人和各种动物的轮状病毒在形态上无法区别，它们的基因组均由11个双股RNA片段组成，呈圆形，正二十面体对称，直径65～75纳米。病毒粒子由内外双层衣壳和芯髓组成。其中央为由核酸构成的一个电子致密的六角形芯髓，内衣壳由32个呈放射状排列的圆柱形壳粒组成，外衣壳为连接于壳粒末端的光滑薄膜状结构，使该病毒形成特征性的车轮状外观而得名（图2-11-1）。

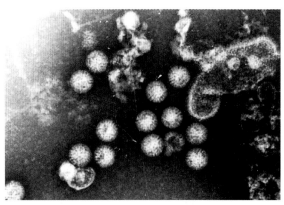

图2-11-1　轮状病毒粒子

轮状病毒根据其群特异性抗原不同而分为A、B、C、D、E、F 6个血清群，其中A群和B群可感染牛。轮状病毒很难在细胞培养中生长繁殖，有的即使增殖也不产生或仅产生轻微的细胞病变，但用荧光抗体染色时，可检出病毒感染的细胞（图2-11-2）。引起新生犊牛腹泻的轮状病毒可在恒河猴胎肾传代细胞株（MA-104）单层中产生明显的蚀斑。

本病毒与同科的其他成员无抗原关系。各种动物和人的轮状病毒内衣壳具有共同抗原（群特异抗原），可用补体结合、免疫荧光、免疫扩散和免疫电镜检查出来。由于病毒的外衣壳有型特异抗原，所以从人和各种动物分离的轮状病毒，一般可用中和试验和酶联免疫吸附

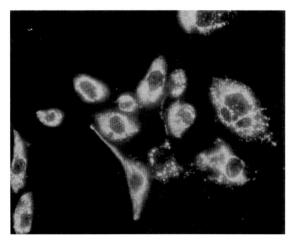

图2-11-2　用荧光抗体在培养物中检出轮状病毒感染的细胞

试验予以区别。值得指出，当血清中抗体浓度高时可能出现交叉中和现象，但同源痊愈血清的中和滴度要比异源者高。

轮状病毒对理化因素有较强的抵抗力，在室温能保存7个月；在pH 3～9的范围内稳定；能耐超声波震荡和有机溶剂的作用；加热60℃ 30分钟仍存活，但63℃ 30分钟则被灭活。1%福尔马林在37℃条件下须经3天才能使之灭活，0.01%碘、1%次氯酸钠和70%酒精可使病毒丧失感染力。

〔流行特点〕 本病可发生于包括牛、羊、猪、马、兔、鹿、叉角羚、猴、犬及家禽等多种动

物。其中牛病已见报道的有奶牛、黄牛、水牛和牦牛，以三周龄以下犊牛最易感，严重的疾病出现于生后一周内。患病的人、病畜和隐性患畜是本病的传染源。病毒主要存在于肠道内，随粪便排到外界环境，污染饲料、饮水、垫草及土壤等，经消化道途径传染易感家畜。痊愈动物从粪中持续排毒至少3周。病畜痊愈所获得的免疫主要是细胞免疫，对病毒的持续存在影响时间不长，所以痊愈动物可以再感染。成年家畜可以受到新生病畜的传染。

值得强调指出：轮状病毒可以从人或一种动物传染给另一种动物，只要病毒在人或一种动物中持续存在，就有可能造成本病在自然界中长期传播，成为本病普遍存在的重要因素。另外，隐性感染的成龄动物不断排出病毒，畜群一旦发病，随后将每年连续发生。

本病传播迅速，多发生在晚秋、冬季和早春季节。应激因素，特别是寒冷、潮湿、不良的卫生条件和其他疾病的袭击等，均对本病的严重程度和病死率有很大影响。

〔临床症状〕本病多发生在1周龄以内的新生犊牛，成龄牛多呈隐性感染。潜伏期一般为15～96小时，病程为1～8天。病初，病犊精神委顿，体温正常或略有升高，厌食，腹泻，排出黄白色或乳白色黏稠的粪便，肛周常附有大量黄白色稀便（图2-11-3）。继之，腹泻明显，病犊排出大量黄白色或灰白色水样稀便，病犊的肛周、后肢内侧及尾部常被稀便污染（图2-11-4），在病犊的圈舍内也能见到大量灰白色稀便（图2-11-5）；有的病犊还排出带有黏液和血液的稀便；有的病犊肛门括约肌松弛，排粪失禁，不断有稀便从肛门流出（图2-11-6）。严重的腹泻，则引起犊牛明显脱水，眼球下陷（图2-11-7），严重时，全身皮肤干燥，被毛粗乱，病犊不能站立（图2-11-8）。最后多因心力衰竭和代谢性酸中毒，体温下降到常温以下而死亡。

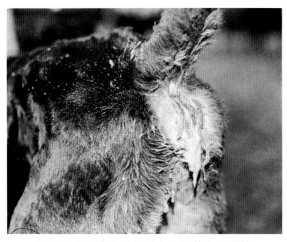

图2-11-3　犊牛肛周附有大量黄白色稀便

图2-11-4　病犊肛门、后肢内侧及尾部附有大量稀便

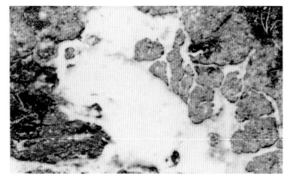

图2-11-5　牛舍的地面有大量乳白色水样痢便

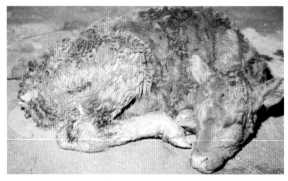

图2-11-6　病犊全身被稀便污染，并见稀便不断从肛门流出

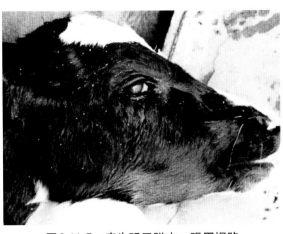

图2-11-7 病牛明显脱水，眼周塌陷

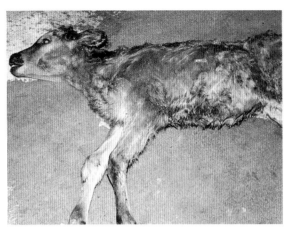

图2-11-8 病犊严重脱水，全身衰竭，不能站立

　　本病的发病率高达90%~100%，病死率可达50%。恶劣的寒冷气候常使许多病犊在腹泻后暴发严重的肺炎而死亡。又据报道，犊牛轮状病毒在临床上通常不单独起作用，常伴发感染冠状病毒、致病性大肠埃希氏菌、沙门氏菌或隐孢子虫等，从而引起新生犊牛腹泻。单独轮状病毒感染的腹泻，症状较缓和而短暂。

　　〔病理特征〕死于轮状病毒肠炎的犊牛常小于3日龄。病犊由于水样腹泻而迅速脱水，从而导致腹部蜷缩及眼窝下陷。病变主要限于消化道。眼观，胃壁弛缓，胃内充满凝乳块和乳汁。小肠肠壁菲薄，半透明，内含大量气体（图2-11-9），内容物呈液状、灰黄或灰黑色，一般不见充血及出血，但有时在小肠伴发广泛性出血（图2-11-10），肠系膜淋巴结肿大。镜检，组织学病变随患病犊牛感染后的时间不同而异。小肠前段绒毛上端2/3的上皮细胞首先受感染，随后感染向小肠中、后段上皮发

图2-11-9 肠内有大量气体，肠壁菲薄

展。腹泻发生数小时后，全部感染细胞脱落，并被绒毛下部移行来的立方或扁平细胞所取代。绒毛粗短、萎缩而不规则，并可出现融合现象（图2-11-11）。隐窝明显肥大及固有层中常有单核细胞、嗜酸性粒细胞或中性粒细胞浸润。

图2-11-10 回肠壁肥厚，有明显的皱襞和出血

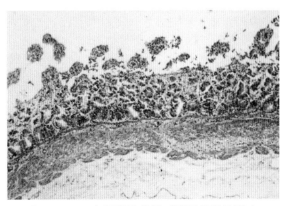

图2-11-11 空肠黏膜的绒毛明显短缩和融合

〔诊断要点〕根据本病发生在寒冷季节、多侵害犊牛、发生水样腹泻、发病率高和病变集中在消化道，小肠变薄、内容物水样、镜下见小肠绒毛短缩等特点可做出初步诊断。

实验室确诊首推电镜检查，其次为免疫荧光抗体技术。纯净粪便或小肠后段内容物，应用直接电镜或免疫电镜法，根据病毒的形态特征容易做出诊断。组织培养分离病毒、酶联免疫吸附试验、对流免疫电泳、凝胶免疫扩散试验或补体结合试验也可应用。一般在腹泻开始后的24小时内，采小肠及其内容物或粪便作检查病料。小肠做冰冻切片或涂片进行荧光抗体检查和感染细胞培养物。另外，对组织内或在粪便中的脱落感染细胞应用免疫荧光技术可以证实轮状病毒。

〔治疗方法〕发现病犊后应立即将其隔离在清洁、消毒、干燥和温暖的牛舍内，加强护理；同时停止哺乳，用葡萄糖盐水或葡萄糖甘氨酸溶液（葡萄糖22.55克，氯化钠4.75克，甘氨酸3.44克，柠檬酸0.27克，枸橼酸钾0.04克，无水磷酸钾2.27克等溶于1升水中即成）给病犊自由饮用。实践证明，严重病犊在饮用上述代乳品后可获痊愈，而继续摄乳则是有害的。与此同时，应及时进行对症治疗，如用收敛止泻剂制止腹泻，可用活性炭10～30克，鞣酸蛋白5～10克，次硝酸铋5～10克，磺胺脒10克混合，一次灌服；用抗生素防止继发性感染，用吡哌酸片每次2～4片，或链霉素100万～200万单位或新霉素3～4片，加水内服；及时补液补碱防止酸中毒和脱水，用葡萄糖盐水1 000毫升，5%碳酸氢钠100毫升，静脉注射，连用3～5天。全身症状明显时，可用庆大霉素8万～12万单位肌内注射，或红霉素60万～90万单位静脉注射，必要时还可注射葡萄糖酸钙和安钠咖等。

〔防治措施〕本病的预防主要依靠加强饲养管理，认真执行一般的兽医防疫措施，增强母牛和犊牛的抵抗力。研究证明，肠道局部免疫作用比全身免疫作用更有效，特别是初乳中的抗体至关重要。因此，在疫区要做到新生犊牛及早吃到初乳，接受母源抗体的保护以减少和减轻发病。应该强调指出：一定量的母源抗体只能防止腹泻的发生，而不能消除感染及其排毒。

据报道，美国已制成了两种预防牛轮状病毒感染的疫苗。一种是弱毒苗，于犊牛出生后吃初乳前经口给予，2～3天就可产生坚强的抗强毒感染力，另一种是福尔马林灭活苗，分别在产前60～90天和30天给妊娠母牛注射两次，使母牛免疫，产生高效价抗体，通过初乳转移给新生犊牛，有效地保护犊牛安全地渡过易感期。

我国已用MA-104细胞系连续传代，研制出牛源弱毒疫苗。用牛源弱毒疫苗免疫母牛，所产犊牛30天内未发生腹泻，而对照组22.5%的犊牛发生腹泻。说明本疫苗具有良好的保护作用。

〔公共卫生〕轮状病毒病是一种全球流行性人畜共患的病毒病。人和动物感染的共同特点是：病原基本相同，虽然轮状病毒有6个血清型，但大多引起动物发病的病毒也可感染人；发病对象相似，都是感染机体抵抗力较低的幼畜或婴幼儿；发病季节相同，多为秋冬和早春；临床症状相近，均出现水样腹泻和脱水。这种感染的特点可以提示人畜之间的感染是同步的，也可能是互感的。本病的感染源主要是病人、病畜或阴性感染者，主要的传播途径是消化道，被污染的食物和餐具是传播的媒介。人类主要感染5岁以下的幼童，发病率可占腹泻病例的50%。感染轮状病毒后，患儿初期常有感冒症状，如咳嗽、鼻塞、流涕，半数患者还会发热，但大多数是低热，继之出现发热、呕吐和腹泻。大便呈白色、黄色或绿色蛋花汤样，大多没有特殊的腥臭味，每天可达十几次，严重时出现水样便腹泻。腹泻可能持续4～5天，严重者还会因电解质紊乱导致脱水，部分患儿还会出现抽搐、心肌损害、脾大、血小板减少等症状，甚至引起死亡。因此，一旦幼儿发生发热、呕吐和腹泻时，应及时到正规医疗机构就诊，并根据医嘱接受治疗。

十二、牛海绵状脑病

牛海绵状脑病（Bovine spongiform encephalopathy，BSE）又名"疯牛病"（Mad cow disease），是发生于牛科动物和人类的慢性致死性大脑退化的病毒性传染病，为传染性海绵状脑病群之一。本病主要临床特点是潜伏期长，发病隐蔽，病程长，患牛行为反常，共济失调，轻瘫，体重减轻；中枢神经系统的病理组织学病变以脑灰质和脑干某些神经核的神经元空泡化及神经纤维的髓鞘脱失为特征。

本病于1985年4月首次发现于英国，1986年11月Wells等对始发病例作了中枢神经系统的病理组织学检查后，定名为牛海绵状脑病，并于1987年首次报道。在英国，本病首先暴发于该国东南部各郡，1987年9月后逐渐扩展，目前几乎蔓延到整个英国。至1997年累计确诊的病牛高达168 578例，涉及33 000多个牛群。据报道，本病以奶牛发病率最高，可达12%，而肉牛群发病率较低，一般仅为1%。

目前的研究初步认为，本病是因奶牛被饲喂了污染绵羊痒病或牛海绵状脑病的骨肉粉（高蛋白补充饲料）而引起的；同时还发现了一些怀疑由于食用了病牛肉及其奶产品而被感染的人，即克-雅氏病患者，因而引发了一场震动世界的轩然大波。欧盟国家以及美洲、亚洲、非洲等包括我国在内的三十多个国家（地区）已先后禁止从英国进口牛及其产品，给英国养牛业造成莫大的经济损失。目前，本病除发生于英国外，瑞士、阿曼、德国、葡萄牙、法国、德国、美国、加拿大和日本等国奶牛也有类似疾病发生的报道，故应引起我们高度重视。

〔病原特性〕本病的病原体目前认为与绵羊痒病的病毒密切相关，是一种朊病毒（Prion）。一般认为，BSE是因"痒病相似病原"跨越了"种属屏障"引起牛感染所致。朊病毒是一种不含核酸，有部分蛋白酶抗性和感染性的蛋白粒子，大小为50～200纳米，核心部分为4～6纳米的细小纤维状物。

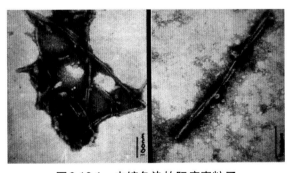

图2-12-1 电镜负染的朊病毒粒子

1986年Well首次从BSE病牛脑乳剂中分离出痒病相关纤维（SAF）；次年，Scott等将BSE病牛脑制成新鲜的脑组织匀浆通过电镜负染检出了与绵羊痒病病毒在形态结构上相一致的纤丝（图2-12-1）。经对该纤丝的分子研究发现其氨基酸组成亦与绵羊痒病病毒相似。1988年Fraser将BSE病牛脑组织匀浆接种于小鼠，结果产生了与绵羊痒病相似的临床症状和中枢神经系统病变。通过以上的调查研究，证明BSE的病原为绵羊痒病的朊病毒，但与感染痒病绵羊无直接接触关系。新近的研究表明，朊病毒蛋白存在于所有有机体中，当其同特殊受体结合时对于机体神经系统的长期完整性非常重要，只有当其发生突变后，才会诱发疯牛病，出现致死性的大脑退化。现在已知感染性的朊病毒是由位于神经元细胞膜上名为PrPC（Cellular prion protein）的正常朊病毒蛋白的折叠缺失所组成，感染性的朊病毒一般通过"绑架"PrPC并将其转化为感染性的粒子来进行扩增。深入的研究发现，缺失*PrPC*基因的小鼠往往会经历周围神经系统的慢性疾病，原因就是，敏感神经纤维周围的神经膜细胞不会再形成绝缘层来保护神经组织了。由于绝缘髓磷脂的缺失，即神经纤维的髓鞘脱失（图2-12-2），末梢神经就会失去功能，从而导致运动系统的障碍，并出现特异性神经症状。

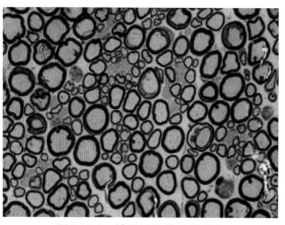

图2-12-2 神经纤维的髓鞘脱失

本病原的抵抗力极强，一般能使病毒灭活的方法对之均无效，如对紫外线不敏感，甲醛对之无灭活作用，在121℃的高温中可耐受30分钟以上，对强酸、强碱也有很强的抵抗力，使用2%～5%次氯酸钠或90%的石炭酸经2小时以上才能使之灭活。研究证明，朊病毒对硫氰酸胍较敏感，用之消毒具有较好的效果。

〔流行特点〕本病的发生与牛的品种、性别、泌乳期或妊娠期以及管理因素无关，英国的所有品种牛均易感，据调查，感染本病的牛，其品种多达18种。除了牛发生外，其他牛科动物，如非洲林羚、大羚羊、瞪羚、白羚、金牛羚、弯月角羚和美欧野牛等均可感染，同时还可传染给人。患痒病的绵羊、病牛和带毒牛是本病的传染源。奶牛主要是由于摄入混有痒病的病羊或病牛的下脚料，特别是用大脑加工成的骨肉粉而经消化道感染的。据近年来英国大量调查研究表明，自1978—1982年间大多数化制厂停止应用有机溶媒（烃化合物）提炼屠宰厂动物尸体和废弃物中脂肪的方法，而改用其他方法进行化制，随后将用肉和骨骼制成的肉粉和骨粉作为动物性蛋白质饲料饲喂动物，致使潜入其中的绵羊痒病病毒未能完全灭活，牛摄食此种动物性蛋白质饲料后经过数年潜伏期而发病。

图2-12-3 患痒病的绵羊脱毛，皮肤红肿

调查结果表明，迄今未发现牛群中的隐性遗传或垂直传播，也未发现由病牛直接传染给人和其他动物的病例。

〔临床症状〕BSE的潜伏期很长，为2～8年，平均为5年。虽然犊牛感染本病的危险性非常高，约为成年奶牛的30倍，但发病牛的年龄为3～11岁，多集中于4～6岁青壮年奶牛，2岁以下和10岁以上的牛很少发生。其多为地方性散发，病程一般为14～180天。

病牛临床所见的一般症状为：食欲正常，粪便坚硬，体温偏高，呼吸频率增加，泌乳量明显减少或停止，血液生化测试无明显异常。患痒病的绵羊有明显的瘙痒和脱毛，皮肤常因摩擦而红肿（图2-12-3）。病牛虽无明显瘙痒，但却不断摩擦臀部、肩背部，致使该部皮肤被毛脱落或破损。

本病特征性的临诊症状是不尽相同的神经症状，主要表现为：最初，病牛行为反常，反应迟钝，目光呆滞，经常两后肢叉开低头呆立（图2-12-4）。继之，神经过敏，烦躁不安，对声音和触摸过分敏感，常由于恐惧、狂躁而表现出乱踢乱蹬等攻击性行为。运动时，病牛共济失调（图2-12-5），通常以后肢的表现明显，背腰僵硬，运动不灵活（图2-12-6），步态不稳以致摔倒。少数病牛可见头部和肩部肌肉颤抖和抽搐，继而卧地不起，伴发强直性痉挛（图2-12-7）。耳对称性活动困难，常一只伸向前，另一只向后或保持正常。最后，病牛常因极度消瘦、衰竭而死亡。

图2-12-4 病牛两后肢叉开，低头呆立

图2-12-5 病牛体重减轻，不安，后躯运动失调

图2-12-6 病牛背腰拱起，左旋回时后肢不灵活

图2-12-7 病牛卧地不起，肢体僵硬

〔病理特征〕 本病剖检时除见病牛消瘦、贫血，偶见体表外伤外，通常不见明显病变。

病理组织学检查主要病变位于中枢神经系统，表现为脑干灰质发生两侧对称性变性。在脑干的神经纤维网（Neuropil）中散在中等量卵圆形与圆形空泡或微小空腔，后者的边缘整齐，很少形成不规则的孔隙。脑干的神经核，主要是迷走神经背核、三叉神经脊束核与延髓孤束核、前庭核、红核及网状结构等的神经元核周体（Perikarya）和轴突含有大的境界分明的胞浆内空泡。空泡为单个或多个（图2-12-8），有时显著扩大，致使胞体边缘只

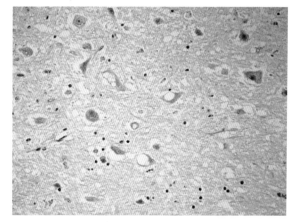

图2-12-8 神经细胞内有多少不等的空泡

剩下狭窄的胞浆而呈气球样（图2-12-9）。神经纤维网和神经元的空泡内含物，用石蜡切片进行糖原染色及冰冻切片作脂肪染色，均不着色而呈透明状（图2-12-10）。此外，在一些空泡化和未空泡化的神经元胞浆内尚见类蜡质-脂褐素颗粒沉积，有时还见圆形及单个坏死的神经元，偶见噬神经现象和轻度胶质细胞增生，但脑干实质的血管周围有少数单核细胞浸润。

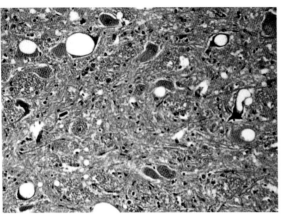

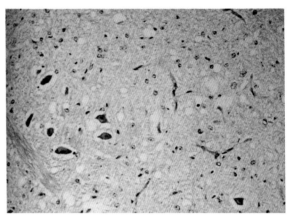

图2-12-9 神经细胞内有气球样空泡　　　图2-12-10 脊束核周的神经纤维网中有大量空泡

BSE病牛的脑干神经元和神经纤维网空泡化具有明显的证病意义，与健康牛所见者迥然不同。

〔诊断要点〕根据特征的临诊症状和流行病学特点可以做出BSE的初步诊断。由于本病既无炎症反应，又不产生免疫应答，迄今尚难以进行血清学诊断。所以对疯牛病的定性诊断，目前仍以大脑病理组织学检查为主。据Well等报道，脑干的空泡变化，特别是三叉神经脊束核和延髓孤束核的空泡变化，对诊断BSE的准确率高达99.6%。此外，还可用免疫组织化学法，检查脑部的迷走神经核群及周围灰质区的特异性朊病毒蛋白（Prion protein，PrP）的蓄积；用电镜检查痒病相关纤维蛋白类似物；用免疫印记技术检测新鲜或冷冻脑组织抽提物中特异性PrP异构体等。

〔治疗方法〕本病尚无有效的治疗方法，一旦发现，应立即扑杀，焚毁和深埋。

〔防治措施〕为了控制本病，在英国规定捕杀和销毁患牛；禁止在饲料中添加反刍动物蛋白（肉骨粉等）；严禁病牛屠宰后供食用，禁止销售病牛肉。近年来已有不少国家（包括我国）禁止从英国进口奶牛、牛精液、胚胎和任何肉骨粉等，以防止该病传入国内。

我国尚未发现疯牛病，但仍有从境外传入的可能，因为曾有从国外引进的绵羊出现类似痒病的报道。为此，要加强口岸检疫和邮检工作，严禁携带和邮寄牛肉及其产品入境。还应建立疯牛病监测系统，对疯牛病采取强制性检疫和报告制度。一旦发现可疑病例，要立即上报，并应立即屠宰病牛，并取大脑各部位组织作神经病理学检查，如符合疯牛病的诊断标准，对其接触牛群亦应全部处理，尸体深埋3米以下。过去提倡焚烧，但病牛经过焚化处理，其灰烬中仍然有病毒，还可能会因此而散播。因此，将病牛的尸体深埋，是最好的处理方法。

〔公共卫生〕本病对人类的感染通常是因为下面几个因素：①食用感染了疯牛病的牛肉及其制品，特别是从脊椎剔下的肉（一般德国牛肉香肠都是用这种肉制成），特别是喜欢食用牛脑的人，感染概率大增。②某些化妆品除了使用植物原料之外，也有使用动物原料的成分，所以化妆品也有可能含有疯牛病病毒（化妆品所使用的牛羊器官或组织成分有：胎盘素、羊水、胶原蛋白等）。③环境污染直接造成的。据认为环境中超标的金属锰含量可能是"疯牛病"和"克-雅氏病"的病因。因此，人们应防范和控制这些因素，借以预防本病。

十三、水疱性口炎

水疱性口炎（Vesicular stomatitis）又名鼻疮（Sore nose）、口疮（Sore mouth）、伪口疮

(Pseudoaphthosis)、"烂舌症""牛及马的口溃疡",是由病毒引起的一种急性高度接触性传染病，以在病牛、病马、病猪等动物的舌、齿龈和口腔黏膜，乳头、蹄冠和指（趾）间等处的皮肤发生水疱及糜烂为特征。鹿和人呈隐性感染或短期发热。

本病于19世纪初发生于北美洲，之后又在南非的牛、马、骡中发生。1916年第一次世界大战期间，本病随美国军马传至欧洲，继之在非洲、南美洲广泛流行，并蔓延到亚洲。

〔病原特性〕本病的病原体是弹状病毒科、水疱病毒属的水疱性口炎病毒（Vesicular stomatitis virus，VSV）。VSV粒子呈子弹状或圆柱状（图2-13-1），其大小为176纳米×96纳米，含单股RNA，表面囊膜有均匀密布的短突起，其中含有病毒型的特异性抗原成分，粒子内部为密集盘卷的螺旋状结构。VSV含有三种蛋白质，囊膜糖蛋白决定中和抗体；核蛋白和基质蛋白能刺激固定补体的抗体，可用免疫琼脂凝胶扩散试验进行检测。应用中和试验和补体结合试验，将VSV分为两个血清型。其代表株分别为印第安纳（Indiana）株和新泽西（New Jersey）株，两株之间没有共同的抗原，

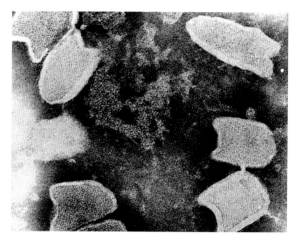

图2-13-1　水泡性口炎的病毒粒子

不能进行交互免疫。印第安纳株又分三个亚型：印第安纳1为典型株；印第安纳2包括可卡株和阿根廷株；印第安纳3为巴西株。

VSV可在7～13日龄的鸡胚绒毛尿囊膜上及尿囊内生长，于24～28小时内使鸡胚死亡；将VSV接种在马、牛、猪、绵羊、兔、豚鼠的舌面内可发生水疱，但接种于牛肌肉内则不发病；对乳鼠无论经何途径感染，均可发生致死性传染。序列分析表明，VSV基因组是一个单一的负链。在病毒进入易感细胞质的过程中，基因组借助于结合在病毒子上的多聚酶转录为mRNA，mRNA又可翻译产生5种蛋白：L蛋白与NS核心蛋白一起构成病毒多聚酶；G蛋白是一种糖基化的膜蛋白；M蛋白是未糖基化的膜蛋白；N蛋白为核蛋白。病毒在胞浆中复制，经细胞膜芽生而成熟。VSV在细胞培养物中能复制很高的病毒滴度，而且在这个过程中产生很高滴度的干扰素。

VSV对环境因素不稳定，对有机溶剂敏感。2%氢氧化钠或1%福尔马林能在数分钟内杀死病毒。病毒在4～6℃温度下于含50%甘油的磷酸盐缓冲液中（pH7.5）可活存4～6个月。

〔流行特点〕本病能侵害多种动物，牛、马、猪和猴子较易感，绵羊、山羊、犬和家兔一般不易感染；人与病畜接触也易感染。实验证明，易感宿主可因病毒型不同而有所差异，牛、马、猪是新泽西型病毒的主要自然宿主，而印第安纳型病毒曾引起牛和马的水疱性口炎流行，但不引起猪发病。

病畜和患病的野生动物是本病的主要传染源；皮肤和黏膜的损伤以及昆虫叮咬是本病的主要传播途径。实验证明，在牛舌内接种病毒24小时后血液和唾液中含有病毒，并能持续66小时。只有当水疱出现（大约感染后5天）时直接接触传染才获得成功，在这一期，唾液有传染性。病毒随病畜的水疱液和唾液排出，通过与损伤的皮肤和黏膜接触而感染；或通过双翅目的昆虫为媒介由叮咬而感染（曾从白蛉及伊蚊体内分离到病毒）；也可通过污染的饲料和饮水经消化道感染；奶牛群则可通过挤奶进行传播。

本病的发生具有明显的季节性，多见于夏季及秋初，而秋末和冬季则趋平息。本病虽可暴

发，但传播较慢，一般不形成广泛的流行。

〔临床症状〕本病的潜伏期，自然感染者较长，为3～5天；人工感染者较短，一般为1～3天。病初，病牛精神沉郁，体温升高达40～41℃，食欲减退，反刍减少，大量饮水，口黏膜及鼻镜干燥，耳根发热，在舌、唇和硬腭黏膜上开始出现特征性小水疱（图2-13-2）。病变开始时出现小的发红斑点或呈扁平的苍白丘疹，后者迅速变成粉红色的丘疹和糜烂（图2-13-3），有时丘疹周围的小水疱大量破溃，于是在唇面及齿龈黏膜（图2-13-4）和舌面上（图2-13-5）形成大面积糜烂和溃疡。在一般情况下，丘疹互相融合，经1～2天形成直径2～3厘米的水疱，水疱内充满清亮或微黄色的浆液。相邻水疱再相互融合，或者在原水疱的基础上进一步形成内含透明黄色液体的大水疱。继之，水疱破裂，水疱液流失（图2-13-6），疱皮脱落后，则遗留浅而边缘不齐的鲜红色糜烂和溃疡（图2-13-7），与此同时病牛流出大量清亮的黏稠唾液，有时呈丝状挂在病牛的口角（图2-13-8）。病牛采食困难，并因口腔疼痛而不时咂唇，有时病牛在乳头及蹄部（图2-13-9）也可能发生水疱和溃疡。如果继发细菌感染，水疱变成脓疱，脓疱破溃愈合时则形成疤痕。

本病的病程一般为1～2周，转归良好，极少死亡。

〔病理特征〕VSV可能通过两种方式侵入细胞：①病毒以子弹形粒子的平端吸附于细胞表面，病毒囊膜与细胞膜融合，释出核蛋白（核衣壳）于细胞质内；②细胞表面膜凹入，将整个

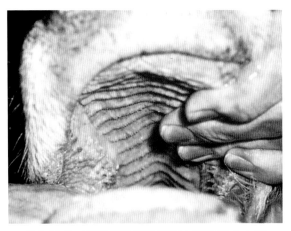

图2-13-2　硬腭与齿龈黏膜面上有许多小水疱

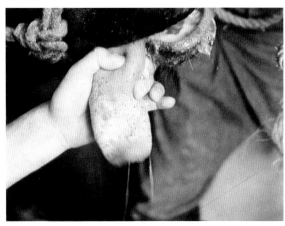

图2-13-3　病牛舌面有大小不等的丘疹和水疱

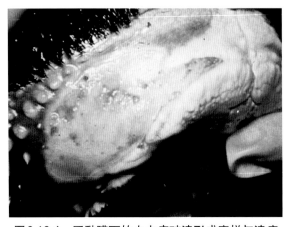

图2-13-4　唇黏膜面的小水疱破溃形成糜烂与溃疡

图2-13-5　病牛舌面形成的糜烂及溃疡

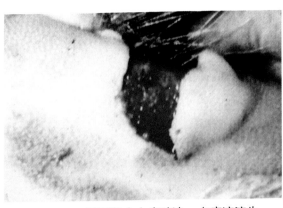

图2-13-6　舌面的大水疱破溃，水疱液流失

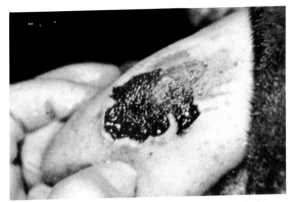

图2-13-7　舌面的大水疱破溃后形成的溃疡

图2-13-8　病牛口腔内有大量黏稠的唾液流出

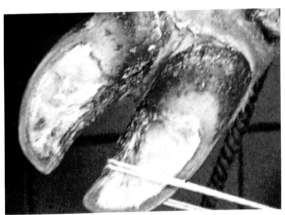

图2-13-9　蹄冠部和趾间的水疱破裂而形成溃疡

病毒粒子包围吞入胞浆内形成吞饮泡。吞饮泡内的病毒粒子在细胞酶的作用下裂解释出核酸于胞浆内。VSV在表皮的棘细胞中复制，于细胞膜上出芽（也可能在胞浆内空泡膜上出芽），进入到扩张的细胞间隙，感染相毗连细胞。VSV可引起细胞膜损害，使其渗透性改变而导致表皮松解，形成水疱病变。剖检，水疱常见于口腔黏膜、舌、颊、硬腭、唇、鼻，也见于乳房和蹄部。其眼观病变与临床所见基本相同。

　　病理组织学检查，病变始于棘细胞层上皮，细胞间桥伸长和细胞间隙扩张形成海绵样腔，棘细胞间水肿，使细胞变小并彼此分离，棘细胞中层细胞坏死，但常常残留基底层，坏死的细胞胞浆呈强嗜酸性，核浓缩；随着细胞的坏死而形成小水疱，其中见有炎性细胞浸润，坏死的细胞碎屑和贮积的细胞内液和组织液；继之，小水疱可融合而形成大水疱。在大水疱中有胞浆破碎的感染细胞、外渗的红细胞和以中性粒细胞为主的炎症细胞。病变可累及基底细胞层与真皮上部，呈现水肿和炎性变化。水疱破裂后，存留的基底细胞层再生出上皮并向中心生长，最后修复。

　　〔诊断要点〕根据本病流行有明显的季节性及典型的水疱病变，以及大量流涎的特征性临床症状，一般可做出初步诊断。必要时应进行实验室检验。近来的实践证明，间接酶联免疫吸附法是诊断本病的一种快速、准确和高敏的检测方法。

　　〔类症鉴别〕本病与牛口蹄疫的临床症状和病理变化很相似，诊断时须注意鉴别。

　　鉴别水疱性口炎病变与口蹄疫时，可用病畜水疱或感染组织乳剂接种鸡胚或组织培养细胞来分离病毒。分离的病毒可用中和试验、补体结合试验和琼脂凝胶扩散试验进行鉴定。另外，口蹄疫病一般不感染马等单蹄动物，而本病则可使之发病。

〔治疗方法〕本病无特异性的治疗药物，一般呈良性经过，损害一般不甚严重，只要加强护理，就能很快痊愈。当继发感染或病牛的体质较差时，则需对症治疗，如对水疱性损伤处可用碘酊消毒，涂布龙胆紫或碘甘油等；预防感染可肌内注射青霉素和链霉素等；当病牛口腔病变严重而影响采食时，可及时静脉注射5%糖盐水、10%葡萄糖或5%碳酸氢钠，防止病牛脱水和酸中毒。

〔防治措施〕为预防本病的发生，及时注射疫苗是最有效的方法。目前，可试用的疫苗主要有两种：①可用当地病畜的组织脏器和血毒制备的结晶紫甘油疫苗，即组织毒-血毒结晶紫甘油疫苗，可产生短时间免疫力；②鸡胚结晶紫甘油疫苗，安全有效。当发生本病时，应及时隔离病牛及可疑病牛，疫区严格封锁，一切用具和环境必须消毒。加强饲养管理，积极对症治疗。

〔公共卫生〕人类可通过与病畜接触而感染，包括擦伤的皮肤、鼻咽和呼吸道等。可能的直接感染源是口涎、水疱渗出物或上皮，或在实验室操作时直接接触病毒而感染。人类感染后无典型的水疱症状，往往有短暂的发热或有类似感冒的表现，多数人无须特殊治疗，一周内即可康复，并能产生中和抗体。

十四、狂犬病

狂犬病（Rabies）又称疯狗病或恐水症，是由病毒引起的一种人畜共患传染病，几乎所有的温血动物都能感染发病。本病主要侵害中枢神经系统，病牛的临床特点是兴奋，号叫，意识障碍，最后麻痹死亡。病理组织学上，以非化脓性脑炎和神经细胞胞浆内出现包含体（Negri氏小体）为其特征。狂犬病流行很普遍，近年来的流行趋势有所上升，牛患病以中原地区多见，病死率几乎为100%。

〔病原特性〕本病的病原体为弹状病毒科狂犬病毒属的狂犬病病毒（Rabies virus）。在负染电子显微镜下观察，病毒粒子的直径为75～80纳米，长140～180纳米，呈一端钝圆，一端扁平的子弹形（图2-14-1），有时呈两端钝圆的蚕茧状（图2-14-2）。它是由三层脂蛋白囊膜和核蛋白衣壳所构成。囊膜的最外层有由糖蛋白构成的许多纤突，排列比较整齐，此突起具有抗原性。囊膜下为螺旋体的核衣壳，内含有单链RNA。长丝状核衣壳以右旋方式反复折绕并堆积成一个外观呈子弹状的病毒核心。病毒含有5种主要蛋白（L、N、G、M_1和M_2）和2种微小蛋白（P_{40}和P_{43}）。L蛋白呈现转录作用；N蛋白是组成病毒粒子的主要核蛋白，是诱导狂犬病细胞免疫的

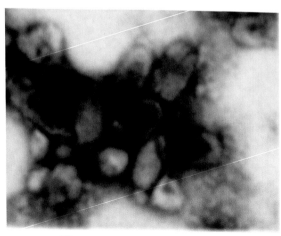

图2-14-1 呈子弹形的病毒粒子

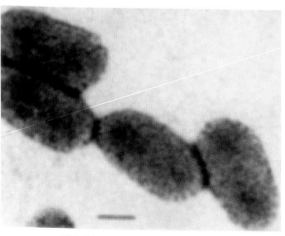

图2-14-2 呈筒状的病毒粒子

主要成分，常用于狂犬病病毒的诊断、分类和流行病学研究；G蛋白是构成病毒表面纤突的糖蛋白，具有凝集红细胞的特性，是狂犬病病毒与细胞受体结合的结构，在狂犬病病毒致病与免疫中起着关键作用；M_1蛋白为特异性抗原，并与M_2构成细胞表面抗原。狂犬病毒具有两种主要抗原：①病毒外膜上的糖蛋白抗原，能与乙酰胆碱受体结合使病毒具有神经毒性，并使体内产生中和抗体及血凝抑制抗体，中和抗体具有保护作用；②内层的核蛋白抗原，可使体内产生补体结合抗体和沉淀素，无保护作用。

在自然情况下分离到的狂犬病流行毒株称为"街毒"（Street virus）。"街毒"经过一系列的家兔脑或脊髓传代，对家兔的潜伏期变短，但对原宿主的毒力下降。这种具有固定特征的狂犬病病毒称为"固定毒"（Fixed virus）。街毒与固定毒的主要区别是："街毒"接种后引起动物发病所需的潜伏期长，自脑外部位接种容易侵入脑组织和唾液腺内，在感染的神经组织中易发现包含体；"固定毒"对兔的潜伏期较短，主要引起麻痹，不侵犯唾液腺，对人和狗的毒力几乎完全消失。

本病毒不耐热，56℃ 15～30分钟或100℃ 2分钟即灭活；但耐冷，在冷冻或冻干状态下可长期保存。病毒还能抵抗自溶和腐败，在自溶的脑组织中可保持活力达7～10天。病毒对酸性和碱性消毒药均敏感，各种常用的消毒药对其均有作用，1%～2%肥皂水，43%～70%酒精，0.01%碘酒，乙醇和丙酮等均能使之灭活。被感染的组织可保存于50%甘油内送验。

〔流行特点〕 本病的主要传染源是病犬（图2-14-3），其次是猫；但狼、狐和蝙蝠等野生动物则是狂犬病毒的自然储存宿主，在一定条件下也可成为危险的传染源。本病最重要的传播途径是咬伤或伤口被含有病毒的唾液直接污染，咬伤部位越靠近头部，发病率越高，症状越重；奶牛有时可被蝙蝠咬伤而发生感染（图2-14-4）。但也可经非咬伤途径传播，如消化道、呼吸道和胎盘等。各种年龄的牛均可感染发病，但以犊牛和奶牛的发病率为高。

本病一般为散发，一年四季均可发生。

图2-14-3 狂犬病症状明显的病犬

图2-14-4 带毒的蝙蝠通过吸血使奶牛感染

〔临床症状〕 本病的潜伏期变动范围很大，平均为15～70天，长者可达1年。一般而言，咬伤头面部或伤口大者，潜伏期则短；咬伤肢体或伤口较小者，潜伏期较长。

病初，病牛精神沉郁，食欲减少，呆立不动，瘤胃臌胀，便秘或腹泻，产奶量降低。继之，病牛结膜潮红或暗红（图2-14-5），眼光呆痴，不断磨牙，大量流涎（图2-14-6），对外环境刺激敏感性增高，起卧不安（图2-14-7），兴奋，口鼻流出泡沫样唾液和鼻液，表现狂躁（图2-14-8）；有的病牛发生阵发性兴奋，出现攻击动作，只得将之牢固拴系（图2-14-9）；还有的病牛神态凶恶，对人畜具有明显的攻击表现（图2-14-10）；也有的病牛意识紊乱，不断号叫（图2-14-11），声音嘶哑，故有些地区将之称为"怪叫病"，或咬住缰绳不松口（图2-14-12），即便口腔出现损伤也全然不顾。病牛的兴奋和沉郁多交替出现，常见舔舐墙壁，或大口吃土。最后，有的病牛可因过度兴奋，四肢强直，倒地而不能站立，头颈后仰，出现角弓反张症状（图2-14-13）；有的病牛则由兴奋转为麻痹，出现吞咽麻痹、伸颈、流涎、里急后重或肛门松弛，流出水样稀便（图2-14-14）等症状，终因衰竭而死。

图2-14-5　病牛眼结膜充血呈暗红色（王金玲）

图2-14-6　病牛磨牙，口腔内有大量黏涎

图2-14-7　病牛敏感性增强，起卧不安（王金玲）

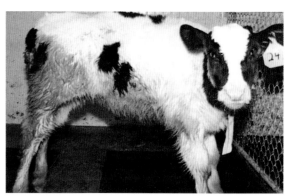

图2-14-8　病牛流涎、兴奋，狂躁

图2-14-9　病牛兴奋，具有攻击性（王金玲）

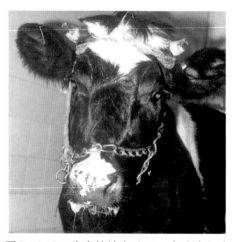

图2-14-10　病牛的神态凶恶，有攻击行为

图 2-14-11　病牛狂躁不安，号叫

图 2-14-12　病牛咬住缰绳不松口（王金玲）

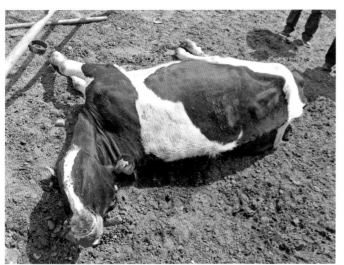

图 2-14-13　病牛出现角弓反张症状（王金玲）

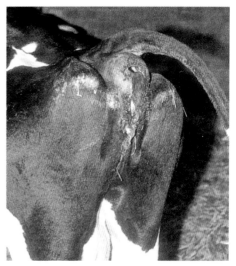

图 2-14-14　肛门松弛，流出水样稀便

本病的病程一般为 3～4 天。

〔病理特征〕眼观通常无特征性病变。一般表现尸体消瘦，血液浓稠，凝固不良。口腔黏膜和舌黏膜常见糜烂和溃疡。胃内常有毛发、石块、泥土和玻璃碎片等异物，胃黏膜充血、出血或溃疡。脑水肿，脑膜和脑实质的小血管充血，并常见点状出血。

病理组织学检查呈弥漫性非化脓性脑脊髓炎，表现脑血管扩张充血、出血和轻度水肿，血管周围淋巴间隙有淋巴细胞、单核细胞浸润构成明显的血管"袖套"现象（图 2-14-15）。脑神经元细胞变性、坏死，并见噬神经细胞现象。在变性、坏死的神经元周围主要见有小胶质细胞积聚，并取代神经元，称之为狂犬病

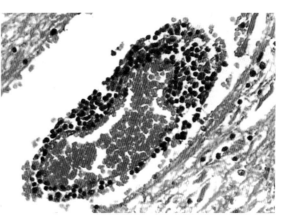

图 2-14-15　延脑的小血管充血，周围有数层淋巴细胞

结节。对狂犬病具有诊断意义的特殊病变是在大脑海马回的锥体细胞（图2-14-16）、大脑皮层的锥体细胞、小脑的浦肯野细胞（图2-14-17）、基底核、脑神经核、脊神经节以及交感神经节等部位的神经细胞胞浆内出现圆形或椭圆形、嗜酸性均质着染的包含体，即内基氏小体（Negri bodies）。一般在含有包含体而发生变性的神经元周围能发现胶质细胞增生性反应。

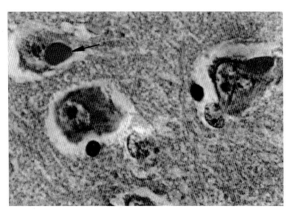

图2-14-16　海马锥体细胞胞浆内检出的包含体（箭头）

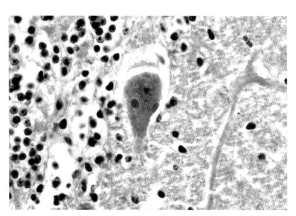

图2-14-17　小脑浦肯野细胞内的包含体（王金玲）

〔诊断要点〕一般根据特殊的临床症状和具有咬伤的病史即可建立初步诊断，但在实际工作中要建立诊断是比较困难的。这与本病的潜伏期长，病牛被咬伤的情况常不被发现有关。

实验室检查常用的方法有以下几种：

1. 压印片检查　取新鲜未进行固定的脑等神经组织，制成压印标本用Seller氏染色，内基氏小体呈鲜红色，其中见有嗜碱性小颗粒。

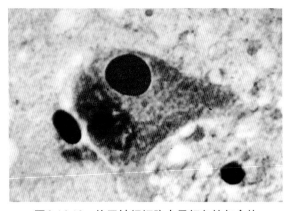

图2-14-18　位于神经细胞内呈红色的包含体

2. 病理切片　脑组织常用Mann氏或Lentz氏法染色，内基氏小体染成红色，内有蓝染的小颗粒（图2-14-18），根据这种特异性小体即可确诊。一般而言，内基氏小体最易在海马回、大脑皮层锥体细胞和小脑浦肯野细胞胞浆内检出，但牛小脑的浦肯野细胞内检出率较高。

3. 动物接种试验　取脑组织病料制成乳剂，给3～5周龄鼠脑内接种，如在接种1～2周内出现四肢麻痹、全身震颤和脑炎症状，死后脑内检出内基氏小体，可做出诊断。

4. 荧光抗体试验（AF）　本试验具有灵敏、特异、快速、可靠的优点，是世界卫生组织推广应用的技术。其方法是：取可疑脑组织或唾液腺制成触片或冰冻切片，20℃下在丙酮中固定15分钟，再用荧光抗体染色，然后在荧光显微镜下观察，如胞浆内出现黄绿色荧光颗粒即为阳性。

此外，还可应用活体诊断方法、酶联免疫吸附试验和斑点杂交试验等来确诊。

〔治疗方法〕当牛被患狂犬病的病犬或可疑病犬咬伤后，尽快清洗创伤，防止含有病毒的唾液吸收是治疗的关键。其方法是：扩创（当创口小时），用大量肥皂水或0.1%新吉尔灭水或清水反复冲洗创腔，尽量洗出病犬的唾液；之后，创伤部应用75%酒精或2%～3%碘酒消毒。如有条件还可用抗狂犬病的免疫血清围绕创伤做环形注射，借以中和存在于创伤内的病毒。处理被病犬咬伤的创伤，以越早越好，可以降低本病的发生率。处理完创伤后，并尽早注射疫苗，一般接种2次，间隔3～5天，每次皮下注射25～50毫升。

当病牛出现了临床症状时，治疗则是徒劳的，应立即将之无痛扑杀和深埋。

〔**预防措施**〕患狂犬病的犬是本病主要的传染源。因此，要预防狂犬病，首先应做好预防狂犬工作，消灭无主犬，及时扑杀疯犬，严禁犬猫进入牛场，每年定期地给犬接种狂犬病疫苗。

现阶段使用的疫苗主要有弱毒苗和灭活苗两种。弱毒苗主要有Flury株疫苗、Keler株疫苗和Era株疫苗。其中以Flury株疫苗使用最广，因为它的神经毒性较弱，副作用较小。灭活苗有脑组织灭活苗和组织培养灭活苗两种，其中脑组织灭活苗因易引起变态反应而渐被淘汰；而用地鼠胚细胞制备的组织培养苗是一种较理想的疫苗。

〔**公共卫生**〕狂犬病是一种危害严重的人畜共患病，人若被病犬和病牛等带毒动物咬伤，或其唾液污染伤口后均可被感染而发病。得了这种病的人，常常表现高度兴奋和激动，恐水、怕水，对声、光、风、痛等刺激呈敏感状态，稍受刺激便会发生咽喉部肌肉痉挛。病人由于唾液分泌量增多可流涎，大汗淋漓，最后可发生进行性的肢体瘫痪而死于呼吸和循环衰竭。因此，疑似被感染或发病动物咬伤后，应立即用清水冲洗伤口（图2-14-19）。关键是洗的方法。因为伤口像瓣膜一样多半是闭合

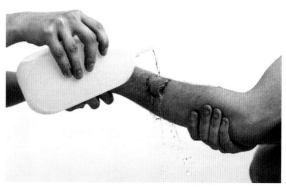

图2-14-19　人被咬伤后应立即用清水冲洗伤口

着，所以必须掰开伤口进行冲洗。用自来水对着伤口冲洗虽然有点痛，但也要忍痛仔细地冲洗干净，这样才能防止感染。冲洗之后要用干净的纱布把伤口盖上，速去医院诊治。另外，被疑似感染动物咬伤后，即使是再小的伤口，也有感染狂犬病的可能，同时还可感染破伤风。因此，患者应向医生要求注射狂犬病疫苗和破伤风抗毒素。

十五、疙瘩皮肤病

疙瘩皮肤病（Lumpy-skin disease）又称结节性皮炎或块状皮肤病，是由病毒引起的一种以在皮肤上形成局限性坚硬结节为特征的传染病。临床上病牛发热，淋巴结肿大，在皮肤、器官和黏膜表面会出现广泛性结节以及皮肤水肿等症状。病牛的皮张鞣制后会再现大小不一的孔洞，破坏皮张的品质，大大降低其利用价值。另外，病牛的产奶量明显减少，降低了养殖的经济收入，引起严重的经济损失。

本病于1929年最先发现于赞比亚和马达加斯加，随后迅速传播至非洲南部和东部及世界其他地区。我国于1987年在河南省首次发现有本病，并于1989年正式报道从病牛体内分离出疙瘩皮肤病病毒。

〔**病原特性**〕本病的病原体为痘病毒科、山羊痘病毒属的疙瘩皮肤病病毒（Lumpy skin disease virus）。其形态特征与痘病毒相似，长350纳米，宽300纳米，于负染标本中，表面构造不规则，由复杂交织的网带状结构组成。该病毒的基因组是由145～152kb核苷酸组成的一个连续序列，约含156个基因。迄今为止，本病毒株只有一个血清型。

病毒可在鸡胚绒毛尿囊膜上增殖，并引起痘斑，但鸡胚还能存活。病毒还可在犊牛、羔羊肾、睾丸、肾上腺和甲状腺等细胞培养物中生长。另外，牛肾和仓鼠肾等传代细胞也适于病毒增殖。病毒引起的细胞病变产生较慢，通常在接种10天后才能看到细胞变性。其病变特点是感染细胞内出现胞浆内包含体，用荧光抗体检查，可在包含体内发现病毒抗原。病毒大多呈细胞结合性，应用超声波破坏细胞，可使病毒释放到细胞外。

疙瘩皮肤病病毒的物理化学性质与山羊痘病毒相似，可于pH6.6～6.8偏酸性环境中长期存活，在4℃甘油盐水和组织培养液中可存活4～6个月。病毒还可在干燥的痂皮中存活1个月以上。本病毒耐冻融，置−20℃以下保存，可保持活力数年，但病毒很容易被氯化剂或对SH-基团有作用的物质所破坏，对氯仿、乙醚和火碱也很敏感，大部分碱性或氧化性消毒剂均可将之杀灭。

〔流行特点〕 各种年龄的奶牛、黄牛和水牛都对本病易感。据报道，病牛的唾液、血液和结节内都含有病毒，病牛恢复后可带毒3周以上，所以一般认为本病的传播是由于健牛与病牛直接或间接接触所致。吸血昆虫可能传播病毒，因为在各种蚊虫体内能查出本病的病毒。因此，本病的传播途径和方式，一般认为主要是昆虫叮咬的机械性传播。

在自然感染条件下，病毒多经皮肤进入体内，由病毒血症播散至全身各器官和组织，而皮肤则是其主要侵害的靶器官，在感染后9～12天，皮肤的病毒浓度最高。本病感染的细胞范围很广，包括角质形成细胞、黏液和浆液腺上皮细胞、纤维细胞、骨骼肌纤维、巨噬细胞、外膜细胞和内皮细胞。病毒对血管内皮细胞的损伤可引起血管炎，从而有利于疙瘩皮肤病病变的发生和形成。

本病的发病率很不一致，一般为5%～45%；死亡率通常低于1%，犊牛可高达10%，但也有超过50%的报道。

〔临床症状〕 本病的潜伏期一般为7～14天。最初，病牛多发热，食欲不振、精神委顿，产奶量下降，呼吸异常或呼吸困难，口流清涎，从鼻腔内流出浆液性、黏液性或黏液脓性鼻液。继之，病牛体表淋巴结（如颈浅、髂下、后肢、腹股沟外和耳下淋巴结）肿大，胸下部、乳房和四肢常有水肿，重度感染时可引起原发性或继发性肺炎，康复缓慢。患病泌乳奶牛发生乳腺炎，导致产奶量明显降低，妊娠母牛经常发生流产。公牛发病后4～6周内会出现不育现象，如发生睾丸炎则导致永久性不育。

图2-15-1　病牛的胸腹部有大小不一明显隆突的结节

本病的特征性病变是在皮肤上形成隆突的结节。病牛通常在发热4～12天后，可在皮肤上发现许多结节。最初，结节硬而隆突于体表，界线清楚，触摸有痛感，大小不等，直径一般为2～3厘米（图2-15-1）；结节的数量多少不一，少者仅有1～2个，很容易被人忽视，多者可达百余个。结节最先出现的部位是头部（图2-15-2）、颈部、胸部和四肢（图2-15-3），继之波及背部及全身（图2-15-4）。严重病例，头部病变非常明显，不仅整个头部皮肤（包括耳部、眼部、鼻部和口周部）有大小不等独立性结节，或形成融合性的母结节和子结节

（图2-15-5），而且在齿龈部和颊部黏膜常有肉芽肿性病变。结节可能完全坏死、破溃，但坚硬的皮肤病变可能存在几个月甚至几年之久。

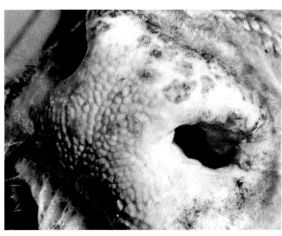

图2-15-2 鼻孔周围和鼻镜上有大小不等的结节

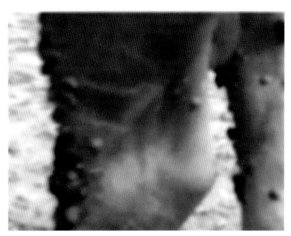

图2-15-3 病牛后肢的内外侧散在大量结节

图2-15-4 病牛体表有散在隆起伴发疼痛的结节

图2-15-5 病牛头部有大量融合性结节

皮肤结节的转归通常是坏死和腐离，其过程不完全一样。坏死过程轻微的可迅速完全地消散；有些坏死过程发生于疹块的中心区，深及真皮，坏死物的形状为平顶的锥体形，坏死物腐离后，局部多留下一个较大的溃疡灶（图2-15-6），它将被肉芽组织逐渐填充而修复。如果坏死并发细菌感染，则将使局部病变甚至整个疾病加剧，局部可出现大的喷火口状溃疡，并引起淋巴管炎和淋巴结炎；病灶的扩大和蔓延可招致失明、腱鞘炎、关节炎或乳腺炎。

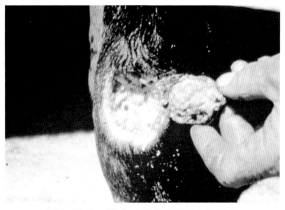

图2-15-6 结节破溃脱落后形成溃疡

〔病理特征〕剖检见，皮肤上的结节界线清楚，多呈平顶状，触之有硬实之感。结节常单个散在，但也可互相融合。切开较硬的结节，其切面呈淡黄灰色，病变可波及整个皮肤的厚度，也可蔓延至皮下，皮下组织有灰红色浆液浸润，偶尔到达相邻的肌肉组织。切开较软的结节，常可发现大小不等的囊腔，有的囊腔内含有干酪样灰白色的坏死组织，其中含有脓汁和血液。发生在阴囊、会阴、乳房、外阴、龟头、眼睑和结膜的小结节通常更显扁平，其周围常环绕一个充血带。上呼吸道的病变也很明显，常在鼻甲骨黏膜（图2-15-7）和气管黏膜（图2-15-8）检出不规则的结节。上呼吸道的病变常可能导致严重的呼吸困难，窒息，如吸入炎性产物则可引起肺炎。如果病牛恢复，气管损伤所致的疤痕可使气管狭窄。肺脏常见的病损是支气管肺炎变化、间质水肿、明显增宽，在肺间质及实质中均可发现大小不等的灰白色硬性结节（图2-15-9）。结节性病变偶尔可见于肾、睾丸和肺。

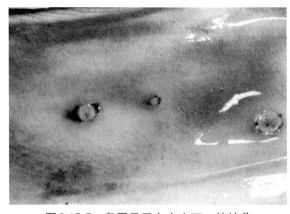

图2-15-7　鼻甲骨见有大小不一的结节

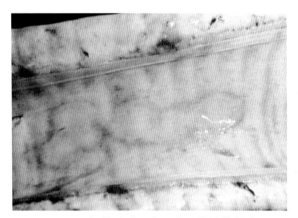

图2-15-8　气管黏膜见有不定形的结节性病变

图2-15-9　肺间质水肿，肺实质内见有灰白色结节

　　病理组织学检查，结节部的表皮细胞增生和水疱变性，有些细胞的胞浆内出现嗜酸性、均质（偶呈颗粒状）的包含体。胞浆内嗜酸性包含体还可发生于内皮细胞、外膜细胞、巨噬细胞和成纤维细胞。在这些有包含体的细胞内存有不同发育时期的病毒粒子。病变消散后包含体也消失，但可能出现于邻近的表皮细胞和皮脂腺细胞。

　　〔诊断要点〕根据流行病学资料、特殊的临床症状和病理变化，一般可做出初步诊断。但确诊则需进一步做病原学检查、动物试验、血清学试验和分子生物学鉴定等实验室检查。

　　病原学检查时，可采取新鲜结节制成切片，染色，检测胞浆内嗜酸性包含体，并用免疫荧光抗体技术检查包含体内的病毒抗原。病牛出现临床症状一周内，中和抗体产生前还可采集病料进行PCR检测。

　　动物试验时，可取病牛新鲜结节，研制成乳剂，皮内或皮下接种于易感牛，通常在4～7天内在接种的部位可见有坚硬、疼痛性肿胀、局部淋巴结肿大，此时可在肿胀部及其下层肌肉以及唾液、血液和脾脏中分离病毒，人工感染牛较少发生全身化病变。

　　血清学试验，可用双份血清（至少间隔15天）做中和试验，如第2份血清中抗体效价增加4倍或4倍以上，即可做出诊断。发病一周后，当机体产生中和抗体还可做ELISA检测。

　　〔治疗方法〕治疗本病目前尚无特效药物，一般常采用对症治疗等综合性措施。

　　对结节较大的疙瘩，可用手术的方法切除。常用的方法有二：①冷冻液氮手术，即用液氮产生的低温作用于局部组织，借以切除病牛皮肤表面的疙瘩。②激光手术，即采用激光切割，之后止血消炎，在伤口处喷洒除癞灵喷雾或涂布抗生素药膏。

对较小没有破溃的结节，临床处置时，可用1%明矾溶液、0.1%高锰酸钾溶液反复洗涤，擦干后涂抹紫药水或碘酊等收敛消毒药，防止病变扩展和病原扩散；对已破溃的结节常采用手术的方法彻底切除结节及创面的坏死组织，并用0.1%高锰酸钾溶液或1%新洁尔灭清洗手术创，之后，创面涂布碘甘油，或氧化锌、磺胺类或抗生素软膏等，促进创伤愈合和防止细菌感染。

当病牛的抵抗力较低时，于局部处置的同时可肌内或静脉注射抗生素等药物。虽然这些药物对病毒没有直接的杀灭作用，但它能提高机体的抵抗力，防止继发性感染，从而促进疾病的痊愈。

〔预防措施〕平时应加强饲养卫生管理，在有本病发生过的地区，可对牛接种疫苗。业已证明，疫苗接种的牛可产生高浓度中和抗体，病后恢复牛也具有较高滴度的中和抗体，并可持续数年，对再感染的免疫力超过半年。据报道，东非地区曾应用绵羊痘病毒给牛接种来预防此病，具有较好的效果。近年来应用鸡胚弱毒疫苗对牛进行接种，也获得良好预防效果。

当发生本病时，应及时隔离和积极治疗病牛；对发病牛舍、运动场及其用具可用碱性溶液、漂白粉等彻底消毒，粪便堆积经生物热发酵处理后利用。

牛的寄生虫性传染病

一、血吸虫病

血吸虫病（Schistosomiasis）是由血吸虫所引起的一种人畜共患的寄生虫病。我国人畜血吸虫病流行的主要病原是日本血吸虫。其成虫寄生于终宿主门静脉和肠系膜静脉，主要病变是虫卵沉积于肠道或肝脏等组织而引起特异的虫卵肉芽肿。

日本血吸虫主要分布于亚洲东部各国。统计资料表明，在我国，人的血吸虫病流行区域内，牛的流行也很严重，而奶牛和黄牛的感染率一般高于水牛，甚至奶牛和黄牛的年龄越大，感染率则越高。这可能与其接触血吸虫的机会增多有关。

〔病原特性〕本病的病原体为裂体科、裂体属血吸虫。可感染动物和人的血吸虫主要有三种：日本血吸虫、埃及血吸虫和曼氏血吸虫。其中日本血吸虫（*Schistosoma japonicum*）是引起我国人畜血吸虫病的主要病原。

日本血吸虫为雌雄异体。雄虫粗短，乳白色，长 10~20 毫米，宽 0.5~0.55 毫米，有口、腹吸盘各一个，口吸盘在体前端，腹吸盘较大，具有粗而短的柄（图 3-1-1）。体壁自腹吸盘后方到尾部，两侧向腹面卷起形成抱雌沟，常将雌虫抱住（图 3-1-2），整个虫体，状如镰刀。雌虫较细长，长 15~26 毫米，宽 0.1~0.3 毫米，灰褐色（图 3-1-3）。日本血吸虫寄生时，多呈雌雄合抱状态。交配受精后，雌虫在肠系膜小静脉末梢产卵。据统计，一条雌虫每天可产卵 1 000 个左右。虫卵呈短椭圆形，大小 80~60 微米，卵壳较薄，无卵盖，淡黄色，内含有发育的毛蚴（图 3-1-4）。

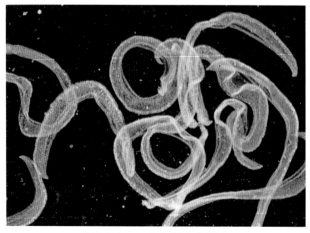

图 3-1-1　日本血吸虫的雄虫

图 3-1-2　雄虫与雌虫合抱在一起

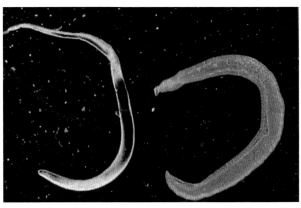

图3-1-3　日本血吸虫的雌虫（左）和雄虫（右）

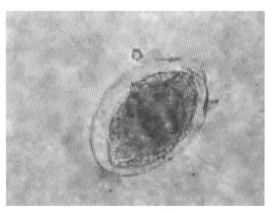

图3-1-4　血吸虫的虫卵

〔生活简史〕寄生在血管内的雌虫产卵后，卵随血流进入肝脏和肠壁，形成虫卵肉芽肿，肠壁肉芽肿向肠腔破溃，虫卵进入肠腔随粪便排出，落入水中，在适宜条件下孵出毛蚴。毛蚴周身被有纤毛，借以在水中呈直线运动。当遇到中间宿主钉螺时，即钻入其体内；继而在其体内进行无性生殖，经过母胞蚴和子胞蚴两代发育成为具有感染性的尾蚴。尾蚴成熟后脱离螺体，进入水中，随水漂流。当人、牛等终宿主触及疫水时，尾蚴即可借其头腺分泌的溶组织酶的作用和虫体的机械运动，很快就钻入皮肤或黏膜。当尾蚴侵入终宿主体内后，发育为童虫，随之进入小血管或淋巴管，再经静脉而入右心到肺脏；又通过肺静脉经左心入大循环，从而散布全身，但只有通过毛细血管到达肠系膜静脉的童虫才能发育为成虫。成虫在体内一般可存活3～4年，但从感染后20～25年的人粪中，仍有查出虫卵的报道。

〔流行特点〕日本血吸虫病多呈地区性流行，夏秋两季发病较多。在我国，本病主要见于长江流域及南方各省份。放牧于潮湿、沼泽地区或接触疫水的牛感染率高，平原地区次之，山区最低。

本病的传染源主要是患病的人畜，主要的传播途径是皮肤，也可通过口腔黏膜和胎盘感染。各种年龄的牛均可感染，虽然成龄牛感染的阳性率较高，但3岁以下的小牛发病率最高，症状最重。

〔临床症状〕牛感染血吸虫后可呈现急性发病、慢性发病和无症状带虫三种类型。

1.急性型　较少见，主要发生于3岁以下的小牛。病牛体温升高达40℃以上，呈不规则的间歇热，有的呈稽留热，精神迟钝，离群呆立，减食消瘦。感染20天左右开始腹泻，继而下痢，有里急后重现象。排出物多呈糊状，夹杂有血液和黏液团块，并有腥臭味。随着病情发展，病牛严重营养不良，消瘦，贫血，可视黏膜苍白，虚弱无力，起卧困难，全身虚弱，很快陷于死亡。

2.慢性型　较多见，常发生于成龄牛或由急性型转移而来。病牛的症状不典型，但逐渐消瘦，役用牛使役能力下降，奶牛产奶量下降，母牛不发情、不受孕，妊娠牛流产。犊牛患病后往往发育不良，成为侏儒牛。

3.带虫型　也叫做隐性型，多见于感染轻的成龄牛。病牛没有明显的临床症状，体温、食欲等均无多大改变，但从病牛的粪便中可检出虫卵，成为人畜血吸虫病的传染源。因此，对隐性感染的病牛必须查出，并积极予以治疗。

〔病理特征〕本病的特征性病变为虫卵性肉芽肿形成。由于其病变发展阶段不同，所以肉芽肿也有急性和慢性之分。

1. **急性虫卵肉芽肿** 眼观，虫卵肉芽肿呈灰白色、粟粒大至黄豆大小不等的结节，直径0.5～4毫米，不甚坚实。镜检，结节中心可见数量不等的成熟虫卵，有的卵壳周围呈现一层嗜酸性放射状物质环绕（图3-1-5）。目前研究证实，此等物质是由毛蚴头腺所分泌的一种抗原物质与宿主组织中的抗体结合所形成的抗原抗体复合物。虫卵外围组织呈现变性、坏死，并见大量崩解的嗜酸性粒细胞积聚；结节外层为新生肉芽组织，其中可见以嗜酸性粒细胞为主的炎性细胞浸润，可称为嗜酸性脓肿（图3-1-6）。

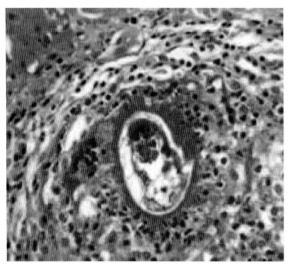

图3-1-5　虫卵壳周围见一层放射状红染物质

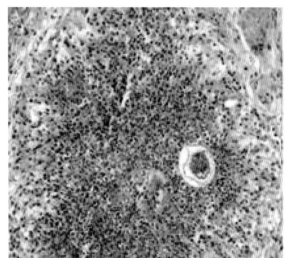

图3-1-6　急性血吸虫性虫卵肉芽肿

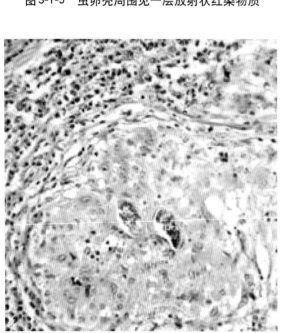

图3-1-7　慢性血吸虫性虫卵肉芽肿

2. **慢性虫卵肉芽肿** 继急性虫卵肉芽肿形成后15天后，虫卵内毛蚴死亡，形成慢性肉芽肿。眼观，结节呈灰白色，具硬实感，其中心常呈现钙盐沉着，刀切时，有阻力、沙沙作响。一般认为，此时虫卵的毒性作用逐渐减弱以至消失。镜检，虫卵内毛蚴死亡、分解、钙化、变性、坏死的嗜酸性粒细胞被清除、吸收，形成由钙化的虫卵、上皮样细胞、多核巨细胞、淋巴细胞和成纤维细胞构成的类似结核结节的慢性虫卵肉芽肿，故又称为假结核结节（图3-1-7）。随着病情的发展，结节内的虫卵消失或仅有残存卵壳，成纤维细胞增生，产生大量胶原纤维，使肉芽肿纤维化，而转变为瘢痕期肉芽肿。瘢痕期肉芽肿在组织内可长期存留，可作为诊断血吸虫病的重要病理学依据。

牛患血吸虫病时，肝脏和胃肠道的病变具有诊断意义。

肝脏较常出现虫卵肉芽肿，成为本病特征性病变之一。急性病例，肝脏肿大，被膜光滑、表面和切面可见均匀分布的粟粒大至绿豆大小的灰黄色虫卵肉芽肿。光镜下，汇管区和小叶间呈现数量不等、不整圆形虫卵性肉芽肿（图3-1-8）。慢性病例，则见肝脏体积缩小，质地坚实，不易切开，色泽暗褐或略呈微绿色，被膜增厚。且因门静脉区及门静脉周围纤维性结缔组织显著增生，形成粗细不等，树枝状灰白色纤维性条索，致使肝脏表面和切面上呈现大小不等的斑块或结节状。这是晚期血吸虫性肝硬化的特征。

皱胃病变也很突出，黏膜潮红、肿胀、被覆多量黏液，可见大小不一的圆形虫卵肉芽肿或浅层糜烂、溃疡。有时，局部腺体呈花椰菜样增生，使胃壁增厚。光镜下，黏膜下层常见虫卵肉芽肿形成，局部黏膜上皮细胞肿胀、变性、坏死、脱落或溃疡形成。

小肠病变常以犊牛较为明显。一般在肠系膜静脉内有成虫寄生的肠段（图3-1-9），可见其肠壁肿胀、变厚、肠腔狭窄；黏膜充血，黏

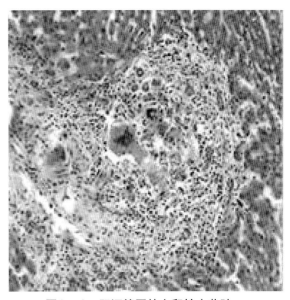

图3-1-8　肝汇管区的虫卵性肉芽肿

膜下以至浆膜面可见黄豆大小，灰白色虫卵肉芽肿，且以十二指肠更为严重。大肠病变往往较小肠严重，尤以直肠、盲肠显著。回盲瓣显著肿胀，可见花椰菜样增生物形成，使回盲口狭窄。光镜下，黏膜肿胀、充血，上皮细胞变性、坏死、脱落；肠腺萎缩；在固有层和黏膜下层均可见到虫卵肉芽肿，其周围呈现多量以嗜酸性粒细胞为主的炎性细胞浸润（图3-1-10），有时可见溃疡形成。

图3-1-9　扩张的肠系膜血管中有血吸虫（A）寄生

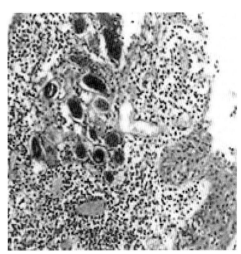

图3-1-10　嗜酸性细胞浸润性虫卵肉芽肿

此外，血吸虫病时，除上述特征性结节性病变外，尚可呈现由尾蚴侵蚀皮肤、童虫在体内移行以至成虫对所在部位组织刺激所引起的一系列病变。例如，当尾蚴侵入皮肤后，由于其头腺所分泌的溶组织酶及部分死亡尾蚴的崩解产物，可引起局部皮肤（多于四肢）红色丘疹（尾蚴性皮炎）；当成虫寄生于门静脉、肠系膜静脉，可常引起不同程度的静脉内膜炎、栓塞性静脉炎以至静脉周围炎。有的病例，血吸虫可在鼻黏膜静脉中寄生而导致肉芽肿形成（图3-1-11）。

〔诊断要点〕本病的诊断可根据症状和当地的流行情况进行初诊。对可疑病牛的确诊目前常

以水洗沉淀法进行粪便虫卵检查，检出有较多的虫卵（图3-1-12），即可确诊。也可进行毛蚴孵化检查，即取牛粪适量，将经水洗而得到的粪渣倒入三角烧瓶内，加温水孵化（以22～26℃为宜），经1、3、5小时后各观察1次，在光线明亮处，衬以黑色背景，可见尾蚴呈水平或斜向直线运动。

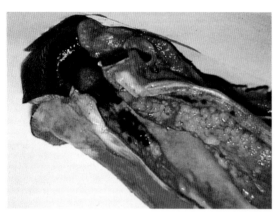

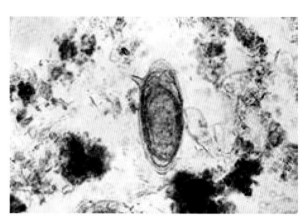

图3-1-11　血吸虫在鼻黏膜静脉中寄生引起的肉芽肿

图3-1-12　粪便中检出的血吸虫卵

当病牛死亡后，应及时进行病理剖检，如在肠系膜静脉和门静脉内发现大量虫体，在肝脏和胃肠发现典型的病变也可确诊。

〔治疗方法〕可用于治疗本病的药物较多，兹将几种常用的治疗药物简介如下：

1.吡喹酮　本药为治疗血吸虫病的首选药。口服后迅速为肠道吸收，门脉的血药浓度比周围血药浓度高，故本药为目前较为理想的杀血吸虫药，被广泛应用于人、畜血吸虫病的治疗。剂量：每千克体重30毫克；用法：一次口服，减虫率高达94%～99%。注意：最大用药量按300千克计，超过部分不计算药量。

2.血防846（六氯对二甲苯）　本药对血吸虫的成虫和幼虫均有抑制作用，但对童虫的效果优于成虫，对雌虫的作用又优于雄虫。用法：肌内注射时用油溶液，每天每千克体重用药40毫克，5天为1疗程；口服时用片剂，每天每千克体重100～200毫克，连用7天为1疗程。注意：本药有蓄积作用，主要损害肝脏，因此不宜大剂量长时间使用。在用药的过程中，如出现副作用应及时对症处理。

3.酒石酸锑钾　本药对血吸虫的成虫具有直接杀灭作用。剂量：按每千克体重6～7毫克计算；用法：静脉注射。计算出总用药量后，将之分成3份，分别于3天进行静脉注射。注意：牛的总剂量一般不超过1.7克，每天用药剂量不超过0.5克，余药可延到第4天或第5天注射。静脉注射时应缓慢，防止药液漏入皮下。

4.硝硫氰胺　该药可使虫体收缩，吸盘无力，以致寄居于肠系膜静脉和门静脉的虫体丧失吸附血管壁的能力。剂量：每千克体重2～3毫克；用法：配制成2%的溶液，静脉注射。注意：奶牛限量300千克，超过的体重部分不得计算药量。

〔预防措施〕预防本病主要采取综合性措施。一般而言，除对病牛进行积极的治疗之外，还须对病牛和带虫牛的粪便进行无害化处理；管理好水源，牛用水必须是无螺水源或是钉螺已被消灭的池塘；消灭钉螺，切断尾蚴感染牛的机会，可用土埋法或药物灭螺；安全放牧，在疫区应尽量减少牛的放牧，必要时可建立安全牧场进行放牧等。在疫区，定期给牛进行驱虫，也是预防本病的好方法。

〔公共卫生〕血吸虫病也是一种严重危害人类健康的地方性寄生虫病。近年来有死灰复燃之势。据报道，目前全世界有6亿人受到威胁，近2亿人受到感染，每年可致200万人死亡。在我国仍继续流行于7个省的多湖泊和沼泽地区。人在潮湿、沼泽地区放牧或接触疫水时易被感染。人的日本血吸虫病主要分为三期：①急性期，当尾蚴侵入皮肤后，局部出现丘疹或荨麻疹，继之发热，伴有腹痛、腹泻、肝脾肿大及嗜酸性粒细胞增多，粪便检查血吸虫卵或毛蚴孵化结果为阳性；②慢性期，主要表现为腹泻、粪中带有黏液及脓血、肝脾肿大、贫血和消瘦等；③晚期，主要表现为巨脾、腹水及侏儒等变化。临床上常见的是以肝脾肿大、腹水（图3-1-13）、门脉高压，以及因侧支循环形成所致的食管下

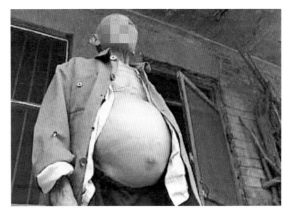

图3-1-13　人由血吸虫引起的肝腹水症

端及胃底静脉曲张为主的综合征。晚期病人可并发上消化道出血，肝性昏迷等严重症状而致死。因此，在疫区放牧、打草或接触疫水的饲养人员，一旦发现发热，有皮疹，并伴发腹痛和腹泻等症状，应立即就诊治疗。急性期的血吸虫病基本可完全治愈。

二、肝片吸虫病

肝片吸虫病（Fascioliasis）又称肝蛭，是由于肝片吸虫或大片吸虫所引起的一种人畜共患的寄生虫病。其病原体主要寄生于奶牛、黄牛、水牛、绵羊和骆驼等反刍动物的肝胆管内，所以，本病常以急性或慢性肝炎、胆管炎以及中毒、贫血和末梢血嗜酸性粒细胞增多为特征。本病遍及世界各地，在我国也广泛流行，特别是牧区的家畜发病率较高，对畜牧业和人类健康构成颇为严重的威胁，值得引起重视。

〔病原特性〕本病的病原体为片形科、片形属的肝片吸虫（*Fasciola hepatica*）和大片吸虫（*F. gigantica*），且两者的形态与发育方式基本相似，故以肝片吸虫为例，简述于下。

肝片吸虫寄生于肝胆管中，新鲜虫体呈棕红色，柳叶状，虫体扁平（图3-2-1），体长一般为20～30毫米，宽8～13毫米。虫体前端呈圆形锥突，叫头椎，后方变宽，称为肩部，肩部以后逐渐变窄（图3-2-2）。虫体的体表生有许多小刺，口吸盘位于虫体顶端，腹吸盘在肩的水平线上。肝片形吸虫为雌雄同体。虫卵呈长卵圆形，黄褐色，前端较窄，有一个不明显的卵盖，后端较钝。虫卵的大小为（116～132）

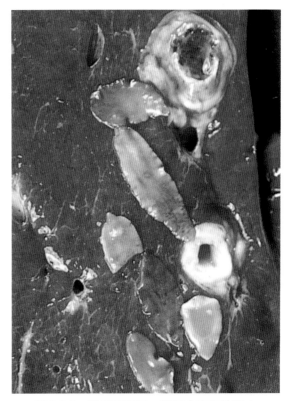

图3-2-1　胆管壁肥厚，管腔中有肝片吸虫

微米 × (66 ~ 82) 微米，卵壳薄而透明，卵内充满卵黄细胞和一个胚细胞（图3-2-3）。虫卵对干燥很敏感，在干燥的粪便中停止发育，在完全干燥条件下迅速死亡，在湿润的环境下能生存数月。

图3-2-2　肝片吸虫的成虫全貌

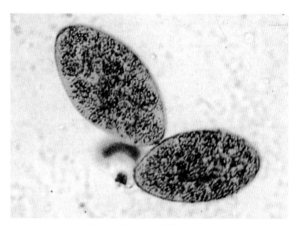

图3-2-3　肝片吸虫的卵

〔生活简史〕成虫在胆管内产卵，后者随胆汁排入肠管，再随粪便排出体外。卵在适宜温度（15 ~ 30℃）、足够的氧气、充足的水分及光线的条件下，开始孵化（图3-2-4），经10 ~ 25天孵出毛蚴。毛蚴呈长形，前端较宽，有一吻突，后端较窄，体表被有纤毛。毛蚴在水中游动，如遇到适宜的中间宿主，通常为椎实螺（图3-2-5），即钻入其体内，在椎实螺体内营无性繁殖，即经胞蚴、母雷蚴和子雷蚴（图3-2-6）几个发育阶段，最后发育成尾蚴。尾蚴由体部和尾部组成，体部呈圆形或椭圆形（图3-2-7）。尾蚴从子雷蚴前部的产孔逸出，离开螺体后游入水中。尾蚴在水中或附着在草上，分泌黏液包裹自己而形成囊蚴（图3-2-8）。囊蚴呈圆形，有三层囊壁，外层最厚，中层为胶质，透明并有弹性，内层为黑色纤维层。因此，囊蚴对寒冷和温热的抵抗能力很强。附有囊蚴的水草和水，被牛食入或饮入后而受感染。在消化液作用下，童虫破囊而出，多穿过肠壁进入腹腔，而后经肝被膜进入肝脏（图3-2-9）。在肝实质中的童虫，经若干时间的移行后进入胆管，发育为成虫。另外，童虫也可经十二指肠胆管开口进入肝胆管，或经血流到达肝胆管。成虫在肝胆管中能存活5年之久。

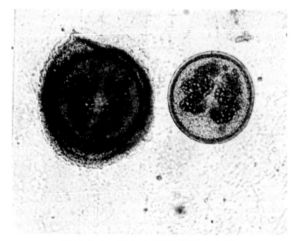

图3-2-4　发育中的肝片吸虫虫卵

图3-2-5　生活于水田内的椎实螺

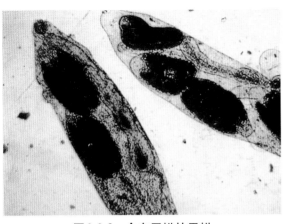

图3-2-6　含有尾蚴的雷蚴

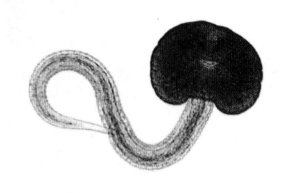

图3-2-7　在水中游动的尾蚴

图3-2-8　附着于稻叶上的囊蚴

图3-2-9　肝表切面出血并有肝片吸虫的幼虫流出

〔流行特点〕本病的发生由于受中间宿主椎实螺的限制而有地区性，易在低洼地、湖泊草滩、沼泽地带流行。其流行感染的季节多在每年夏秋两季，春末及夏秋各季节的气候适合肝片吸虫虫卵的发育。干旱年份流行轻，多雨年份流行重。本病的主要传染源是病牛，消化道为主要的传染途径，各种年龄的牛均可感染，但以犊牛的易感性最高，并可引起大批死亡。

〔临床症状〕取决于虫体的寄生数量和牛的营养状况。虫体寄生数量少的牛，往往不表现症状，当虫体超过250个时，即可出现明显临床症状。根据病程和症状，可将本病分为急性和慢性两型。

1. 急性型　多见于犊牛，系在短时间内遭受严重感染所致。病牛精神沉郁，体温升高，食欲减退，走路蹒跚，常落伍于牛群之后，并有腹胀、腹泻、贫血和黏膜苍白等症状。病情严重时，病牛明显贫血，血红素显著下降，多在几天内死亡。

2. 慢性型　最为常见，是由寄生于胆管内的成虫所引起。病牛逐渐消瘦，黏膜苍白；被毛粗乱（图3-2-10），易脱落；食欲减损，消化功能紊乱，继而出现周期性瘤胃膨胀或前胃弛缓，伴发卡他性肠炎而腹泻；奶牛的产奶量明显降低。随着病情的发展，病牛的颌下、胸前和腹下水肿，触诊有波动感或捏面团样感，但无热痛感。肝片吸虫严重寄生，常可导致肝硬化，病牛有大量腹水生成，腹部明显膨满（图3-2-11）。奶牛完全停产，母牛不孕或流产。此时如不及时治疗，病牛最终多因极度衰弱而死亡。

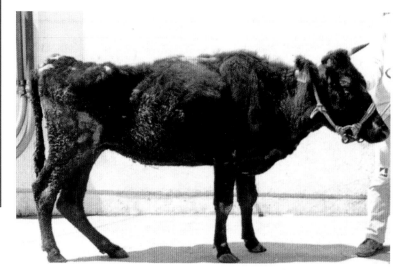

图 3-2-10 病牛明显消瘦，被毛粗乱

图 3-2-11 肝片吸虫寄生引起的腹水症

〔病理特征〕本病的病变主要局限于肝胆系统，且其病变程度与感染程度和病程长短具有明显的一致性，一般常见的病变有以下几种。

1. 创伤性出血性肝炎 多见于原发性急性病例。肝脏肿大，呈现多量出血性斑点，被膜上被覆一层厚薄不均、灰白色纤维素性薄膜。有时透过肝脏被膜可见到数微米长的暗红色、索状虫道，内含混有幼虫的凝固血块（图3-2-12）；如混有胆汁则虫道内液体呈黏稠的污黄色。肝脏切面上可见胆管扩张，形成豌豆大小空洞样病灶，内含混有血液的坏死组织和虫体（图3-2-13）。光镜下，肝组织呈现大小不一的

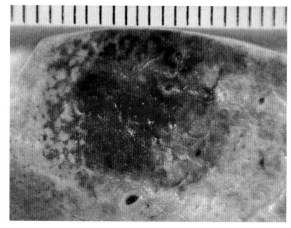

图 3-2-12 肝片吸虫的幼虫在肝组织内移行引起出血

局灶性坏死，病灶外围有多量嗜酸性粒细胞浸润及虫体片段（图3-2-14）。同时，胆管扩张，充满黏稠的血样胆汁和虫体。

图 3-2-13 扩张的胆管内含有血液、坏死组织和虫体

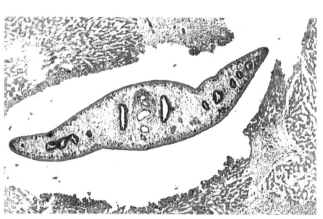

图 3-2-14 肝片吸虫的周围有大量嗜酸性粒细胞

2.慢性胆管炎 为慢性病例的特征性病变。眼观，肝被膜肥厚呈灰白色，胆管壁明显变厚，呈索状隆出于肝脏表面（图3-2-15），其切面可见内壁粗糙、坚实变厚、内含浓稠黄绿色污浊的胆汁，且常混有虫体（图3-2-16）和黑褐色块状或粒状磷酸盐类结石（图3-2-17），俗称牛黄，刀切时有沙沙声。胆囊显著膨大，充满浓稠胆汁。

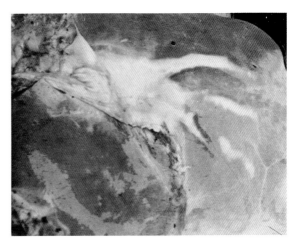

图3-2-15 肝脏的胆总管呈树枝状粗大

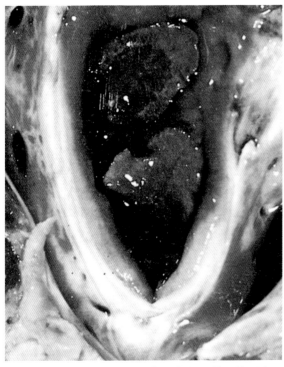

图3-2-16 在肥厚的胆管中寄生大量的肝片吸虫

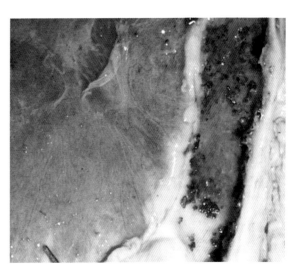

图3-2-17 肥厚的胆管腔内有大量砂粒状胆结石

3.肝硬化 随着慢性胆管炎延续扩展，炎症可由大胆管逐渐蔓延到各级小胆管以致肝脏间质内（图3-2-18），引起慢性间质性肝炎。此时，肝脏呈弥漫性肿大，硬度增加、肝实质萎缩呈肝硬化倾向，称为吸虫性萎缩性肝硬化。随着病情的发展，肝脏体积缩小，质地坚硬、灰白色、表面呈条索状（图3-2-19）或颗粒状，又可称为颗粒性肝萎缩。镜检，肝小叶间的间质大量增生，伸入肝小叶内将之分为数个假性肝小叶（图3-2-20），胆管壁增生肥厚，周围有嗜酸性粒细胞为主的炎性细胞浸润（图3-2-21）。

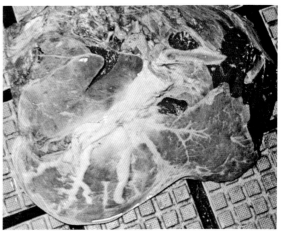

图3-2-18 肝脏胆管增生、肥厚而发生硬化

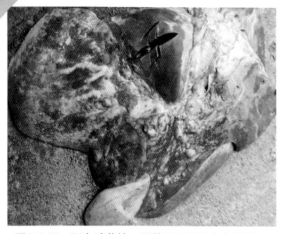

图3-2-19　肝左叶萎缩，胆管肥厚呈灰白色树枝状

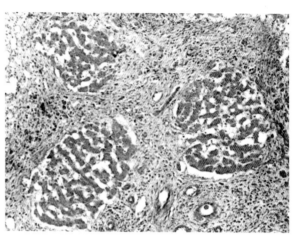

图3-2-20　新生结缔组织侵入肝小叶，形成假性小叶

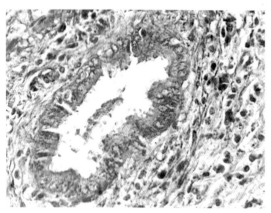

图3-2-21　胆管周围的结缔组织增生和嗜酸性粒细胞浸润

〔诊断要点〕病牛生前怀疑患有本病时，可取粪便做虫卵检查。常采用反复水洗沉淀法，在粪便沉渣中发现黄褐色的肝片吸虫虫卵而确诊。病牛死后剖检时，肝脏呈现上述典型病变，并在胆管内发现虫体，也可确诊。

〔治疗方法〕用于驱除肝片吸虫的药物较多，常用的药物及其使用方法有以下几种。

1. 硝氯酚（拜耳9015）　为治疗肝片形吸虫病的特效药之一，每千克体重用药3～4毫克，拌入饲料中喂服；针剂按每千克体重0.5～1毫克，深部肌内注射。

2. 碘醚柳胺　本药对肝片形吸虫的成虫及在发育中的童虫都有很强的驱杀作用，用量为每千克体重10毫克，口服。

3. 丙硫咪唑　对牛肝片形吸虫有良好的驱虫作用，对童虫效果差。用量为每千克体重15～25毫克，经口投服，灭虫率可达99%～100%。

4. 碘硝酚腈　该药对童虫和成虫均有较好的驱杀作用，但在体内残留时间较长，用药一个月后，牛乳才可食用。使用剂量一般为每千克体重10毫克，皮下注射；或每千克体重20毫克，一次口服。

5. 羟氯柳苯胺（赞尼尔）　本药对寄生在胆管内虫体的有效率可达95%，对肝实质内的虫体也有一定的效果，对孕畜和营养不良的病牛亦无不良影响。用量为每千克体重12.5毫克，一次口服。

此外，硫双二氯酚、六氯对二甲苯和吡喹酮等对本病也有较好的疗效。用药后注意检查病牛排出的粪便，如果发现有黑褐色类柳叶状的虫体即为死亡的肝片吸虫，未死亡的虫体呈黄褐色（图3-2-22）。

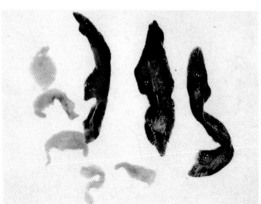

图3-2-22　用药后死亡的肝片吸虫呈黑褐色

〔预防措施〕 为了有效地预防肝片吸虫病，通常根据其流行病学及发育史的特点，采取综合性的防治措施。

1. 定期驱虫 病牛和带虫牛是本病的主要传染源，因此，驱虫不仅是治疗病牛，而且也是一种积极的预防措施。一般而言，驱虫的时间与次数须与流行地区的具体情况相结合。在疫区，对牛每年春秋两季各驱虫1次。一次在冬末春初，由舍饲改为放牧之前，可以减少牛在放牧时散播病原；另一次在秋末冬初，由放牧转为舍饲之后，借以保护牛群过冬。给牛驱虫常用的药物及方法是：六氯乙烷，剂量为每千克体重0.2～0.4毫克，1次口服。此药能引起瘤胃鼓胀，因此，在驱虫前1天和驱虫后3天内，不要喂富含蛋白质和易发酵的饲料。硫双二氯酚（别丁），每千克体重给药40～50毫克，做成舐剂经口投服。四氯化碳，按每100千克体重用2.5～5毫升分点肌内注射，效果良好。

2. 消灭中间宿主 灭螺是预防肝片吸虫病的重要措施。在放牧地区消灭椎实螺，最好配合农田水利建设，填平低洼水泡子，消灭椎实螺滋生地；水面可放养鸭子，捕食椎实螺；也可用血防67和硫酸铜等药物灭螺。

3. 管好粪便 牛场的粪便，尤其是驱虫后的粪便应收集在一起，堆积发酵，借以杀灭随粪便排出的虫卵。

4. 安全放牧 肝片吸虫多流行于低洼而潮湿的地区。因此，应避免在低洼潮湿的牧地放牧和饮水，以减少感染机会。

〔公共卫生〕 本病呈世界流行，也可感染人。据报道，法国、英国、俄罗斯、古巴和秘鲁等国发病较多，秘鲁某些村庄中15岁以下儿童的感染率高达4.5%～34.0%。我国的东北、内蒙古、山东、江西以及广东、广西等地也有发病的报道。人发病多因生吃带囊蚴的水生植物、含嚼水草或饮用含囊蚴的河水等，多为散发。人感染后病程分急性期与慢性期。急性期一般持续3～4个月，此时童虫在肝脏内移行，引起损伤性肝炎，病人表现畏冷、发热（多为弛张热或稽留热）、出汗、乏力、食欲不振、右上腹疼痛，肝脏轻度肿大，有压痛感，末梢血中嗜酸性粒细胞明显增多。慢性期是幼虫移行到胆管并发育为成虫时期。此时，成虫的机械性刺激及其产生的脯氨酸可引起胆管扩张和胆管上皮细胞增生，常合并胆管炎、胆石症或胆管堵塞。病人表现肝区疼痛、黄疸、贫血和肝功能异常。因此，在肝片吸虫流行地区，如出现发热、食欲不振、上腹胀痛等病症，即应及时就诊，切勿延误最佳的治疗时机。

三、蛔虫病

蛔虫病（Ascariasis）是由牛新蛔虫所引起的一种肠道线虫病。由于本病主要发生于犊牛，故又有犊新蛔虫病之称。临床上以下痢、腹部膨大和腹痛等为主要特征。本病分布很广，遍及世界各地，我国南方各地的犊牛多发。初生犊牛严重感染时可引起死亡，故本病对养牛业具有很大的危害。

〔病原特性〕 本病的病原体为无饰科的牛新蛔虫（Neoascaris vitulorum）。虫体粗大，呈黄白色，体表光滑，表皮半透明，形如蚯蚓（图3-3-1），状如两端尖细的圆柱。头端有三个唇片，食管呈圆柱状，后端有一个胃与肠管相接。雄虫长11～26厘米，尾部呈圆形，弯向腹面，有3～5对肛后乳突，有许多肛前乳突，交合刺1对，等长或不等长，形状相似。雌虫长14～30厘米，尾部较直，生殖孔开口于虫体前部。虫卵近于球形，大小为75～65微米，卵壳厚，外层呈蜂窝状，内含单细胞期胚胎（图3-3-2）。

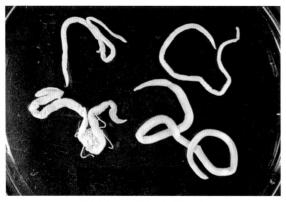

图3-3-1　牛蛔虫的成虫

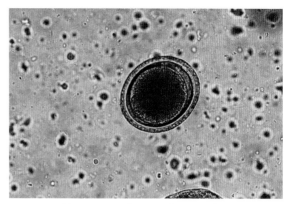

图3-3-2　虫卵近似球形，卵壳厚

〔生活简史〕雌性成虫在牛小肠内产卵，卵随粪便排到外界，在适宜的温度及湿度下7天左右发育为幼虫，再经14天左右，在卵壳内进行一次蜕化而变为感染性虫卵（图3-3-3）。当牛吃草或饮水时将这种虫卵吞下，幼虫在小肠逸出，穿过肠壁移行至肝脏、肺脏和肾脏等器官，在此进行第二次蜕化，变为第三期幼虫并停留在这些器官中。等母牛妊娠8.5个月左右时，幼虫便移行至子宫，进入胎盘进行第三次蜕化，而成为第四期幼虫。此后，幼虫可经三条途径进入犊牛的小肠：①随着胎盘的蠕动，幼虫被胎牛吞饮而进入肠道，并在此发育，到小牛出生后幼虫在小肠进行第四次蜕化后而发育为成虫；②幼虫从胎盘移行到胎儿的肝脏和肺脏，继之沿一般蛔虫的移行途径转入小肠，引起生前感染；③幼虫从母牛体内移行至乳腺，随乳汁被犊牛吞食，在小肠内寄生，至犊牛生后约4个月，虫体成熟。

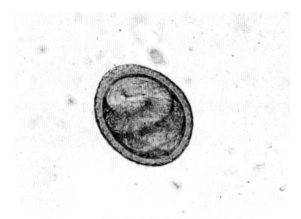

图3-3-3　从土壤中检出的成熟的蛔虫卵

〔流行特点〕本病主要感染5月龄的犊牛，成龄牛感染后幼虫多寄生于肝脏、肺脏等组织中，一般不在小肠内发育。本病主要的传染源是病犊牛，传播的途径是母牛的消化道、组织器官、子宫和乳腺等。在自然感染情况下，2～4月龄的犊牛小肠中就有新蛔虫的成虫寄生。消灭虫卵是控制本病的一种好方法。据研究，阳光中的紫外线和直射阳光以及因照射而造成的高温均能杀死虫卵。但虫卵对化学药物的抵抗力较强，如在2%福尔马林中虫卵可正常发育；当温度为29℃时，将其放在2%克辽林或2%来苏儿溶液中，可生存约20小时。

〔临床症状〕犊牛感染后精神不振，体温不正常，步态蹒跚，或焦烦不安。消化不良，食欲减退或废绝，胃肠臌胀。幼虫破坏肠黏膜，常引起肠炎，出现腹泻或血便，并有特殊的臭味。消瘦，发育不良（图3-3-4），肌肉弛缓，后肢无力，站立不稳。虫体寄生多时，可造成肠阻塞或肠穿孔，由此导致病牛死亡。

图3-3-4　检出牛蛔虫的感染犊牛，消瘦、发育不良

犊牛出生后感染，虫卵在肠管中孵化，幼虫侵入肠壁而到肝脏，这个移行过程可损害消化机能，破坏肝组织，影响脂肪消化而引起食欲不振，口腔内有特殊酸臭味。幼虫移行到肺脏，破坏肺组织，造成点状出血和肺炎，病牛出现咳嗽、呼吸困难和发热等症状（图3-3-5）。有的病牛后肢无力，站立不稳，走路摇摆；有的还伴发眼结膜炎等症状。

另外，蛔虫成虫通常游离在小肠腔中，以小肠内容物为食，夺取宿主的营养。由于饥饿或其他原因，成虫可移行到胃、胆管或胰管，

图3-3-5　病牛咳嗽、呼吸困难和消瘦

常可引起蛔虫性胆管阻塞而发生持续性腹痛和黄疸。虫体的游动偶见擦伤肠黏膜或穿透犊牛的肠壁而发生腹膜炎。

〔病理特征〕新蛔虫所致的病变，与其幼虫期和成虫期的不同发育阶段有关。

1.幼虫移行期　病变主要见于肠、肝和肺，呈现以嗜酸性粒细胞浸润为主的炎症反应和肉芽肿形成。肺出现细支气管黏膜上皮脱落，甚至出血。大量幼虫在肺内移行和发育时，可引起蛔虫性肺炎，但康复后常不留病变残迹。在肝脏移行时，引起局灶性肝实质损伤和间质性肝炎。严重感染的陈旧病灶，由于结缔组织大量增生而发生肝硬化。还可见以幼虫为中心出现肝细胞凝固性坏死，周围环绕上皮样细胞、淋巴细胞和嗜酸性粒细胞浸润的肉芽肿结节。

2.成虫期　由于蛔虫变应原作用可见宿主发生荨麻疹和血管神经性水肿。成虫在小肠内游动及其唇齿的作用可使空肠黏膜发生卡他性炎。虫体多时可导致小肠阻塞。虫体钻入胆管、胰管时可造成黄疸、胰腺出血和炎症。此外，还由于夺取宿主营养和小肠黏膜绒毛损伤影响吸收，动物表现消瘦、犊牛发育不良。其分泌物和代谢产物也可引起实质器官中毒性变性和神经症状。

〔诊断要点〕一般根据临床上的腹泻、血便并有特殊恶臭，病犊发育不良和流行病学方面的资料，可初步诊断。如用连续洗涤法或集虫法在粪便中检出虫卵或虫体，或剖检时在小肠内发现新蛔虫体，或在血管、肺脏里找到移行期幼虫，即可确诊。

〔治疗方法〕用于治疗本病的药物较多，常用的有：丙硫咪唑，又称抗蠕敏，每千克体重10毫克，混入饲料或配成混悬液，一次口服；左旋咪唑，每千克体重8毫克，混入饲料或饮水中一次口服；驱蛔灵，每千克体重200～250毫克，一次口服；敌百虫，每千克体重40～50毫克，一次口服；伊维菌素，每千克体重0.2毫克，皮下注射。

此外，民间一些验方对治疗牛蛔虫也有较好的疗效，如石榴皮槟榔疗法：石榴皮36克，槟榔18克，乌梅45个，共研为末，掺入饲料中拌匀，一次喂服；大葱疗法：将葱白捣成汁，取100毫升，再加食用植物油300毫升，混匀后一次喂服；花椒疗法：花椒50克，植物油300毫升，先把油用锅烧热，放入花椒炒酥，然后去渣，温服。

〔预防措施〕预防本病的主要方法是：定期驱虫，犊牛1月龄和5月龄时各进行1次驱虫；加强粪便管理，及时清除粪尿，保持圈舍卫生，粪便应堆积发酵，彻底杀灭虫卵；加强对妊娠牛的环境卫生管理，使其不与污染源相接触。

四、肺线虫病

肺线虫病（Pulmonary nematodiasis）又叫网尾线虫病，是由胎生网尾线虫寄生于支气管内而

引起的一种寄生虫病。临床上以咳嗽、气喘和肺炎为主要症状。本病呈世界性分布，我国各地均有发生，多见于潮湿地区，常呈地方性流行，主要危害犊牛，严重时可引起病牛大批死亡。

〔病原特性〕本病的主要病原体为网尾科、网尾属的胎生网尾线虫（*Dictyocaulus viviparus*），又称牛肺虫；由于虫体较大，又有大型肺虫之称。虫体丝状，黄白色（图3-4-1），口囊很小，口缘有四个小唇片。雄虫长40～55毫米，交合伞的中侧肋与后侧肋完全并列融合，呈黄褐色，为多孔性构造。雌虫长60～80毫米，阴门位于虫体中央部分，其外面略突起呈唇瓣状。虫卵呈椭圆形，大小约为85微米×51微米，内含幼虫（图3-4-2）。

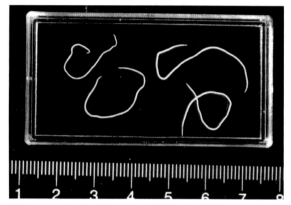

图3-4-1　肺线虫的成虫（左侧两条为雄虫，右侧的为雌虫）

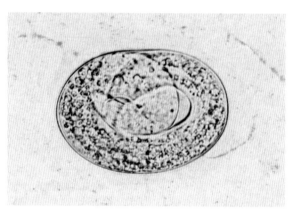

图3-4-2　从奶牛气管中取出的肺线虫的虫卵

〔生活简史〕网尾线虫是不需中间宿主而直接完成生活周期的线虫。在支气管内发育成熟的肺线虫，雌雄交配后，雄虫逐渐死亡，而雌虫在牛的各级支气管内继续生长发育，之后其子宫出现大量含有幼虫的虫卵（图3-4-3），待成熟后开始产卵。卵随黏液咳至口腔并吞入消化道，幼虫多在大肠内孵化，并随粪便排出体外。在外界适宜的温度和湿度条件下，幼虫经两次蜕化后变为第三期幼虫（图3-4-4），即感染性幼虫。当牛吃草或饮水时摄食了感染性的幼虫后，幼虫在小肠内脱鞘，钻入肠黏膜并迁移到肠系膜淋巴结内发育为第四期幼虫，然后沿淋巴管和肺动脉抵达肺脏，进入肺泡、终末细支气管和支气管内定居，发育成熟。牛肺虫从感染起到雌虫产卵需21～25天，有时需要1～4个月。

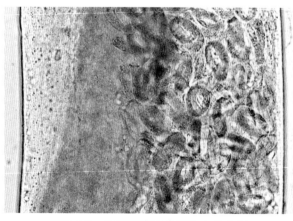

图3-4-3　位于子宫内含有幼虫的虫卵

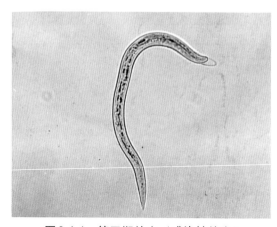

图3-4-4　第三期幼虫（感染性幼虫）

〔流行特点〕本病的主要传染源是病牛和带虫的反刍动物，主要经消化道感染，特别是在被虫卵及幼虫污染的草地上放牧，常可引起整个牛群的感染（图3-4-5）。各种年龄的牛均可感染，对犊牛危害严重，常呈暴发性流行，造成大批死亡。由于网尾线虫的幼虫必须在外界适宜的湿度和温度（23～27℃）条件下才能发育成感染性幼虫，故本病多发生于潮湿多雨地区和气温比较高的夏秋季节。

图3-4-5　放牧于感染草场上的奶牛群被感染发病

〔临床症状〕网尾线虫的幼虫自毛细血管进入肺泡时，可发生出血，局部肺泡实变。成虫在呼吸道寄生，刺激黏膜造成黏液分泌增多，随同虫体共同阻塞局部支气管。虫体代谢产物被吸收后，可引起宿主中毒。所以本病的特异性症状出现在呼吸系统。

病牛最初出现的症状是咳嗽，开始为干咳，后变为湿咳，且咳嗽的次数逐渐增多，有时发生气喘和阵发性咳嗽，或有吐出异物样咳嗽症状（图3-4-6），并流出淡黄色黏液性鼻液，奶牛的产奶量减少。继之，病牛的体温升高到40.5～42℃，精神不振，食欲减少，咳嗽加重，常出现连续性阵咳，呼吸困难，头颈伸直（图3-4-7），流黏液性鼻液，消瘦、贫血，可视黏膜发白，奶牛的泌乳量明显减少或停止。肺部听诊时，可闻及干啰音或湿啰音及支气管呼吸音；叩诊时，可在8～9肋间听到浊音。病情严重时，病牛明显消瘦，结膜苍白，严重的呼吸困难，经常吃力地咳嗽，并可因肺泡破裂而导致间质性肺气肿的发生。最后，病牛卧地不起，口吐白沫，窒息而死。

图3-4-6　患肺线虫的病牛，以重度咳嗽为特征

图3-4-7　病牛消瘦，反复咳嗽，呼吸困难，头颈伸直

另外，由于幼虫穿过肠壁，破坏了肠黏膜的完整性，有时可引起肠炎性症状；损伤血管、淋巴管，给病原微生物侵入创造了条件，进而引起各种继发性感染。

〔病理特征〕本病的主要病变是寄生虫性肺炎。病初，可见肺表面有小点出血，如伴有较强烈的炎症反应时，整个肺小叶充满以嗜酸性粒细胞为主的炎性渗出物。随着幼虫成长，迁移到细支气管和支气管内栖息，可刺激黏膜分泌增多。此时，支气管扩张，管壁增厚，黏膜肿胀，充血并有小出血点，在大量的支气管的炎性渗出物中，可检出大量虫体（图3-4-8）。幼虫在各级支气管中发育成熟，虫体寄生部位表面隆起，呈灰白色结节，触诊坚硬。在肺切面的支气管断端中可见有大量成熟的虫体蠕动（图3-4-9）。切开支气管，在次级支气管中常见成团块状缠绕在一起的虫体（图3-4-10）；严重感染时，支气管腔中有多量灰白色虫体，造成局部管腔阻塞（图3-4-11），相关的肺泡萎陷，变成无气肺。还由于存留在肺泡内虫卵和发育的胚蚴如同外来异物刺激，易引起局部肺组织发生细菌性继发感染，所以常可见化脓性肺炎灶。切开病变部扩张的支气管，其内充满黏液和卷曲的成虫（图3-4-12）。由于部分支气管呈半阻塞状态，使气体交换受阻，在肺的尖叶部及膈叶的后缘可见灰白色隆起的气肿小叶和暗红色或灰红色楔状的实变区（图3-4-13），严重感染时，喉头部和气管内也有大量线虫寄生（图3-4-14）。镜检在肺泡壁、肺泡腔、呼吸性细支气管、细支气管和小支气管等含有大量的黏液和大量网尾线虫的片段（图3-4-15）。

图3-4-8　支气管内有大量泡沫，其中有许多肺线虫

图3-4-9　切面见支气管的断端有大量线虫寄生

图3-4-10　支气管管腔中有线虫缠绕的团块

图3-4-11　在支气管和细支气管中有大量成虫

图3-4-12　支气管中检出的肺线虫的成虫

图3-4-13　死于肺线虫的奶牛，其肺脏有大量气肿灶和实变区

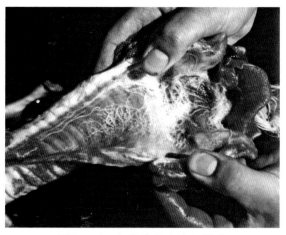

图3-4-14　气管内见有大量线虫

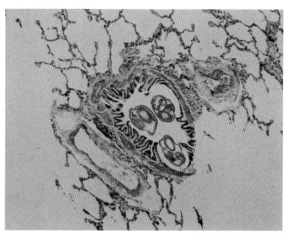

图3-4-15　细支气管中虫体的断面及周围的炎性反应

〔诊断要点〕一般依据病牛在临床上出现的以咳嗽为主的特异性症状，并结合本病流行的季节和区域特点，即可初诊。如用饱和盐水浮集法检查虫卵（含幼虫）或将粪便反复水洗分离幼虫；亦可将病牛的粪便在25℃条件下培养18～20小时，再进行幼虫的检测（图3-4-16）；或病牛死后剖检发现各级支气管中有大量虫体和相应的病理变化，即可确诊。

〔治疗方法〕治疗本病的药物较多，如噻咪唑、左噻咪唑、氰乙酰肼、丙硫咪唑、伊维菌素和海群生等。兹介绍几种常用药的使用方法：

图3-4-16　将病牛粪便在25℃下培养18小时即可检出幼虫

1.噻咪唑　又叫驱虫净或四咪唑，是一种广谱、高效、低毒的从肺部驱除网尾线虫的成虫及幼虫的药物，目前广泛应用于临床实践。剂量：每千克体重15毫克；用法：配成2%水溶液一次灌服。皮下注射的剂量为每千克体重6～8毫克，药量在10毫升以下时可一次注完，超过此量时则须分2～3处注射。

2.左噻咪唑　本药为噻咪唑驱虫作用的有效成分，具有剂量小、疗效更高、毒性更低、驱虫迅速和副作用轻微等优点。剂量：每千克体重8毫克；用法：用适量水溶解后灌服，或混料喂服，或饮水服药，亦可配制成5%注射液进行皮下或肌内注射。注意：本药过量后可出现胆碱能神经兴奋症状，如肌肉抽搐，呼吸肌麻痹等症状，此时，可用阿托品等抗胆碱能神经兴奋的药物进行解毒。

3.氰乙酰肼　本药为防治牛肺线虫病的有效药物。其治疗作用并非杀虫，而是使虫体失去活动能力后，被气管纤毛带到咽喉，然后吞咽在胃肠中将之消灭。剂量：每千克体重17.5毫克；用法：将药溶于少量温水中，一次灌服，或拌入饲料中一次喂服。

〔预防措施〕对本病的预防主要是采取综合性措施。

1.定期驱虫　在流行区，于每年放牧前后各进行1次有计划的驱虫。预防性驱虫常用的药物有：丙硫咪唑，每千克体重5～10毫克，一次口服；左旋咪唑，每千克体重8～10毫克，一次口服；海群生，每千克体重50毫克，拌料混饲。这些药物对网尾线虫的预防均具有较满意的效果。进行预防性驱虫时，牛群应集中管理，借以加强粪便管理。驱虫牛排出的粪便应堆积发酵，进行生物性热处理，以便杀灭粪便中的病原。

2. 加强饲养管理　加强牧场管理，保持清洁干燥，避免在低洼潮湿地区放牧，注意饮水卫生。舍饲牛的粪便也应堆集发酵，以防病原寄生虫扩散。

五、胰阔盘吸虫病

胰阔盘吸虫病（Eurytrematosis）也叫胰吸虫病，是由阔盘吸虫引起的一种寄生虫病。阔盘吸虫主要寄生于牛、羊、骆驼等反刍动物的胰管中，有时也见于胆管和十二指肠。病牛临床上以消瘦、下痢、贫血和水肿为特点。本病呈世界性分布，我国东北、西北等牧区以及南方各省均有流行报道。

〔病原特性〕本病的病原体为双腔科、阔盘属的阔盘吸虫。寄生于牛胰管的阔盘吸虫有3种：胰阔盘吸虫（Eurytrema pancreaticum）、腔阔盘吸虫（E. coelomaticum）和枝睾阔盘吸虫（E. cladorchis）。该三种吸虫的形态、发育史及其致病作用和病理变化基本一致，现以胰阔盘吸虫为例，简述于下。

胰阔盘吸虫体形较小，长5～16毫米，宽2～6毫米，呈棕红色，俗称小红吸虫（Small red fluke）；虫体扁平、较厚，长椭圆形，稍透明（图3-5-1）；吸盘发达，故名阔盘吸虫，且口吸盘较腹吸盘大，染色后更易观察（图3-5-2）。虫卵椭圆形，两端稍不对称，呈黄棕色或深褐色，一端有卵盖，内含发育成形的毛蚴（图3-5-3），大小约为45微米×30微米。

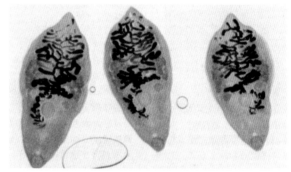

图3-5-1　胰阔盘吸虫的成虫

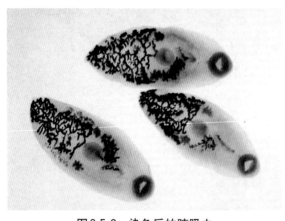

图3-5-2　染色后的胰吸虫

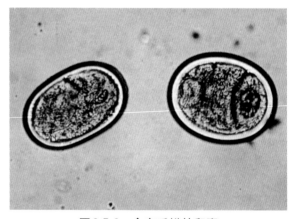

图3-5-3　含有毛蚴的卵囊

〔生活简史〕在三种阔盘吸虫生长发育的过程中，均需要两个中间宿主：第一中间宿主蜗牛（图3-5-4），第二中间宿主红脊草螽（图3-5-5）。成虫在胰管产卵，虫卵随胰液进入肠道，然后又随粪排到体外，虫卵被第一中间宿主蜗牛吞食，在其体内经毛蚴、母胞蚴发育成子胞蚴。成熟子胞蚴体内含有尾蚴，并附着于蜗牛的外套膜上。当蜗牛在草地上爬行时，即可排出子胞蚴而附于青草上。然后被红脊草螽吞食，使尾蚴在其体内发育为囊蚴。牛吞食红脊草螽后被感染。

囊蚴在牛十二指肠，囊壁崩解，尾蚴脱囊而出，并顺胰管开口进入胰脏，选择性寄生于终宿主胰管内，经3～4个月发育为成虫，从而引起特征性病变。

图3-5-4　胰吸虫的第一中间宿主

图3-5-5　第二中间宿主和排出的幼虫

〔流行特点〕胰吸虫病有地区性，多发生在比较低洼潮湿的山间草场上，因为这些地方适于蜗牛及草螽生存，也是牛经常放牧与饮水的地方。本病的传染源是病畜及带虫动物，传播的主要途径是消化道，各种年龄的牛均可感染，但以成龄牛多见。一般情况下，牛的感染季节为8～9月，发病时间为翌年2～3月，即秋季感染，冬季发病。

〔临床症状〕少量感染时，一般不出现明显的症状而成为带虫牛；严重感染时，在食欲

图3-5-6　病牛被毛粗乱，非常消瘦

正常，渴欲增加的情况下，日趋消瘦，精神不振，奶牛的泌乳量明显减少，甚至停止。继之，病牛严重贫血，可视黏膜苍白，非常消瘦（图3-5-6），颈部和胸部发生水肿，腹泻，粪便中带有黏液。最后，病牛常因恶病质而死亡。

〔病理特征〕基于胰阔盘吸虫虫体对胰管黏膜持续刺激和毒素作用，可引起浅层糜烂与溃疡；慢性病例，则可发生纤维素性胰管炎或肉芽肿形成。

眼观，胰脏被膜粗糙，失去固有光泽，散见少量小出血点。病初，在扩张的胰管中可见呈叶状红褐色虫体（图3-5-7）；随着胰管的不断扩张，内含的虫体也不断增多（图3-5-8）；继之，胰管壁增厚，管腔狭窄，黏膜粗糙不平，形成数量不等的乳头状小结节，造成管腔不同程度闭塞，胰管内可见有大量虫体（图3-5-9）。严重时，胰管中有多量虫体从十二指肠开口部移出（图3-5-10），胰脏表面有许多结节。最后，胰腺萎缩或硬化，招致胰腺分泌机能紊乱，如病程恶化，可使病畜因恶病质而死亡。

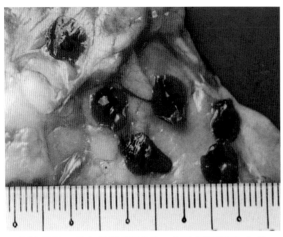

图3-5-7　受害的胰管肥厚，有叶状红褐色虫体

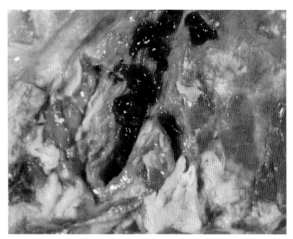

图3-5-8　胰管的切面有多量虫体寄生

图3-5-9　胰管扩张，内含有多量虫体

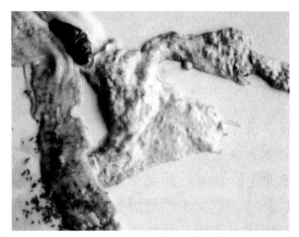

图3-5-10　胰管中有多量虫体从十二指肠开口部移出

〔诊断要点〕根据流行病学特点和临床病状可怀疑本病；若用水洗沉淀法检查粪便可发现胰阔盘吸虫的虫卵或剖检时见胰管病变明显，并检出大量虫体而确诊。

〔治疗方法〕国产血防846对本病具有良好的治疗作用。剂量：每千克体重0.3克；用法：口服，隔天1次，3次为一个疗程。吡喹酮，剂量：每千克体重35～40毫克，一次口服，或按每千克体重30～50毫克，用液状石蜡或植物油配成灭菌油剂，腹腔注射，均可获得较好的疗效。

值得指出：牛服用血防846后，8～24小时才能在血液中检出，3～6天后达到高峰，停药两周后消失，连续服药有蓄积作用，是一种慢性中毒过程。因此，本药不能长期过量服用。另外，有的病例用药后，偶有血尿和兴奋等副作用，此时可用10%维生素C10～20毫升皮下或静脉注射治疗血尿；用每千克体重1毫克氯丙嗪的剂量肌内注射治疗兴奋。

〔预防措施〕常采用综合性的预防措施防治本病。定期驱虫，驱出和消灭病原，一般在秋末和初春给牛群进行2次驱虫；消灭中间宿主蜗牛和草螽，切断病原的生活链；加强管理，避免在低洼潮湿的牧场放牧，有条件的地方应实行轮牧，借以净化草场；牛粪集中经无害化处理后再利用。

六、牛双芽梨形虫病

牛双芽梨形虫病（Bovine piroplasmosis bigeminum）亦称牛双芽巴贝斯梨形虫病（Bovine babesiosis bigeminum），或大型梨形虫病，是由双芽巴贝斯虫引起的一种红细胞内寄生的原虫病。临床上以高热、贫血、黄疸及血红蛋白尿为主症，故国外称双芽巴贝斯虫病为"红尿热"或"得克萨斯热"（Texas fever），或"血红蛋白尿热"。本病在热带和亚热带地区普遍存在，是一种急性发作的季节性疾病。在我国，主要发生于南方各省，奶牛、黄牛和水牛都能感染。

〔病原特性〕本病的病原体为梨形虫目、巴贝斯科、巴贝斯属的双芽巴贝斯虫（*Babesia bigemina*）。它与牛的其他梨形虫相比，平均长度超过3微米，大于红细胞半径，故称之为大型巴贝斯虫。该虫有环形，椭圆形、单个或成对的梨籽形（图3-6-1）和变形虫（图3-6-2）等不同的形状，在进行出芽生殖的过程中，还可以见到三叶形虫体。用姬氏液染色，虫体的原生质呈浅蓝色，边缘较深，中部淡染或不着色，有空泡状的无色区，染色质多为两团，位于虫体边缘部。环形虫体的直径为1.4～3.2微米，单梨形虫体长2.8～6微米，两个梨籽形虫体以其尖端相连成锐角，是本病原体的典型的特征性虫体。虫体多位于红细胞中央，每个红细胞内寄生1～2个，很少有3个以上。红细胞的感染率随病期不同，初期可达5%～15%，高热期感染率更高。

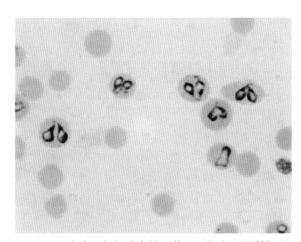

图3-6-1 寄生于红细胞内的双芽巴贝斯虫，呈梨籽形

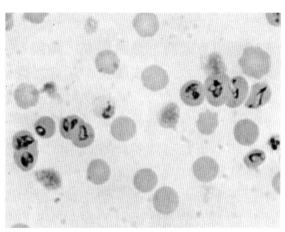

图3-6-2 在红细胞内寄生的变形的双芽巴贝斯虫

〔生活简史〕各种梨形虫均由其固有特定的终宿主——硬蜱进行传播。国外记载有5种牛蜱、3种扇头蜱、1种血蜱可以传播双芽巴贝斯虫；但在我国，传播牛双芽巴贝斯虫的蜱为微小牛蜱（图3-6-3）。

双芽巴贝斯虫在牛红细胞内以"成对出芽"生殖法繁殖，在蜱体内是经卵传递的（图3-6-4）。虽然双芽巴贝斯虫进入蜱体后以什么方式繁殖还未完全搞清，但实验证明，红细胞内的同形配子体在吸饱血的雌蜱的肠管内结合，形成能动的棒状动合子，动合子通过肠

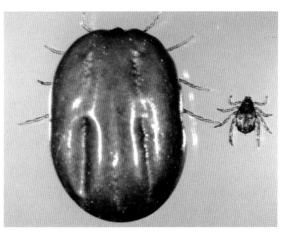

图3-6-3 传播本病的蜱，左为雌虫，右为雄虫

壁到达子宫的卵子内，经过孢子生殖过程，形成许多子孢子，后者进入幼蜱的唾液腺内，当幼蜱吸食动物血液时，便将子孢子接种到动物体内，子孢子进入红细胞，开始其"成对出芽"的无性生殖。

〔流行特点〕本病的主要传染源是病牛和带虫牛，只有通过蜱的叮咬才能传播，各种年龄的牛均可感染发病。临床实践证明，两岁以内的犊牛虽然发病率高，但病状较轻，很少死亡，也容易自愈；成年牛的发病率虽然低，但症状重，死亡率也高，特别是老弱以及高产奶牛，病情尤为严重。本地牛的感受性低，种

图3-6-4 成蜱产卵，双芽巴贝斯虫通过卵而感染幼蜱

牛和由外地引入的奶牛感受性高，病情重，死亡多。妊娠母牛发病后常发生流产。

本病的发生和蜱在一年之内出现的次数基本是一致的。微小牛蜱多是在野外繁殖的一宿主蜱，主要寄生于牛，故本病多发生在放牧时期。在我国南方，本病多发生在7～9月，有的地区，蜱的活动时间长，在秋冬季还能引起发病。小气候（温度和湿度）对蜱的生存和发育有一定的影响，低温可以延迟病原体和蜱的发育，过于干燥的环境，易致发育中的蜱死亡。

〔临床症状〕本病的潜伏期为8～15天。牛突然发病，体温升高，可达40～41.5℃，呈稽留热型，可持续一周或更长。病牛精神沉郁，食欲下降，反刍停止，奶牛的产奶量明显减少或停产。贫血明显，大量红细胞受到破坏，眼结膜（图3-6-5）和阴道黏膜（图3-6-6）苍白黄染，并有点状出血。粪呈黄棕色，有时病牛可因发热，肛门括约肌挛缩而排出条状粪便（图3-6-7）。通常有血红蛋白尿出现，尿呈红色、暗红葡萄酒样（图3-6-8）乃至酱油色，尿液落在地面上可出现金黄色泡沫（图3-6-9）。如为慢性发作，病牛的体温并不甚高，常无血红蛋白尿，但有下泻或便秘，逐渐消瘦（图3-6-10），晚期有明显的黄疸。

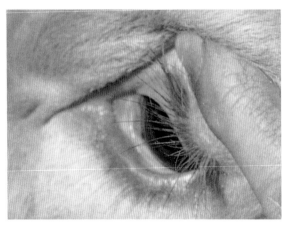

图3-6-5 眼结膜贫血，苍白而黄染

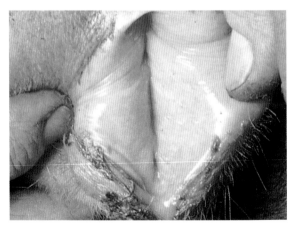

图3-6-6 病牛的阴唇黏膜极度苍白，贫血

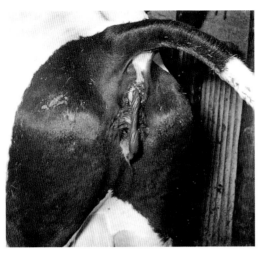

图3-6-7 病牛发热，肛门括约肌挛缩，排出
细条状粪便

图3-6-8 病牛的尿液呈黑红色葡萄酒样

图3-6-9 尿液落在地面上出现金黄色的泡沫

图3-6-10 病牛消瘦，后躯运动障碍，排出黄
色软便

　　临床病理学检查，在初期的发热反应中，外周血液中易检出虫体（图3-6-11）。红细胞染虫率一般为10%~15%，个别严重病例可达65%，轻微病例仅为2%~3%，检查时必须仔细，应多观察几个视野，以便发现虫体。

　　〔病理特征〕梨形虫的致病作用是由虫体及其生活过程中的产物——毒素的刺激造成的，常使宿主各器官系统与中枢神经之间的正常生理关系遭受破坏。在机体反应性受到扰乱，机能失调，物质代谢异常和神经感受器的兴奋性不断增高等的影响下，病畜表现出各种临床症状，如体温升高、精神沉郁、脉搏增快、呼吸困难、造血系统受损和胃肠功能失调等。还由于虫体对红细胞的破坏，引起溶血性贫血。红细胞被破坏后，血红蛋白经肝脏变为胆红素，滞留于血液中引起黄疸。如果红细胞遭到严重的破坏，则大部分血红蛋白经肾脏随尿排出，形成血红蛋白尿（图3-6-12）。

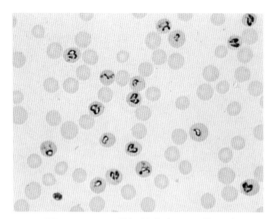

图3-6-11　呈梨籽状和卵圆形的虫体

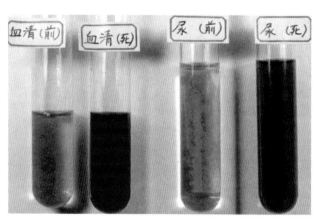

图3-6-12　感染前后与死后血清及尿液的比较

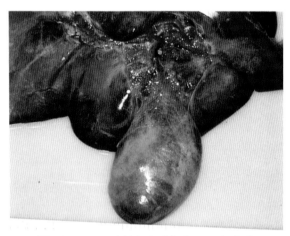

图3-6-13　肝脏淤血呈暗红色，胆囊膨满

死于本病的牛，病尸多半消瘦，结膜苍白、黄染，血液稀薄呈淡红色血水样。皮下组织、浆膜、肌间结缔组织和脂肪均呈现黄色胶样水肿状态，各内脏器官被膜均显黄染。胃肠道黏膜肿胀，皱胃和肠黏膜潮红并有小点状出血和糜烂。肝脏肿大，表面和切面均呈黄褐色，具豆蔻状花纹。胆囊扩张，充盈暗绿色浓稠胆汁（图3-6-13），胆囊黏膜常见有斑点状出血。脾肿大，可为正常脾脏的3～5倍，脾髓软化，呈暗紫红色；脾白髓肿大，往往呈颗粒状隆突于切面。肾脏在急性死亡病例也表现肿大，有时见有点状出血，肾组织被红细胞溶解后释出的血红蛋白浸染而呈淡红黄色（图3-6-14）。膀胱膨大，存有多量红色尿液（图3-6-15），膀胱黏膜出血。肺淤血、水肿。心肌柔软，呈黄红色变性状态。骨髓在慢性病例可见有红色骨髓增生。

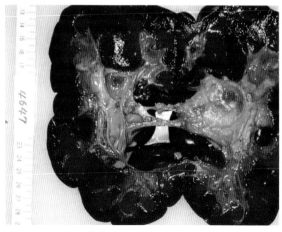

图3-6-14　重度感染牛的肾脏切面明显充血，呈黄红色

图3-6-15　膀胱内有多量血尿潴留

镜检可见典型的溶血性贫血的特征变化。在各内脏器官，特别是在脑和视网膜毛细血管内可见有大量虫体，虫体位于红细胞内或游离于血浆（图3-6-16）。

〔诊断要点〕一般根据蜱活动的季节及范围、典型的临床症状和病理变化，即可做出初步诊断。在病牛体温升高的头1～2天，采取耳静脉血作涂片，染色镜检，如发现有典型虫体（虫体长度大于红细胞半径，有两个染色质团块，成对的梨形虫体尖端相连成锐角），即可确诊。

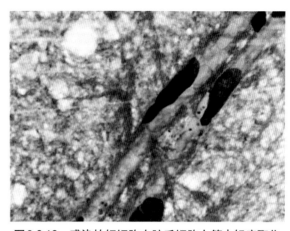

图3-6-16　感染的红细胞在脑毛细胞血管中轻度聚集

〔治疗方法〕本病的治疗应做到尽快诊断，及时治疗；治疗的基本原则是：先用特效药，再用对症药。治疗本病应用的特效药物有以下几种：

1.台盼蓝　又称锥蓝素，对大型梨形虫的杀灭效力很明显，可改变梨形虫的形态而使之溃解，在体内持续时间长，可达10～20天，具有良好的治疗和预防作用。剂量：每100千克体重为0.5克，但成龄牛一般的用量为1.0～1.5克；用法：临用前，先用0.4%氯化钠溶液将之配成1%台盼蓝溶液，过滤后在水浴中消毒30分钟，待药液与体温相同时，缓慢静脉注射。注意：对体弱的病牛，一次的药量可分为两次注射，间隔12小时；本药一般是一次即有明显的效果，如用药后24小时病牛体温还未降低时，可再注射一次。

2.黄色素　亦称锥黄素，对牛双芽巴贝斯虫的效果也很好，一般治疗后12～24小时病牛体温下降，血液中虫体消失。剂量：每100千克体重用0.3～0.4克，但每头牛不得超2克；用法：常用生理盐水配成1%溶液，置暗色瓶内，通过水浴灭菌30分钟，凉至体温，缓慢静脉注射。注意：静脉注射不得漏入皮下，以免组织发炎、水肿和坏死；可间隔48小时重复用药一次；用药后应将病牛置于阴凉处，防止强烈阳光引起灼伤。

3.贝尼尔　又叫血虫净或三氮脒，对牛的双芽巴贝斯虫也有很好的疗效。剂量：每千克体重5～7毫克；用法：多用注射用水配成5%溶液，作分点深层肌内注射或皮下注射；还可用1%的水溶液作静脉注射，比肌内注射见效更快，也较安全，每天或隔天注射1次，连用2～3次。

在用上述特效药物的同时，还要改善饲养，加强护理，并针对病情的不同而进行对症治疗，如注射强心剂，输葡萄糖液，便秘时投以轻泻剂等。

〔预防措施〕预防本病的关键在于灭蜱，其主要措施如下：

1.牛体灭蜱　根据流行地区的蜱的种类、出现的季节和活动规律，实施有计划、有组织的灭蜱措施。应用杀蜱药物（喷洒或药浴）消灭牛体上的所有的蜱，做到一头不漏，要定为制度，每年进行。调动牛只，应选择蜱不在牛体上活动的时期进行，调入调出之前，均应作药物灭蜱处理。

2.搞好卫生　厩舍附近应经常保持清洁，并作灭蜱处理；饲养人员有可能通过饲草和用具将蜱带入厩舍，应加防范。

七、牛梨形虫病

牛梨形虫病（Bovine piroplasmosis）又称牛巴贝斯虫病（Bovine babesiosis），旧称焦虫病，也是一种世界性的血液原虫病。其致病机制和症状均与牛双芽巴贝斯虫病相似。临床上以急性

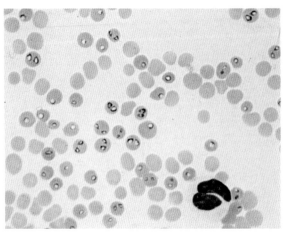

图3-7-1 寄生于红细胞的牛巴贝斯虫

型为多见，病牛的主要症状也是高热、贫血、黄疸及血红蛋白尿。

〔病原特性〕本病的病原体为梨形虫目、巴贝斯科、巴贝斯属牛巴贝斯虫（*Babesia bovis*）。其平均长度小于2.5微米，小于红细胞半径，故称之为小型梨形虫。本虫寄生在红细胞内，形态有环状，椭圆形、单个或成双的梨形，边虫形和阿米巴形等（图3-7-1），在繁殖过程中也可出现三叶形的虫体。巴贝斯虫最有代表性的特点是大约80%虫体位于红细胞的边缘部，少数位于中央，梨形虫体的长度小于红细胞半径，其大小约为2微米×0.9微米，成双的虫体以其尖端相对形成钝角。本虫的形态变化特点是：病初以环形和边虫形为多，继之以梨形虫体为主。

〔生活简史〕迄今为止，人们对于牛巴贝斯虫的生活史尚未完全了解，特别是其在蜱体内以何种方式进行发育还不清楚。但一般认为牛巴贝斯虫在中间宿主牛体内以二分裂或出芽增殖进行无性繁殖，在进入红细胞以前，有一个红细胞外的裂殖生殖阶段；在终末宿主（即传播者）蜱的体内进行有性繁殖。

现在多认为，巴贝斯虫的基本生活史为：子孢子随蜱的唾液（图3-7-2）进入牛体后，首先侵入血管内皮细胞，在那里发育为裂殖体，经过裂殖生殖产生许多不同形状和大小的个体。裂殖体崩解后，释入内皮细胞，继之破坏内皮细胞而逸出。此后，释入血液中的新个体有三种不同的去路：有的新个体再度侵入血管内皮细胞重复其分裂过程；有的在血液中被白细胞吞噬而死亡；有的则进入红细胞内，以出芽生殖方式再进行新的繁殖过程（这些新个体相当于裂殖子）。

〔流行特点〕本病的主要传染源是病牛和带虫牛，传播的主要媒介物是蜱（图3-7-3）。已知，传播本病的蜱有蓖子硬蜱和全沟硬蜱。这两种蜱都是三宿主蜱，病原体可以在它们体内经卵传

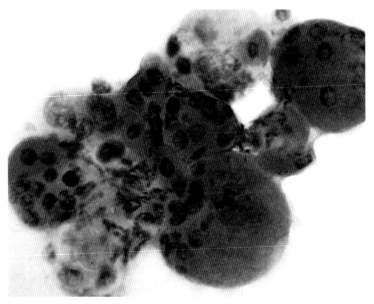

图3-7-2 位于蜱唾液腺中的虫体

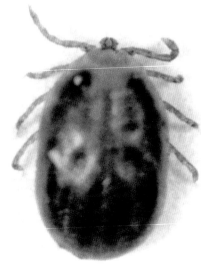

图3-7-3 吸饱血液后的蜱，呈红褐色

递。有的三宿主蜱要三年才能完成其一个世代的发育，病原体也可以在它们体内保存三年之久。研究证明，带虫蜱的各个发育阶段（幼蜱、若蜱、成蜱）均可以使牛感染。本病可感染不同年龄的牛，但以1～7月龄的犊牛最易感，8个月以上的犊牛发病较少，成年牛多系带虫者。成牛的带虫现象可持续2～3年，其时间之久可能与蜱不断侵袭而接种病原有关。由于蜱是本病的传播者，故本病的发生有一定的地区性，多发生在蜱类活动频繁的夏秋季节。

〔临床症状〕本病的潜伏期为5～10天，以急性病例最为常见。病初，病牛精神不振、食欲减少、反刍减退，体温升高，可达41.1℃，多呈稽留热型，病牛的产奶量明显降低。继之，病牛心跳加快，脉搏快而弱，呼吸促迫，吸气时间变短；贫血、黄疸，可视黏膜如眼结膜（图3-7-4）和阴道黏膜（图3-7-5）等发白而黄染，有的病例还见点状出血。检查病牛稀毛部的皮肤，如股部内侧、肘内侧部或耳郭（图3-7-6）等部常能发现寄生的蜱。病的后期，病牛极度虚弱，食欲废绝，可视黏膜苍白，小便频数，尿呈黄褐色或红色。病牛产奶停止，有的还出现腹泻或便秘。

图3-7-4　病牛眼结膜贫血、黄染

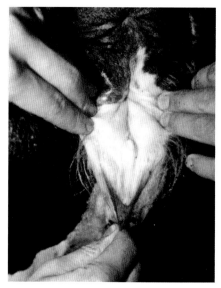

图3-7-5　病牛阴唇黏膜贫血、黄染

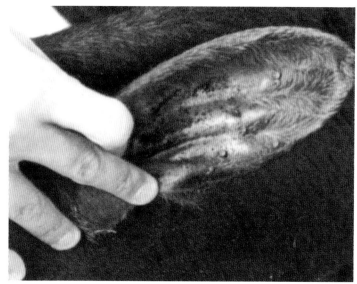

图3-7-6　病牛耳郭内有吸血蜱寄生

急性重剧病例，病程可持续1周，如不及时治疗，病牛多以死亡而告终；急性轻型病例，在血红蛋白尿出现3～4天后，体温下降，尿色变清，病情逐渐好转，但血液指标要2～3个月以后才能恢复正常。

〔病理特征〕巴贝斯虫的致病作用与牛双芽巴贝斯虫的大体相同，但其毒力较弱，所以病牛的死亡率也较低，一般为20%左右。

肉眼病变基本上与双芽梨形虫病相似，黏膜、浆膜、皮下织、心冠状沟脂肪等处黄染（图3-7-7）。不同的是本病的脾脏病变比较严重，有时出现脾脏破裂，脾脏色暗，脾实质突出。胃

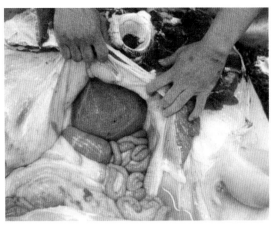

及小肠有卡他性炎性反应，黏膜面上常覆有黏稠的黏液，刮去黏液，可见少量点状出血。肝肿大，变性而呈黄褐色，质地变脆，切面结构不清，伴发淤血时可出现槟榔样花纹，胆囊多膨满。伴有血尿时，肾脏也表现肿大，多呈淡红黄色，镜检常在远曲肾小管中见血红蛋白管型。脑软膜毛细血管扩张充血，脑膜黄染，呈黄红色（图3-7-8）。在脑实质，常能检出肿大的血管内皮细胞，其胞浆中含的裂殖体和新生成的虫体，而扩张的毛细血管中，常能看到带有大量虫体红细胞（图3-7-9）。

图3-7-7 皮下、腹腔脂肪黄染，膀胱中有大量血尿

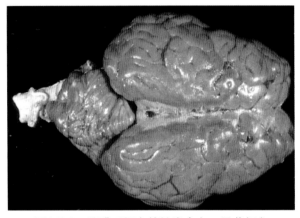

图3-7-8 脑膜毛细血管扩张充血，呈黄红色

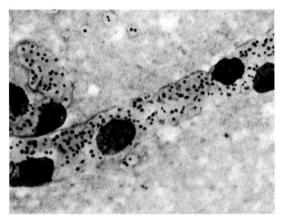

图3-7-9 脑血管内皮和红细胞中有大量虫体

〔诊断要点〕采病牛耳尖血液涂片，自然干燥，甲醇固定后用姬姆萨氏液染色，若在红细胞内见到梨籽形、环状等小于红细胞半径的虫体（图3-7-10），即可确诊。

〔治疗方法〕治疗本病用台盼蓝时，其效果不如治疗牛双芽梨形虫病那样有效，但是，阿卡普林、硫酸喹啉脲、贝尼尔和黄色素等药均有良效。治疗原则同牛双芽梨形病。

1.阿卡普林 对巴贝斯虫有强力的杀灭作用，是目前较常用的抗梨形虫药。剂量：每千克体重用0.6～1毫克；用法：配成5%溶液皮下注射。注意：有时注射后数分钟出现起卧不安、肌肉震颤、流涎、出汗、呼吸困难等副作用（妊娠牛可能流产），一般于1～4小时后自行消失；若

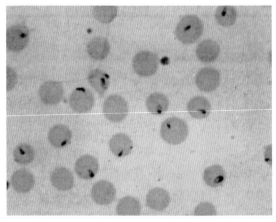

图3-7-10 病牛红细胞内寄生的巴贝斯虫

不见消失，可皮下注射阿托品，每千克体重10毫克，能迅速解除副作用。

2.硫酸喹啉脲 本药为防治巴贝斯虫的特效药，用药后6～12小时出现药效，12～30小时病牛的体温可降至正常，血液内不见虫体。剂量：每100千克体重0.75～1.2毫升；用法：配成5%溶液分两次作皮下或肌内注射，每次间隔6小时。

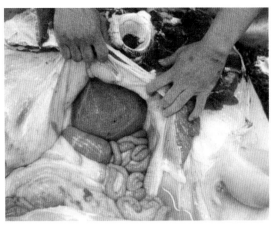

3. 贝尼尔　即血虫净，本药对血液中的巴贝斯虫具有良好的杀灭作用，且用途广，使用简便，是目前治疗牛梨形虫病的理想药物。剂量：每千克体重用 3.5～3.8 毫克；用法：配成 5%～7% 溶液深部肌内注射。注意：病牛偶尔出现起卧不安、肌肉震颤等副作用，但很快消失。一般用药 1 次较安全，连续使用，易出现毒性反应，甚至死亡。

4. 锥黄素　即黄色素，可以其阳离子与细胞蛋白质的羧基结合而呈现抗巴贝斯虫的作用，用药后 12～24 小时病牛的体温下降，血液中虫体消失。剂量：每千克体重 3～4 毫克；用法：配成 0.5%～1.0% 溶液静脉注射，当病牛的症状还未减轻时，可于 24 小时后再注射 1 次。病牛在治疗后的数天内，须避免烈日照射。

〔预防措施〕预防本病可采取以下措施：

1. 牛体灭蜱　开春的季节，如发现牛体表有蜱幼虫侵害时，可用 0.5% 马拉硫磷乳剂喷洒体表，或用 1% 三氯杀虫酯乳剂喷洒体表；夏秋季应用 1%～2% 敌百虫溶液喷洒或药浴。在蜱大量活动的季节，根据具体情况，一般应每周处理 1 次。

2. 避蜱放牧　牛群应避免到大量滋生蜱的牧场放牧，或根据蜱的生活史实行轮牧，或有计划筹建无蜱牧场，安全放牧。

3. 药物预防　对在不安全牧场放牧的牛群，于发病季节前，每隔 15 天用贝尼尔预防注射 1 次，每千克体重用 2 毫克，配成 7% 溶液，肌内注射。

八、牛泰勒虫病

牛泰勒虫病（Theileriasis in bovine）旧称泰氏焦虫病，是一种主要侵害牛红细胞和单核 - 巨噬细胞系统的原虫病；临床上以高热、贫血、出血、消瘦和体表淋巴结肿胀为特征。本病多流行于我国西北、华北和东北的一些省份，是一种季节性很强的地方流行病；常取急性经过，病牛多在全身出血、毒血症和重要器官机能障碍与组织损伤的情况下死亡。

〔病原特性〕本病的病原体主要是泰勒科、泰勒属环形泰勒虫（*Theileria annulata*），其次为瑟氏泰勒虫（*T. cergenti*）。

寄生于红细胞内的环形泰勒虫形态多样，常见环形，如戒指状（图 3-8-1）、椭圆形、逗点形或杆形；也可见于十字形、钉子形、圆点状或边虫状虫体。一个红细胞内可寄生 1～12 个虫体，常见 2～3 个，各种形态的虫体可同时出现于一个红细胞内。一般情况下，红细胞内的染虫率为 10%～20%，但病重者可达 90% 以上。寄生在单核细胞和淋巴细胞内的虫体又叫裂殖体或石榴体（图 3-8-2），亦称柯赫氏兰体，是环形泰勒虫进行裂体增殖形成的多核虫体。裂殖体呈圆形、

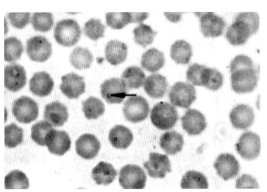 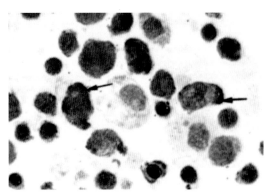

图 3-8-1　寄生于红细胞内的环形泰勒虫（箭头）　图 3-8-2　位于淋巴细胞内的泰勒虫裂殖体（箭头），即石榴体

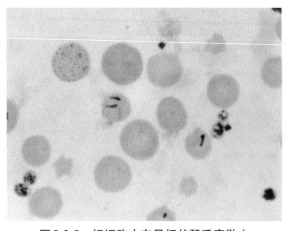

图 3-8-3　红细胞内有呈杆状瑟氏泰勒虫

椭圆形或肾形，位于淋巴细胞、单核细胞的胞浆内或细胞外；其大小约为8微米，有的大到15微米，甚至可达27微米。裂殖体可分为两种，即无性生殖的大裂殖体和有性生殖的小裂殖体。一个成熟的大裂殖体可以包含90个相当于核的染色质颗粒；而一个成熟的小裂殖体内含约80个染色质颗粒。

瑟氏泰勒虫与环形泰勒虫的主要区别为杆形虫体（图3-8-3）多于椭圆形虫体。

〔生活简史〕环形泰勒虫是二宿主寄生虫，其中间宿主是牛，终宿主是蜱（图3-8-4）。现已证明，环形泰勒虫的传播者是各种璃眼蜱。璃眼蜱的幼虫或若虫吸食了带虫者的血液后，含有配子体的红细胞进入胃内，配子体由红细胞逸出变为大、小配子，二者结合形成合子，进而发育成动合子。当蜱完成其蜕化时，动合子进入唾液腺的腺泡细胞内变为孢子体开始孢子增殖，分裂产生许多子孢子。当这种感染泰勒虫的蜱在牛体表吸血时（图3-8-5），虫体的子孢子随其唾液注入牛体，从而导致牛泰勒虫病的发生和传播。

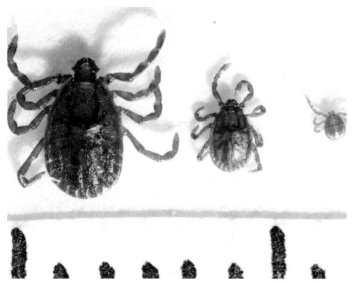

图 3-8-4　传播本病的蜱，左为成蜱，中为若蜱，右为幼蜱

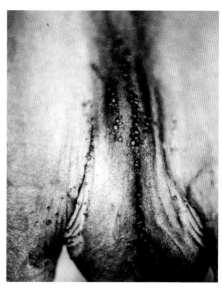

图 3-8-5　放牧牛后肢内侧及腹部有蜱寄生

子孢子进入牛体后首先侵入局部淋巴结的巨噬细胞和淋巴细胞内，并在其中生长繁殖（裂体增殖），形成多核虫体，称为大裂殖体。大裂殖体发育成熟后破裂为许多大裂殖子。大裂殖子又侵入到其他巨噬细胞和淋巴细胞内，重复上述的裂体增殖过程。当虫体无性繁殖发展到一定时期以后，可形成有性生殖体（小裂殖体），后者发育成熟后破裂，形成许多小裂殖子并进入红细胞内变为配子体（血液型虫体）。此时在外周血液涂片检查中可见红细胞内多为环形、椭圆形、圆点形虫体，也有少数杆状或十字形的虫体。

〔流行特点〕本病的主要传染源是病牛和带虫牛，璃眼蜱是主要的传播者。业已证明，璃眼蜱的种类很多，但在我国东北和内蒙古的主要传播蜱为残缘璃眼蜱。残缘璃眼蜱为二宿主蜱，成蜱每年4～5月开始出现，7月最多，8月显著减少。因此，本病的发病季节为6～8月，7月为高峰。由于残缘璃眼蜱是一种圈舍蜱，雌虫在圈舍范围内产卵，幼蜱和若蜱也都在圈舍条件下进行变态发育。因此，本病也在圈舍饲养的条件下发生，不发生于无圈舍的荒漠草原。

各种年龄的牛都有易感染性，但以1～3岁的牛发病率最高，初生犊牛和成牛也不断发病。本地土生土长的牛发病轻，多为带虫牛；但从外地引进的牛，一到发病季节几乎无一幸免，而且发病严重，死亡率高。带虫牛在机体抵抗力降低的情况下也可突然发病。

〔临床症状〕本病的潜伏期为14～20天，多呈急性过程。病初，病牛精神不振，食欲不佳，眼结膜潮红，体温升高到40.5～41.7℃，呈稽留热型。体表淋巴结肿大，尤以颈浅淋巴结和髂下淋巴结明显，或因贫血和黄疸而呈暗红色，有疼痛感。心跳加快，每分可达80～120次，呼吸加速。于病牛体温升高后不久，即可在外周血液的红细胞中检出虫体，而且随着疾病的延长而增多；穿刺淋巴结做涂片，可在个别淋巴细胞内检出石榴体（图3-8-6）。继之，病牛的精神明显委顿，可视黏膜贫血而黄染，常伴发出血斑点（图3-8-7），鼻镜干，鼻孔流出清白鼻液。食欲大减或废绝，反刍停止，先便秘后腹泻，或二者交替，粪中带血丝。尿液淡黄或深黄，量少而频，但无血尿。四肢肌肉颤抖，运动无力，行走摇摆或步态蹒跚，起立困难。体表淋巴结显著肿大，为正常的2～5倍（图3-8-8）。奶牛的产奶量明显减少或完全停止。试验室检查，红细胞明显减少，每立方毫米为200万～300万个，血红蛋白降至20%～30%，血沉加快，红细胞大小不均，其内常可检出虫体。病情恶化时，病牛的食欲完全废绝。卧地不起，结膜苍白（图3-8-9）、

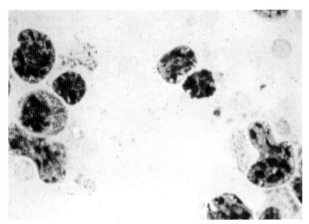

图3-8-6　淋巴结内的石榴体

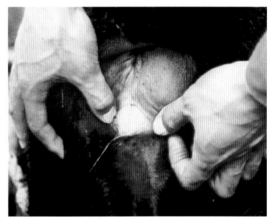

图3-8-7　阴道黏膜因贫血和黄疸而呈淡黄白色

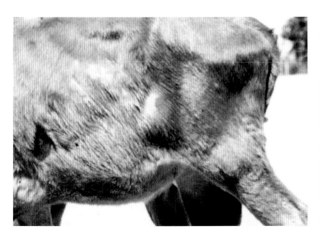

图3-8-8　病牛体表淋巴结肿大

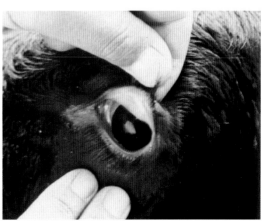

图3-8-9　病牛的眼结膜贫血而呈苍白色

黄染，在眼睑和尾部皮肤较薄的部位出现粟粒至扁豆大的深红色出血斑点，最后病牛常因极度衰竭而死亡。

〔病理特征〕死于本病的牛多消瘦、贫血，在皮下、肌间、肌膜、浆膜、消化道黏膜和各实质脏器等处可见淤斑、淤点和黄染（图3-8-10）。本病主要受侵器官为淋巴结、脾脏、肝脏、胃肠和肺脏等。

淋巴结的病变十分明显。体表及内脏的淋巴结均明显肿大，切面散在分布着大小不一的暗红色病灶，呈出血性坏死性淋巴结炎的景象。镜检可见由泰勒虫引起的不同阶段的结节性病变，在巨噬细胞和淋巴细胞的胞浆内可见圆形、椭圆形或肾形的泰勒虫的裂殖体，即石榴体。受侵的细胞因而肿大，细胞核被挤向一侧；随着虫体的增大，核最后可消失，形成病原聚集灶（图3-8-11）。脾脏体积增大，严重者可达正常的2~4倍，被膜紧张，见散在出血斑点，边缘钝圆；切面隆起呈紫红色，脾髓质软而富有血液，呈急性炎性脾肿。镜检见脾髓内含血量增多，其中散在大小不一的出血性坏死病灶，灶内有时在残留的巨噬细胞和淋巴细胞内可以见到石榴体。肝脏肿大，表面和切面可见实质中有灰白色和暗红色两种颜色的病灶散在分布，大小自针尖大至高粱

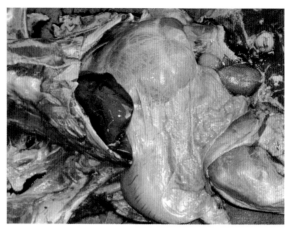

图3-8-10　全身各器官明显黄染

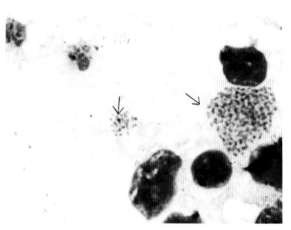

图3-8-11　淋巴细胞形成的病原聚集灶（箭头）

米大不等，通常为灰白色病灶，体积较小。镜检见灰白色病灶为细胞增生性结节，主要是窦状隙内皮细胞分裂增殖而形成的细胞集团；暗红色病灶是细胞性结节继发细胞坏死、充血、出血和渗出的结果。皱胃黏膜可见数量较多的灰白色结节和小溃疡灶，大肠黏膜水肿和出血（图3-8-12）。肺脏呈现小灶性肺炎。眼观，肺表面和切面上散在粟粒大的暗红色病灶，支气管内有大量泡沫（图3-8-13）。镜检，炎灶部见肺泡间隔因水肿和细胞浸润而增宽，其中巨噬细胞增多，有的胞浆

图3-8-12　牛的大肠出血和水肿

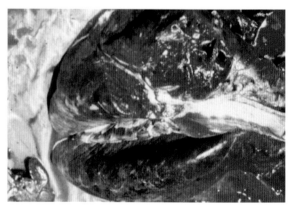

图3-8-13　肺脏膨大有出血斑，支气管内有大量泡沫

内见石榴体，肺泡腔内有浆液和纤维素渗出，肺泡壁上皮细胞脱落和出血。

此外，肾脏、骨髓、肾上腺、睾丸和卵巢中有时也可见到泰勒虫性结节不同时期的病变。

〔诊断要点〕根据流行病学的特点、典型的临床症状与病理特征，即可做出初步诊断。采取耳尖血液或穿刺体表淋巴结涂片，姬姆萨氏液染色后镜检，若在红细胞内发现泰勒虫或在淋巴细胞内发现石榴体，即可确诊。

〔治疗方法〕牛泰勒虫病的基本治疗原则是：早发现、早治疗，在杀虫的同时配合对症治疗。目前治疗本病还缺乏特效药物，但合理使用以下药物也有较好的疗效。

1. 硫酸喹啉脲　本药对牛泰勒虫有较强的杀灭作用，一般用药后6～12小时出现药效，24小时左右体温下降，继之，血液中虫体减少并逐渐消失。剂量：每100千克体重1.5～2.0毫升；用法：用5%硫酸喹啉脲注射液作皮下可肌内注射，如有代谢或循环系统疾病时可将总药量分两次注射，间隔4小时注射一次。注意：本药具有使牛兴奋不安、流涎、出汗、肌肉震颤、腹痛等副作用，一般持续30分钟到2小时后自然消失；若症状过强，可注射硫酸阿托品来减轻症状。

2. 贝尼尔　本药对牛泰勒虫也有较好的疗效，临床实践证明，使用时必须加大量，否则效果不佳或无效。剂量：每千克体重7～10毫克；用法：用灭菌蒸馏水配成7%溶液，分点在臀部或颈部作深层肌内注射。每天一次，连用3～4次。必要时可按每千克体重5毫克的剂量，配成1%溶液缓慢静脉注射，每天一次，连用两次。

此外，还可用阿卡普林、锥黄素等药物进行治疗，并用强心剂、输血疗法等进行对症治疗。

〔预防措施〕预防本病的关键在于消灭蜱，一般应根据当地蜱活动的基本规律，制定严格的灭蜱措施。

1. 积极灭蜱　根据残缘璃眼蜱的生活习性，一般在9～10月牛体上的蜱全部落地爬入墙缝准备产卵，此时可在泥土中喷洒5%敌百虫，并将离地面1米高的洞穴堵死，这样即可把幼蜱杀死在洞穴中。在每年的4月，大批若蜱从牛体落地准备蜕化为成蜱，此时再用药泥封墙缝或洞穴，可将饥饿的成蜱杀死在洞内。对牛体上的蜱，可用1%～2%敌百虫溶液等在5～7月杀成虫；10～12月杀幼蜱。

2. 疫苗接种　在疫区，接种牛泰勒虫病裂殖体胶冻细胞苗，接种后20天产生免疫力，免疫期在82天以上。但此苗对瑟氏泰勒虫病无保护作用。

3. 药物预防　在发病季节，可应用贝尼尔，每千克体重3毫克，配成7%的溶液深部肌内注射，每隔20天1次，对瑟氏泰勒虫病有较好的预防效果。

九、胃线虫病

胃线虫病（Stomach nematodiasis）也叫胃虫病，主要是由毛圆科的线虫所引起的一种消化道寄生虫病。毛圆科线虫的种类很多，如血矛线虫属的线虫、奥斯特属的线虫、马歇尔属的线虫和古柏属的线虫等，但它们在形态、生态、所致疾病的流行、病理变化和防治等方面均有许多共同点。临床上均以消瘦、贫血、水肿、下痢等症状为主症。这些线虫既可单独感染，也可混合感染，其中牛以血矛线虫病（捻转胃虫病）常见多发，故以此为主将牛胃线虫病的特点做一简介。

〔病原特性〕本病的主要病原体为血矛线虫属的捻转血矛线虫（Haemonchus contortus），或称捻转胃虫。虫体呈毛发状，新鲜虫体因吸血而呈淡红色（图3-9-1），表皮上有横纹和纵嵴，颈乳突明显，头端尖细，口囊较小，内有一个称为背矛的角质齿。雄虫较小，长15～19毫米，交合刺不等长，末端有小钩。雌虫较大，长27～30毫米，其特点是白色的生殖器官绕行于红色含血的肠道周围，形成了红白线条相间的外观，故称其为捻转血矛线虫或捻转胃虫。雌虫的阴门位于体后半部，有一个明显的瓣状阴门盖。虫卵光滑，稍带黄色。卵壳薄，由两层构成，外层为几丁质，内层为卵黄膜。卵壳内几乎为胚细胞所充满，但两端常有空隙，胚细胞为16～32个，卵黄膜和胚细胞之间为液体（图3-9-2）。

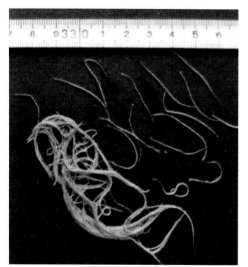

图 3-9-1　捻转胃虫的成虫

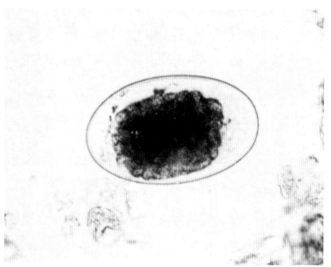

图 3-9-2　胃内寄生线虫的虫卵

此外，奥斯特属的线虫俗称棕色胃虫，虫体中等大，长10～12毫米，主要寄生于皱胃和小肠；马歇尔线虫属的线虫比捻转胃虫小些，主要寄生于皱胃；古柏属线虫新鲜时呈淡红或淡黄色，少量寄生于皱胃，大量寄生于小肠和胰脏，其头端呈圆形，较粗，角质表皮膨大，有横纹，其余部分在角质表皮上有14～16个纵嵴。

〔生活简史〕捻转胃虫主要寄生于牛的皱胃，偶见于小肠。游离于皱胃的成龄雌虫和雄虫交配后，雌虫开始产卵。据报道，捻转胃虫的产卵量很大，一条雌虫每天可排卵5 000～10 000个。虫卵随粪便排出体外，在适宜温度及湿度下7天左右发育为感染性幼虫，即第三期幼虫。感染性的幼虫带有鞘膜，可移行至牧草的茎叶上，被牛摄食后，在瘤胃内脱鞘，随胃内容物进入皱胃，在隐窝内开始摄食。一般在感染36小时后，形成第四期幼虫，并返回黏膜表面，吸着于黏膜上皮。感染后第12天，全部虫体进入第五期，虫体的内部器官也得到良好的发育。感染后第18天，雄虫长达12～15毫米，雌虫长达约17毫米，卵巢已环绕肠管盘旋，子宫内充满虫卵。此时，虫体已发育成熟，即成虫。成虫游离于胃内而出现致病作用。一般于感染后25～35天，雌虫的产卵量达最高峰，成虫的寿命一般不超过一年。

〔流行特点〕本病的感染来源为病牛和带虫牛，传播的主要途径是消化道，各种年龄的牛均可感染，但以放牧的奶牛和犊牛的感染性更大些。一般认为，主要受外界温度和湿度的影响，当气温在20℃左右，气候潮湿，虫卵很快即孵化出幼虫；而过热和过冷均不利于虫卵的发育。因此，本病每年可有两次感染的高潮，第一次是5～6月，另一次为8～10月。

〔临床症状〕牛感染后，由于体质强弱和感染程度不同而呈现不同症状。严重感染时，表现食欲不振，泌乳停止。全身被毛粗乱，消瘦（图3-9-3），高度贫血，可视黏膜苍白，颌下、胸腹下水肿，下痢（图3-9-4），粪便带血，有时便秘与下痢交替出现。慢性感染的症状一般不太明显，病牛的体温一般正常，呼吸脉搏频数，心音减弱，发育缓慢，泌乳量减少。

图3-9-3　患寄生性胃炎的病牛消瘦、贫血

图3-9-4　病牛体重减轻，不断下痢

本病的病程一般为2～3个月，也有达4个月或更长一些时间的病例，病牛可因衰竭而死亡。

〔病理特征〕主要病变是虫体寄生在胃黏膜，造成机械性损伤和代谢产物刺激而发生充血，胃黏液分泌增多，黏膜散在红点和覆盖多量黄色黏液，或见胃黏膜糜烂和溃疡（图3-9-5）。虫体以头钻入黏膜内吸取营养物质，体游离胃腔中，其周围黏膜红肿（图3-9-6）。胃壁可见虫体包囊或充满红色液体的空腔，陈旧的病变见胃黏膜显著增生，胃壁肥厚，甚至形成许多颗粒（图3-9-7）或瘤样结节。组织学检查，可见胃黏膜脱落，胃腺上皮组织坏死，内见虫体片断，周围以淋巴细胞、巨噬细胞和嗜酸性粒细胞浸润为主的炎性反应，有的见结缔组织增生形成包囊壁结构。

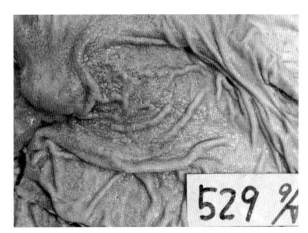

图3-9-5　皱胃充血、糜烂和轻度溃疡

图3-9-6　瓣胃与皱胃中有红色的捻转胃虫

图3-9-7　胃黏膜面有直径1～2毫米的小结节

据报道，皱胃内有2 000条虫体寄生时，每天吸血量可达30毫升（尚未计算虫体离开后流失的血液），由此引起病牛出现明显的贫血症状。贫血的特点是：最初以再生变化为主，血液中出

现大小不均的红细胞，呈多染性，有Jolly氏体，有带斑点的嗜碱性细胞；继之出现退行性变化，即红细胞染色变淡，形态异常，脆性增加。贫血所致的循环失调和营养障碍，还可引起肝脏中央静脉周围的肝细胞变性和坏死。

〔诊断要点〕一般根据本病在当地的流行情况、病牛主要的临床症状、病理剖检变化及胃肠发现毛发状线虫即可做出诊断。实验室检查可用饱和盐水浮集法检查粪便中的虫卵。但捻转线虫的卵不易与其他圆线虫的卵相互区别，一般仅供参考，必要时可培养检查第三期幼虫。

〔治疗方法〕治疗捻转胃虫的药物与治疗毛圆科其他线虫的药物完全相同，主要有酚噻嗪、左噻咪唑和苯硫咪唑等。

1.酚噻嗪 又名为硫化二苯胺，是应用了几十年的老药，但由于其效果好，毒性小，至今不失为一种较好的驱胃虫药，可用于各种毛圆科的线虫所致的胃虫病。本药内服后吸收缓慢，主要随粪便排出，但也可随胆汁、乳汁和尿液排出。当用药剂量较大乳汁变为淡粉红色时，此种乳汁禁止食用。剂量：每千克体重0.2～0.4克，但最高剂量不得超过60～70克；用法：用稀面糊配制成1%～10%悬浮液，灌服。注意：使用本药时不要沾到人的皮肤上，以免引起皮肤发痒或疼痛。

2.左噻咪唑 本药是噻咪唑的左旋异构体，但驱虫效果和安全指数均比噻咪唑提高了2～3倍，对胃肠道数十种线虫均有良好的驱出作用。其特点是用量小，疗效高，毒性低，副作用轻微和短暂。剂量：每千克体重8毫克；用法：使用途径较多，既可溶水灌服，也可混料喂服或饮水服用，还可配制成5%注射液皮下或肌内注射。

3.苯硫咪唑 对各种胃肠线虫的成虫及幼虫均有很好的疗效。其特点是毒性低，安全范围大，驱虫作用快。剂量：每千克体重5毫克；用法：配制成混悬液灌服或用面调成丸剂投服。

此外，还可选用丙硫咪唑，每千克体重10～15毫克，一次口服；甲苯咪唑，每千克体重10～15毫克，一次口服；伊维菌素，每千克体重0.2毫克，一次口服或皮下注射。

〔预防措施〕预防本病的主要措施是坚持定期驱虫和加强管理。

1.坚持定期驱虫 每年春秋两季进行定期驱虫，即在开始放牧前一次，放牧结束后进入舍饲前再进行一次。

2.加强饲养管理 首先要提高营养水平，尤其在冬春季节要合理地补充精料和矿物质，提高奶牛自身的抵抗力。实施放牧的牛，要进行科学安排，分区轮牧，适时转移牧场，借以减少感染机会。放牧时，应避免低凹潮湿的牧地，不要在清晨、傍晚或雨后放牧，因为此时的幼虫活动最频繁。饮水要清洁，禁饮低洼地区的积水或死水，应饮用干净的流水或井水。

3.加强粪便管理 将牛，特别是病牛排出的粪便集中堆积于适当的地点进行发酵（生物热）处理，消灭随粪便排出的虫卵及幼虫。粪便经发酵后再利用。

十、牛副丝虫病

牛副丝虫病（Parafilariasis in bovine）是由牛副丝虫所引起的一种皮肤寄生虫病。本病的特点是在夏季于牛的颈、肩、背、腰部皮下形成结节、破溃和出血。这种出血现象好似夏季淌出的汗水，故本病也有血汗症之称。本病广泛流行于世界各地，我国山东、江苏、湖南、湖北、四川、福建和广西等地均有发病的报道。

〔病原特性〕本病的病原体为丝虫科的牛副丝虫（*Parafilaria bovicola*）。牛副丝虫为丝状白色线虫（图3-10-1），其雄虫长2～3厘米，尾部短，尾端钝圆，交合刺不等长。雌虫长4～5厘米，尾端钝圆（图3-10-2），阴门开口于距头端70微米处，子宫内常见含幼虫的虫卵

（图3-10-3），肛门靠近尾端。虫体表面布满横纹，前部体表的横纹转化为角质嵴，只在最后形成两列小的圆形结节。牛副丝虫的虫卵含有幼虫（图3-10-4），长45～55微米，宽23～33微米，孵出的幼虫长215～230微米，最大宽度10微米。

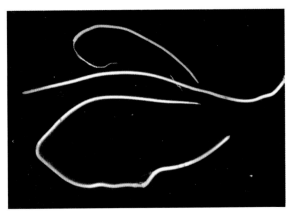

图3-10-1　牛副丝虫的成虫

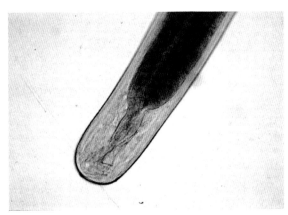

图3-10-2　牛副丝虫雌虫的尾部

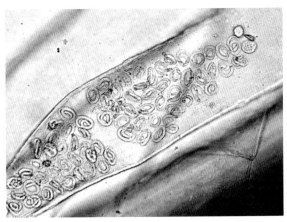

图3-10-3　子宫内含有幼虫的虫卵

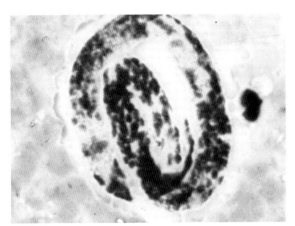

图3-10-4　从血液中检出含有幼虫的虫卵

〔生活简史〕本虫的生活史目前尚未完全搞清。一般认为，寄生于皮下和肌间结缔组织的雌虫，从寄生部位移行到皮下的过程中，常破坏小血管，从而形成出血性小结（图3-10-5）。当结节出现后，成虫以其头部破坏结节，并常在结节的顶端形成一个小孔，随之产卵，后者可随血液流至牛体的被毛上（图3-10-6）。在外界适宜的温度和湿度条件下，卵迅速孵化成幼虫。此幼

图3-10-5　出血前皮肤上的小结节

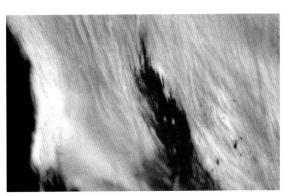

图3-10-6　鬐甲部皮肤出血

虫无感染性。此后的发育需以蝇类为中间宿主。当蝇虫在牛体表叮咬吸血时，常可将附着于被毛上的幼虫食入体内。实验证明，在中间宿主体内，当气温为20～35℃，相对湿度为11%～70%时，经10～15天，无感染性的幼虫在蝇体内发育为有感染性幼虫，后者随着蝇虫对牛体的叮咬而感染牛。

〔流行特点〕本病的主要传染源是病牛和带虫牛，传播的主要媒介是蝇类，多发生于4岁以上的成年牛，犊牛很少见有此病。由于本病的传播者是蝇类，故本病具有明显的季节性，一般自每年的4月开始，7～8月达高潮，以后渐减，冬季消失。

〔临床症状〕牛副丝虫多在牛体的背部、肋腹部，有时在颈部、肩部和腰部形成直径为6～20毫米的半圆形结节（图3-10-7）。结节常突然出现，周围肿胀，质地较软。结节是由于小血管破裂，流出的血液在皮下聚积所形成的。数小时后，雌虫在结节顶部形成一个小的孔道并产卵，卵随结节中的血液自小孔流出，结节随之消失（图3-10-8）。血液沿被毛淌流，形成一条凝结的血污（图3-10-9）。此种情况可反复出现多次。如果寄生虫的数目较多，可在牛的体表同时形成许多出血性结节，并有多条凝结和血污（图3-10-10）。有时切开结节，从中可检出虫体（图3-10-11）。在少数情况下，虫体在结节内死亡，并因结节感染而化脓，并由此进一步发展为皮下脓肿和皮肤坏死。

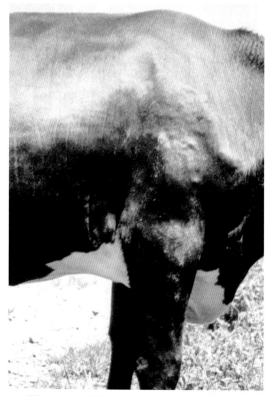

图3-10-7　病牛肩部的副丝虫结节和出血

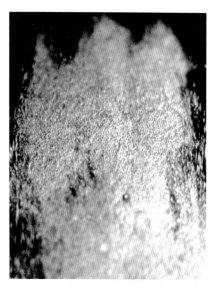

图3-10-8　出血后皮肤上的小结节随之消失

图3-10-9　雌虫穿透皮肤，随血流排卵

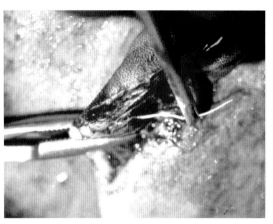

图 3-10-10　皮肤出血，并见条状凝结的血污　　　　图 3-10-11　切开结节，从中检出牛副丝虫

在温暖的季节，这种结节发生一个阶段以后，可间隔 3～4 周，又再次出现，直到天气变冷时为止。

〔诊断要点〕根据结节发生的季节性，突然出现的出血性结节和体表有凝结的血污，一般即可初步诊断，但确诊常须检出虫卵和幼虫，方法是：在病牛的体表触摸到较大的出血性结节后，用针刺破后挤压，将压出的血液滴在载玻片上，加蒸馏水溶血后，在显微镜下寻找幼虫或虫卵。如在镜下检查到虫卵或孵出的幼虫，即可确诊。

本病的诊断应注意与牛皮蝇蛆所形成的结节相区别，后者的结节在皮下的持续时间甚久，一般不流血，常可从结节的小孔内挤出牛皮蝇蛆。

〔治疗方法〕治疗本病的常用药物和方法是：用 1% 酒石酸锑钾溶液 100 毫升，一次静脉注射。注意：奶牛对本药较为敏感，用药量过大时可引起中毒而致死。6% 硫代苹果酸锂锑溶液 30 毫升，肌内注射，间隔 48 小时重复一次，共注射 5 次为一疗程。锑波芬钾皮下注射 50 毫升，4 天后重复注射，连用 3 次为一疗程。碘硝腈酚 8 克，一次口服，再按每千克体重 20 毫克用药，3 天后重复用药一次。5% 敌百虫溶液 80～100 毫升，于患部和脊柱两侧分点皮下注射，每点 5～10 毫升。

据报道，一些中药对本病也有良好的治疗作用，如生地　90 克、白茅根 50 克、槐花 60 克、地榆 40 克、茜草 20 克、百草霜 100 克、白糖 100 克，共为细末，开水冲调，候温一次灌服，每天 1 剂，连用 3～5 剂。

〔预防措施〕预防本病的着重点在于防避吸血蝇类的叮咬和消灭吸血昆虫。每年的夏秋季节是吸血昆虫和蝇类活动最频繁的季节，也是最易感染皮肤寄生虫季节。因此，必须搞好环境卫生，注意牛舍通风和保持干燥，并注意消灭蝇虫。环境和牛体的驱蝇和灭蝇可用 5% 滴滴涕等进行喷洒消毒。

十一、贝诺孢子虫病

贝诺孢子虫病（Besnoitiosis）又称为球孢子虫病（Globidiosis），是由贝氏贝诺孢子虫所致的牛、马、鹿和骆驼等动物的一种慢性寄生性原虫病。本病对牛的感染力最强，是我国东北、河北和内蒙古地区牛的一种常见病。其病理特征是皮肤过度增生肥厚而发生慢性皮肤炎；临床上以脱毛，皮肤增厚、粗糙、皲裂为特点，故又有"厚皮病"之称。

本病呈世界性分布，在我国的内蒙古、黑龙江、吉林和河北等地呈地方性流行。不同品种、性别、年龄的牛均可感染发病，但良种牛、外地引入牛和杂交牛的发病率比本地的牛高，公牛比母牛多发，2～4岁的青年牛多发。患本病的牛死亡率虽然不高（一般不超过10%），但由于病牛的产奶量降低，皮张不能利用，肉品质量低劣，同时患病母牛常发生流产，所以本病对养牛业的危害极大。

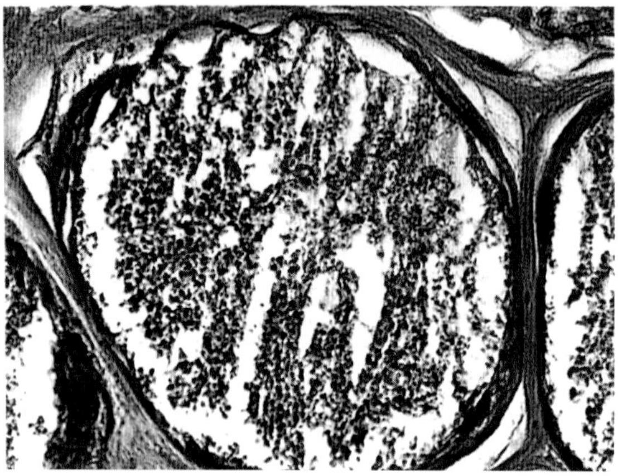

〔病原特性〕本病的病原体为真球虫目、肉孢子虫科、弓形虫亚科中的贝氏贝诺孢子虫（Besnoitia besnoiti）。该虫的包囊寄生于病畜的皮肤、皮下结缔组织、筋膜、浆膜、呼吸道黏膜及巩膜等部位，一般散在、成团或呈串珠状排列，呈灰白色，圆形细砂粒样，肉眼刚能辨认。包囊无中隔，直径100～500微米，囊壁分内外两层，即较厚且呈均质嗜酸性着染的外层和较薄而含许多扁平巨核的内层（图3-11-1）。包囊中含有大量的缓殖子，或称囊殖子（Cystozoite）。缓殖子呈香蕉形、新月形或梨形，大小为8.4微米×1.9微米，形态特

图3-11-1　包囊呈圆形，囊腔充满新月形缓殖子

点是一端尖、另一端圆，核偏中央，构造与弓形虫相似。在急性病例的血液涂片中有时可见到形态、构造与缓殖子相似的速殖子（或称内殖子，其大小为5.9微米×2.3微米）。

〔生活简史〕贝氏贝诺孢子虫的生活史虽然尚未完全搞清，但据研究，其终宿主为猫，天然中间宿主为牛和羚羊等动物。

当牛等天然中间宿主吞食了猫排到外界环境中并已发育成具有感染性的卵囊后，子孢子便从卵囊中逸出，经胃肠道黏膜而进入血液循环。到达血液中的虫体存在于血浆或侵入单核细胞，并随血流而进入体表淋巴结、皮下水肿液、肺、肝、脾和睾丸等组织。之后，在血管内皮细胞，尤其是真皮、皮下组织、筋膜和上呼吸道黏膜等部位的血管内皮以二分法或内双芽法增殖，产生大量的速殖子。后者由破坏的细胞逸出后，再侵入邻近或较远处细胞继续产生速殖子。随着虫体的产生、死亡和组织细胞的不断破坏，逐渐刺激机体产生相应的抗体，使机体抵抗力得到提高，于是发生机化反应，将速殖子包裹而形成包囊，此时速殖子便从组织中消失。但包囊中的速殖子变成了发育较缓的缓殖子。当猫采食了中间宿主体内的包囊后，其中的缓殖子在小肠黏膜上皮细胞和固有层中变为裂殖体，进行裂体增殖和配子生殖，形成卵囊随粪便排出。之后，卵囊在外界进行孢子化，形成含有两个孢子囊、每个孢子囊又有四个子孢子的感染性卵囊。

〔流行特点〕本病的主要传染源虽然是病猫、带虫猫、病牛和带虫牛，但其特征性的病变多发生于天然的中间宿主牛体内；主要的传播途径是消化道，但近年来的研究表明，某些节肢动物或消毒不彻底的器械有可能传播本病。如有的学者用包囊内的缓殖子经皮下接种健康牛，经8～10天潜伏期后，产生1～2天的热反应，在40～50天时便在巩膜上发现包囊；将病牛早期的血液通过静脉途径接种于健康牛，也可使之发病；还有的学者从刚吸食病牛血液后的虻体内检出虫体，揭示吸血昆虫有传播本病的可能。各种年龄的牛均有易感性，但以青年牛最易感染发病。

本病的流行有一定的季节性，春末开始发病，夏季发病率最高，秋季逐渐减少，冬季少发。在自然条件下吸血昆虫可能是本病传播的媒介。

〔临床症状〕本病的潜伏期一般为6～10天，发病率一般为1%～20%，死亡率约为10%。临床上根据病程长短和症状表现的不同而将本病分为相互关联的三期：发热期、脱毛期和干性皮脂溢出期。

1. 发热期　病牛体温可升高到40℃以上，呈稽留热型，可持续3～5天。此时，病牛精神不振，呼吸、脉搏增数，反刍缓慢或停止，畏光，常躲在阴暗处，产奶量明显降低。特征性的症状是：被毛失去光泽，腹下、四肢，有时甚至全身发生水肿，步伐僵硬，眼结膜潮红，羞明流泪，角膜混浊，巩膜充血，其上布满白色隆起的虫体包囊；鼻黏膜鲜红，有鼻漏，初为浆液性，后变浓稠，或带有血液呈脓样，在鼻黏膜面上仔细检查时可发现虫体包囊；咽喉受侵害时发生咳嗽；颈浅和髂下淋巴结肿大。妊娠母牛反应严重时常引起流产。

2. 脱毛期　病牛乏力无神，饮、食欲明显降低，泌乳停止。约经10天后，逐渐出现本病的示病症状，即病牛的皮肤显著增厚，失去弹性，被毛开始脱落，有龟裂，流出浆液性血样液体。有的病牛在肘、颈和肩部皮肤出现硬痂。病情严重而长期躺卧不起病牛，其与地面接触的皮肤常因血液循环障碍而发生坏死和褥疮，再继发感染而导致病牛死亡。

3. 干性皮脂溢出期　随着病程的延长，病牛精神委顿，明显消瘦。发生过水肿的皮肤，因营养代谢障碍和包囊对毛囊的破坏而使被毛大都脱落，溢出的皮脂和和坏死的表皮结合在一起，形成一层灰白色的厚痂，如象皮和患疥癣病的样子（图3-11-2）。有时由于瘙痒或舌舔致皮肤破损而形成小溃烂。皮肤的病变多见于股部、阴囊和腰部等。

〔病理特征〕病尸营养不良或极度消瘦。病初见病牛的一肢或数肢及胸垂部皮肤发生不同程度的水肿，严重时胸腹下也见明显水肿。病变部的皮肤缺乏弹性，

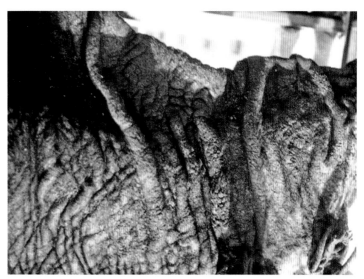

图3-11-2　感染的皮肤明显肥厚、脱毛和干燥，呈象皮样

脱毛，蓄积多量灰白色皮屑，外观似螨病。严重的病例，皮脂溢出，皮肤干燥、粗糙、肥厚、被毛稀疏，表面常附有厚层皮垢，并常见皮肤皲裂或由于瘙痒摩擦所致的皮肤破损和生成小的溃烂。仔细检查时，常在头部、四肢、背部、腰部、臀部、股部和阴囊等皮下结缔组织、筋膜及肌间结缔组织中，见有大量呈灰白色、圆形的贝氏贝诺孢子虫的包囊。重症病例，还可在后肢的跟腱、韧带、趾深屈肌腱、趾浅屈肌腱、腓肠肌腱、外侧伸肌腱等部位也见多量包囊形成，与腱膜相连接的肌组织亦有少量包囊。此外，病牛的舌、软腭、咽喉部、气管、肺实质、胃肠道黏膜以及大网膜等处均可发现贝氏贝诺孢子虫的包囊。

镜检，由于各种组织的结构不同，其病变特点也有差别。皮肤的表皮过度角化，被覆上皮明显增生、肥厚，在真皮乳头层和皮下结缔组织内有大量包囊寄生（图3-11-3），真皮下的结缔组织显著增生，并见多量淋巴细胞和嗜酸性粒细胞浸润；骨骼肌纤维间可见单个存在或数个聚集在一起的包囊（图3-11-4），肌组织常呈慢性肌炎的变化；肺脏的包囊多位于肺泡壁上，向肺泡腔内突出（图3-11-5）；皮下结缔组织中的动、静脉壁内的包囊多位于血管中膜的肌层，但也有寄生于内膜的（图3-11-6）；在淋巴结，特别是咽部和腹股沟淋巴结的被膜及小梁内，常见少量的包囊寄生。会厌部黏膜下结缔组织内及管泡状腺的间质中均有少量包囊寄生。

〔诊断要点〕根据本病的特异性临床症状一般即可做出初步诊断。如切取一小块病变部的皮

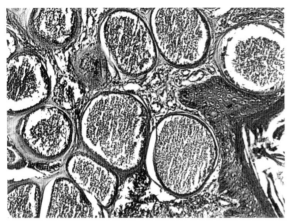

图3-11-3　皮肤内的贝诺孢子虫包囊，囊腔内充满缓殖子

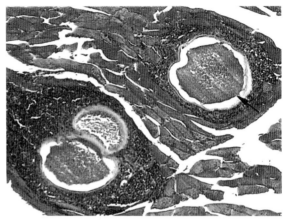

图3-11-4　骨骼肌中死亡的贝诺孢子虫包囊（箭头）

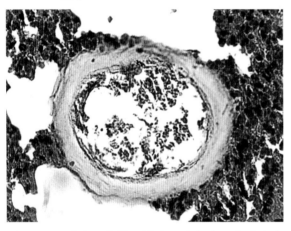

图3-11-5　肺泡隔中的贝诺孢子虫包囊，囊腔内有缓殖子

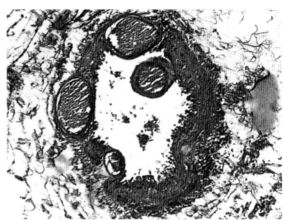

图3-11-6　小动脉内皮下层和肌层有贝诺孢子虫包囊

肤或刮取皮肤深部组织压片进行病原检查；或病牛发热时做血液涂片检查新月形和香蕉形速殖子；或死后剖检时，在气管黏膜、真皮和皮下等处检出大量假孢囊时，即可确诊。对轻症病牛，可详细检查眼巩膜上是否有针尖大小灰白色的包囊，并将牛头固定好用眼科剪取出小结节，压片镜检，如为包囊，即可确诊。

〔治疗方法〕本病目前尚无有效的治疗药物，但有人报道用1%锑制剂有一定的疗效；氢化可的松对急性病有缓解作用。

〔预防措施〕本病的终宿主是猫，病猫排出的卵囊污染饲料和饮水，牛摄入后感染发病。因此，牛场禁止养猫或猫的出入，这对于预防本病具有重要意义。有的牛场为了防鼠害而养猫时，一定要拴养或笼养，其排泄物必须经无害化处理，不得污染饲料和饮水，也不能用废弃的病牛肉喂猫。最好用药物对猫进行定期驱虫。另外，加强环境卫生，消灭吸血昆虫，防止本病在牛场内的水平传播。

十二、牛皮蝇蛆病

牛皮蝇蛆病（Warble fly）俗称"牛跳虫"或"牛翁眼"，是由皮蝇幼虫寄生于牛的皮下组织而引起的一种慢性寄生虫病。本病广泛流行于我国的西北、东北和内蒙古，其他各省的牛只也时有发生。皮蝇幼虫的寄生使病牛消瘦，奶牛的产奶量明显下降，皮革质量降低，肉的品质不良，给养牛造成较大的经济损失。

〔病原特性〕本病的病原体为狂蝇科、皮蝇属的牛皮蝇（*Hypoderma bovis*）和纹皮蝇（*H. lineatum*）的幼虫。皮蝇的成虫不致病，外形似蜜蜂，全身被有绒毛，口器退化不能采食，也不叮咬牛。

1. 牛皮蝇　成蝇体长约15毫米（图3-12-1），卵呈淡黄色，长圆形，表面带有光泽（图3-12-2），后端有长柄附着于牛毛上，大小为0.75～0.29毫米，一根牛毛上只黏附一个蝇卵。卵孵出幼虫后，在牛体内经两次蜕变而成为对牛体有明显致病作用的幼虫，即第三期幼虫。此时的虫体粗壮，前后端钝圆，长26～28毫米，棕褐色，背面较平，腹面稍隆起，有许多疣状带刺结节，虫体后端有2个后气孔，气门板呈漏斗状。

图3-12-1　牛皮蝇的成虫

图3-12-2　成虫的后部排出大量虫卵

2. 纹皮蝇　成虫长约13毫米，卵与牛皮蝇的相似，一根牛毛上可黏附数个至20个成排的蝇卵。其第三期幼虫体长可达26毫米，最后一节的腹面无刺，气门板浅平。

〔生活简史〕牛皮蝇与纹皮蝇的生活史基本相似，均属完全变态。成蝇多在夏季晴朗炎热无风的白天出现，飞翔交配，并落在牛的被毛上产卵。牛皮蝇产卵于牛的四肢上部、腹部、乳房和体侧的被毛上；纹皮蝇产卵于球节、前胸、颈下等处的被毛上。虫卵经4～7天孵出第一期幼虫，呈黄白色半透明，长约0.5毫米，身体分节，密生小刺，前端有口钩，后端有1对黑色圆点状的后气孔。幼虫经毛囊钻入皮内，在体内深部组织中移行蜕化。牛皮蝇幼虫经外周神经外膜移行到椎管硬膜外的脂肪组织中，在此停留约5个月；纹皮蝇幼虫钻入皮下后沿结缔组织走向胸、腹腔，然后到达咽、食管、瘤胃周围的结缔组织中，在食管黏膜下停留5个月。此后，这两种幼虫从椎管或食管黏膜钻出，移行到背部皮下成为二期蛆。此时，皮肤面出现结节状隆起（图3-12-3），随后隆起处出现直径0.1～0.2毫米的小皮孔，幼虫及其后气孔朝

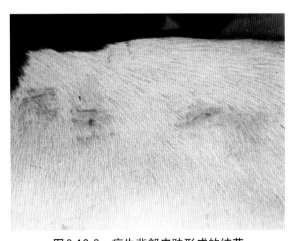

图3-12-3　病牛背部皮肤形成的结节

向那里（图3-12-4）。在此，第二期幼虫蜕变为第三期幼虫。随着幼虫体积的增大，小孔的直径也显著增大，并见有未成熟的幼虫（图3-12-5）。皮蝇的幼虫在皮下停留2～3个月后，随后由皮孔爬出（图3-12-6），落地后钻入松土内，3～4天后成蛹（图3-12-7），蛹期1～2个月羽化成蝇。幼虫在牛体寄生10～11个月，整个发育过程约为一年。

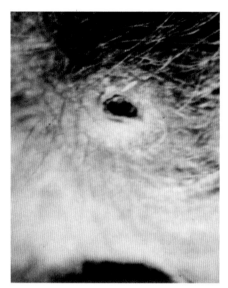

图3-12-4　皮肤结节的顶部出现小皮孔

图3-12-5　小孔内见有未成熟的幼虫

图3-12-6　成熟的幼虫从皮孔内爬出

图3-12-7　牛皮蝇的不同时期的蛹

〔流行特点〕本病的主要传染源是病牛，传播的主要途径是皮肤，各种年龄的牛均可感染。本病的感染主要发生在夏季，成蝇飞翔的季节。在同一地区，纹皮蝇一般出现的时间比牛皮蝇要早些，纹皮蝇一般出现在每年的4～6月；而牛皮蝇则出现在每年的6～8月。

〔临床症状〕皮蝇的成虫虽然不叮咬奶牛，但当雌蝇产卵时，可引起牛不安、喷鼻、蹴踢、恐惧和奔跑。由于恐惧，病牛吃草和饮水不得安宁，日久病牛消瘦，产奶量明显减少。特别是当牛皮蝇产卵时，因其常突然冲击牛体，牛可因惊恐而狂奔，从而导致跌伤、流产或死亡。

当幼虫钻进皮肤和皮下组织并移行时，引起牛瘙痒、疼痛和不安。幼虫移行到背部皮下，局部出现大量黄白色小硬结（图3-12-8）。随着病程延长，幼虫的发育、生长，结节也不断增大，局部出现脱毛现象（图3-12-9）。病情严重时，病牛的全身可见大小不等的结节（图3-12-10），或出现蜂窝织炎。当幼虫发育至第2～3期时，在肿大的结节上可发现排虫的孔道（图3-12-11），用手术切开的方法或用镊子即可从孔道中取出发育中的幼虫（图3-12-12）。当虫体发育成熟后，常从孔道中排出（图3-12-13），此时，排虫后的孔道可有皮肤穿孔，血液流出，如有化脓菌感染则流出脓汁，甚至可形成瘘管，经常有脓液和浆液流出。当成熟的幼虫脱落后，瘘管可

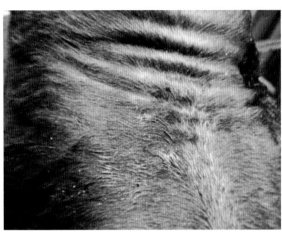

图3-12-8　牛背腰部有大量黄白色小结节

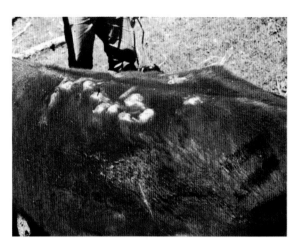

图3-12-9　腰背的皮肤脱毛并见肿大的结节

图3-12-10　病牛的肩部和腹侧有大量硬性结节

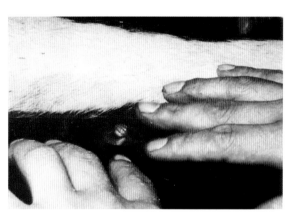

图3-12-11　用手挤压结节可检出排虫的孔道

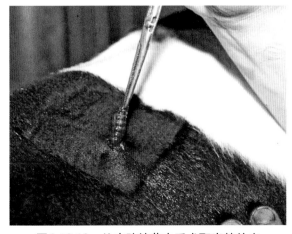

图3-12-12　从皮肤结节中手术取出的幼虫

图3-12-13　从皮肤结节中爬出的幼虫

逐渐愈合而形成瘢痕。病牛长期受侵扰而消瘦、贫血、泌乳量下降，犊牛生长缓慢。另外，有时皮蝇幼虫钻入大脑，则可引起神经症状，如病牛肌肉震颤，麻痹，运动障碍，突然倒地或晕厥等。

〔病理特征〕皮蝇幼虫钻入皮肤时，引起皮肤损伤和局部炎症并刺激神经末梢导致皮肤瘙痒。当幼虫移行至食管的浆膜与肌层之间时，可引起食管壁炎症而表现有浆液渗出、出血和有中性与嗜酸性粒细胞浸润，有时在内脏表面和脊髓管内找到虫体。第3期幼虫寄生皮下时，于皮肤表面形成结节状隆起，局部脱毛，触摸坚硬。切开皮肤，见皮肤水肿增厚，皮下出血、浆液性炎和幼虫结节（图3-12-14），切开结节，其内有不同发育阶段的幼虫（图3-12-15）。后期虫体局部形成脓肿，虫体周围形成结缔组织包囊。脓肿破溃可形成瘘管，向体表排出浆液或脓汁。至幼虫钻出皮肤落地成蛹后，局部皮肤可缓慢再生或经结缔组织增生而愈合。

图3-12-14　剥皮后皮下组织见到的幼虫结节

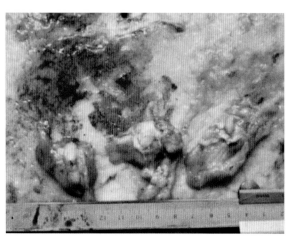

图3-12-15　切开皮下结节见有2～3厘米长的幼虫

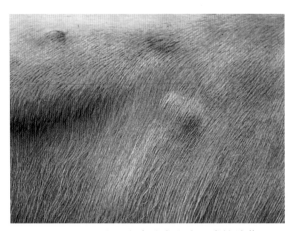

图3-12-16　幼虫在皮肤内寄生形成的结节

〔诊断要点〕幼虫出现于病牛的背部皮下时很易诊断。最初在牛背部两侧皮下可以摸到许多长圆形硬结（皮蝇疽）；再经一个月左右可出现结节样隆起（图3-12-16），在隆起的皮肤上有小孔，小孔的周围堆积着脓痂，从小孔中可挤出幼虫。据此即可确诊。

〔治疗方法〕治疗本病的药物较多，兹将常的药物及使用方法简介如下。

1. 倍硫磷　本药为一种高效、低毒、广谱、速效、具有接触内吸性有机磷杀虫剂，挥发性小，残效期长，是杀牛皮蝇的特效药。剂量：每千克体重5毫克；用法：臀部肌内注射。用药时机以11～12月为好，对1～2期幼虫杀虫率为95%以上，注射2次，可达100%。涂擦时，用倍硫磷原液在颈侧皮肤直接涂擦，可用油漆刷子在患部反复涂擦，使药液和皮肤充分接触。涂擦面积，成年牛为15厘米×35厘米，犊牛为10厘米×20厘米。剂量为每100千克体重用药0.5毫升。

2. 蝇毒磷　本药对牛皮蝇具有显著的内吸效果，是作用于皮下效果较好的杀虫剂。用药后牛体保留药效期限与药物浓度约为6天。剂量：每千克体重2毫克；用法：混入适量饲料内服，每天1次，连服6天。用此药也可对牛背进行泼淋。方法是：按病牛每千克体重17～20毫克剂量称取16%蝇毒磷乳油或25%蝇毒磷可湿性粉剂，投入300毫升水中，混均匀后，泼淋于牛背。

3．敌百虫　本药对牛皮蝇也有较好的疗效，而且用药方便，主要外用灭虫。使用本药可有局部涂擦和全背涂擦两种方法。局部涂擦主要用于成熟的结节。方法是：涂擦前，应剪毛露出穿孔处；用温水（20℃）将6克敌百虫配成2%溶液，在牛背穿孔处涂擦。一般从3月中旬至5月底，每隔30天处理1次，共处理2～3次。全背涂擦主要用于结节较多且小的病牛。方法是：用2%敌百虫溶液300毫升，在牛背部涂擦2～3分钟，经24小时后，大部分幼虫即被杀死，5～6天后皮肤上的结节明显变小。一般涂擦一次，杀虫可达90%～95%，一个月后，再进行一次涂擦。

4．乐果　本药对第2～3期幼虫有良好的杀灭作用，用药时间应在2～3月为好。方法是：用酒精配成50%的溶液，剂量成年牛4～5毫升，育成年牛2～3毫升，犊牛1～2毫升，肌内注射。

〔预防措施〕预防本病要驱蝇防扰，更重要的是消灭寄生于牛体的幼虫。

1．驱蝇防扰　在本病流行的季节，每年4～8月，在纹皮蝇和牛皮蝇飞翔的季节，每隔半个月向牛体喷洒1次1%敌百虫溶液，防止皮蝇在牛的被毛上产卵和杀死卵孵出的幼虫，同时，也可有效防止成虫在牛体产卵时对牛的危害。

2．消灭幼虫　经常检查牛背，发现皮下有幼虫的结节时，即可用手工法灭虫，也可用药物杀虫。手工法灭虫主要用于牛数量不多的情况下。其方法是：当幼虫成熟末期，牛皮肤上的皮孔增大，可以看到幼虫的后端。这时可用手指压迫皮孔周围，把幼虫从结节中挤出，并将挤出的幼虫杀死。伤口涂以碘酊。由于幼虫成熟的时间不同，所以每隔10天左右需重复操作，直到皮下没有结节。

药物防治常采用倍硫磷泼浴法。剂量：每千克体重用倍硫磷10～20毫克；方法：将药配制成2%溶液，自牛的肩后至尾根部沿脊背向后泼浴于皮肤上。此法适用于各种年龄的奶牛，对孕牛亦无不良影响。但选用此法，最好在牛皮蝇蛆的幼虫正在体内移行而尚未损害皮肤的阶段。注意：奶牛应在挤奶后立即进行，以免影响下次挤奶时间；用药后距下次的挤奶时间应间隔6小时以上。

〔公共卫生〕本病偶有感染人的报道。人的感染可能是由雌蝇产卵于人的毛发或衣服上孵出幼虫；或牛体上的幼虫黏附于人皮肤上，然后钻入皮内造成的。幼虫在人体内移行和发育，可引起疼痛和抽搐等症状，寄生的部位多为肩部、腋部、阴囊、甚至眼球内。因此，有牛皮蝇活动的地方，饲养人员一定要注意自身的防护。

十三、疥螨病

疥螨病（Sarcoptidosis）又称疥癣，俗称癞病，由疥螨寄生于牛皮肤所引起的一种慢性皮肤病。临床上以剧痒、湿疹性皮炎、脱毛和具有高度传染性为特征。疥螨广泛分布于世界各地，常寄生于牛的皮肤柔软而又少毛的部位，也可寄生于人的皮肤。

〔病原特性〕本病的病原体主要为疥螨科、疥螨属的牛疥螨（Sarcoptes scabiei var. bovis）。疥螨的种类虽然很多，差不多每一种动物都有其固有的疥螨寄生，但各种疥螨形态相似，故多数学者认为寄生于不同动物的疥螨是一种疥螨的不同变种。

疥螨为一种小型螨，体呈圆形，大小为0.2～0.5毫米，呈浅黄色，体表有许多刺。虫体背面

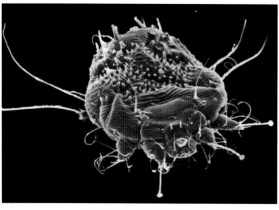

图3-13-1　疥螨的背面

隆起，腹面扁平。疥螨的躯体可分为界线不清的背胸部（有第1对和第2对足）和背腹部（有第3对和第4对足）。体背面有细横纹、锥突、圆锥形鳞片和刚毛（图3-13-1）。在躯体腹面4对足中，前2对足之间的距离远，但它们较长，超出了虫体的边缘，每对足的末端有2个爪和1个具有短柄的吸盘；后2对足小，除有爪外，在雌虫的末端只有长刚毛（图3-13-2），而雄虫的第4对足末端上还有吸盘。虫卵呈圆形或椭圆形，淡黄色，壳薄，卵内有原幼虫，大小约为150微米×100微米（图3-13-3）。

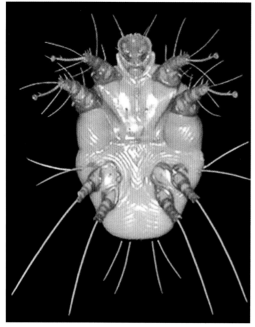

图3-13-2　雌性疥螨的腹面

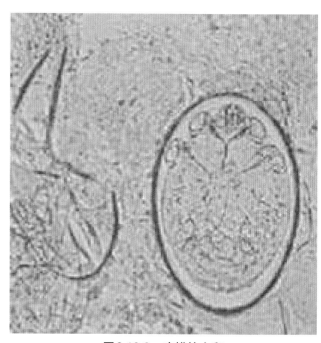

图3-13-3　疥螨的虫卵

〔生活简史〕牛疥螨的发育过程包括虫卵、幼虫、若虫和成虫四个阶段，全部发育过程都在牛体上进行。

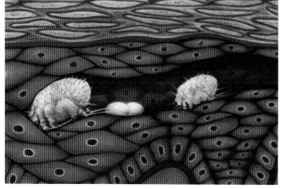

图3-13-4　雌虫在隧道内寄生和产卵

疥螨主要侵害皮温较高、恒定和表皮菲薄的部位。当虫体附着于动物皮肤后，利用其口器切开表皮钻入皮肤，挖凿隧道，其深度可达皮肤的乳头层，长可达5～15毫米。在隧道中每隔相当距离即有小孔与外界相通，以通空气和作为幼虫出入的孔道。虫体以宿主表皮深层的上皮细胞和组织液为营养。成虫在隧道内交配后，雄虫死亡，雌虫在其中产卵和孵育幼虫（图3-13-4）。每个雌虫一生可产生40～50个卵。卵孵化为幼虫，后者又爬到皮肤表面，在毛间的皮肤上开凿小穴，在里面蜕变为若虫；若虫也钻入皮肤，形成狭而浅的穴道，并在里面蜕变为成虫。

牛疥螨从卵孵育出幼虫后，经蜕皮变为若虫直至发育至性成熟的成虫的整个周期需2～3周；一般正在产卵的雌虫寄生于皮肤深层，而幼虫和雄虫寄生于皮肤表层。

〔流行特点〕本病的主要传染源是病牛和带螨动物；传播的主要途径是接触感染，如健康牛通过接触病牛，或有疥螨的牛舍及用具等而感染；饲养人员的衣服和手等也可以成为疥螨的搬运工具，而引起传播；各种年龄的牛均可感染，但以犊牛的易感性最高，发病后症状也重剧。本病多发于秋冬季节，尤其是阴雨天气，此时阳光不足，皮肤表面湿度大，适合螨虫的发育和繁殖。

〔临床症状〕牛的疥螨多由头部和颈部开始，形成不规则丘疹样病变（图3-13-5）。继之，病变向胸腹侧蔓延，病情严重时，全身均可检出疥螨性丘疹和结节（图3-13-6）。病牛剧痒，使劲磨蹭患部，使患部落屑、脱毛（图3-13-7），皮肤增厚而失去弹性，并形成厚厚的皱褶（图3-13-8）。鳞屑、污物、被毛和渗出物黏结在一起，形成痂垢（图3-13-9）。病变逐渐扩大，严重时，可蔓延至全身（图3-13-10）。后躯的病变不仅常见，而且较重，有的病牛臀部及尾根部脱毛，形成大片的厚皮性鳞屑性病变（图3-13-11）；有的则在尾下的皱襞处形成脱毛性病灶或有痂

图3-13-5　病牛的头部的颈部丘疹样病变

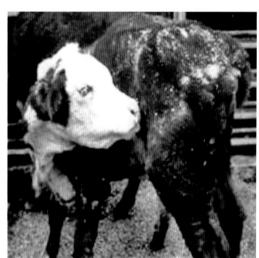

图3-13-6　病牛的全身均有丘疹和结节

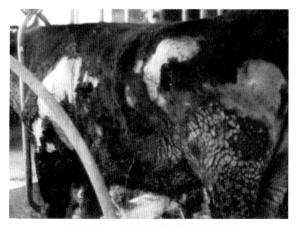

图3-13-7　左侧有大片的脱毛斑

图3-13-8　病变部皮肤脱毛和肥厚

垢形成（图3-13-12与图3-13-13）；有的则在会阴部形成红肿的化脓性病变（图3-13-14）。最后，病牛多因高度营养障碍而日渐消瘦，终因恶病质而死亡。

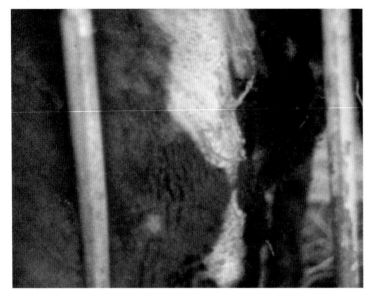

图3-13-9　皮肤充血、渗出，形成湿疹

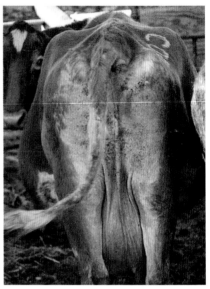

图3-13-10　鳞皮性疥癣从鬐甲部开始扩展到全身

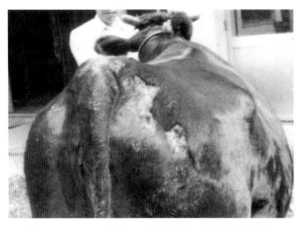

图3-13-11　尾根部、臀部脱毛，有鳞屑和结痂

图3-13-12　尾根部皮肤脱毛，形成厚的鳞屑性病变

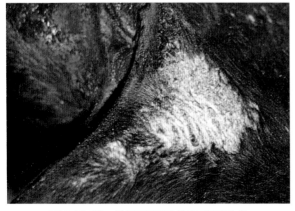

图3-13-13　皱襞处脱毛并有痂垢形成

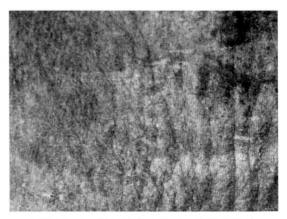

图3-13-14　肥厚的皮肤干燥，有许多鳞片

〔病理特征〕由于大量虫体在皮肤寄生和挖凿隧道，对宿主皮肤有巨大机械刺激作用，加上虫体不断分泌和排泄有毒的分泌物和排泄物刺激神经末梢，致使动物产生剧痒和造成皮肤发生炎症。其特征是皮肤因充血和渗出而形成小结节，随后因瘙痒摩擦引起结缔组织增生，皮肤增厚、干燥和皲裂，有许多鳞片附着（图3-13-15）；或造成继发感染而形成脓疱，后者破溃、内容物干涸形成痂皮。在多数情况下，宿主患部皮肤的汗腺、毛囊和毛细血管遭受破坏，并因有化脓菌的感染而使患部积有脓液，皮肤角质层因受渗出物浸润和虫体穿行而发生剥离，或形成大面积结痂。

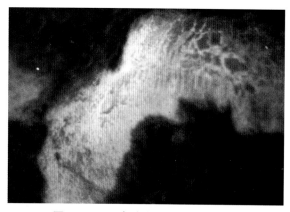

图3-13-15 皮肤增厚、干燥和皲裂

〔诊断要点〕本病的诊断，主要是检查虫体，常用的方法有以下三种：

1.直接检查法 将刮刀的刀刃蘸上液状石蜡油或50%的甘油溶液，在患部与健部交界处刮取皮屑，用力刮到出现血迹，将刮下的皮屑置于载玻片上，滴加1滴10%苛性钠液，在低倍镜下寻查虫体。

2.温热检查法 将刮取的病料置于热水中（45～60℃）20分钟，然后放于平盘内，在显微镜下寻查虫体。

3.集虫法 取病料适量，加10%苛性钠液或苛性钾液，加热煮沸，待病料溶解后静置，弃上清液，取沉渣镜检。

通过上述方法，如在显微镜下发现虫体（图3-13-16），即可确诊。

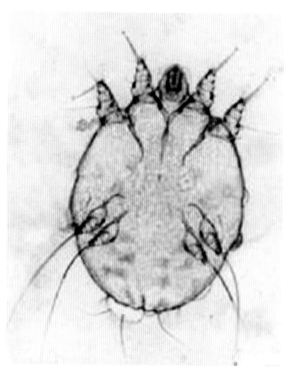

图3-13-16 从刮取的皮屑中检出的疥螨

〔治疗方法〕用于治疗本病的药物较多，如滴滴涕、蝇毒磷、敌百虫、倍硫磷、松焦油和硫黄等，有时将其中的两种以上的药物配伍成合剂使用，效果更好。治疗本病的主要方法有局部涂擦疗法和药浴疗法。前者适于病牛少，气温低时或病变面积较小时应用；后者适于大群发病，温暖季节进行。

1.涂药疗法 局部需剪毛清洗后反复涂药，以求彻底治愈。注意：如用涂药方法治疗，须根据病变部的面积，确定是否分区涂药，通常一次涂药的范围，不得超过体表面积的1/3。从病牛身上清除下来的被毛和痂皮等应集中销毁，治疗器械和用具等要彻底消毒，避免在治疗过程中的病原扩散。常用的涂擦合剂有：

（1）敌百虫/来苏儿溶液 来苏儿5份，溶于温水100份中，再加入敌百虫5份即成，涂擦患部。涂擦药物时要多次反复涂布，使药物与皮肤充分接触。

（2）松焦油擦剂 取松焦油1份，硫黄1份，软肥皂2份，96%酒精2份，按顺序混合均匀，即可用于皮肤的涂擦。

2. 药浴疗法　奶牛常使用喷洒药浴，患畜多时，应先对少数病牛进行试验，以鉴定药物的安全性，然后再大面积使用，防止意外发生。常用的药浴药物有：0.05%辛硫磷，或0.05%蝇毒磷，或0.03%～0.05%胺丙畏乳油水溶液，或0.5%～1%敌百虫水溶液等。药浴后的病牛，应放在未被污染或消毒后的牛舍，并要防止牛舔食，以免中毒。

值得指出：由于大多数杀螨药对螨虫卵的杀灭作用很差，因此，使用涂擦和药浴疗法时应间隔5～7天重复治疗，连续三次，借以杀死新孵化出的幼虫。

此外，对发病较轻或散发的病例，还可选用伊维菌素或阿维菌素皮下注射，剂量为每千克体重0.2毫克。如同时肌内注射600万～800万单位的青霉素，连用3天，效果更好。

皮肤经治疗后，在脱毛部位会有痂皮形成，痂皮脱落后则逐渐痊愈。

〔预防措施〕牛舍要宽敞，干燥，透光，通风良好，经常清扫，定期消毒。经常注意牛群中有无瘙痒、掉毛现象，一旦发现病牛，及时隔离治疗。治愈的病牛应继续观察20天，如未再发，再一次用杀虫药处理后方可合群。从外地引入牛时，应隔离观察，确认无螨病后再并入牛群。每年夏季应对牛进行药浴或喷浴，是预防螨病的主要措施。饲养管理人员，要时刻注意消毒，防止通过手、衣服和用具散布病原。

〔公共卫生〕牛疥螨可以感染人，饲养和接触病牛及污染牛舍的工作人员，参加治疗病牛的医护人员，如果疏于防护就可发生感染。疥螨常寄生于人体皮肤较柔软嫩薄之处，常见于指间，腕屈侧，肘窝，腋窝前后，腹股沟，外生殖器，乳房下等处；但儿童则全身皮肤均可被侵犯。疥螨侵犯人体皮肤，可引起剧痒，造成丘疹、脓疱、结节、斑块或水疱等皮肤病灶，即疥疮。疥螨寄生部位的皮损有小丘疹，小疱和隧道等，多为对称分布。疥螨丘疹淡红色，针头大小，可稀疏分布，中间皮肤正常；亦可密集成群，但不融合。隧道的盲端常有虫体隐藏，呈针尖大小的灰白小点。剧烈瘙痒是疥疮最突出的症状，白天瘙痒较轻，夜晚加剧，睡后更甚。由于剧痒，搔抓，可引起继发性感染，发生脓疱、毛囊炎或疖肿。因此，有过与病牛接触史的人，一旦发现皮肤上有搔痒的丘疹、水疱和结节等疥疮样病变，应立即就诊和治疗。

十四、蠕形螨病

蠕形螨病（Demodectic mange）又称毛囊虫病或脂螨病，是由牛蠕形螨寄生于毛囊或皮脂腺而引起的一种皮肤病；临床上以瘙痒轻、皮肤增厚脱屑、毛囊炎、疮疖和痈肿为特点。本病广泛发生于世界各地；我国东北、西北和内蒙古较为流行，而南方各省份也有发生。奶牛发生本病后，不仅产奶量明显减少，而且牛皮的利用率也降低，由此造成很大的经济损失。

〔病原特性〕本病的病原体为蠕形螨科、蠕形螨属的牛蠕形螨（Demodex bovis）。牛蠕形螨的虫体细长，呈半透明乳白色蠕虫样，长0.17～0.44毫米，宽0.045～0.065毫米。虫体可分头部（颚体）、胸部（足体）和腹部（末体）三个部分。头部多呈不规则四边形，由一对针状的螯肢、一对分三节的须肢及一个向外延伸呈膜状构造的口下板组成，形成短喙状的刺吸式口器（图3-14-1）。胸部有四对短粗的足，各

图3-14-1　蠕形螨的头部结构

足基节与虫体腹壁相连，不能活动，其他各节可伸缩活动，跗节上有一对锚状叉形爪。腹部细长，表面有环形皮纹（图3-14-2）。雄虫的雄茎自胸部的背面突出；雌虫的阴门则在腹面。虫卵呈梭形，长0.07~0.09毫米。

图3-14-2　蠕形螨的成虫的形态

〔生活简史〕牛蠕形螨的发育过程主要包括卵、三足幼虫（图3-14-3）、四足若虫（图3-14-4）和成虫四个分阶段，全部发育、繁衍过程均在牛体上进行。雌虫于毛囊内产卵后，孵化出三对足的幼虫，幼虫蜕化变为四对足若虫，后者再蜕化变为成虫。虫体多半先在毛囊的浅层寄生，而后多钻入毛囊底部，也可在皮脂腺内寄生（图3-14-5）。蠕形螨是一种永久性寄生性螨，寄生于宿主的毛囊和皮脂腺中吸取宿主皮肤分泌物、角质蛋白和细胞代谢物等（图3-14-6）。

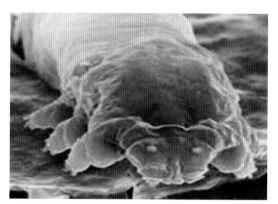

图3-14-3　蠕形螨的三足幼虫

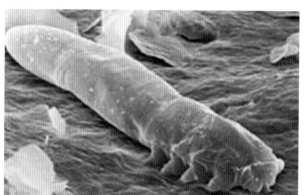

图3-14-4　蠕形螨的四足若虫

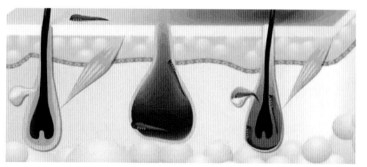

图3-14-5　蠕形螨多寄生于毛囊和皮脂腺

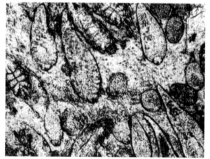

图3-14-6　毛囊内有不同发育阶段的虫体

〔流行特点〕本病的传染源主要是病牛和带虫动物。传播的基本途径是接触传染，即健康牛与病牛接触，或与被病牛污染的饲槽、用具、牛舍和运动场接触。各种年龄的牛均可发生，但以犊牛最敏感，而且发病后症状较重剧。当牛体的抵抗力强时，虽然有时可感染蠕形螨，但不发病，当皮肤受损或抵抗力下降时，虫体遇到损伤或发炎的皮肤（螨虫侵入的好条件，并有足够的营养物质供给）时，即大量繁殖，并易引起发病。本病一年四季均可发生，但以潮湿多雨的夏、秋季多发。

〔临床症状〕蠕形螨病多发生于细嫩皮肤的毛囊、皮脂腺或皮下结缔组织中。一般先发生于眼周围，头部；而后逐渐向颈部、肩部、背部或臀部等其他部位蔓延（图3-14-7）。病初，病变部痛痒轻微，或没有痛痒，仅出现大小不等的结节和如同砂粒样大小孤立的脓疱，即粉刺（图3-14-8）。继之，皮肤增厚，凹凸不平，形成皱褶，呈灰白色，有较多鳞屑，患部脱毛，表面有粟粒大至高粱米粒大的化脓性结节，即痤疮（图3-14-9），有互相融合而增大，形成豌豆大小的疖，内含灰白色干酪样物或脓样液，其中存有各不同发育期的虫体（图3-14-10）。当结节破溃和皮肤损伤而流出的淋巴液、浆液、坏死的组织等干涸成为痂皮。病情严重时，由于皮肤的抵抗力降低，常伴发葡萄球菌等化脓菌的感染，病变向深层发展或扩散时则能形成痈肿，此时可见到核桃大或鸡蛋大的化脓性病灶。

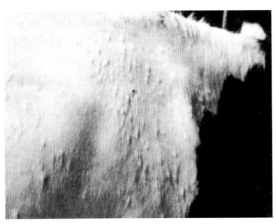

图3-14-7　病牛肩部和颈部有大量结节

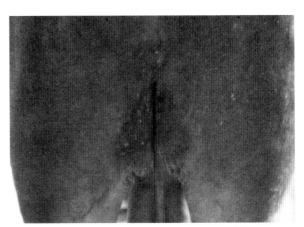

图3-14-8　病牛的股部也有大量的结节和粉刺

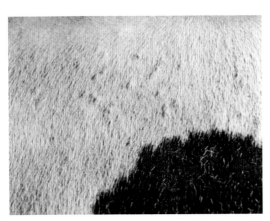

图3-14-9　结节中含有虫体和灰白色坏死物，呈痤疮状

图3-14-10　在颈部融合的结节内有螨虫寄生（箭头所示）

〔病理特征〕蠕形螨的病理变化主要是皮炎，化脓性急性皮脂腺-毛囊炎，感染严重时可形成痈肿。

蠕形螨在毛囊或皮脂腺内以针状口器吸取宿主细胞内含物为营养。由于虫体机械刺激和排泄物的化学刺激，引起毛囊或皮脂腺发生炎症反应，并引起毛囊和皮脂腺呈袋状扩张，甚至发生细胞增生肥大，导致毛干脱落。由于虫体在毛囊内繁殖和进出毛囊而致毛囊口或腺口扩大，故易继发感染化脓性细菌引发化脓性毛囊炎和皮脂腺炎。眼观毛囊和皮脂腺口首先呈结节状隆起或呈丘状红肿，继之形成脓包。镜检见毛囊或皮脂腺周围有多量淋巴细胞和单核细胞浸润，囊腔内有中性粒细胞积聚和蠕形螨虫体。

〔诊断要点〕本病的诊断多是切破皮肤上的结节或脓疱，取其内容物做成涂片，在低倍镜下检查，如发现牛蠕形螨就可确诊。

〔治疗方法〕治疗牛蠕形螨病可选用以下的药物：

1．除虫菊　本药为一种杀虫效力很强的植物杀虫剂，具有接触杀虫作用，主要是通过破坏螨虫的神经系统而使之麻痹死亡。但本药的持续时间较短，如用量不足，作用消失后，螨虫仍能存活。治疗时，先将病变部的粗毛及结痂等异物除去，洗清，然后将25％除虫菊粉撒在病变部，反复擦涂，使药物扩散到皮内。如果皮肤干燥，也可用3％乳剂进行涂擦或喷洒。

2．安息香酸甲苯合剂　取安息香酸甲苯33毫升，软肥皂16克，95％酒精51毫升，充分混合，涂擦患病部位。间隔1小时后，再涂擦一次。

蠕形螨除寄生于皮肤和皮下结缔组织外，还可能寄生于其他组织，故治疗过程中，特别是伴发感染时，必须兼用局部疗法与全身疗法相结合，需辅以青霉素等抗菌疗法。

〔预防措施〕发现牛患病后，首先应进行隔离，并及时治疗。对被病牛污染的场所和用具等应消毒。搞好牛舍周围的环境卫生，注意通风，保持干燥；注意牛体表的卫生，不要让粪便、泥土等污染皮肤。

牛的其他传染病

一、牛传染性胸膜肺炎

牛传染性胸膜肺炎（Pleuropneumonia contagious bovine）又称牛肺疫，是牛的一种接触性传染病，大部分病牛呈亚急性或慢性经过，主要侵害肺脏和胸膜，表现为急性纤维素性胸膜肺炎的临床症状和病理变化。本病曾在许多国家的牛群中流行，造成巨大的经济损失。本病目前在非洲、南美洲和亚洲的一些国家还有发生。OIE将其列为A类疫病。我国由于成功地研制出有效的牛肺疫弱毒苗，结合严格的综合性防治措施，基本控制了本病，并于1996年宣布在全国范围内消灭了此病。由于本病在世界范围内仍然存在，故在引进奶牛或种用牛时还需特别注意。

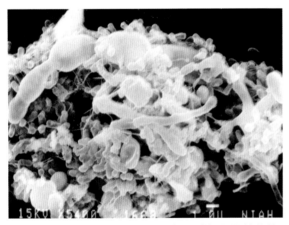

图4-1-1 扫描电镜观察到的球杆状或长丝状的菌体

〔病原特性〕 本病的病原体为丝状支原体丝状亚种（*Mycoplasma mycoides* subsp. *mycoides*），是一种细小多形性微生物，镜下最常见的为球状颗粒，或染色不均的丝状、螺旋状、分支状或环状。用姬姆萨染色较好，革兰氏染色效果较差。扫描电镜下的菌体多呈球状、球杆状或长丝状（图4-1-1）。病菌在病牛肺组织、胸腔渗出液、胸部淋巴结及气管分泌物中含量最多。

支原体对外环境的抵抗力不强，特别是对温热的抵抗力较弱。一般在干燥的环境中，尤其是在阳光的直射下几小时就失去活力；加热56℃持续30分钟即可死亡；而煮沸则立即死亡。本菌对寒冷有一定的抵抗力，如在冰冻的肺组织及淋巴结中能保持其毒力达一年以上；培养物冻干可保持毒力数年。丝状支原体对化学药品的抵抗力不强，常用的消毒药如2%石炭酸、3%来苏儿、5%漂白粉和10%新鲜石灰乳等，均可在几分钟内将之杀灭。

〔流行特点〕 本病在自然情况下可感染各种牛，但奶牛、牦牛、黄牛和犏牛的易感性更高，水牛和野牛的易感性较低。一般以牛的品种、生活方式及个体抵抗力不同，发病率从60%～70%不等，死亡率为30%～50%。本病的传染源主要是病牛和带菌牛。据报道，病牛康复15个月后还可感染健康牛。病菌主要存在于病牛的肺组织和气管的分泌物中，从呼吸道随飞沫排出体外，也可由尿及乳汁排出，在产犊时还可由子宫的渗出物中排出。自然感染的主要传播途径是呼吸道，当病牛与健康奶牛接触时，通过空气飞沫或污染的尘埃而传染。另外，健康奶牛也可通过被病牛污染的饲料、饮水等而经消化道感染。

本病在新疫区发生时多呈地方流行性或流行性，发病急，死亡率高；而在常发地区一般为慢性或隐性感染，流行性较缓和，时断时续地出现新病例，终年不断。虽然奶牛的年龄、性别、季节和气候等因素对易感性无明显影响，但饲养管理不良、牛舍条件差、通风不良、奶牛群过大而拥挤、舍内潮湿阴冷等可促进本病的发生，寒冷的冬季发病也较其他季节多。

〔临床症状〕本病的潜伏期一般为2～4周，短者仅有1周，长者可达3～4个月。病初症状不明显，仅在清晨冷空气或冷饮刺激或运动时发出短而干的咳嗽，继之，咳嗽的次数逐渐增多，体温不断升高，继则食欲减退，反刍迟缓。随病程发展，症状逐渐明显。按其经过不同分急性和慢性两型。

1. 急性型 多发生于流行初期，体温升高40～42℃，呈稽留热。咳嗽次数增多，呈湿性、疼痛性短咳，咳声低沉，弱而无力，常从鼻孔中流出浆液性或脓性鼻液。病牛呼吸加快而困难，多呈腹式呼吸，往往每次呼气时发出呻吟声；呼吸时头颈伸直，前肢开张（图4-1-2），吸气长，呼气短。用手按压肋间时病牛有痛感。由于伴发胸膜炎而胸部疼痛，故病牛不愿走动和卧地，多小心地站立不动。

图4-1-2 病牛头颈伸直进行呼吸

胸部听诊时，可闻及肺泡音减弱或消失，常能听到啰音和支气管呼吸音，甚至胸膜摩擦音。胸部叩诊时，可于一侧或两侧肺脏听到浊音、鼓音、过清音等不同音响；如有胸水时，还能叩出水平浊音的边界。

本病后期，当肺脏的病变严重时，常明显影响心脏的功能，使得心音衰弱，心跳加快，脉搏细数，每分钟可达80～120次。有时因胸腔积液，只能听到微弱的心音或甚至听不到。胸前和颈部肉垂水肿，可视黏膜蓝紫。消化机能障碍，反刍迟缓或停止，常有慢性瘤胃膨胀变化，腹泻与便秘交替发生。病牛的尿量减少而相对密度增加；泌乳明显减少或完全停止。当病牛全身情况进一步恶化时，常表现为迅速消瘦，衰弱，眼眶下陷，伏卧伸颈，多于一周左右因窒息和心力衰竭而死亡，但大部分病牛的病程可达2～4周。

2. 慢性型 病程较长，病情发展缓慢，多由急性病例转变而来，但也有一开始就取慢性经过的。病牛体温正常或仅升高0.5～1℃，常发生干性短咳，精神不振，食欲减少或时好时坏，反刍迟缓，泌乳量明显减少，行动缓慢，逐渐消瘦，被毛粗乱，肋骨显露。有的病牛因营养不良常于胸、腹及颈部皮下发生水肿。

慢性病牛的肺部叩诊及听诊变化均不明显。在饲养较好的条件下，慢性病牛可逐渐恢复，但有些临床康复而在肺内留有"坏死块"的慢性病例，则可长期带菌，成为本病最危险的传染源。

〔病理特征〕本病的特征性病变主要见于肺脏和胸膜。一般按其发生、发展过程的病变特点不同而将之分为前驱期、临床明显期和结局期。

1. 前驱期 主要表现为多发性支气管肺炎，即由病原体引起的细支气管或呼吸性细支气管及其所属肺组织的炎症。病变通常发生于通气良好的肺膈叶和中间叶的胸膜下，其大小一般不超过一个肺小叶，呈红褐色或灰白色，质地坚实。镜检，病灶中可因炎性水肿和淋巴管炎而使肺间质明显增宽，病变的细支气管腔和肺泡腔中有大量浆液、炎性细胞、脱落的肺泡上皮和少量纤维蛋白。

2. 临床明显期 主要表现为纤维素性肺炎和浆液-纤维素性胸膜炎。这是本病的证病性病变。此期的肺实质、肺间质及胸膜的变化，均具有特殊的证病意义。

（1）肺实质的病变 病变多位于膈叶和中间叶，且常以右侧肺叶明显。眼观，发炎的肺叶高度肿大，重量增加，质地变硬，在同一肺脏的切面上可见到典型的纤维素性肺炎不同时期的变化。充血水肿期表现为病变部肿大，呈深红色，切面流出大量带有泡沫的渗出液，镜检肺泡中有大量浆液和炎性细胞（图4-1-3）；红色肝变期的色泽暗红，重量和硬度明显增加，间质增宽，质地如肝（图4-1-4），镜检肺泡中有大量红细胞和纤维蛋白（图4-1-5）；灰色肝变期的病灶呈灰白色，质地坚实，切面干燥，有纤维蛋白收缩而形成的细颗粒，镜下见肺泡腔中有大量中性粒细胞和纤维蛋白（图4-1-6）。这些不同时期的病变同时存在，使肺脏出现典型的大理石样花纹（图4-1-7）。

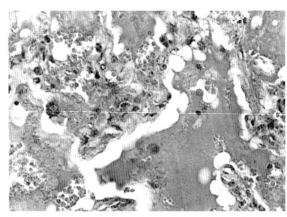

图4-1-3　肺泡壁毛细血管充血，肺泡内充满炎性细胞和浆液

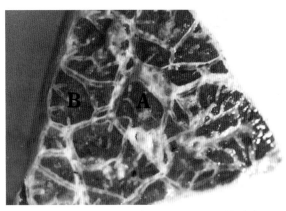

图4-1-4　肺间质水肿增宽（A），纤维素性渗出和肝变（B）

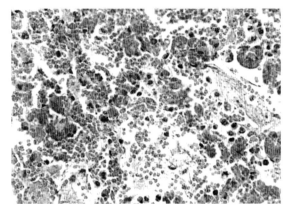

图4-1-5　肺泡腔内充满纤维蛋白和红细胞

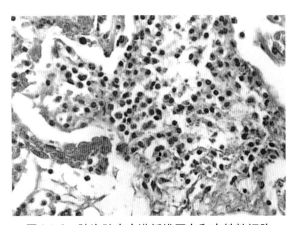

图4-1-6　肺泡腔内充满纤维蛋白和中性粒细胞

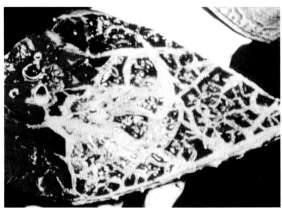

图4-1-7　间质增宽呈现大理石样花纹

（2）肺间质的病变　　主要表现为间质的炎性水肿和坏死。肺切面上常见间质明显增宽，在增宽的间质内有椭圆形、圆形淋巴栓塞的淋巴管断面，使间质形成宽阔多孔的灰白色条索，故肺炎区的小叶界线非常明显。镜检，肺间质极度增宽，其中小淋巴管扩张，被纤维素凝块所栓塞（图4-1-8）。这也成为牛肺疫的特征性病变之一。

（3）肺胸膜的病变　　肺胸膜病变是在肺炎的基础上病原体取道于淋巴途径播散发展起来的继发性病变，主要表现为浆液性纤维素性胸膜炎。打开胸腔后可看到大量淡黄透明或混浊含有纤维蛋白凝块的胸水，以致胸腔积液（图4-1-9），多的可达10 000～20 000毫升。胸膜和肺脏表面充血、肿胀，被覆厚层呈膜状的灰黄色纤维素，肺胸膜表面粗糙，失去固有光泽（图4-1-10）。病程稍长者，渗出的纤维蛋白被增生肉芽组织机化，常致使肺脏与胸腔和心包粘连（图4-1-11）。在胸腔发生炎症的同时，纵隔和心包也呈现出浆液性炎症，心包液增多，并因混有纤维素而混浊，心外有纤维素附着，久之则因肉芽组织增生而形成绒毛心。

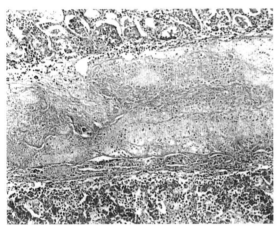

图4-1-8　小叶间的淋巴管扩张，被淋巴栓所栓塞

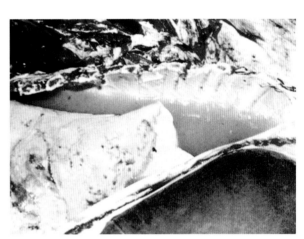

图4-1-9　胸腔内积有黄褐色的胸水

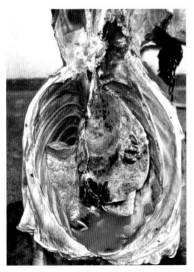

图4-1-10　胸腔积水，肺表面有大
　　　　　量纤维性渗出物附着

图4-1-11　发炎的肺脏与胸腔和心包粘连

3. 结局期　　本期以坏死块的形成和机化为特点。坏死块的形成是一种在肺炎的基础上发生贫血性梗死的结果。坏死区域一般较大，包括几个肺小叶或大半个肺叶。如坏死过程出现已久，

则形成黄色凝固性坏死块（图4-1-12）。牛肺疫的坏死块有它的特殊性，即它仍保留肺组织各期病变原来的状态，但其纹理模糊，色泽晦暗，外围通常可见增生的结缔组织包囊。在包囊与坏死组织之间常有脓性渗出物，故当切开包囊时，坏死块已与包囊处于分离状态（图4-1-13）。有的坏死块接近大支气管，当其发生脓性溶解并破坏支气管壁后，其中脓解液化的组织从破坏的支气管排出体外，肺脏就形成了脓腔或肺空洞。有时大量结缔组织增生，使病变的肺组织或肺空洞完全机化而发生瘢痕化或形成瘢痕疙瘩。

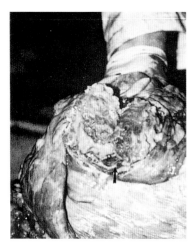

图4-1-12　肺组织中的凝固性坏死块

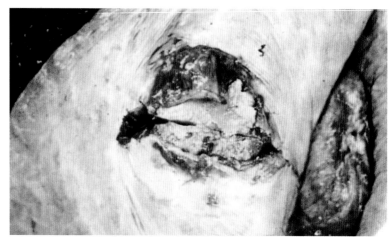

图4-1-13　肺炎中的坏死块形成，坏死块与包囊呈分离状

〔诊断要点〕本病在流行初期，单靠临床症状不易诊断。因此，应先作调查，了解当地有无此病的发生，最近是否从疫区购入奶牛，检疫情况如何；再结合牛群中有较多的奶牛出现高热和胸膜肺炎的症状，即可做出初步诊断。

为了确诊，应进行病理解剖、实验室检查或血清学检查。病理剖检的主要病变是纤维素性胸膜肺炎，肺实质有不同时期的肝变，并呈典型的大理石样外观；胸腔常有大量浑浊含有蛋白凝块的胸水，胸膜粗糙，有大量纤维蛋白附着和增生，常与肺脏发生不同程度的粘连。实验室检查时，可将无菌采取的肺组织或胸腔渗出液，接种在血清琼脂平皿上培养3～5天，可发现小而圆、透明的丝状支原体的特征性菌落。另外，奶牛感染本病后，血液中可出现抗体，因此可利用血清学反应进行诊断，其中补体结合试验是实际中应用最为广泛的血清学试验，特别是对慢性和隐性感染的奶牛，具有一定的实用价值。

应该指出：应用补体结合反应对已被消灭或无病地区进行检疫时，可能有1%～2%的非特异反应；接种本病疫苗的牛群有部分可出现阳性或疑似反应（一般持续三个月左右）。因此，常需用凝集反应试验、间接血凝试验和玻片凝集试验等作为辅助诊断。

〔类症鉴别〕本病与牛巴氏杆菌病所致的肺炎极易混淆，应注意鉴别，两者的主要区别如下：

1.大理石样外观　本病由于肺脏常有充血水肿、红色肝样变、灰白色肝样变等各期病变，故其切面呈明显的大理石样外观；而胸型巴氏杆菌病由于病程短促，肺炎多以充血水肿和红色肝变为主，故多色性大理石样外观不明显。

2.肺间质变化　本病的肺间质由于有大量淋巴栓形成，水肿和淋巴淤滞明显，所以间质增宽和多孔状的变化非常明显，并常因间质发生坏死和机化，故呈灰白色条索状及小岛状外观，而胸型牛巴氏杆菌病则无此病变。

3.坏死块形成 本病的肺脏常有坏死块的形成，且坏死块中还保持原组织多色性和间质多孔性的结构特点，有完整的包囊，且坏死块在包囊内多呈游离状态存在，而胸型牛巴氏杆菌无此特点。

4.镜检特点 牛患本病时，肺脏组织学检查常能发现血管周围、小叶边缘和呼吸性细支气管周围机化灶的形成，而胸型牛巴氏杆菌病则无类似的病理变化。

〔治疗方法〕丝状支原体对青霉素和磺胺类药物有一定的抵抗力，故在治疗本病时不能使用。治疗本病常用的药物是新胂凡纳明（914），其用法是：奶牛和黄牛3～4克（按每100千克体重用药1克的标准计算），将药物溶于5%葡萄糖生理盐水100～500毫升中，一次静脉注射；5～7天按相同剂量再注射1～2次，但一般不超过3次。

此外，人们用土霉素、四环素和链霉素进行治疗，也取得了较好的疗效。土霉素或四环素的用药方法是：按每千克体重5～10克的药量，肌内或静脉注射，每天1次，连用5～7天。用链霉素治疗的方法是：按每千克体重25～40毫克药量，注射用水稀释后肌内注射，每天1次，连用3～5天；据报道，有人用链霉素3克肌内注射治疗，连用5天，使临床症状明显缓解甚至消失。

此外，可结合病情配合强心、祛痰、利尿、健胃等药物作辅助治疗。

〔预防措施〕从未发生过本病的地区，首先应尽量不从牛肺疫流行地区购买奶牛，要防止从疫区购进隐性带菌牛（这种奶牛外表貌似健康，易被忽视）。如必须引进时，则应严格检疫，必须进行补体结合试验检疫，补反阴性时，注射牛肺疫兔化（或绵羊化）弱毒苗三周后才能运输，运回后再隔离观察一定时间，确无任何不良表现方可混群。

经验表明：在疫区普遍开展预防注射，再配合其他防疫措施，是控制和消灭本病的有效方法。在疫区或受威胁区，每年定期普遍注射牛肺疫弱毒苗，连续注射2～3年。非疫区可不注射。我国研制的牛肺疫兔化弱毒苗和牛肺疫绵羊化弱毒苗免疫效果良好，曾在各地广泛使用。

在牛肺疫暴发地区，除了迅速封锁疫区、隔离或扑杀病牛外，其他奶牛应普遍注射菌苗，用具与牛舍等要彻底消毒，待最后一头病牛处理后三个月内再无病牛出现才可解除封锁。但康复后的奶牛仍可能长期带菌，成为传染源，因此，疫区的奶牛仍不可向非疫区出售。另外，根据疫区的实际情况，如果奶牛群较小，扑杀病牛和与之接触过的隐性感染奶牛是消灭本病的一种行之有效的方法。

二、细螺旋体病

细螺旋体病（Leptospirosis），也称钩端螺旋体病（简称"钩体病"）是一种重要而复杂的人畜共患病和自然疫源性传染病。奶牛的带菌率和发病率均较高。临床上以短期发热、黄疸、血红蛋白尿、出血性素质、流产以及皮肤、黏膜坏死和水肿等为特点。

本病在世界各地流行，热带、亚热带地区多发；主要流行的血清型为波摩那型和哈勒焦型，其次为流感伤寒型、黄疸出血型、犬型、七日热型等。近年来发现哈勒焦型与波摩那型钩端螺旋体（简称"钩体"）是牛的适应株，也是牛钩体病暴发的常见病原。我国许多省份都有本病的发生和流行，其中以长江流域及其以南各省份发病最多。

〔病原特性〕本病的病原体为细螺旋体属中的问号细螺旋体（Leptospira interrogans）。细螺旋体为革兰氏阴性菌，长6～20微米，宽0.1微米。在暗视野或相差显微镜下，细螺旋体呈细长的丝状、圆柱形，螺纹细密而规则，菌体两端弯曲呈钩状，故称其为"钩端螺旋体"（图4-2-1），通常呈C或S形弯曲，运动活泼并沿其长轴旋转。在干燥的涂片或固定液中呈多形结构，难以辨

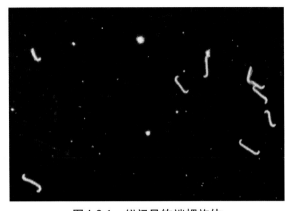

图4-2-1　似问号钩端螺旋体

认。电镜观察，钩体的基本结构由外鞘、胞浆圆柱体、轴丝组成。外鞘具有外膜与荚膜的混合特征，胞浆圆柱体包裹着一层细胞膜和由肽聚糖构成的细胞壁，细胞壁内有相当于内毒素的物质存在，圆柱体横断面含有核物质、胞浆以及限制性细胞膜。在靠近圆柱体的两端镶嵌着两根轴丝，沿长轴方向延伸到圆柱体中部，游离端互不重叠。轴丝是一个单纯的结构，钩体正是借助于轴丝表现出特殊的运动方式。

钩体专性厌氧，最宜生长温度为29～30℃；最适pH为7.0～7.6，超出此范围以外，对酸和碱性环境都很敏感，故在水呈酸性或过碱的地区，其危害大受限制。钩体的致病力与其毒性作用密切相关，目前已证实的毒素主要有溶血性外毒素（神经鞘髓磷脂酶C）、细胞致病作用因子、细胞毒性因子以及内毒素。

细螺旋体的抵抗力较弱，对干燥、冰冻、加热（50℃，10分钟）、胆盐、消毒剂、腐败或酸性环境敏感，一般消毒剂的常用浓度均易将之杀死。本菌能在潮湿、温暖的中性或稍偏碱性环境中生存。

〔流行特点〕细螺旋体的动物宿主非常广泛，几乎所有温血动物都可感染。因此，病牛和所有带菌动物均是本病的传染源。据报道，病牛可经多种途径（尿、乳汁、唾液、精液、阴道分泌物、胎盘等）向体外排出钩体，其中主要是从尿液中排出大量病原（每毫升尿液中可含1亿条钩体），严重污染周围环境如水源、土壤、饲料、圈舍、用具等；而且排出的病原体可在水田、池塘、沼泽里及淤泥中生存数月或更长，在本病的传播上具有重要意义。本病主要传播途径是皮肤、黏膜和消化道，但也可通过交配、人工授精和在菌血症期间通过吸血虫如蜱、虻、蝇等传播。奶牛和黄牛对本病均敏感，一般成年牛的感染大多数呈隐性、亚急性或慢性感染，而犊牛的感染多为急性暴发，死亡率高。

本病有明显的流行季节，每年以7～10月为流行的高峰期，其他月份仅为个别散发。饲养管理与本病的发生和流行有密切关系，饥饿、饲养不合理或其他疾病使机体衰弱时，原为隐性感染的奶牛表现出临诊症状，甚至死亡。管理不善，畜舍、运动场的粪尿、污水不及时清理，常常是造成本病暴发的重要因素。

〔临床症状〕本病的潜伏期一般为2～20天。成年奶牛感染多为隐性感染，一般根据奶牛发病后的表现不同，而将奶牛钩体病分为三种类型：急性型、亚急性型和慢性型。

1. 急性型　多见于犊牛，通常呈流行性或散在性发生，潜伏期为2～10天。临床特征为突然发热，体温高达40℃以上，呼吸和心跳加快，病牛精神沉郁、厌食，结膜发黄，排出蛋白尿，尿液呈暗红色或葡萄酒色（图4-2-2），皮肤与黏膜溃疡。有的病牛出现呼吸困难、腹泻、结膜炎以及脑膜炎。后期表现为嗜睡与尿毒症，红细胞骤降至每立方毫米100万～300万，

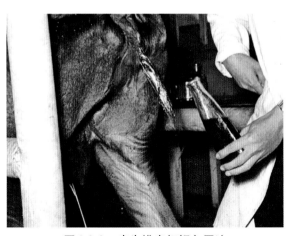

图4-2-2　病牛排出红褐色尿液

常于一天内窒息而死。病程3～5天，多以死亡为转归。

2.**亚急性型** 常见于哺乳母牛与其他成年牛，病程持续2周以上，多呈散在发生，死亡率低。特征为发病缓慢，有一过性发热、排出血红蛋白尿、黄疸、结膜炎。试验室检查，从发病前10天的血清及尿液的变化中可发现：开始时病情较重，红细胞破坏多，血清及尿液中血红蛋白的浓度高，血清及尿液呈暗红色或紫红色，随之减轻（图4-2-3）；发病6天后血检时可发现，红细胞形态不整，大小不一，大量红细胞破坏，并出现有核红细胞，血中中性粒细胞数量增多（图4-2-4）。奶牛乳汁分泌减少、变质，乳汁内含有凝乳块与血液，如同初乳。病牛的皮肤常发生大片坏死，有的病例出现干性坏疽与腐离。还有的病例鼻镜干裂，齿龈、唇内和舌面等处发生溃疡、坏死。全身组织轻度黄染。病牛多经两个月后逐渐好转，但往往需再经两个月乳量才能恢复正常。

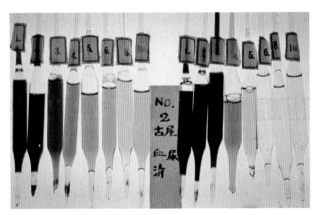

图4-2-3 发病10日间的血清（左）与尿液的变化

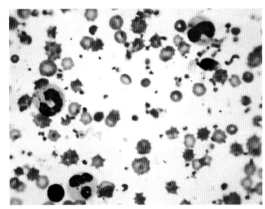

图4-2-4 大量红细胞破坏，并出现有核红细胞

3.**慢性钩体病** 主要见于妊娠母牛，以发生流产、死产（图4-2-5）、新生弱犊死亡、胎盘滞留以及不育症为特点，可能无其他症状。病牛消瘦，周期性发热黄疸和血红蛋白尿，时而消失，时而出现，病牛显著贫血消瘦，亦有不呈现任何症状而仅流产者，妊娠母牛流产通常发生于妊娠6个月以上，康复较慢。

〔病理特征〕与临床表现相一致，也可分为三种类型。

1.**急性型** 死于急性钩体病的牛呈败血症性变化，以黄疸、出血、严重贫血为特征。尸僵不全或缺乏。唇、齿龈、舌面、

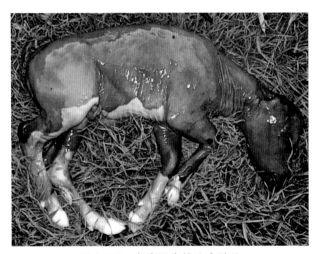

图4-2-5 患病母牛的流产胎儿

鼻镜、耳颈部、腋下、外生殖器的黏膜或皮肤出现局灶性坏死与溃疡。可视黏膜、皮下组织以及浆膜明显黄染。皮下、肌间、胸腹下、肾周组织发生弥漫性胶样水肿与散在性点状出血。胸腔、腹腔以及心包腔内有过量的黄色或含胆红素性液体。肾脏肿大至正常的3～4倍，质地柔软，被膜易剥离，肾表面光滑，有不均匀的充血与点状出血（图4-2-6）。在溶血临界期，肾脏颜色变暗，随着色素进入肾脏后，呈出血性外观。切面上肾皮质与髓质界线不清，一般无眼观坏死性

病变。膀胱膨胀，充满血性、浑浊的尿液（图4-2-7）。其他器官多呈变性变化。病理组织学检查无明显特异性。

图4-2-6　肾脏肿大，表面散在形状不整的出血斑

图4-2-7　膀胱中有多量红褐色的尿液

2. **亚急性型**　病理特征为皮肤有灶状坏死，肝脏、肾脏出现明显的散在性或弥漫性灰黄色病灶（图4-2-8）。乳房与乳房上淋巴结肿大，变硬。病理组织学检查，病变皮肤的表皮层角化过度，坏死可累及真皮下，真皮内淋巴细胞浸润与毛细血管内血栓形成。肝细胞严重缺血与坏死，坏死面积可达肝小叶的1/3～2/3，汇管区与小叶间质有大量单核细胞浸润，毛细胆管中有大量胆汁性栓塞形成（图4-2-9）。肾小球囊壁上皮细胞增生，肾小管上皮细胞变性、坏死、脱落，管腔内有相当数量的管型。肾小球囊周围的肾小管间、血管周围有大量巨噬细胞、淋巴细胞、浆细胞浸润。

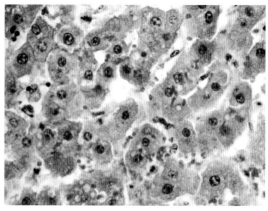

图4-2-8　肾肿大呈暗红色，被膜下有多量黄白色病灶

图4-2-9　毛细胆管中胆汁性栓塞形成

3. **慢性型**　尸体消瘦，极度贫血，缺乏黄疸，肾脏变化具有特征。肾皮质或肾表面出现灰白色、半透明、大小不一的病灶，有的病灶呈灰黄色，表面略低于周围正常组织，切面坚硬、柔韧，髓质内也有类似的病变。镜检，肾皮质、髓质的间质内有淋巴细胞、巨噬细胞占优势的炎性细胞浸润。肾小球透明变性，有的肾小球基底膜增厚、皱缩或纤维化。肾曲小管内有嗜伊红碎屑。肾直小管扩张，有管型形成（图4-2-10）。镀银染色时，肾曲小管、肾小球囊内仍能发现钩体（图4-2-11）。

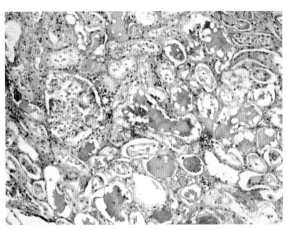

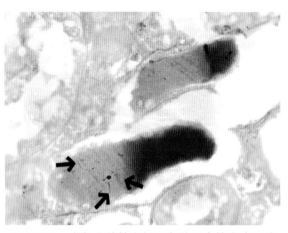

图4-2-10　肾小管中有大量血红蛋白管型形成　　　图4-2-11　在肾小管的血红蛋白管型中检出病原体

流产胎儿，胎膜经常发生自溶与水肿。胎儿皮下水肿，胸腔、腹腔内有大量的浆液性血性液体，肾脏出现白色斑点。流产母牛子宫腔可见有坏死碎屑、绒毛尿囊膜腐烂、排出不全，肉阜表面粗糙、不规则，切面坚实。肉阜镜检有大量中性粒细胞、淋巴细胞以及巨噬细胞浸润。

〔诊断要点〕根据症状和剖检病变（尽管乳汁变色或有血液，但乳房不肿胀，乳房实质无变化），一般可做出初步诊断。但确诊须进一步做实验室检验。实验室检验包括病原检查（采取可疑病畜的抗凝血液、尿和肝、肾组织或流产胎儿胸腔液体、肾和肺组织进行直接镜检、动物接种和分离培养）和血清学检查（主要是采取可疑病畜血清与已知细螺旋体培养物进行凝集溶解试验，滴定度1：100认为有诊断意义）。必要时做组织镀银染色或病原学检查。

此外，本病应与血孢子虫病、产后血红蛋白尿、细菌性血红蛋白尿以及其他病原所致的黄疸、血红蛋白尿、流产等区别诊断。

〔治疗方法〕细螺旋体对青霉素、链霉素、四环素或土霉素较敏感；治疗上常选用这些药物。另外，还应采用对症疗法。

急性、亚急性病例的治疗，可静脉注射四环素；应用青霉素和链霉素治疗时必须大剂量才有疗效。实践证明，由于急性和亚急性病牛的肝功能遭到破坏和出血性病变严重，在病因治疗的同时结合对症疗法是非常必要的，其中葡萄糖、维生素C静脉注射及强心利尿剂的应用对提高治愈率具有重要作用。

〔预防措施〕预防本病，平时应做好灭鼠工作，消除带菌排菌的各种动物（传染源）；不从疫区引进奶牛，必须引进时应实施隔离检疫；加强动物管理，保护水源不受污染；注意环境卫生，经常消毒和清理污水、垃圾；发病率较高的地区要用多价疫苗定期进行预防接种，提高奶牛的特异性抵抗力。据报道，适量四环素加入饲料中连续喂饲，可以有效地预防奶牛的细螺旋体感染。

当奶牛群发现本病时，应及时隔离病牛，积极治疗；严防病牛尿液污染饮水和饲料，对污染场所和用具及时用1%石炭酸或0.5%福尔马林消毒，并清除和清理被污染的死水、污水、淤泥等；及时用细螺旋体病多价苗进行紧急预防接种。如能采取果断的防疫措施，多数能在两周内控制疫情。

〔公共卫生〕细螺旋体病是热带、亚热带地区常见的人畜共患病，由于病牛能从尿液中排出大量病原菌，严重污染周围环境，所以与病牛接触的医务及饲养人员，感染的概率就很大。还因病牛排出的病原体可在水田、池塘、沼泽里及淤泥中生存数月或更长，所以，当洪水发生后很容易引发细螺旋体病的传播。人感染本病的临床特点为：起病急骤，早期有39℃左右的高热、咽痛、咳嗽，咽部充血，扁桃体肿大、全身酸痛、软弱无力、结膜充血、腓肠肌压痛、腹股沟和腋窝等浅表淋巴结肿大等细螺旋体毒血症状；中期可伴有肺弥漫性出血、心肌炎、溶血性贫血、黄疸、全身出血倾向、肾炎、脑膜炎、呼吸功能衰竭、心力衰竭等靶器官损害表现；晚期多数病例恢复，少数病例可出现后发热、眼葡萄膜炎以及脑动脉闭塞性炎症等变态反应性后发症。其中，肺弥漫性出血、心肌炎、溶血性贫血等与肝、肾衰竭为常见的致人死亡的病因。因此，在本病流行的季节和地区，特别是有与病牛接触史的人一旦出现上述症状，应尽快就诊，以便得到及时的治疗。

三、皮肤真菌病

皮肤真菌病（Dermatomycosis）俗称钱癣、脱毛癣、秃毛癣或匐行疹等，是由多种皮肤真菌引起的人和动物的一种真菌性皮肤传染病。病原菌主要侵害动物的被毛、皮肤、指（趾）甲、爪、蹄等角化组织。临床上以脱毛、脱屑、渗出、痂块及痒感等为主要症状，具有很强的传染性。这种感染虽然不是致死性的，但会造成很大的经济损失。

本病在世界上分布广泛，我国已有15个省（自治区、直辖市）报道发生了此病，且近年来发病有上升趋势。由于本病也可由动物传染给人，使人感染发病，因此，对公共卫生也具有重要意义。

〔病原特性〕本病的病原体主要为半知菌门、毛癣菌属（*Trichophyton*）及小孢子菌属（*Microsporum*）中的一些皮肤真菌（Dermatophyte）。这些真菌均能形成有隔菌丝，并产生大小分生孢子。小孢子菌属的真菌所产生的小分生孢子，密集成群包围着毛干，形成毛外型。培养在葡萄糖蛋白胨琼脂培养基上生长呈梭形大分生孢子，两端尖、多隔、厚壁、壁粗糙有麻点或细刺，大小不等（图4-3-1）。在紫外线下发绿色强荧光。本属真菌只侵害毛发和皮肤。毛癣菌属的真菌，其菌丝或小分生孢子分毛内型或毛外型。菌丝平行分布在毛内或毛外为其特点（图4-3-2）。培养的大分生孢子类似雪茄烟形，壁薄而光滑。在紫外线下无荧光或很弱。本属菌可侵害皮肤、毛发和蹄角质。

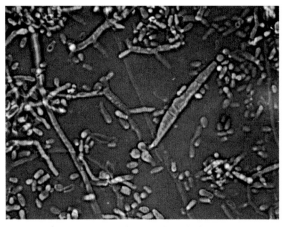

图4-3-1　用培养基培养的病原菌

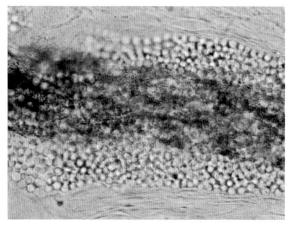

图4-3-2　被毛上检出的带分生孢子的真菌

皮肤真菌对外界具有极强的抵抗力，耐干燥，100℃干热1小时方可致死。但对湿热抵抗力不太强。对一般消毒药耐受性很强，1%醋酸需1小时，1%氢氧化钠数小时，2%福尔马林半小时才能将之灭活；对一般抗生素及磺胺类药均不敏感，但对制霉菌素和灰黄霉素等较敏感。

〔流行特点〕奶牛和其他品种的牛是本病最易感的动物，其次是马、犬、猫和猪、羊等。患病奶牛、隐性带菌者及污染土壤构成了传播本病的主要来源。健康奶牛和患病奶牛的直接接触是重要传播方式，使用已污染的刷拭用具、挽具、鞍具，系留在污染的环境或运动场运动时均可间接感染；人和奶牛的接触可相互传播；昆虫（如蚊蝇叮咬）也可传播本病。温暖、潮湿、阴暗、拥挤不洁的厩舍以及日粮中缺乏维生素都能促进本病发生和传播。

本病一年四季均可发生，但秋冬至春初季节多发，有时在夏季也暴发。一般无年龄、性别差异，但幼龄动物通常易感。这主要与其免疫系统未发育成熟有关。肾上腺皮质机能亢进或甲状腺机能减退以及免疫抑制的动物易发本病。

〔临床症状〕真菌孢子污染损伤的皮肤后，在表皮角质层内发芽，长出菌丝，蔓延深入毛囊。由于真菌产生的角质蛋白酶能溶解和消化角蛋白，而进入毛根，并随毛向外生长，受害毛发长出毛囊后很易折断，使毛发大量脱落形成无毛斑。由于菌丝在表皮角质中大量增殖，使表皮很快发生角质化和引起炎症，结果皮肤粗糙、脱屑、渗出（图4-3-3）和结痂（图4-3-4）。

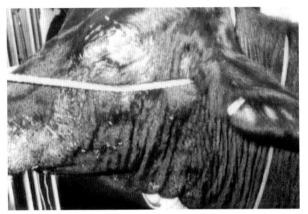

图4-3-3　眼周严重脱毛并有炎性渗出

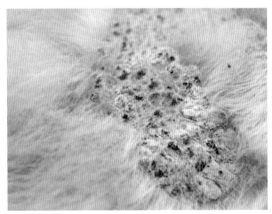

图4-3-4　病变融合扩大，表面覆有痂皮

病变常出现于奶牛的头部，如眼眶（图4-3-5）、口角和面部（图4-3-6）、颈部（图4-3-7）、股臀部（图4-3-8）和肛门等处。病初，在病变的皮肤上出现小结节癣斑，其上有些癣屑，继之，逐渐扩大呈隆起的圆斑，形成灰白色石棉状厚皮病（图4-3-9），或瘤块，瘤表面残留少数无光泽的断毛。癣瘤小者如铜钱（又称钱癣），大者如核桃或更大，严重者，在牛体全身融合成大片或弥漫性癣斑（图4-3-10）。也有的病例，开始皮肤发生红斑，继而发生小结节和小水疱，干燥后形成小痂块。

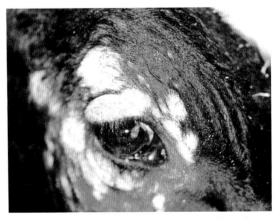

图4-3-5　眼周的局限性脱毛与结痂的形成

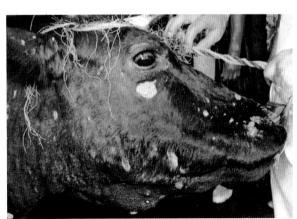

图4-3-6　病牛的头颈部有灰白色圆形病变

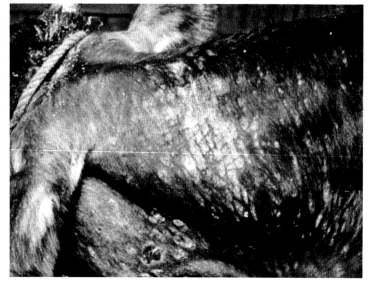

图4-3-7　病牛颈部有多量大小不一的病灶

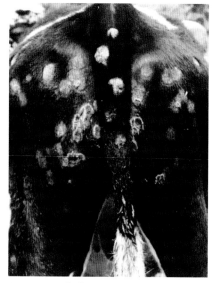

图4-3-8　病牛股臀部有硬币状的结痂形成

图4-3-9　病变部皮肤肥厚,被毛脱落呈灰白色

图4-3-10　病牛全身散在有圆形脱毛病灶

　　本病的病程较长,在发病早期和晚期都有剧痒和触痛,病牛不安、摩擦、减食、消瘦、泌乳明显减少或停止;病情严重时病牛发生贫血以致死亡。

　　〔病理特征〕眼观病变与临床所见基本相同,主要为斑状秃毛癣,即在皮肤上形成圆形癣斑,其上有石棉状鳞屑,病灶融合可形成不规则形状(图4-3-11);轮状秃毛癣,即当癣斑中部开始生毛,但周边部分脱毛仍在继续进行,从而形成轮状癣斑;水疱性和结痂性秃毛癣,即病变部发生丘疹、水疱与结痂;毛囊和毛囊周围炎,即在秃斑处同时发生毛囊化脓性炎。病理组织学检查,表皮角化层普遍增厚,棘细胞层明显增生而呈棘皮病,真皮下充血和淋巴细胞浸润。在毛根

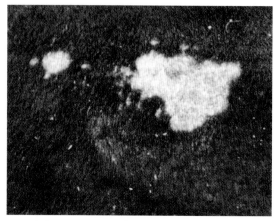

图4-3-11　圆形病灶融合而形成大病灶

的纵切面上常能发现皮肤真菌的菌丝和孢子（图4-3-12）。毛囊受累而破坏时可检出大量真菌的孢子（图4-3-13），真皮的毛细血管扩张、充血，发生真皮炎。如果病变轻时，用特殊染色方法（Gridley和PAS染色）常在病变处的毛囊及周围组织中检出真菌菌丝和孢子。

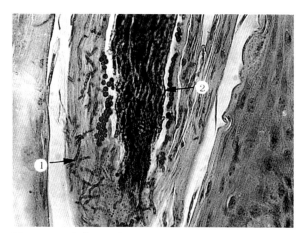

图4-3-12　寄生于毛根的真菌的菌丝（1）和孢子（2）

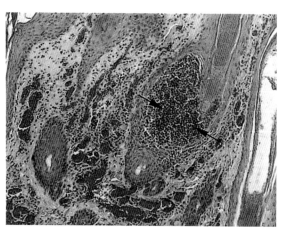

图4-3-13　真皮的毛囊内有大量真菌孢子聚集（箭头）

〔诊断要点〕一般根据典型的临床症状，病变部皮肤有境界明显的癣斑，其上带有残毛或裸秃，常被以鳞屑结痂或皮肤皱襞和变硬；有的发生丘疹、水疱和表皮糜烂；多有不同程度的痒觉等即可确诊。必要时可刮取少量病变组织，置于载玻片上，加一滴20%氢氧化钾溶液，轻轻摇动载玻片并盖上盖片，在火焰上微微加热3～5分钟（使透明），镜检时可检出各种孢子和菌丝（图4-3-14）。

〔类症鉴别〕本病易与皮肤疥癣（螨病）相混淆，在诊断时应注意鉴别：①两者的病原不同：本病的病原体是真菌，而皮肤疥癣病的病

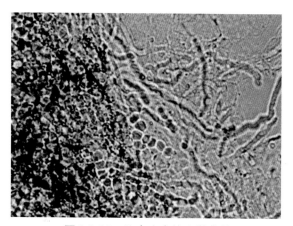

图4-3-14　从皮痂中检出的菌体

原体为疥螨，采取病变部的痂皮屑，镜检可发现螨虫。②痒觉不同：本病的有一定的瘙痒，但较轻并不随环境变化而加重，而皮肤疥癣病则明显发痒，在温暖的环境中瘙痒加重，病牛常摩擦，使皮肤受损破裂。③病灶的形状不同：本病的特征性病灶是圆形癣斑、灰白色厚皮病或癣瘤，而皮肤疥癣病的病灶特点为丘疹、小结节、小水泡和结痂。④对药物的敏感性不同：本病用硫黄软膏、石炭酸和水杨酸等药物治疗效果很好，而皮肤疥癣病则需用伊维菌素和敌百虫等药物治疗。

〔治疗方法〕治疗本病时，一般先对病变局部剪毛，然后用肥皂水或3%来苏儿洗去鳞屑或痂皮，涂上10%浓碘酊或10%水杨酸酒精或油膏，每两天一次，直至痊愈。也可直接用以下复方药物进行治疗。

（1）石炭酸15份，碘酊25份，水合氯醛10份，混合外用，每天1次，共用3次，之后即用水洗掉，涂以氧化锌软膏。

（2）水杨酸6份，苯甲酸11份，石炭酸2份，敌百虫5份，凡士林100份，混合外用，每天1次，直到痊愈。

（3）水杨酸50份，鱼石脂50份，硫黄400份，凡士林600份，混合制成软膏，用时先将痂皮清除，再以肥皂水洗净，然后每隔3天涂药1次，一般4次可愈。

（4）硫酸铜粉25份，凡士林75份，混合制成软膏，外用，隔5天1次，一般2次即可收到明显的效果。

〔预防措施〕平时应加强饲养管理，牛舍经常保持干燥和通风，并要搞好栏圈及牛体的皮肤卫生。牛场发现本病后，应对奶牛群进行全群检疫，隔离病牛，及时治疗。被病牛污染的畜舍、用具可用5%克辽林或3%福尔马林或2%氢氧化钠溶液消毒。饲养及管理人员应加强防护，以免传染本病。

〔公共卫生〕皮肤真菌病是一种人畜共患病，传染性很强，很易由病牛、污染的用具和环境传染给人，因此，饲养人员和医护人员必须做好自身的防护。在对病牛隔离治疗的同时，被病牛污染的一切用具和环境都要彻底消毒。人常见的皮肤真菌性病有头癣、手足癣、股癣和体癣等。头癣是由皮肤真菌引起的头皮、毛发和毛囊的感染，可分为黄癣，俗称"秃疮"，皮损有鼠臭气味和碟形黄癣痂；白癣，皮肤病变呈圆形（图4-3-15）或不规则形灰白色鳞屑斑；黑点癣，头皮有点状炎性鳞屑性斑片。手足癣表现为指（趾）间及掌（跖）皮肤的脱屑、瘙痒、糜烂及继发细菌感染导致的局部红、肿、痛，甚至皮肤的水疱破裂，表皮脱落，形成溃疡（图4-3-16）。股癣一般从足癣或手癣自身传染引起，皮损的形态多为不规则形或弧形，有苔藓样变或急性和亚急性湿疹样改变，易并发细菌感染，瘙痒剧烈。体癣皮疹初为红斑或丘疹，随后向四周扩散成为环形，有的产生新的皮疹不断向外扩散形成同心环，有瘙痒感，可并发细菌感染。

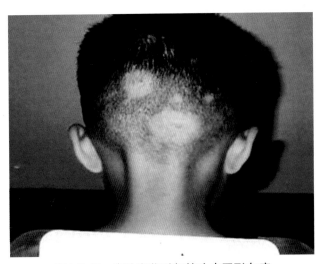

图4-3-15　皮肤真菌引起的头皮圆形白癣

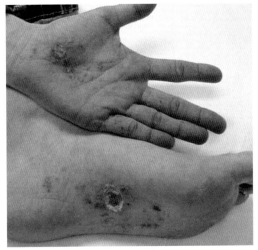

图4-3-16　皮肤真菌引起的手足癣

四、无浆体病

无浆体病（Anaplasmosis）是牛等反刍动物的一种急性或慢性蜱媒传染病，临床上以发热、贫血、衰弱和黄疸为主要特征。本病广泛分布于世界热带和亚热带地区，我国也有发生的报道，在新疆、辽宁、内蒙古、黑龙江、陕西、甘肃、青海及华南各地均发现本病。

〔病原特性〕本病的病原体为立克次氏体目、无浆体科、无浆体属的无浆体（Anaplasma）。以前曾将其分类为原生动物，称为边虫。无浆体几乎没有细胞质，呈致密的、均匀的圆形或卵圆形结构，大小为0.3～1.0微米。已知，对牛有致病作用的无浆体主要有两种：边缘无浆体边缘亚种和边缘无浆体中央亚种。在红细胞里，边缘亚种多位于边缘（图4-4-1），而中央亚种则常位于中央（图4-4-2）。用姬姆萨染色呈紫红色。一个红细胞中常含1个，也有含2～3个的。电子显微镜观察，无浆体是由一层限界膜与红细胞胞浆相隔的包含物，每个包含物包有1～8个亚单位，也叫初始体（为实际的寄生体）。每个初始体直径为0.2～0.4微米，呈细颗粒状，其外包有双层膜。初始体是以使细胞膜内陷和形成空泡的方式进入红细胞的，在空泡中以二分裂法繁殖并形成一个包含物。这个过程反复发生，从而大量破坏红细胞而使动物发生贫血。

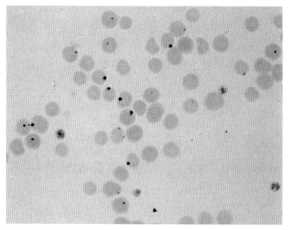

图4-4-1　红细胞边缘部寄生的无浆体

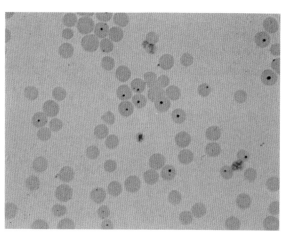

图4-4-2　红细胞中心部寄生的无浆体

无浆体对理化因素的抵抗力较弱，常用消毒药可很快杀灭菌体。无浆体对金霉素和四环素等敏感，但对青霉素和磺胺类药物不敏感，后者甚至可促进其繁殖。无浆体耐低温和干燥，在4℃以下或干燥的昆虫粪便中可长期生存。

〔流行特点〕本病的传染源主要是病牛和带菌动物，除牛以外，羊亦可感染发病，鹿可能是本菌的储主。本病主要通过吸血昆虫叮咬经皮肤传播，其中，蜱为主要传播媒介。因此，本病多发生于有蜱滋生的地区，并常与一些传媒寄生虫，如巴贝斯原虫和泰勒原虫等混合感染。消毒不彻底的手术器械、注射器、针头等也可以机械性传播本病；还有经胎盘和眼结膜感染的报道。本病可发生于不同年龄的牛，但犊牛具有天然抵抗力或有部分被动免疫力，故易感性较低。

本病多发于夏秋季节，南方于4～9月多发，北方在7月以后多发。本病的分布呈现地域性流行，多与传播媒介的分布、活动区域相吻合，沿河流的草场或农牧场多发。

〔临床症状〕本病的潜伏期一般为17～45天。中央亚种的病原性弱，引起的症状轻，有时出现贫血、衰弱和黄疸，一般没有死亡。边缘亚种病原性强，引起症状重。

急性病例，病牛体温突然升高达40～42℃，精神不振，呼吸困难，脉搏增数，泌乳减少。唇、鼻镜干燥，食欲减退，反刍减少，常伴有顽固性的前胃弛缓。贫血，黄疸，可视黏膜苍白而黄染（图4-4-3）。虽可见腹泻，但

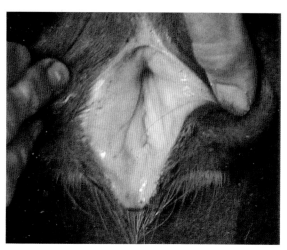

图4-4-3　病牛的阴道黏膜贫血黄染

便秘更为常见，粪便呈暗黑色，外覆有大量血液和黏液。尿频，尿液清亮，无血红蛋白尿。患病后10～12天病牛的体重可减少7%，有的病牛还可出现肌肉震颤和发情抑制，妊娠奶牛可发生流产。血液检查可发现感染无浆体的红细胞。病情严重时，病牛经数天或1～2周死亡，病死率高。

慢性病例，病牛呈渐进性消瘦、黄疸、贫血，可视黏膜苍白（图4-4-4），衰弱，红细胞数和血红素均显著减少。死亡率较低，一般在5%以下。

〔病理特征〕死后剖检主要呈贫血和黄疸变化。病牛消瘦，可视黏膜苍白，全身黄染（图4-4-5），血液稀薄；体腔内有少量渗出液，颈部、胸下与腋下的皮下轻度水肿。脾肿大3～4倍，质脆弱，色泽暗红；心内膜下和其他浆膜可见大量出血斑点；肺可因过度换气而发生气肿。肝脏明显肿胀，呈淡黄或土黄色，质脆易碎（图4-4-6），胆囊扩张，充满胆汁（图4-4-7）。皱胃、大肠和小肠有卡他性或卡他性出血性炎性变化。骨髓增生呈红色。

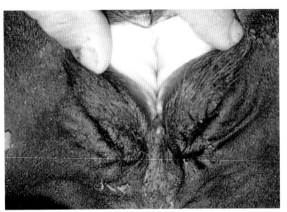

图4-4-4　后期贫血严重，阴道黏膜呈苍白色

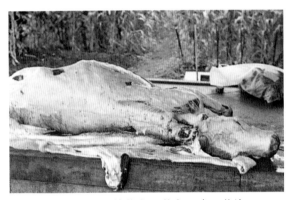

图4-4-5　尸体贫血，苍白，皮下黄染

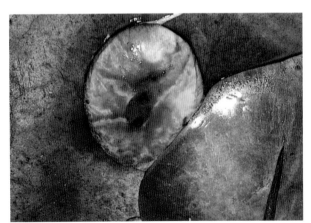

图4-4-6　肝脏肿大，扩张的胆囊中有黏稠的胆汁

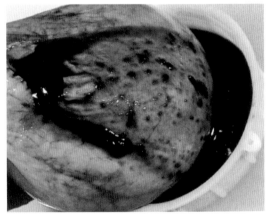

图4-4-7　病牛的胆囊明显肿胀、膨满

〔诊断要点〕根据本病发生的季节、特殊的临床症状、剖检变化和血片检查即可做出临床诊断。病牛体表发现有蜱寄生；具有发热、贫血和黄疸等症状；尿液清亮但常常起泡沫，对本病的诊断具有重要意义。在发热期采集红细胞制作血片，用瑞氏法或姬姆萨氏法染色，在一些红细胞中可发现单个或多个呈球形或卵圆形紫红色无浆体（图4-4-8），红细胞的侵袭率超过0.5%，即可确诊。对隐性感染牛，可采其血清，用补体结合试验、毛细管凝集试验、琼脂扩散试验和酶联免疫吸附试验检查。

〔**类症鉴别**〕本病常与双芽巴贝斯虫病、牛巴贝斯虫病和牛巴尔通体病混合感染，诊断时需要鉴别。当通过血液涂片镜检，无浆体侵袭细胞的比率超过0.5%时，即可诊断为无浆体病。另外，诊断本病时，还应注意与牛的细螺旋体病和泰勒虫病等具有高热、贫血、黄疸等症状的疾病相区别，主要通过病原学检查和血清试验来鉴别。

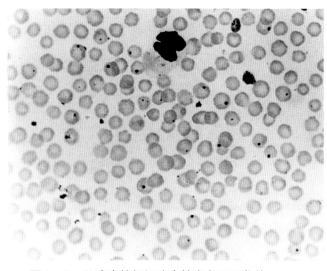

图4-4-8　从病牛的红细胞中检出多量无浆体

〔**治疗方法**〕据报道，四环素、金霉素和土霉素等药物对本病有较好的治疗效果，而青霉素或链霉素则无效。临床实践表明，土霉素对本病的疗效较高。剂量：每千克体重12毫克；用法：肌内注射，每天1次，连用12～14天为一疗程。

另外，也可肌内注射盐酸氯喹，每天250～500毫克，连用5天。对贫血严重的病牛，可实施输血疗法，每天1次，连续4～6天，输血时应缓慢，以防止休克。对机体消瘦，抵抗力低的病牛还应输葡萄糖、维生素C等营养物质进行对症治疗。

〔**预防措施**〕防治本病的关键是清除和杀灭蜱等吸血虫。在发病的季节可对牛群进行药浴或淋浴，或每天用1%～2%的敌百虫、0.1%辛硫磷乳剂、0.16%亚砷酸钠溶液喷洒牛体1次，借以消灭寄生于牛体表的蜱。要常保持圈舍及周围环境的卫生，常作灭蜱处理，以防经饲草和用具将蜱带入圈舍。引进奶牛时也应及时用药物进行灭蜱处理。

发现病牛，应立即隔离，及时应用较大剂量的土霉素等药物进行治疗；并加强护理，供给足够的饮水和易消化的饲料。对未发病的牛可进行药物预防，如贝尼尔，按每千克体重2～3毫克，配成7%的溶液肌内注射；或盐酸土霉素、咪唑苯脲等按治疗的剂量肌内注射，均可有效地预防无浆体病。

附　录

附录一　牛血细胞及其成分的正常值

血细胞及其成分	单　位	犊　牛	成　牛	检测方法
红细胞总数	万个/毫米^3	660±23.9	612.8±9.2	试管稀释法
白细胞总数	万个/毫米^3	8 257±112.3	7 002±265	试管稀释法
血红蛋白	克（每百毫升中）	8.7±0.7	9.4±0.1	沙利氏法
红细胞比容	%	36±2.1	38.9±0.4	定量测定法
中性粒细胞	%	44.1±4	28.8	常规法
嗜酸性粒细胞	%	—	4.0±0.8	常规法
淋巴细胞	%	58.9±3.9	60.7±1.6	常规法
血小板	万个/毫米^3	—	28±18	常规法

附录二　牛血液生化成分的正常值

生化成分	单　位	犊　牛	成　牛	检测方法
二氧化碳结合力	%	40.7±8.3	50.6±0.93	酚红滴定法
血　糖	毫克/升	99.5±14.9	65.2±3.02	福林-吴氏法
钙	毫克/升	7.6±1.1	8.5±0.26	邻甲酚酞络合酮法
磷	毫克/升	5.4±0.8	6.1±0.53	磷钼蓝比色法
钾	毫摩尔/升	7.4±1.3	7.3±1.12	四苯硼钠法
钠	毫摩尔/升	144±28.2	329±2.7	醋酸铀镁法
氯	毫摩尔/升	101.4±4.6	355±5.6	硝酸汞滴定法
尿素氮	毫克/升	11.6±0.4	9.3	二乙酰-肟显色法
乳　酸	毫克/升	—	15.8	Barker-Summerson法
游离脂肪酸	微摩尔/升	—	184.5	一次提取比色法

附录三　鲜奶的质量评定标准

鲜奶样品	特级奶的标准	一级奶的标准	二级奶的标准
颜　色	呈乳白色或稍带微黄色的均质胶状液体	呈乳白色或稍带微黄色的均质胶状液体	呈乳白色或稍带微黄色的均质胶状液体
气　味	具有新鲜牛奶固有的香味，有微弱的甜味，无酸味、无臭味、无苦味及其他异味	具有新鲜牛奶固有的香味，微弱的甘甜味，无酸味、无臭味、无苦味和其他异味	具有新鲜牛奶固有的香味，微甘甜味，无酸味、无臭味、无苦味和其他异常味道
异物检查	无凝块、无任何异物（如草屑、粪土、砂粒、昆虫、牛毛和金属等）	无凝块、无任何异物（如草屑、粪土、砂粒、昆虫、牛毛和金属等）	无凝块、无任何异物（如草屑、粪土、砂粒、昆虫、牛毛和金属等）
酒精试验	阴性	阴性	阴性
酸　度	18°T以下	19°T以下	20°T以下
相对密度	≥1.030	≥1.029	≥1.028
脂肪（%）	≥3.20	≥3.00	≥2.80
全奶固体（%）	≥11.70	≥11.20	≥10.80
细菌总数（万个/毫升）	≤50	≤100	≤200
煮沸试验	无凝固	无凝固	无凝固
汞（毫克/千克）	≤0.01	≤0.01	≤0.01

附录四　牛常用的疫苗及使用方法

疾　病	疫　苗	使用方法与剂量	保存方法	免疫期限
炭　疽	无荚膜炭疽芽孢苗	注射部位：颈部皮下；剂量：1岁以下犊牛0.5毫升，1岁以上者1毫升	2～8℃，有效期为2年	1年
	Ⅱ号炭疽芽孢苗	注射部位：颈部皮下；剂量：1毫升	2～15℃，有效期为2年	1年
气肿疽	气肿疽甲醛菌苗	注射部位：颈部皮下；剂量：5毫升	2～15℃，有效期为2年	6个月至1年
	气肿疽明矾菌苗	注射部位：颈部皮下；剂量：5毫升	2～8℃，有效期为2年	1年
牛肺疫	牛肺疫兔化弱毒苗（氢氧化铝弱毒菌苗）	注射部位：肌内；剂量：20%冻干苗作1∶50稀释，6～12月龄牛0.5毫升，成年牛1毫升	0～4℃，有效期为1年	1年
	牛肺疫兔化藏系绵羊化弱毒冻干菌苗	注射部位：肌内；剂量：先用20%铝胶生理盐水作1∶100稀释，2岁以下牛1毫升，成年牛2毫升	−15℃，有效期为2年；0～4℃，有效期为1年	1年
布鲁氏菌病	布鲁氏菌羊型5号弱毒冻干苗	注射部位：皮下或肌内；剂量：每头牛250亿活菌	0～8℃，有效期为1年	1年
	布鲁氏菌猪型2号弱毒苗	使用方法：口服；剂量：每头牛500亿个活菌	0～8℃，有效期为1年	暂定2年
口蹄疫	口蹄疫弱毒疫苗	注射部位：皮下或肌内；剂量：1岁以下不注射，1～2岁1毫升，2岁以上2毫升	−18～−12℃,有效期为8个月；2～6℃,有效期为5个月	4～6个月
	牛羊口蹄疫O型活疫苗	注射部位：皮下或肌内；剂量：1岁以下不注射，1～2岁1毫升，2岁以上2毫升	−15℃,有效期为1年；2～6℃,有效期为5个月	4～6个月
狂犬病	兽用狂犬病弱毒细胞冻干苗	注射部位：肌内；剂量：用生理盐水或灭菌蒸馏水，每瓶稀释6毫升，每头牛注射3毫升	−15℃,有效期为10个月；0～4℃,有效期为5个月	1年
	狂犬病灭活疫苗	注射部位：肌内；剂量：每头牛25～50毫升	2～6℃，有效期为6个月	6个月

疾 病	疫 苗	使用方法与剂量	保存方法	免疫期限
伪狂犬病	伪狂犬病弱毒冻干苗	注射部位：肌内；剂量：先在疫苗瓶中注入3.5毫升中性磷酸盐缓冲液使之恢复原量，再做1：20稀释，2～4月龄犊牛第一次注射1毫升，断奶后再注射2毫升，5～12月龄犊牛注射2毫升，12月龄以上者注射3毫升	－20℃，有效期为18个月；0～9℃，有效期为9个月	1年
	牛羊伪狂犬病疫苗	注射部位：皮下；剂量：犊牛8毫升，成年牛10毫升	2～15℃，有效期为2年	1年
巴氏杆菌病	牛出血性败血症氢氧化铝菌苗	注射部位：皮下或肌内；剂量：体重100千克以下，5毫升/头，100～200千克，10毫升/头，200千克以上，20毫升/头	2～15℃，1年	9个月
牛 瘟	牛瘟兔化弱毒疫苗	注射部位：皮下或肌内；剂量：用生理盐水做1：10稀释，每头牛1毫升	－15℃，有效期为10个月，0～8℃，有效期为5个月	1年
牛副伤寒	牛副伤寒疫苗	注射部位：肌内；剂量：1岁以下牛1～2毫升，1岁以上牛第一次注射2毫升，10天后再同剂量注射一次	2～8℃，有效期为1年	6个月

附录五　使用疫苗的注意事项

给牛注射疫苗时应注意以下几点：

（1）妊娠后期的母牛、有明显的临床症状或有疾病表现的牛、体表有较严重外伤的牛，除非紧急预防注射外，一般暂不注射疫苗。

（2）使用疫苗前应检查其时效期，过期的疫苗不能使用；或发现霉变，瓶塞松动，疫苗液渗出，颜色不正常，混有杂质、异物和振摇不碎的沉渣、絮状物以及瓶签缺失者，均不能使用。

（3）稀释或吸取疫苗时，切忌拔开瓶塞，应先用碘酊棉球消毒瓶塞，然后将消毒过的针头插入并固定在瓶塞上，将稀释液注入或吸取疫苗后，拔出针头，再用浸有消毒药液的纱布或棉球盖好针孔，防止细菌污染。一般而言，开瓶后的疫苗必须当天用完，剩余而过夜的疫苗不能再用。

（4）稀释冻干的疫苗时，应严格按照瓶签的说明和所要求的稀释液进行稀释。在进行稀释过程中，当向瓶内加入稀释液而没有感觉到向瓶里吸气时，则说明此瓶疫苗已失去真空，应做废弃处理，不得再使用。

（5）使用疫苗的用量及方法，应严格按说明书和瓶签上的各项规定执行，不得随便更改疫苗的用量和使用方法。喷雾用的疫苗，一定要在有效的空间中达到足够的数量；注射用疫苗，一定要做到注射部消毒彻底、注射准确、苗量充足。

（6）对牛注射疫苗后，应观察1~7天，重点检查奶牛的精神状态、饮食欲、粪便的色泽和状态，以及体温、脉搏和呼吸等。对有反应的奶牛应记录登记和加强观察，反应较严重时应进行对症治疗。

附录六 常用病原菌染色液的配制及染色法

一、革兰氏染色法（Gram's staining method）

1.染色目的　革兰氏染色法是细菌学中最常使用的一种鉴别染色法。它可将细菌分为革兰氏阳性菌和革兰氏阴性菌两大类。据此可以缩小对细菌的鉴定范围，有利于对疾病做出诊断。又由于各种抗生素的抗菌谱不同，革兰氏染色尚可作为选用抗生素的参考。

2.染液配制

（1）草酸铵结晶紫染液　将1%结晶紫酒精溶液（研磨溶解)20毫升与1%草酸铵水溶液80毫升充分混匀即成。

（2）革兰氏碘染液

①试剂　碘1克，碘化钾2克，蒸馏水300毫升。

②配制方法　配制时先将碘化钾加于5毫升水中，溶解后再加磨碎的碘片，用力摇匀，使碘片完全溶解后再加剩余的蒸馏水。注意：革兰氏碘液不能久藏，一次不宜配制过多。

（3）沙黄水溶液　3.4%沙黄酒精溶液（研磨溶解)10毫升加蒸馏水90毫升即成。

3.染色步骤

（1）涂片干燥、固定。

（2）草酸铵结晶紫染2分钟，自来水冲洗。

（3）加革兰氏碘液覆盖涂面染色2分钟，水洗，并用吸水纸吸去水分。

（4）加95%酒精数滴，并轻轻摇动进行脱色，20～40秒后水洗，吸去水分。

（5）加沙黄水溶液数滴，染1分钟后，自来水冲洗。干燥，镜检。

4.染色结果　革兰氏阳性菌呈蓝紫色，革兰氏阴性菌为红色。

二、姬姆萨染色法（Giemsa's staining method）

1.染色目的　姬姆萨染色简称姬氏染色，是用天青色素和伊红混合而成，对血液涂片中的血细胞，病料涂片的细菌、立克次氏体、螺旋体及衣原体等病原均有较好的染色效果。

2.染液配制

（1）试剂　姬姆萨染料1克，中性甘油66毫升，甲醇66毫升。

（2）配制方法　将1克的姬姆萨染料加入66毫升甘油中，充分混匀，60℃水浴保温溶解两小时，再加入66毫升甲醇混匀，即配成姬姆萨染料原液。染色液是将原液用PBS（pH 6.8）稀释10倍即可。

3.染色步骤

（1）常规制备血液涂片和病料涂片，室温干燥,用甲醇固定3～5分钟。

（2）在涂片上滴加稀释好的染色液，室温染色15～30分钟。

（3）用自来水缓慢从玻片一端冲洗，干燥，镜检。

4. 染色结果　细菌多染成蓝色；细胞核染成紫红色或蓝紫色，胞浆染成粉红色；嗜酸性物质染成粉红色，嗜碱性物质染成紫蓝色，中性物质染成淡紫色。

三、瑞氏染色法（Wright's staining method）

1. 染色目的　瑞氏染色是目前最常用而又最简单的染色方法，具有良好的染色效果。它常被用于对血片、组织和细菌的染色，观察细胞内部结构及其异常变化、细菌形态和特殊构造，如细菌的荚膜，两极着色等。

2. 染液配制

（1）试剂　瑞氏染料0.1克，中性甲醇60毫升。

（2）配制方法　先把0.1克瑞特氏染料置于干净乳钵内，研磨至细末，从60毫升中性甲醇徐徐加入20毫升，继续研磨，待其完全溶解后，再把剩余的中性甲醇加入后充分混匀，盛于棕色瓶中，置暗处经1周后过滤，即可使用。本染色液保存时间越久，染色之色泽越鲜艳。

3. 染色步骤

（1）制作血片或病料涂片、自然干燥。

（2）滴加瑞氏染液染3分钟,使标本被染液中的甲醛所固定。

（3）加等量pH6.4的磷酸盐缓冲液（或等量超纯水)轻轻晃动玻片,与染液混合均匀，静置染色5分钟。

（4）将带有染液的玻片慢慢移到水池，用细的自来水流从玻片的一侧冲去染液（不要先倒去染液再冲水），待玻片自然干燥后（或用滤纸吸干），即可镜检。

4. 染色结果　细菌染成蓝色，荚膜呈淡紫色；细胞质淡红色，细胞核蓝色或紫色，胞浆内的特殊颗粒呈天青色。

四、美蓝染色法（Methylene blue staining method）

1. 染色目的　美蓝（又叫亚甲基蓝）染色法是一种单染色方法，常用于对细菌进行染色，借以观察细菌的一般形态或固有特点，如巴氏杆菌的两极着色、链球菌的链状排列、棒状杆菌的弯曲变化和坏死杆菌的丝状形态等，以便做出鉴别或快速诊断。

2. 染液配制

（1）试剂　美蓝0.6克，95%酒精30毫升，氢氧化钾0.01克，蒸馏水100毫升。

（2）配制方法　将美蓝加入酒精中混匀制成A液；再将氢氧化钾加入蒸馏水混匀制成B液。染色时再将A液和B液充分混合即可。

3. 染色步骤

（1）涂片或抹片干燥，固定（病原菌多用火焰固定）。

（2）将碱性美蓝染色液滴加于涂片或抹片上，染色2～3分钟。

（3）用常水缓缓冲洗，至冲下的水无色为止。

（4）甩去多余水分，用吸水纸吸干或自然干燥，镜检。

4. 染色结果　菌体染成蓝色或多色（染液放置时间较长）。

五、抗酸染色法 (Acid—fast staining method)

1.**染色目的** 用于抗酸性细菌，如结核杆菌和副结核杆菌等的染色。

2.**染液配制**

（1）石炭酸复红染液 3%碱性复红酒精溶液10毫升与5%石炭酸水溶液90毫升混匀即成。

（2）3%盐酸酒精脱色液 浓盐酸3毫升与95%酒精97毫升混匀即成。

（3）吕氏美蓝复染液 美蓝酒精饱和液30毫升，加10%氢氧化钾0.1毫升，再加蒸馏水100毫升，充分混匀即成。

3.**染色步骤**

（1）固定 涂片必须经火焰固定，对分支杆菌进行灭活处理。

（2）初染 加石炭酸复红溶液，在火焰高处徐徐加热至有蒸汽出现（切不可沸腾），即暂时离开，若染液蒸发减少，应再加染液，以免干涸，加热染色3~5分钟，待标本冷却后用水冲洗。

（3）脱色 滴加3%盐酸酒精脱色液处理涂片30秒至1分钟，用水冲洗。

（4）复染 用吕氏美蓝复染液染色1分钟，水洗，干燥，镜检。

4.**染色结果** 抗酸性细菌染为红色，非抗酸性细菌和组织细胞染成蓝色。

六、钩端螺旋体媒染法 (Leptospirochete mordant method)

1.**染色目的** 对钩端螺旋体做鉴别染色。钩端螺旋体用革兰氏染色时为阴性，又不易被碱性染料着色，所以常用镀银染色法，把菌体染成褐色，但因银粒堆积，其螺旋不能显示出来。使用本法对钩端螺旋体染色后，菌体清晰，形态不发生改变而表现典型，易于鉴别。

2.**染液配制**

（1）媒染剂 将鞣酸1克，钾明矾1克，中国蓝0.25克，按顺序加入100毫升20%酒精中，充分混匀并过滤。

（2）染色液 将等量的石炭酸复红液（见抗酸染色）和碱性美蓝液充分混合，过滤即成。

3.**染色步骤**

（1）涂片经火焰固定后，以生理盐水漂洗。

（2）加媒染剂于涂片上，媒染5分钟，水洗。

（3）加染色液染色在涂片上，染色2~3分钟，水洗，晾干后镜检。

4.**染色结果** 钩端螺旋体呈淡红色，背景为淡蓝色。

七、过碘酸雪夫氏染色 (Periodic Acid-Schiff staining method, PAS)

1.**染色目的** 主要用于对含糖类的病原菌、细胞和组织进行染色和鉴别。许多病原霉菌和真菌，如新型隐球菌、皮肤芽生菌、白色念珠菌、球状孢子菌及皮肤真菌等用一般的染色很难鉴别，而用PAS染色可获得非常满意的结果。一些含糖的细胞和组织也常用PAS染色来鉴定。这是因为染色液中的过碘酸，能把糖类相邻两个碳上的羟基氧化成醛基，再用Schiff试剂和醛基反应使呈现紫红色之故。

2.**染液配制**

（1）Carnoy固定液 将纯酒精60毫升，冰醋酸10毫升，氯仿30毫升，按顺序相加并充分混匀即可。也可用75%酒精进行固定，但着色效果较差。

（2）1%过碘酸液　将1克过碘酸加入100毫升蒸馏水混匀，装入棕色瓶，保存于冰箱内，可使用半年。

（3）雪夫氏染色液　将100毫升蒸馏水倒入烧杯在电炉加热至沸腾，移开热源，立即加入1克品红，不时摇动令其溶解；冷却至50℃，加入2克偏重硫酸钠和1摩尔/升盐酸20毫升；室温下避光放置24小时；再加入活性炭0.5克，用力摇晃1分钟，以除去品红中的杂质，滤纸过滤后呈草黄色或无色溶液，装入深棕色瓶子，4℃下可保存半年。注意：当溶液变为粉红色就不能使用。

（4）亚硫酸氢盐染液　1摩尔/升盐酸2.5毫升，10%偏重亚硫酸钠2.5毫升，蒸馏水45毫升，按顺序加入蒸馏水中充分混匀即成。

3. 染色步骤

（1）涂片或抹片，干燥，用Carnoy固定液固定。

（2）滴加1%过碘酸液处理5～8分钟。

（3）流水冲洗2分钟，再用蒸馏水充分洗涤。

（4）雪夫氏染色液在暗处染色20～25分钟，流水冲洗。

（5）亚硫酸氢盐溶液处理涂片3次，每次2分钟。

（6）流水冲洗5分钟，室温干燥，镜检。

4. 染色结果　真菌和霉菌染成红色，其周围含糖的抗原抗体复合物多呈粉红色放射状。细胞内的糖原呈紫红色颗粒；含糖类的蛋白质呈不同程度的紫红色或淡红色。

附录七　牛场常用的防腐消毒药

药品名称	剂型和规格	作用和用途	注意事项
碘酊（碘酒）	酊剂：5%，配制：碘化钾2.5克溶于少量水中，加碘5克，搅拌使其溶解，再加75%乙醇使成100毫升	碘能氧化细菌蛋白质，并能与蛋白的氨基酸结合而使蛋白变性，外用有较强的杀菌作用，能杀死病原微生物及芽孢、霉菌和病毒。5%浓度：用于注射部位及外科手术部位涂擦消毒	置遮光的玻璃瓶内密封，30℃下保存。本品不可与甲紫溶液、汞溴红（红药水）等溶液混合使用
新洁尔灭	胶状体或溶液剂：1%、5%、10%；500毫升/瓶、1 000毫升/瓶	阳离子表面活性消毒剂，对许多非芽孢型的致病菌和霉菌等有强大的杀菌作用。0.1%浓度：手和皮肤的消毒、外科器械用具的消毒（浸泡30分钟；0.5%亚硝酸钠液防金属生锈），擦拭器械设备。0.001%~0.02%浓度：用于冲洗黏膜及深部感染伤口	1. 使用时不能接触肥皂、合成洗涤剂及盐类。2. 不宜用于眼科器械消毒。3. 使用1~2周后须重新配
酒精（乙醇）	溶液剂：70%或75%的浓度作用最强	可使菌体蛋白质变性，可溶解类脂质。浸泡棉球，用以消毒皮肤及涂擦外伤	1. 易燃烧、易挥发。2. 不能杀死芽孢型细菌
石炭酸（苯酚）	结晶体：500克/瓶	能使细菌蛋白质高度变性，具有消毒防腐作用，其作用不受有机物影响。3%~5%水溶液：用以喷洒，擦拭牛舍、家具，浸泡衣服、外科器械及皮革制品。0.5%~1%水溶液：可制止细菌的繁殖	1. 成品为结晶体，将药瓶置温水中溶解后再配。2. 不用于消毒粪、脓血、痰等含蛋白质多的东西。3. 对芽孢菌和病毒无效。4. 有腐蚀性，不宜冲洗皮肤及黏膜。5. 本品忌与碘、溴、高锰酸钾、过氧化氢等配伍应用
消毒净	粉状：10克/瓶	与新洁尔灭相似，但抗菌作用强，对组织刺激性小，不损坏器械。0.1%溶液消毒手和皮肤（浸泡5~10分钟）；0.1%醇溶液作术野消毒；0.05%~0.1%溶液浸泡金属器械（至少30分钟，并加入0.5%亚硝酸钠以防锈）	与新洁尔灭相似，忌与肥皂等共同使用

药品名称	剂型和规格	作用和用途	注意事项
煤酚皂溶液（来苏儿）	溶液剂：煤酚的肥皂溶液；500毫升/瓶，含酚47%~53%	作用同石炭酸，但毒性比石炭酸低。 1%~2%水溶液：消毒手臂、创面、器械（浸泡半小时）及驱除体表虱、蚤和疥螨。 5%水溶液：消毒牛舍、手术场地污物、护理用具、马车挽具等	1.刺激性小，不损伤物品。 2.不用于炭疽杆菌的消毒。 3.用于含大量蛋白质的分泌物或排泄物消毒时，效果不够好
煤焦油皂溶液（臭药水，克辽林）	溶液剂：500毫升/瓶、1000毫升/瓶，含酚9%~11%	作用同石炭酸相似。 3%~5%水溶液：牛舍、场地和用具的消毒	1.可用于消毒多种病原菌，但对芽孢菌及病毒的作用微弱。 2.用于含大量蛋白质的分泌物或排泄物消毒时，效果不够好
氢氧化钠（苛性钠、烧碱、火碱）	白色块、棒或薄片状；500克/瓶，含94%的氢氧化钠，粗制品叫烧碱	能引起蛋白质膨胀和溶解，对病毒和一般细菌的杀灭力强，高浓度还可以杀灭芽孢，对组织有强大的腐蚀作用。 0.1%~0.5%溶液：用于手和牛体消毒（洗手或喷雾）。 2%~4%热水溶液：用于口蹄疫、牛瘟等病毒性疾病的牛舍、饲槽、车船、场地等消毒；饲槽消毒后应用清水冲洗干净后再使用。 10%~30%溶液：芽孢菌污染物消毒（喷洒、浸泡）	1.密封保存，防止潮解。 2.对皮肤、衣服及金属器械的腐蚀作用强，切勿沾渍。 3.使用热溶液，消毒效果好。 4.消毒牛舍时，应将牛赶出，消毒后隔半天，打开门窗通风，并用水冲洗饲槽后，才可让牛进圈。 5.大批消毒时，用粗制氢氧化钠（烧碱）较为经济
草木灰	配制：草木灰30份加水100份，在不断搅拌下煮沸1小时，沉淀后用上清液	是一种碱性溶液，含氢氧化钠、氧化钾、碳酸钾和碳酸钠等，杀菌力较强，10%~30%热溶液，用以牛舍、场地、车船、用具和排泄物等（喷洒、洗刷）	1.用时加热至50~70℃消毒效果最好。对炭疽、梭菌等芽孢菌无消毒作用。 2.草木灰应该用新烧制的，溶液也应现配现用
环氧乙烷（氧化乙烯）	低温条件下为液体，超过10.8℃时则变为气体。常用1份环氧乙烷和9份二氧化碳的混合物贮于高压钢瓶中备用	能杀死各种类型细菌、芽孢、霉菌和病毒，穿透力比甲醛强，不易损坏。 常用密闭条件下蒸汽消毒皮、毛、医疗器械、实验仪器、橡胶、塑料制品、防护用具等（0.8~1.8千克/米²）	1.遇明火易燃，易爆炸。 2.对人、畜有一定毒性，应避免接触其液体或将气体吸入。 3.对某些葡萄球菌杀菌较弱，还可使链霉素失效，对某些生物制品有一定损害作用
石灰乳（氢氧化钙溶液）	配制：生石灰（必须是新烧制的，一般为块状），将1千克生石灰缓慢加5~10千克水中，搅匀即成10%~20%的石灰乳	能改变溶媒的酸碱度，夺取微生物细胞的水分，并与蛋白质形成蛋白化合物。 10%~20%的石灰乳：用于喷洒牛舍墙壁、天棚、畜栏、地面及车船。对肠道传染病的细菌有较强的消毒作用。如加1%烧碱效果更好	生石灰放干燥处保存，现用现配，如加烧碱，消毒后要冲洗，放置数天的熟石灰因吸收二氧化碳而失去消毒作用，所以要用新石灰配制

牛传染性疾病诊治彩色图谱

药品名称	剂型和规格	作用和用途	注意事项
漂白粉（含氯石灰）	粉末：含有效氯不得低于25%。乳状液（配成10%～20%浓度）：取漂白粉100～200克，加少量水搅拌成糊状，再加水至1 000毫升。澄清液：将上述乳状液加盖，在阴暗处静置后，取其上清液，加水稀释成所需浓度（如需0.5%浓度，则取10%的澄清液500毫升加水至10升，搅拌均匀即得）	用水溶解后，放出有效氯和新生氧，呈现杀菌和灭病毒作用，高浓度溶液对芽孢也有作用。0.5%溶液：器具及饲槽等表面消毒。用井水或河水作为饮用水时，可按每立方米6～10克的量，用1%～2%澄清液加入消毒。10%～20%溶液：用于细菌、病毒污染的牛舍、场地、车船等消毒（喷散）；用于芽孢消毒时最好消毒5次，每次间隔1小时。粉末：粪尿、脓汁及液体物质的消毒	1.粉末应装于密闭容器中，保存于阴暗、干燥、通风处，不可与易燃或爆炸性物质放在一起。2.用时现配，久放失效。3.不能用于金属制品及有色棉织品的消毒。4.喷洒消毒时，应戴上口罩和防护眼镜。
双氧水（过氧化氢溶液）	溶液剂：500毫升/瓶，含过氧化氢2.5%～3.5%	氧化剂，对各种繁殖型微生物有杀灭作用，但不能杀死芽孢及结核杆菌。3%溶液：用于清洗化脓性疮口，冲洗深部脓肿	用后立即将瓶盖盖紧，以防失效。新鲜创口不能使用。遇高锰酸钾、碱等则失效
利凡诺（雷佛奴尔）	粉末大包装	对革兰氏阳性菌及少数阴性菌有抑菌作用。0.1%～0.2%溶液：外用于黏膜炎症、子宫炎、阴道炎、膀胱炎等。1%软膏：涂布化脓性创伤	密封保存，溶液宜现配现用。溶液见光分解形成毒性物质。忌与碘制剂配合应用
高锰酸钾（过锰酸钾，灰锰氧）	结晶体，瓶装或大包装	强氧化剂。就杀菌力说来，5%高锰酸钾相当于3%的双氧水。0.05%～0.1%溶液多用于洗涤口炎、咽炎、阴道炎、子宫炎及深部化脓疮，亦可用于饮水消毒。有机物中毒时可用0.01%～0.02%溶液洗胃。对毒蛇所咬伤口立即用1%溶液冲洗可破坏蛇毒，使中毒得以减轻或避免	不能和酒精、甘油、糖、鞣酸等有机物或易被氧化物质合并使用，否则易发生爆炸
龙胆紫溶液（紫药水，甲紫溶液）	溶液剂：250毫升/瓶、500毫升/瓶，含1%龙胆紫及少量乙醇的水溶液	对革兰氏阳性菌（如葡萄球菌）的杀菌力较强，对表皮癣菌、念珠菌也有抑制作用。1%溶液：常用于溃烂性创伤、溃疡、口膜炎、褥疮和化脓性皮炎等创面消毒	密封，避光保存

药品名称	剂型和规格	作用和用途	注意事项
氯胺 （氯亚明）	粉末，含有效氯11%以上	作用同漂白粉。 4%～5%溶液可杀死微生物芽孢型，增加氯化铵和硫酸铵可促进消毒作用。多用于污染的器具和牛舍的消毒（喷洒）	不腐蚀物质，也不能使带色的棉织品褪色。刺激较小，受有机物影响小，杀菌力较小，但作用时间较长
氨溶液 （氨 水）	溶液剂：500毫升/瓶，450毫升/瓶，含氨9.5%～10.5%	溶液呈碱性反应，能皂化脂肪和杀灭细菌。 0.5%溶液：外科手术前洗手消毒（浸泡3～5分钟）；5%溶液消毒污物、牛舍和场地等	药瓶密封，在30℃下保存。有消毒作用，但刺激性较大
福尔马林 （甲醛溶液）	溶液剂：500毫升/瓶，普通含40%（不低于36%）	杀菌力强大，对芽孢、霉菌和病毒都有杀灭作用。 5%～10%溶液喷洒消毒牛舍、用具、排泄物、金属、橡胶物品等。常用蒸汽消毒牛舍、实验室等（每立方米用甲醛25毫升，高锰酸钾25克，水12.5毫升，密闭消毒12～24小时后彻底通风或用浓氨水2～5毫升/米³解除甲醛的刺激性）	1.密封、贮藏于室温较稳定的地方，不低于9℃下保存。 2.对皮肤、眼、鼻黏膜刺激性极大。 3.蒸汽消毒使表皮变脆，并在物品表面凝成一薄层聚合甲醛
石 碱 （碳酸钠、苏打）	粉状大包装	4%热溶液用于牛舍、饲槽、车船、用具等喷洒、刷洗；浸泡衣服；外科器械消毒时在水中加1%本品可促进黏附在器械表面的污染物溶解，使灭菌更完全，且防止器械生锈	对皮肤有腐蚀作用，牛舍消毒后数小时用清水冲洗，才能放入牛
过氧乙酸 （过醋酸）	溶液剂：20％、40％；配制：4份冰醋酸加1份过氧化氢（30％）再按总体积加1%硫酸，以玻璃棒搅匀，在室温中放置48～72小时，可生成30%～40%的过氧乙酸	强氧化剂，抗菌谱广，作用强，能杀死细菌、真菌、芽孢及病毒，在低温下仍有杀菌作用。 0.2%溶液：消毒严重污染的地区和物品（指耐腐蚀的玻璃、塑料、陶瓷等制品和纺织品）。 0.5%溶液：喷洒消毒牛舍、食槽、车船等。 5%溶液：消毒密封的实验室、无菌室、仓库、加工车间等，按2.5毫升/米³喷雾	1.高浓度加热（70℃以上）能引起爆炸。性不稳定，须密闭避光，贮放在低温（3～4℃）处，有效期半年。 2.本品稀释后不能久贮，1%溶液只能保存几天，应现用现配。 3.能腐蚀多种金属，对有色棉织品有漂白作用。 4.蒸汽有刺激性，消毒房舍时，人、牛不应留在室内；消毒人员应戴防护眼镜、手套和口罩
液态氯	液态，贮存于钢瓶内。按一定速度加入水中使氯达到所需的有效浓度	配成需要的含氯水溶液，主要用于污水消毒、饮水消毒、牛舍消毒和土壤等的消毒	贮于钢瓶内的液态氯，0～15℃时易溶于水

药品名称	剂型和规格	作用和用途	注意事项
洗必泰	粉剂，5.0克/瓶，5毫克×1 000片	作用比新洁尔灭强，并不受血清、血液等有机物影响，其酊剂效力与碘酊相等。 0.1%溶液：用于外科器械、外科敷料及橡胶手套的消毒（浸泡5～10分钟）	—
乳酸	液体，市售品含85%～90%乳酸	杀菌性能是由于不电离的分子或阴离子部分的作用。对伤寒杆菌、大肠杆菌、葡萄球菌和链球菌均具有杀灭作用。其蒸汽与喷雾溶液有高度的杀菌杀病毒作用。 每百立方米12毫升：用于污染的牛舍、仓库消毒（闭门窗30分钟）	—

附录八　治疗牛传染性疾病的常用药物

一、抗微生物类药物

药　名	性状及成分	作　用	用　途	用法及用量	备　注
青霉素G钾（钠）	白色结晶性粉末，易溶于水，性不稳定，遇酸、碱、氧化剂等即迅速失效	对革兰氏阳性菌有抗菌作用（低浓度抑菌，高浓度杀菌）。其中对球菌作用更强，对放线菌和螺旋体也有效。本品吸收和排泄较快	用于革兰氏阳性菌感染的疾病，如肺炎、牛肾盂肾炎、恶性水肿、坏死杆菌病、乳腺炎、子宫炎和创伤感染等	肌内注射：每千克体重1万～2万单位，每天2～3次，8～12小时一次	性不稳定，稀释后要及时用完；长期应用易产生抗药性，应选其他抗生素或与磺胺类药物交替应用
普鲁卡因青霉素钾（钠）	白色结晶性粉末，每100万单位内含普鲁卡因0.4克，难溶于水	作用同青霉素G钾（钠）。特点是溶解度小，在体内吸收和排泄较慢，效力缓慢而持久，故在血中能长时间维持较高浓度	同青霉素G钾（钠）	肌内注射：每千克体重1万～2万单位，每天1次	本品不可作静脉或体腔内注射
苄星青霉素G（长效西林）	白色结晶性粉末，难溶于水，性较稳定	作用与青霉素G相同。其特点是吸收、排泄较慢，血中浓度低，但在体内的持续时间长	适用对青霉素G适应证的预防与慢性病的治疗	肌内注射：每千克体重1万～2万单位，隔天1次	以灭菌蒸馏水配制成悬浮液应用，不能静脉注射
氨苄青霉素钠（氨苄西林）	白色结晶粉末，可溶于水，性稳定。粉针剂，每瓶0.5克	为耐酸广谱青霉素，对革兰氏阳性菌与青霉素G的作用相似，对革兰氏阴性菌也有强大的抗菌效能	主要用于细菌引起的肺部、肠道、胆管和尿路感染等	肌内注射：每千克体重4～15毫克。内服：每千克体重8～20毫克	本品若与其他种抗生素（如链霉素、庆大霉素）等联合应用疗效更好
苯唑青（苯甲异噁唑）霉素钠	白色结晶性粉末，易溶于水，本品耐酸，故可口服	抗菌范围与青霉素G基本相同。其特点是耐青霉素酶，对耐药金黄色葡萄球菌也有效，但药效较弱	主要用于耐药金黄色葡萄球菌引起的严重感染	肌内注射：每千克体重10～15毫克。内服：每千克体重15～20毫克，每天2～4次	—

药名	性状及成分	作用	用途	用法及用量	备注
邻氯（邻氯苯甲异噁唑）青霉素钠	白色微细结晶性粉末，极易溶于水。本品耐酸，胶囊剂可口服	抗菌范围与青霉素G基本相同。其特点是对耐药金黄色葡萄球菌有效	主要用于耐药金黄色葡萄球菌引起的严重感染	肌内注射：每千克体重2～5毫克。内服与肌内注射剂量相同，每天2～4次	同青霉素G
阿莫西林（羟氨苄青霉素）	白色或类白色结晶性粉末，味微苦，较难溶于水，在乙醇中几乎不溶	抗菌谱广，杀菌力强，对主要的革兰氏阳性菌和革兰氏阴性菌有强大杀菌作用。其体外抗菌谱等与氨苄青霉素基本相似，但体内效果则增强2～3倍	可用于防治链球菌、大肠杆菌病等敏感菌所致的感染	肌内注射：每千克体重4～7毫克，每天2次。内服：每千克体重10～15毫克，每天2次	本品不耐青霉素酶，对产生青霉素酶的细菌，特别是对耐药的金黄色葡萄球菌无效
克拉维酸（棒酸）	无色针状结晶，易溶于水，水溶液不稳定	有微弱的抗菌活性，属于不可逆性竞争型α-内酰胺酶抑制剂，与酶结合后使酶失活，因而作用强，不仅作用于金黄色葡萄球菌的α-内酰胺酶，对革兰氏阴性杆菌的α-内酰胺酶也有作用	单独使用无效，常与青霉素类、头孢菌素类药物联合应用以克服微生物产α-内酰胺酶而引起的耐药性，提高疗效。	肌内注射：每千克体重10～15毫克，每天2次。内服：每千克体重6～12毫克	对青霉素等过敏者禁用
头孢噻吩（先锋霉素Ⅰ）	白色结晶性粉末，易溶于水	为广谱强杀菌剂，对革兰氏阳性菌、阴性菌及螺旋体都有效	用于耐青霉素G的金黄色葡萄球菌和一些革兰氏阴性菌引起的感染，如肺部及尿路感染和败血症等	肌内注射：每千克体重10～20毫克，每天1～2次	本品局部刺激性较强，肌内注射时疼痛明显；内服吸收不良，只供注射
头孢氨苄	白色结晶性粉末，能溶于水	广谱抗菌作用。用于敏感菌所致的呼吸道、泌尿道、皮肤和软组织感染。对革兰氏阳性菌抗菌活性较强	用于治疗细菌引起的呼吸道病（运输热、肺炎）、腐蹄病、乳房炎、犊牛腹泻、犊牛脐炎	肌内注射：每千克体重1.1～2.2毫克，每天1～2次	本品罕见肾毒性，但病畜肾功能严重损害时则易于发生
头孢噻呋	类白色至淡黄色粉末，不溶于水，其钠盐易溶于水，常制成粉针、混悬型注射液	抗菌谱广，抗菌活性强，对革兰氏阳性菌、革兰氏阴性菌及一些厌氧菌都有很强的抗菌活性。对多杀性和溶血性巴氏杆菌、大肠杆菌、沙门氏菌、链球菌、葡萄球菌等敏感	主要用于耐药金黄色葡萄球菌及某些革兰氏阴性杆菌如大肠杆菌、沙门氏菌、伤寒杆菌、痢疾杆菌等引起的消化道、呼吸道、泌尿生殖道感染等	肌内注射：每千克体重1.1～2.2毫克，每天1次	与氨基糖苷类药物联合使用有增强肾毒性作用

药名	性状及成分	作用	用途	用法及用量	备注
硫酸链霉素	白色无定形粉末，易溶于水，性较稳定，但遇热、酸、醇等时易失效	主要对革兰氏阴性菌有强大的杀菌作用，尤其对结核杆菌；对革兰氏阳性菌也有效，对某些放线菌和螺旋体也有效	用于各种细菌感染性疾病（特别是对结核病、副伤寒、乳腺炎）及钩端螺旋体病等有较好的疗效	肌内注射：每千克体重10毫克，每天2次。内服：犊牛1克/次，每天2～3次	长期大量使用可损害前庭神经和听神经，出现异常姿势、步行不稳和耳聋等症状
硫酸卡那霉素	白色结晶粉末，有吸湿性，易溶于水，性较稳定	为广谱抗生素，对多种革兰氏阳性菌、阴性菌以及结核杆菌有抑制作用	主要用于治疗耐青霉素的金黄色葡萄球菌和革兰氏阴性菌引起的严重感染，如呼吸道、肠道和泌尿道感染等	肌内注射：每千克体重10～15毫克，每天2次。内服：每千克体重6～12毫克	本品对肾脏和听神经有毒性作用，用时不能超量，如按常规用药时，毒副作用很少出现
硫酸庆大霉素	白色粉末，溶于水，水溶液对温度、酸、碱都稳定	为广谱抗生素，对多种革兰氏阳性菌（葡萄球菌、链球菌等）有高效，对多数革兰氏阴性菌，尤其是绿脓杆菌和变形杆菌有良好效果	主要用于绿脓杆菌、大肠杆菌、葡萄球菌等导致的各种感染，如败血症、呼吸道感染、泌尿道感染、化脓性腹膜炎、关节炎等的治疗	肌内注射：每千克体重1～1.5毫克，每天2次。内服：犊牛每千克体重10～15毫克，分2～3次服	本品有刺激性，注射时宜用0.5%普鲁卡因液稀释；对听神经和肾脏有损害作用，不能超量和长期使用
硫酸新霉素	为白色或类白色结晶性粉末，易溶于水、性状稳定	为广谱抗生素，抗菌作用与卡那霉素相近；内服后很少吸收，在肠道内呈现抗菌作用	主要用于治疗犊牛大肠杆菌病和沙门杆菌病等肠炎；外用0.5%软膏或水溶液，可治疗皮肤、创伤、眼和耳等的感染	内服：牛每千克体重8～15毫克，犊牛每千克体重20～30毫克，分2～4次服。软膏：外用	本品吸收后对肾脏和耳的毒性较大，并可抑制呼吸，故不宜用于注射
大观霉素（壮观霉素）	为白色或类白色结晶性粉末，易溶于水，常制成可溶性粉、预混剂	对大肠杆菌、沙门氏菌、变形杆菌等革兰氏阴性菌有中度抑制作用，对化脓链球菌、肺炎球菌、表皮葡萄球菌敏感，对铜绿假单胞菌不敏感，对支原体亦有一定作用	主要用于防治大肠杆菌病，常与林可霉素联合用于防治仔猪腹泻、猪的支原体性肺炎	内服：每千克体重20～40毫克，每天2次	本品肾毒性和耳毒性较轻，但神经肌肉传导阻滞作用明显，不可静脉注射
硫酸阿米卡星（丁胺卡那霉素）	为白色或类白色结晶性粉末，几乎无臭、无味，极易溶解于水，常制成粉针、注射液	其作用与庆大霉素相似，对庆大霉素、卡那霉素耐药的铜绿假单胞菌、大肠杆菌、变形杆菌等仍有效，对金黄色葡萄球菌亦有较好作用	主要用于治疗耐药菌引起的菌血症、败血症、呼吸道感染、腹膜炎及敏感菌引起的各种感染等	肌内注射：每千克体重5～7.5毫克，每天2次	不能直接静脉推注，易引起神经肌肉传导阻滞及呼吸抑制

药　名	性状及成分	作　用	用　途	用法及用量	备　注
红霉素	白色或黄白色粉末，有吸湿性，微溶于水；注射用红霉素乳糖酸盐则易溶于水	作用较青霉素广泛，对革兰氏阳性菌（如葡萄球菌、链球菌、猪丹毒杆菌）有强大的抑制作用，对阴性菌（如巴氏杆菌）、立克次氏体、肺炎支原体等也有效	除适用于对青霉素有感受性的所有适应证外，并对耐药性菌株所致的疾病如肺炎、子宫内膜炎和败血症等有良好疗效	肌内注射或静脉注射：每千克体重2～4毫克，每天2次。内服：每千克体重犊牛6.6～8.8毫克，分为3～4次服用	粉针剂不能用生理盐水等无机盐类溶液溶解，防止其沉淀；乳糖酸盐刺激性较大，应多点注射
泰乐霉素（泰乐菌素）	为白色板状结晶，微溶于水；酒石酸盐为白色或微黄色粉末，易溶水	主要对革兰氏阳性菌和一些革兰氏阴性菌、螺旋体，特别是对支原体有较好效果	用于各敏感菌所致的各种感染，如痢疾、肠炎、肺炎、乳腺炎、子宫炎、螺旋体病和牛肺疫等	肌内注射：每千克体重2～10毫克，每天1～2次	泌乳奶牛禁用
北里霉素（柱晶白霉素）	白色乃至淡黄白色结晶粉末，有吸湿性，微溶于水，性稳定	抗菌谱与红霉素相似，对革兰氏阳性菌和某些阴性菌、支原体、立克次氏体、螺旋体等有效；对耐药性金黄色葡萄球菌比红霉素及四环素更有效	主要用于革兰氏阳性菌，特别是金黄色葡萄球菌引起的感染	内服：每千克体重1.5～12毫克。肌内或皮下注射：每千克体重5～25毫克，每天1～2次	粉针剂，临用前用注射用水溶解后使用
替米考星	白色粉末，不溶于水，其磷酸盐在水中溶解，常制成可溶性粉、注射剂、预混剂	畜禽专用抗生素，抗菌谱与泰乐菌素相似，对革兰氏阳性菌、少数革兰氏阴性菌、支原体、螺旋体等均有抑制作用	本品用于防治由胸膜肺炎放线杆菌、巴氏杆菌、支原体等感染引起肺炎	皮下注射：每千克体重10～20毫克，每天1次	本品与肾上腺素合用可增加猪死亡
盐酸土霉素（盐酸氧四环素）	为黄色结晶性粉末，易溶于水	广谱抗生素，对革兰氏阳性菌、阴性菌都有抗菌作用，对衣原体、支原体、立克次氏体、螺旋体、放线菌和某些原虫也有抑制作用	主要用于治疗支原体引起的牛肺疫、出血性败血症、细菌性肠炎、子宫炎以及青霉素治疗无效的急性呼吸道感染等	肌内注射：每千克体重5～10毫克，分1～2次注射。内服：每千克体重10～25毫克，每天2次	本品的刺激性强，肌内注射时须用专用溶媒（由5%氯化镁和1%普鲁卡因组成）制成5%溶液
盐酸四环素	为黄色结晶性粉末，可溶于水	抗菌范围与盐酸土霉素相同	主要用于治疗某些革兰氏阳性菌和阴性菌引起的感染，如肺炎、出血性败血症、子宫炎和钩体病等	静脉注射：每千克体重5～10毫克，每天2次。内服：每千克体重10～20毫克，每天2次	—

药 名	性状及成分	作 用	用 途	用法及用量	备 注
强力霉素（脱氧土霉素、多西环素）	黄色结晶粉末，易溶于水，性不稳定	抗菌谱与土霉素基本相同，但作用较强	用于细菌性疾病、原虫病、螺旋体病的治疗、特别是对布鲁氏菌病疗效更高，对呼吸系统和泌尿系统感染性疾病疗效尤高	内服：每千克体重犊牛3~5毫克，每天1次。	奶牛泌乳期禁用
甲砜霉素（硫霉素）	白色结晶粉末，可溶于水，性不稳定	对革兰氏阴性菌有强大的抑制作用，对原虫、立克次氏体和病毒有一定抑制作用	主要用于畜禽的细菌性疾病，尤其是大肠杆菌、沙门氏菌及巴氏杆菌感染	内服：犊牛每千克体重10~20毫克，每天2次	禁用于免疫接种期的动物和免疫功能严重缺损的动物
氟苯尼考（氟甲砜霉素）	白色或类白色结晶性粉末，无臭，水中极微溶解，常制成粉剂、溶液、预混剂、注射液	动物专用广谱抗生素，抗菌作用与甲砜霉素相似，抗菌活性优于甲砜霉素	主要用于敏感细菌所致的牛的细菌性疾病，如牛的呼吸道感染、乳腺炎等	肌内注射：每千克体重20毫克。内服：每千克体重20~30毫克，每天2次	不引起骨髓抑制或再生障碍性贫血，但有胚胎毒性，妊娠动物禁用
盐酸洁霉素（盐酸林可霉素）	白色结晶粉末，无臭或微臭，易溶于水，性稳定	抗菌范围与红霉素相近，对革兰氏阳性菌作用强，对支原体也有效	本品特别是适用于耐青霉素、红霉素株的感染或者对青霉素过敏的病畜	静脉注射或肌内注射：每千克体重5~20毫克，分2次注射。内服：每千克体重20~40毫克，分3~4次服	本品的主要毒性是能引起草食动物严重的和致死性的腹泻
克林霉素（氯林可霉素）	白色结晶粉末，味苦，易溶于水	抗菌谱与洁霉素相似，但抗菌作用强，对青霉素、洁霉素、四环素等有耐药性的细菌也有效，对革兰氏阴性菌的作用较洁霉素强	用于革兰氏阳性菌引起的感染，特别是适用于耐青霉素、红霉素菌株的感染，对青霉素过敏的病畜	静脉注射或肌内注射：每千克体重5~20毫克，分2次注射。内服：每千克体重20~40毫克，分3~4次服	与大环内酯类相颉颃，故不能与红霉素等合用
硫酸多黏菌素（硫酸抗敌素）	白色结晶性粉末，易溶于水	对多种革兰氏阴性菌（如绿脓杆菌、大肠杆菌、志贺氏菌等）有抗菌作用	主要用于绿脓杆菌、大肠杆菌等所起的各种感染，如败血症、呼吸道感时	内服：犊牛每千克体重0.5~1单位，每天2次	一般不采用静脉注射，因可能引起呼吸抑制
杆菌肽	为白色或淡黄色粉末，味苦，有特异的臭味，有吸湿性，易溶于水，内服几乎不被吸收	抗菌范围与青霉素相似，但耐酶、耐酸，对各种革兰氏阳性菌有杀菌作用，对螺旋体、放线菌也有效，对耐药性的金黄色葡萄球菌也有很强的抗菌作用	临床上常与链霉素和新霉素等合用，来治疗各种敏感菌所致的疾患，如牛的细菌性下痢、败血症、肺炎等。外用可治疗皮肤病、黏膜和伤口的感染	混饲：每1 000千克饲料中，3月龄以下犊牛10~100克，3~6月龄4~40克。软膏、眼膏：适应外用	本品与青霉素、链霉素、新霉素、多黏菌素等合用有协同作用

药 名	性状及成分	作 用	用 途	用法及用量	备 注
乙酰甲喹（痢菌净）	为鲜黄色结晶或黄色粉末，可溶于水	对肠道的各种革兰氏阳性菌和阴性菌均有较好的作用	多用于治疗敏感菌引起的各种肠炎、腹泻	肌内注射：犊牛每千克体重2.5～5毫克，每天2次。内服：每千克体重5～10毫克，每天2次	配成0.5%水溶液内服或灭菌后肌内注射
恩诺沙星	黄色或淡橙黄色结晶性粉末，无臭，味微苦，微溶于水	本品为动物专用广谱杀菌药，对支原体有特效，对耐泰乐菌素或泰妙菌素的支原体也有效，对厌氧菌、寄生虫、霉菌等感染无效	主要用于敏感菌及支原体引起的消化、呼吸、泌尿生殖系统及皮肤软组织的感染，如犊牛大肠杆菌性腹泻、大肠杆菌性败血症、支原体引起的呼吸道感染等疾病	肌内注射：每千克体重2.5毫克，每天1～2次	本品临床应用可影响幼龄动物关节软骨发育
二氟沙星	类白色或淡黄色结晶性粉末，无臭，味微苦，微溶于水，常制成粉剂、溶液、片剂、注射液	抗菌谱与恩诺沙星相似，抗菌活性略低，对猪呼吸道致病菌有良好的活性，尤其对葡萄球菌的活性较强，对多数厌氧菌也有抑制作用	主要用于敏感菌所致的消化系统、呼吸系统、泌尿系统感染及支原体感染	肌内注射：每千克体重5毫克，每天2次。内服：每千克体重5～10毫克，每天1～2次	本品较高剂量使用时偶尔出现结晶尿
沙拉沙星	类白色或淡黄色结晶性粉末，无臭，味微苦，不溶于水，常制成可溶性粉、溶液、注射液、片剂	抗菌谱与恩诺沙星相似，抗菌活性比恩诺沙星和环丙沙星略低，却强于二氟沙星	主要用于防治大肠杆菌、沙门氏菌、支原体、链球菌、葡萄球菌等敏感菌所致的感染性疾病	肌内注射：每千克体重2.5～5毫克，每天2次。内服：每千克体重5～10毫克，每天1～2次	本品内服、肌内注射吸收较好，组织中药物浓度常超过血药浓度，无残留
马波沙星（马保沙星）	淡黄色结晶性粉末，动物专用抗菌药，常制成注射液、片剂	抗菌谱与恩诺沙星相当，对大肠杆菌、铜绿假单胞菌、金黄色葡萄球菌等革兰氏阴性菌、革兰氏阳性菌及支原体均有较好的抗菌作用	主要用于治疗敏感菌所致呼吸道、消化道、泌尿道及皮肤等感染	肌内注射：每千克体重2毫克，每天1次。内服：每千克体重2毫克，每天1次	本品内服、肌内注射吸收较好，组织中药物浓度常超过血药浓度，无残留
磺胺（氨苯磺胺、外用消炎粉、SN）	白色或黄白色结晶粉末，易溶于碱性溶液中	干扰二氢叶酸合成酶，抑制核酸合成，从而对多种革兰氏阳性菌及阴性菌有强大的抑制作用	主要治疗创伤感染，用于多种细菌感染症	外用：清洗创伤后直接撒布，或配成10%软膏涂布	毒性较大，不能内服

牛传染性疾病诊治彩色图谱

（续）

药　名	性状及成分	作　用	用　途	用法及用量	备　注
磺胺嘧啶（磺胺哒嗪、SD)	白色或黄白色结晶粉末，易溶于碱性溶液中，性较稳定	抑菌作用与磺胺相似，毒性小，易吸收，蛋白结合率低，排泄慢，维持时间长，是常用的磺胺药	主要应用于全身性感染，特别是本药能进入脑脊液，故是脑部细菌感染和脑炎的首选药物，也常用于治疗弓形虫	肌内注射：每千克体重0.07～0.1克，每天2次内服：每千克体重0.07～0.1克，每天2次	首次用量加倍，内服时最好同服等量碳酸氢钠，以防止肾脏的损伤
磺胺二甲嘧啶（SM₂)	无色或白色透明溶液，常用10%溶液，性较稳定	抑菌作用强，毒性小，吸收快，排泄慢，为磺胺类药物中疗效较高的药物，多用于仔猪的感染性疾病	多用于全身性感染	静脉注射或肌内注射：每千克体重0.05～0.1克。内服：每千克体重0.05克，每天1～2次	首次用量加倍，重度感染或为提高疗效时还可静脉注射
磺胺甲基异噁唑（新诺明、新明磺、SMZ)	白色或黄白色结晶粉末，可溶于水，易溶于碱性溶液中，性稳定	与磺胺异噁唑相似，但其排泄较慢，结晶尿、血尿等毒性反应比磺胺二甲异噁唑多见	主要用于呼吸系统和泌尿系统的各种感染性疾病	内服：每千克体重0.07～0.1克，每天2次	首次用量宜加倍，如与甲氧苄氨嘧啶（TMP)并用，则疗效会更高
磺胺甲基唑（SMPZ)	白色结晶性粉末，微溶于水	抗菌作用较磺胺甲基异噁唑弱，体内乙酰化率低，吸收快，排泄慢	适应于所有磺胺适应证的治疗	内服：每千克体重0.1克，每天1次	首次用量加倍
磺胺对甲氧嘧啶（长效磺胺、消炎磺、SMD)	白色乃至黄白色结晶粉末，可溶于水，易溶于碱性溶液中，性稳定	与磺胺嘧啶相似，但血浆蛋白结合率高，乙酰化率很低，因而在体液中有效浓度持续时间最好的一种长效制剂	可用于全身或局部感染的所有磺胺适应证，特别对泌尿系统、呼吸系统感染以及弓形体病、球虫病疗效更好	内服：每千克体重0.025克，每天1次	首次用量宜加倍，如与增效剂TMP并用则疗效会更高
磺胺二甲氧嘧啶（周效磺胺、SDM)	白色乃至黄白色结晶粉末，可溶于水，性稳定	作用与甲氧苄嘧啶相似，仅与血浆蛋白结合率高，乙酰化率及葡萄糖醛酸结合率都很低，为此，在体内能持较长时间	用于慢性疾病或病情不太严重的所有磺胺适应证的治疗	内服：每千克体重0.1克，每天1次	如与增效剂（TMP)并用，可增强疗效
制菌磺（磺胺间甲氧嘧啶、SMM)	为水针剂（钠盐），每支10毫升、20毫升	抗菌作用与磺胺甲基异噁唑相同，副作用小，但维持时间较短	本品对弓形虫病、水肿病和球虫病有较好的疗效，也可用于其他感染性疾病	肌内注射或静脉注射：每千克体重0.05克，每天1次。内服：初量用每千克体重0.05克，维持量用每千克体重0.025克，每天1次	—

药　名	性状及成分	作　用	用　途	用法及用量	备　注
酞磺胺噻唑（羧苯甲酰磺胺噻唑、PST）	白色或黄白色结晶粉末，不溶于水，易溶于氢氧化钠液	内服后，比磺胺脒更不易吸收，并在肠道内逐渐释放磺胺噻唑而呈现抑菌作用	用于肠道感染的预防和治疗，还可用于肠道手术前后的预防感染	内服：每千克体重0.1～0.15克，分2次内服	—
琥珀酰磺噻唑（琥磺噻唑、SST）	白色结晶性粉末，几乎不溶于水	与SG相似，在肠内吸收少，可长时间地保持有效浓度	用于肠道感染如各种菌痢、副伤寒等	内服：每千克体重0.1～0.2克，每天2次	如与增效剂（DVD）并用，可增强疗效
磺胺嘧啶银（烧伤宁、SD-Ag）	白色或淡黄色针状结晶，难溶于水，多制成2%软膏	对多种革兰氏阴性菌和阳性菌都有良好的抑制作用，对绿脓杆菌也有强大的抗菌作用	用于烧、烫伤而引起的感染	外用：2%乳膏患部涂擦	—
磺胺脒（磺胺胍、SM、SG）	白色或黄色结晶粉末，微溶于水	内服后，难于吸收，在胃肠道停留时间长，可持续产生作用	用于肠道感染如急、慢性菌痢和肠炎，仔猪白痢等	内服：每千克体重0.1～0.2g，每天2～3次	如与增效剂（TMP）并用可增强疗效
甲氧苄氨嘧啶（三甲氧苄氨嘧啶、TMP）	白色或微黄色粉末，微溶于水，性较稳定	干扰菌体叶酸代谢，抑制细菌生长繁殖，对多种革兰氏阳性和阴性菌具有强大的抑制作用	适用于各种磺胺适应证，如与磺胺药联合应用，作用可增强数倍至数十倍，并呈现强大的杀菌作用	肌内注射：每千克体重0.01g，每天2次 内服：每千克体重0.01毫克，每天2次	常与其他抗菌药合并应用，以增强疗效（按1：5配合应用）
二甲氧苄氨嘧啶（敌菌净、DVD）	白色乃至黄白色结晶粉末，微溶于水	干扰菌体叶酸代谢，抑制细菌的生长繁殖，对多种革兰氏阳性菌具有强大的抑制作用	本品内服吸收少，肠道浓度高，作为胃肠道抗菌增效剂比甲氧苄氨嘧啶好，常用于治疗肠道疾病	内服：每千克体重0.01毫克，每天2次	—
两性霉素B	白色结晶粉末，难溶于水，性稳定	对多种真菌如白色念珠菌、烟曲霉、链球菌等有强大的抑制或杀灭作用	主要用于治疗敏感菌所致的深部真菌感染	静脉注射：每千克体重0.125～0.5毫克，隔天1次	将该药溶于5%葡萄糖液中作静脉滴注，滴速要缓慢

药　名	性状及成分	作　用	用　途	用法及用量	备　注
灰黄霉素	白色微细粉末，微溶于水	对体表真菌（如毛癣菌）有抑杀作用	主要用于治疗家畜浅部真菌感染	内服：每千克体重10～20毫克，每天3～4次	本药局部用无效，主要供内服
克霉唑	白色结晶，难溶于水	为广谱抗真菌的抗生素，对念珠菌、霉曲菌、皮肤癣菌等均有良好作用	主要用于治疗各种深部真菌病如肺、胃肠炎，泌尿道感染及败血症等	内服：牛5～10克，犊0.75～1.5克，分2次服	本品为抑菌剂，毒性小，各种真菌不易产生耐药性
制霉菌素	微黄色或棕黄色粉末，微溶于水，性不稳定	对多种真菌如白色念珠菌、烟曲霉、隐球菌等有强大的抑制或杀灭作用	主要用于防治胃肠道和皮肤黏膜真菌感染及长期服用广谱抗生素所致的真菌性二重感染	内服：250万～500万单位/次，每天3～4次，软膏剂、混悬剂（现用现配）供外用	本品口服不易吸收，多数随粪便排出，因毒性大，不用于全身治疗

二、抗寄生虫类药物

药　名	性状及成分	作　用	用　途	用法及用量	备　注
伊维菌素	白色结晶性粉末；无臭，无味；几乎不溶于水，溶于甲醇、乙醇、丙酮等溶剂	对线虫、昆虫和螨均具有高效驱杀作用	对牛消化道和呼吸道线虫均有良好驱虫效果；对马胃蝇、牛皮蝇、疥螨、痒螨、蝇蚴等外寄生虫也有良好效果	皮下注射：每千克体重0.2毫克	具有广谱、高效、低毒、用量小等优点
阿维菌素	白色或淡黄色结晶性粉末，无味，在醋酸乙酯、丙酮、氯仿中易溶，在水中几乎不溶	对线虫、昆虫和螨均具有高效驱杀作用	对牛消化道和呼吸道线虫均有良好驱虫效果；对马胃蝇、牛皮蝇、疥螨、痒螨、蝇蚴等外寄生虫也有良好效果	皮下注射、内服、灌服、混饲或沿背部浇注。牛每千克体重0.2毫克，必要时间隔7～10天，再用药1次	具有广谱、高效、低毒、用量小等优点
盐酸左旋咪唑（盐酸左旋咪唑）	白色针状结晶或结晶粉末，易溶于水，较稳定	为广谱驱线虫药，作用较噻苯咪唑大2倍，对消化道和呼吸道大多数线虫都有效	用于驱除体内的各种线虫、肺丝虫、类圆线虫、肠结节虫，拌饲料或饮水用	肌内注射或皮下注射：每千克体重7.5～8.0毫克。内服：每千克体重7.5～8.0毫克	中毒时可用阿托品解毒

牛传染性疾病诊治彩色图谱

药　名	性状及成分	作　用	用　途	用法及用量	备　注
噻吩嘧啶（抗虫灵）	本品的酒石酸盐和双羟萘酸盐均呈淡黄色粉末，前者易溶水而后者则不溶于水	为广谱驱虫药，能增强胆碱酯酶活性，阻断虫体神经肌肉传导，进而使虫体麻痹死亡，对多种消化道线虫有效	适用于驱除各种线虫，特别是消化道线虫，但对呼吸道的线虫无效。双羟萘酸盐在肠道内吸收少，在肠道内作用时间长	内服：每千克体重25～30毫克	本品因对光线敏感，光照易变质，故应避免日光久晒，使用时一定要现用现配
丙硫咪唑（丙硫苯咪唑、抗蠕灵）	白色结晶性粉末，不溶于水	为广谱驱虫药，对肠道内的线虫、绦虫均有驱除作用，并有抑制虫体产卵的作用	用于驱除蛔虫、食管口线虫，以及绦虫、类圆线虫等	内服：每千克体重8～10毫克	治疗囊虫病时可加大剂量，每千克体重50毫克
驱蛔灵（哌嗪、哌哔嗪）	本品的枸橼酸盐和磷酸盐均为白色结晶性粉末	本药对蛔虫有强大的驱虫作用，但对其他线虫的效果差，甚至没有明显的作用	常用于蛔虫病的治疗或预防蛔虫的感染	内服：枸橼酸哌嗪每千克体重0.25克；磷酸哌嗪每千克体重0.2～0.25克	—
吡喹酮（环吡异喹酮）	无色结晶，有苦味，略溶于水	为高效驱绦虫药，能使虫体失活或收缩、麻痹，最后使虫体脱离寄生部位，从肠道排出	常用于驱除各种血吸虫、肺吸虫和绦虫，也常用于囊虫病的治疗	内服：每千克体重10～20毫克	肌内注射时将药用5倍量的液状石蜡配成悬液，每天1次，连用2天
硫双二氯酚（别丁）	黄白色粉末，难溶于水，易溶于乙醇	本品能抑制虫体代谢，使其先兴奋继而麻痹死亡	用于肝片吸虫、双吸虫及各种绦虫、肺吸虫病等	内服：每千克体重40～60毫克	应用剂量大时可出现排稀便等症状
新胂凡纳明（914）	黄色粉末或颗粒，易溶于水，性不稳定，有强烈的刺激性	本药可作用于虫体的疏基酶，影响代谢，致使虫体麻痹	用于锥虫及螺旋体病的治疗	静脉注射：每千克体重10毫克，每天1次	本品的毒性大，用量不宜过大，静脉滴注，勿漏出血管外，以免引起组织坏死
贝尼尔（血虫净）	黄色或金黄色结晶或粉末，味微苦，易溶于水	本品能抑制锥虫基体DNA的合成，从而阻断锥虫的体内代谢，而抑制其生长繁殖	用于梨形虫、锥虫和边缘无浆体的治疗	肌内注射：每千克体重2～7毫克，用5%葡萄糖盐水稀释后注射	注射局部呈出现肿胀，一般经10天左右消失
敌百虫	白色或黄色粉末，易溶于水和酒精，性不稳定，在水中可分解失效	本品为广谱杀虫与驱虫药，能抑制虫体胆碱酯酶的活性，使虫体兴奋，继而麻痹死亡	用于驱除体内各种寄生虫如蛔虫、线虫等，杀灭体外寄生虫，如疥螨、虱、蜱类及蚊、蝇等	内服：每千克体重100毫克。外用：1%溶液喷淋	作量过大时易引起病畜中毒，出现腹痛、腹泻、流涎和兴奋不安等症状
哈乐松	白色或黄白色粉末，难溶于水，可溶于有机溶媒和油中	本品可抑制胆碱酯酶活性，使虫体由兴奋而麻痹死亡，毒性较小	用于驱除体内各种寄生虫	内服：每千克体重40～44毫克，每天1次	本品为一种毒性较小的有机磷制剂广谱驱虫药

药 名	性状及成分	作 用	用 途	用法及用量	备 注
皮蝇磷	白色结晶。微溶于水，易溶于多数有机溶剂。在中性、酸性环境中稳定，碱性环境中迅速分解失效	对消化道线虫和体外寄生虫均具有高效驱杀作用。对双翅目昆虫有特效	主要用于防治牛皮蝇、纹皮蝇等，能有效地杀灭各期幼虫；对虱、螨、蜱、臭虫、蟑螂、蝇等外寄生虫有良好的杀灭效果，对胃肠道某些线虫亦有驱除作用	内服：每千克体重40～80毫克，每天1次外用：2%溶液涂擦患部	对人和动物毒性较小
倍硫磷	无色或淡黄色油状液体，略有大蒜味，微溶于水，溶于多数有机溶剂，对光、热、碱均较稳定	是一种速效、高效、低毒、广谱、性质稳定的杀虫药	为防治牛皮蝇蛆的首选药，对其他外寄生虫如虱、螨、蜱、蝇等也有杀灭作用	肌内注射：每千克体重5～7毫克。内服：每千克体重1毫克外用喷淋：可用0.25%溶液	犊牛和泌乳牛禁用

图书在版编目（CIP）数据

牛传染性疾病诊治彩色图谱/潘耀谦，刘兴友，冯春花主编．—北京：中国农业出版社，2019.8
ISBN 978-7-109-25695-8

Ⅰ．①牛…　Ⅱ．①潘…　②刘…③冯…　Ⅲ．①牛病－传染病－诊疗－图谱　Ⅳ．①S858.23-64

中国版本图书馆CIP数据核字（2019）第144369号

中国农业出版社
地址：北京市朝阳区麦子店街18号楼
邮编：100125
责任编辑：肖　邦
版式设计：韩小丽　　责任校对：刘丽香
印刷：北京通州皇家印刷厂
版次：2019年8月第1版
印次：2019年8月北京第1次印刷
发行：新华书店北京发行所
开本：787mm×1092mm　1/16
印张：17.25
字数：450千字
定价：180.00元